土木工程专业专升本系列教材

土力学与基础工程

本系列教材编委会组织编写
王　杰　主编

中国建筑工业出版社

图书在版编目（CIP）数据

土力学与基础工程/王杰主编.—北京：中国建筑工业出版社，2003

（土木工程专业专升本系列教材）

ISBN 978-7-112-05444-2

Ⅰ.土... Ⅱ.王... Ⅲ.①土力学—高等学校—教材②基础（工程）—高等学校—教材 Ⅳ.TU4

中国版本图书馆CIP数据核字（2003）第067893号

土木工程专业专升本系列教材

土力学与基础工程

本系列教材编委会组织编写

王 杰 主编

中国建筑工业出版社出版、发行（北京西郊百万庄）

各地新华书店、建筑书店经销

北京云浩印刷有限责任公司印刷

*

开本：787×960毫米 1/16 印张：20¼ 字数：416千字

2003年11月第一版 2014年7月第十七次印刷

定价：**34.00**元

ISBN 978-7-112-05444-2

（20853）

版权所有 翻印必究

如有印装质量问题，可寄本社退换

（邮政编码 100037）

本社网址：http://www.cabp.com.cn

网上书店：http://www.china-building.com.cn

本书是按照该门课的教学大纲，为已取得建筑工程专业或相近专业大学专科学历的人员继续研修本科课程而编写的，可使学生进一步掌握与建筑工程有关的土力学的基本原理和基础工程的基本知识并提高实际应用的能力。内容包括：土的物理性质及工程分类、地基中的应力与变形计算、土的抗剪强度、土压力与地基承载力、岩土工程勘察、浅基础、桩基础和地基处理共八章。本书的编写尽量结合工程实践，与以往的教材相比，注重了理论知识的应用。

本书可作为土木工程专业专升本的教材，也可供其他各相关专业及有关工程技术人员参考使用。

* * *

责任编辑：朱首明　吉万旺
责任设计：彭路路
责任校对：张　虹

土木工程专业专升本系列教材编委会

主　任：邹定琪　（重庆大学教授）
副主任：高延伟　（建设部人事教育司）
　　　　张丽霞　（哈尔滨工业大学成人教育学院副院长）
　　　　刘凤菊　（山东建工学院成人教育学院院长、研究员）
秘书长：王新平　（山东建筑工程学院成人教育学院副院长、副教授）
成　员：周亚范　（吉林建筑工程学院成人教育学院院长、副教授）
　　　　殷鸣镝　（沈阳建筑工程学院继续教育学院书记兼副院长）
　　　　牛惠兰　（北京建筑工程学院继续教育学院常务副院长、副研究员）
　　　　乔锐军　（河北建筑工程学院成人教育学院院长、高级讲师）
　　　　韩连生　（南京工业大学成人教育学院常务副院长、副研究员）
　　　　陈建中　（苏州科技学院成人教育学院院长、副研究员）
　　　　于贵林　（华中科技大学成人教育学院副院长、副教授）
　　　　梁业超　（广东工业大学继续教育学院副院长）
　　　　王中德　（广州大学继续教育学院院长）
　　　　孔　黎　（长安大学继续教育学院副院长、副教授）
　　　　李惠民　（西安建筑科技大学成人教育学院院长、教授）
　　　　朱首明　（中国建筑工业出版社编审）
　　　　王毅红　（长安大学教授）
　　　　苏明周　（西安建筑科技大学副教授）
　　　　刘　燕　（北京建筑工程学院副教授）
　　　　张来仪　（重庆大学教授）
　　　　李建峰　（长安大学副教授）
　　　　刘　明　（沈阳建筑工程学院教授）
　　　　王　杰　（沈阳建筑工程学院教授）
　　　　王福川　（西安建筑科技大学教授）
　　　　周孝清　（广州大学副教授）

前　　言

19 世纪——桥的世纪

20 世纪——高层建筑的世纪

21 世纪——地下工程的世纪

当您开始阅读本书时，人类已经迈入了 21 世纪。

这是一个科学技术飞速发展的世纪，地下空间及地下工程将作为一种新型国土资源造福于人类。科学家预测在 21 世纪末将有 1/3 的人口穴居地下。

在岩土工程领域，随着地下电站、地下铁道、海峡隧道、越江隧道及国防工程等的发展，人们越来越多地把研究的重点转向地下工程，因而更需要了解和掌握有关岩土工程方面的知识。不但需要掌握微观的土力学知识，而且还需要了解宏观的工程地质知识。为了将工程地质的宏观现象与土力学的微观性质结合起来，全面地分析岩土工程问题，在对以往教材进行了改革的基础上，增加了工程实践方面的知识，编写了《土力学与基础工程》这本教材。其目的是将近代土力学理论与新的计算方法结合起来，将基本理论与工程实践结合起来，加以总结和介绍，使学生了解工程地质和岩土工程勘察的基本知识，掌握土力学的基本原理和基础工程的基本知识，并对地基处理有所了解。

为帮助学生学习，在每章开始增加了学习要点，后面附有思考题和习题，并在书中增加了例题。

本书由沈阳建筑工程学院王杰任主编，山东建筑工程学院孔军任副主编，薛守义任主审。参加编写的有：沈阳建筑工程学院王杰（绪论、第五章、第七章、第八章）、山东建筑工程学院孔军（第四章、第六章）、南京工业大学刘子彤（第一章、第二章）、沈阳建筑工程学院职业技术学院徐秀香（第三章）。

预祝各位读者学有所成。

编　　者

目　　录

绪　论

一、土力学的基本概念

工程地质学和土力学两者都是工程实用科学，都是研究作为建筑物地基的岩土体的形成、存在及其工程性状，应用于解决地基基础的设计与施工的岩土工程领域。但两者的学科内涵不同，研究方法不同。工程地质学是从宏观的角度出发来研究岩土工程问题，而土力学是从微观的角度出发研究土的强度、变形、稳定性和渗透性的一门学科。

工程地质学是研究与工程有关的地质问题的学科。任何土木工程都与土发生直接的关系，建造房屋时土作为建筑物的地基，直接承受建筑物的全部重量，修建道路和水利堤坝时，土又作为建筑材料而使用。因此，工程技术人员遇到岩土工程问题时，首先应了解建筑场地的地形、地貌特征、岩土的种类、成因类型、工程性质及其影响建筑环境的不良地质现象。工程地质学的研究分为两个方向，一是研究影响工程建设的工程地质条件，包括地形、地貌、地层岩性、地质构造、水文地质及地质作用等，还有影响工程建设经济合理、安全可靠及正常运行的工程地质问题（如地基变形、边坡稳定、堤坝渗漏等问题），为工程提供建筑场地的工程地质条件和岩土工程性质的设计资料，对建筑场地的工程地质条件和地质环境作出评价；二是研究人类的经济活动对地质环境的影响，可称为环境工程地质学。工程地质学的研究目的是改造、利用和保护地质环境。

土力学是一门工程实用科学，主要研究在建筑物荷载作用下土中的应力、应变、强度、稳定性、渗透性等，并将研究成果应用于工程实践，解决工程实际问题。由于土是一种自然地质形成的产物，性质复杂多变，与一般的建筑材料不同，因而与其他学科的研究方法有所不同，主要采用勘探与试验、原位观测与理论分析和工程实践相结合的方法，解决工程实际问题。

土的定义（狭义）：岩石经过风化、剥蚀、搬运、沉积等物理、化学、生物作用，在地壳表面形成的各种松散堆积物，建筑工程上就称为土，广义的土包括岩石在内。

土的特点：

(1) 土是自然历史的组合体。土不是一下子就形成的，它经过了漫长的地质历史时期，并且是在各种复杂的自然因素（包括风、雨、雪、河流、海洋等对岩石的作用）和地质作用下才形成的，随着形成的时间、地点以及形成的方式不同，土的工程特性也各不相同。沉积时间长的土工程性质相对较好，形成时间较短的土工程性质相对较差；内陆沉积的土工程性质比沿海地区沉积的要好，所以在研究土的工程性质时应对土的成因类型等方面加以研究。

（2）土是多相系的组合体。工程中所研究的土并不只是土的颗粒，而主要研究的是松散堆积物的整体，这个整体是由不同的相系所组成的多相体系。矿物颗粒组成土的骨架，骨架间有孔隙，若孔隙中同时存在着水和气体，则土是三相的，土粒、水和气体分别称为土的固相、液相和气相。有时土是由四相所组成，即固相、液相、气相及有机质。固相是构成土的主要成分，当土颗粒之间的孔隙被水所充满时就形成了两相的饱和土；当土颗粒之间的孔隙中没有水时也形成了两相（固相、液相）土（干土）。

（3）土是多矿物的组合体。一般情况下，土中含有 5 ~ 10 种或更多的矿物，包括原生矿物和次生矿物。矿物一般是指：存在于地壳中的具有一定化学成分和物理性质的自然元素或化合物；原生矿物一般是指岩浆在冷凝过程中所形成的矿物（如石英、长石、云母等）；次生矿物一般是指原生矿物经化学风化等作用后而形成的新的矿物。

地基土由土和岩石所构成，作为建筑物的地基以土居多。研究土的基本物理特性和在建筑物荷载作用下的应力、应变、强度、稳定以及渗透等规律的学科就是土力学（Soil Mechanics），将土力学与岩石力学统一于一个新的学科称为岩土力学（Geomechanics）。

建筑物的全部荷载都将通过基础传给下面的地层。建筑物的修建使地层中一定范围内的应力状态发生变化，这一范围内的地层就称为地基，如图 1 所示。地基按是否经过人工处理分为两种：①天然地基：基础直接砌筑在未经人工处理的天然土层上，这种地基就称为天然地基，多数支承建筑物的土层都可以采用天然地基。②人工地基：当天然地基的承载力或变形不能满足设计要求时，对地基要进行人工加固处理，经人工处理后的地基称为人工地基。由于地基土具有压缩性，强度较低，因而上部结构荷载通过墙或柱不能直接传给地基，必须在墙或柱与地基接触处适当扩大尺寸，把荷载扩散后再传给地基，将与地基接触的建筑物下部结构就称为基础。基础依据埋置深浅分为两类：①浅基础：通常把埋深不大（一般浅于 5m），不需要采用特殊方法施工的基础统称为浅基础（如墙下条形基础、柱下扩展基础等）；②深基础：若浅层地基不良，需要基础埋置较深时，一般都需要用特殊的施工方法和装备来修建的基础称为深基础（如桩基础、沉井、沉箱、地下连续墙等）。

建筑物的建造使地基中原有的应力状态发生变化，因此就必须研究在荷载作用下地基的变形和承载力问题，以便使地基基础的设计满足两个基本条件：①要

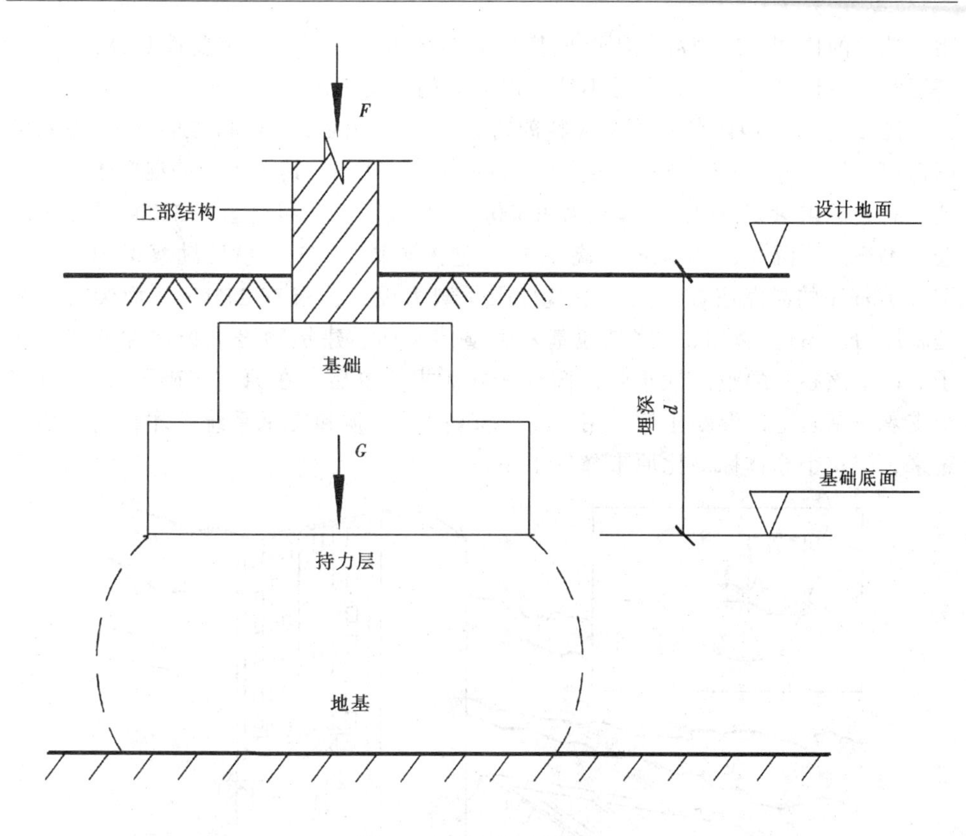

图 1　地基及基础示意图

求作用于地基上的荷载不超过地基的承载能力，保证地基在防止整体破坏方面有足够的安全储备；②控制基础的沉降不超过允许值，保证建筑物不因地基变形而损坏或影响其正常使用。除了满足上述两个基本条件外，还应该满足安全可靠、经济合理的原则。

建筑物是由地基、基础和上部结构组成的统一整体，既互相联系又互相制约。目前要把这三者完全统一起来进行设计尚有一定难度，但在处理地基基础问题时，应该从地基、基础和上部结构共同工作的整体概念出发，全面地加以考虑才能收到良好的效果。

二、地基和基础的重要性

地基和基础是建筑物的根基，又属于地下隐蔽工程，它的勘察、设计和施工质量直接关系到建筑物的安危。实践表明，许多建筑物的工程质量事故往往发生在地基基础之上，而且，一旦事故发生，补救并非易事。此外，随着城市的发展，高层建筑越来越多，基础的埋置深度越来越大，因此，基础工程费用占建筑物总造价的比例越来越高。所以地基与基础在建筑工程中的重要性是显而易见。工程实践中地基基础事故屡见不鲜，以下实例可见一斑。

图 2 是建于 1941 年的加拿大特朗斯康谷仓（Transcona Grain Elevator）地基破坏情况。该谷仓由 65 个圆筒仓组成，高 31m，宽 23m，其下为钢筋混凝土筏板基础。谷仓总重量 20 万 kN，容积为 $36500m^3$。建成后，当谷仓装谷 $32200m^3$ 后，谷仓西侧突然下沉 8.8m，东侧抬高 1.5m，整体倾斜 26°53′。事后勘察得知基底以下有 16m 厚的淤泥质黏土层，地基极限承载力设计值仅有 245kPa，而装谷后的基底压力已超过 320kPa。这是地基发生整体滑动、建筑物丧失稳定性的典型例子。由于该谷仓的整体性很强，筒仓完好无损。事后，在原有基础下做了 70 多个支承于基岩上的混凝土墩，用 388 个 50t 的千斤顶和支承系统，才将仓体纠正过来，但整个仓体标高比原来降低了 4m。

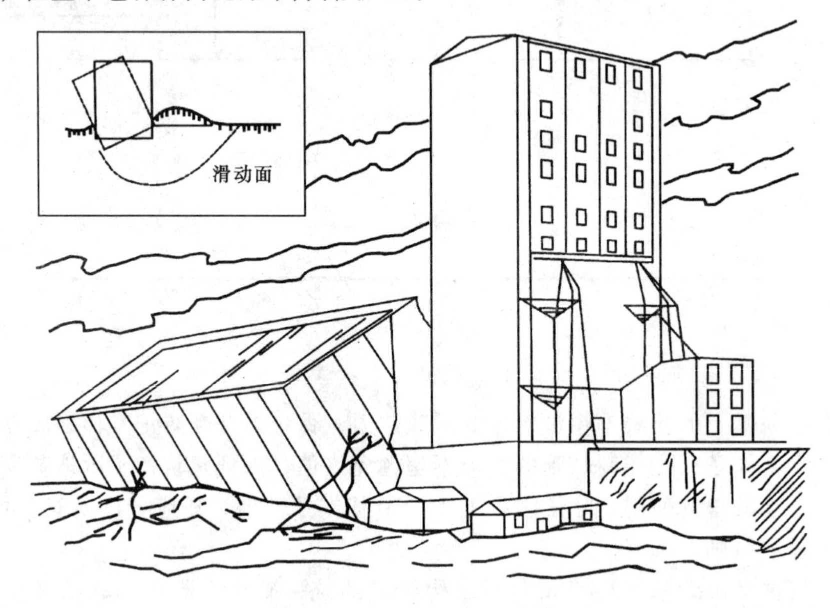

图 2　加拿大特朗斯康谷仓的地基事故

意大利的比萨斜塔，建于 1173 年，当建至 24m 时发现倾斜而被迫停工，100 年后建至塔顶（55m）。因地基压缩层厚度不均，北侧沉降 1m 多，南侧下沉近 3m，沉降差达 1.8m，倾斜 5.8°。1932 年曾向塔基灌注 1000t 水泥也未奏效。1590 年伽利略在此塔上做了著名自由落体试验。该塔已成为世界上最著名的基础工程难题之一。

苏州市虎丘塔，建于公元 959～961 年，七级八角形砖塔，塔底直径 13.66m，高 47.5m，由于地基土的压缩层厚度不均匀及砖砌体偏心受压，致使塔身严重朝东北向倾斜，至 1978 年，塔顶位移已达 2.3m，塔身重心偏离基础轴线 0.924m。

塔身多处出现纵向裂缝。后采用桩排式地下连续墙及注浆方案进行处理，直径1.4m的深入基岩的44根挖孔桩形成一圈，像一巨大的花盆，塔位于中间，在塔身内外地基中钻孔灌注水泥浆加固地基，塔体的不均匀沉降和倾斜得到了有效控制。

三、课程的特点、内容及学习要求

本课程是一门理论性和实践性都较强的课程，与其他结构工程的课程不同，它有以下几个特点：

(1) 土力学是以土的三相体系作为一个整体进行研究的，成分复杂，从坚硬的岩石到软弱的淤泥及淤泥质土，工程性质差异甚大，进行建筑物设计时必须掌握土的工程性质。

(2) 地基土质条件不依人的愿望来选择，一旦建筑物场地确定，就无选择的余地，有时场地位置稍有变化，土的性质也就不相同。

(3) 地基和基础在地面以下，属于隐蔽工程，它的勘察、设计和施工质量直接影响建筑物的安全，一旦发生地基基础的质量事故，又较难挽救处理，因此，它的技术要求高，不可以轻易处置。

(4) 本课程内容多，涉及范围广。本课程涉及工程地质学、土力学、结构设计和施工等几个学科领域。内容广泛，综合性强。

本课程的内容包括工程地质学和土力学两部分。工程地质学包括工程地质和建筑工程地质问题两部分。土力学部分包括土的物理性质及工程分类、基础最终沉降计算、土的抗剪强度和地基承载力、土压力和挡土墙设计等。工程地质学和土力学是地基基础工程实践的理论基础，其特点是以勘探和试验的结果为依据，以土的工程性状及理论分析为核心，以解决工程实际问题为目的。因此，在学习本课程时，应充分认识到本学科的特点，学习理论知识要密切联系工程实际问题。学习时应突出重点，兼顾全面，应该重视工程地质学的基本知识，培养阅读和使用工程地质勘察资料的能力；牢固掌握土的应力、变形、强度和地基计算等土力学的基本原理，从而能够应用这些基本概念和原理，结合有关建筑结构理论和施工知识，分析和解决地基基础问题。

四、本学科发展概况

在建筑工程领域中，土力学与基础工程是个重要的学科。既是一项古老的工程技术，又是一门年轻的应用科学。

土力学与基础工程同其他科学技术一样，也是劳动人民长期生产实践的产物。人类很早以前就利用土进行建设，我国西安半坡村新石器时代遗址发现的土台和石基就是古代的地基基础。春秋战国开始兴建直至秦朝建成的万里长城历经千百载屹立至今，以及隋朝修通的南北大运河，穿越各种地质条件，至今仍在通航。隋朝石工李春修建的赵州石拱桥，把桥台砌筑在密实的粗砂层上，1300多年来沉降很小，经验算，基底压力约490~588kPa，很接近现行规范确定的地基承载力。公元989年在建造开封开宝寺木塔时，预测塔基土质不均，将会引起基础的不均匀沉降，施工时特意做成倾斜状，经沉降稳定后自动复正。

18世纪欧洲兴起工业革命，随着城市建设的扩大，公路、水利、铁路的修建，遇到许许多多与土有关的力学问题，促进了对土力学的研究。1773年法国的库伦（C·A·C·Culomb）提出了著名的砂土抗剪强度的库伦定律和土压力滑楔理论。1857年英国的朗肯（W·J·M·Rankine）从不同角度提出挡土墙土压力理论，推动了土体强度理论的发展。1885年布辛涅斯克（J·Boussinesq）提出垂直集中力作用下半无限弹性体中应力和变形的计算公式。1922年瑞典的费伦纽斯（W·Fellenius）为解决土坡塌方问题提出计算边坡稳定性分析的圆弧滑动面法。以上这些古典理论至今仍在广泛应用。1925年美国的太沙基（K·Terzaghi）系统地论述了土力学问题，并提出著名的有效应力原理和渗透固结理论，使土力学成为一门独立的学科。

建国以来，我国进行了大规模的工程建设，成功地处理了大型的基础工程问题。如武汉长江大桥、葛洲坝水利枢纽工程、上海宝山钢铁公司、长江三峡水利工程以及全国许许多多高层建筑的修建，都为土力学和基础工程积累了丰富的经验。我国曾于1958、1962、1979、1983、1987年等先后召开了数次土力学与基础工程学术会议，各地建立了许多地基基础的专业研究机构、施工队伍和土工实验室，培养了大量的地基基础方面的专业人才。我国不少学者对土力学与基础工程理论的发展做出了宝贵的贡献。陈宗基教授于20世纪50年代对土的流变学和黏土结构模式的研究已被电子显微镜的观测所证实；黄文熙教授在1957年提出非均匀地基考虑土的侧向变形的沉降计算方法和砂土液化理论均受到国际岩土工程界的重视。

从20世纪50年代起，现代科技成就尤其是电子技术渗入了土力学及基础工程的研究领域，在实现实验测试技术自动化、现代化的同时，人们对土的基本性质又有了更进一步的认识；随着计算机的迅速发展和数值分析法的广泛应用，科学研究和工程设计更具备了强有力的手段，使土力学理论和基础工程技术出现了划时代的进展。随着我国建设事业的发展，岩土工程学科必将取得更大的进步。

第一章　土的物理性质及工程分类

学　习　要　点

本章讨论了土的组成、结构、构造，介绍了土的三相比例关系、土的物理状态以及岩土的分类。通过本章的学习，要求读者掌握土的组成、基本物理性质指标及比例关系、岩土的工程分类；对由不同成因形成的第四纪沉积土的主要工程特征有一定的了解；了解土的各组成部分对土的物理特征和工程性能的影响，并能根据三相草图和三相比例指标的定义熟练计算出土的三相比例指标；能按《建筑地基基础设计规范》（GB 50007—2002）对地基岩、土进行工程分类，并熟悉反映各类土的工程性能的物理特征及其指标。

第一节　概　　述

土是由暴露在地表的岩石经风化、剥蚀、搬运、沉积而成的松散物质。一般情况下，土是由固体颗粒（固相）、水（液相）和气体（气相）组成的三相体，土中颗粒的大小、矿物成分及三相的比例关系反映出土的不同物理性质，如干湿、轻重、松密及软硬等基本物理性质，同时也决定它的力学性质，所以物理性质是土的最基本的工程特性。

在处理地基基础工程问题及进行土力学计算时，不仅要了解土的物理性质及变化规律，还应掌握土的物理性质指标的测定方法和指标间的换算关系，并且熟悉按土的有关特征和指标来制订的地基土的分类方法。

本章主要介绍土的成因和组成，土的基本物理性质指标及有关的特征，并利用这些指标及特征对地基进行工程分类。

第二节　土　的　成　因

地球表面的坚硬岩石长期受到风、霜、雨、雪的侵蚀和生物活动的破坏作用，逐渐破碎崩解成为大小悬殊的颗粒，经过不同的搬运方式在各种自然环境下沉积下来，由于沉积历史不长，只能形成未经胶结的松散沉积物，这就是建筑工程中通常称的“第四纪沉积物”或“土”。不同类型的第四纪沉积物各自具有一定的分布规律和工程地质特征。根据地质成因的条件不同而有以下几种。

一、残积土

岩石经风化作用后残留在原地的碎屑堆积物称为残积土如图 1-1（*a*）所示。它的分布主要受到地形的控制，在宽广的分水岭上、在平缓的山坡上常有残积物覆盖。残积土没有分选作用和层理构造，与基岩之间没有明显的界限，矿物成分与基岩大致相同，由于山区原始地形变化很大且岩层风化程度不一，使残积土的厚度在小范围内就有很大变化，当残积土被风或降水带走一部分后土中存在较大的孔隙。因此，该种沉积土均匀性很差，作为建筑物地基时，要特别注意其不均匀沉降。

二、坡积土

高处的风化物经雨水、雪水或本身的重力作用搬运后，沉积在较平缓的山坡上的堆积物称为坡积土，如图 1-1（*b*）所示。它一般分布在坡腰上或坡脚下，其上部与残积土相接，坡积土底部的倾斜度取决于基岩的倾斜程度，而表面的倾斜度则与生成的时间有关，时间越长，搬运、沉积在山坡下的土层就越厚，表面的倾斜度就越小，因此坡积土的厚度变化很大，有时上部厚度不足 1m，而下部可达几十米。由于坡积土形成于山坡，矿物成分与下卧基岩没有直接的关系，但由上而下具有一定的分选性，土质不均匀，还常易发生沿基岩倾斜面的滑动，尤其是新近堆积的坡积土土质疏松、压缩性较高，对这些不良地质条件，在工程建设中要引起重视。

三、洪积土

在山区或高地由暂时性的山洪急流把大量的残积土、堆积土剥蚀、搬运到山谷中或山麓平原上而形成的堆积物称为洪积土，如图 1-1（*c*）所示。山洪流出沟谷口后，由于流速骤减，被搬运的粗碎屑物质，如块石、砾石、粗砂等首先大量堆积下来，离山越远，洪积土的颗粒越细，分布范围也越来越广，形成扇形地貌，故也称为洪积扇。有时相邻沟谷口的洪积扇互相连接起来组成洪积扇群。洪积土具有分选性，但因搬运距离较短，颗粒磨圆程度较差，且山洪不规则地暴发，堆积物质各不一样，所以洪积土还具有不规则交替的层理构造。一般地，靠近山地的粗粒碎屑堆积物，地下水位埋藏较深，土质较均匀，是良好的天然地基；离山较远的山前平原开阔地段由较细的粉砂黏土颗粒堆积，厚度较大，颗粒均匀，由于其形成过程中受到周期性干旱的影响，细小黏土颗粒发生凝聚作用，同时析出可溶性盐类，使土质较为密实，通常这部分洪积土也是良好的天然地基；而中间地带，土粒组成复杂，常由于地下水溢出地面而形成沼泽地带，存在尖灭或透镜体，因此，土质较弱而承载力较低，工程建设时应注意其复杂的地质条件。

四、冲积土

由河流流水作用将两岸基岩及其上部覆盖的坡积土、洪积物质剥蚀后搬运，沉积在河流坡降平缓地带而形成的堆积物称为冲积土。冲积土具有明显的层理构造，由于搬运距离大，土颗粒的磨圆程度较好，搬运距离越大，沉积物的颗粒越细。沉积土分布很广，主要分为平原河谷的冲积土和山区河谷的冲积土。

山区河谷的冲积土，如图 1-1（*d*）所示，颗粒较粗，多为砂粒填充的卵石、圆砾组成，所以，透水性好、压缩性小，是良好的建筑地基。而平原河谷的冲积土，如图 1-1（*e*）所示，则比较复杂。例如河床沉积土大多为中密砾砂，承载力高且压缩性低，但必须注意河流的冲刷作用导致地基毁坏和岩坡稳定性问题；河漫滩沉积土具有两层地质构造，上层为河流泛滥的沉积物，颗粒较细局部夹有的有机物，承载力低，压缩性大，下层河床沉积物为砂石类土，地基承载力高，但开挖时可能发生流砂现象，不可忽视；河流阶地是由河床沉积土和河漫滩沉积土上升演变而成，形成时间长，又受干燥作用，所以结构强度较高，是良好的地基。在河流入海或入湖口处，所搬运的大量细颗粒沉积下来，形成了面积相当宽广、厚度较大的三角洲沉积土，它的含水量很高，孔隙率大，呈饱和状态，常有较厚的淤泥或淤泥质土层，因而承载力较低，压缩变形量大。但在三角洲沉积土的表面，有一层厚度不大且经过长期干燥而形成的黏性土硬壳层，承载力较高，可作为一般建筑物基础的持力层。

五、海洋沉积土

由河水带入海洋的物质和海岸破坏后的物质以及化学、生物物质在搬运过程中随着流速逐渐降低在海洋各分区（海滨、浅海、陆坡、深海地区）中沉积下来的堆积物称海洋沉积土。

海滨（海水高潮位时淹没，低潮位时露出的海洋地带）沉积土主要由卵石、圆砾和砂等粗碎屑物质组成，有时有黏性土夹层，具有基本水平或缓倾斜的层理构造，作为地基，强度较高。但在河流入海口地区常有淤泥沉积，这是由河流带来的泥砂及有机物与海中有机物沉积的结果。浅海（水深约 0～200m，宽度约 100～200km 的大陆架）沉积土主要有细颗粒砂土、黏性土、淤泥和生物化学沉积物。离海岸越远，沉积物的颗粒越细小。该沉积土具有层理构造，其中砂土比滨海带更疏松，易发生流砂现象，其分布广，厚度不均匀，压缩性高；在浅海带近代沉积的黏土则密度小、含水量高，因而其压缩性大、承载力低；而古老的黏土则密度大、含水量低，压缩性小，承载力高。陆坡（浅海区与深海区之间过渡

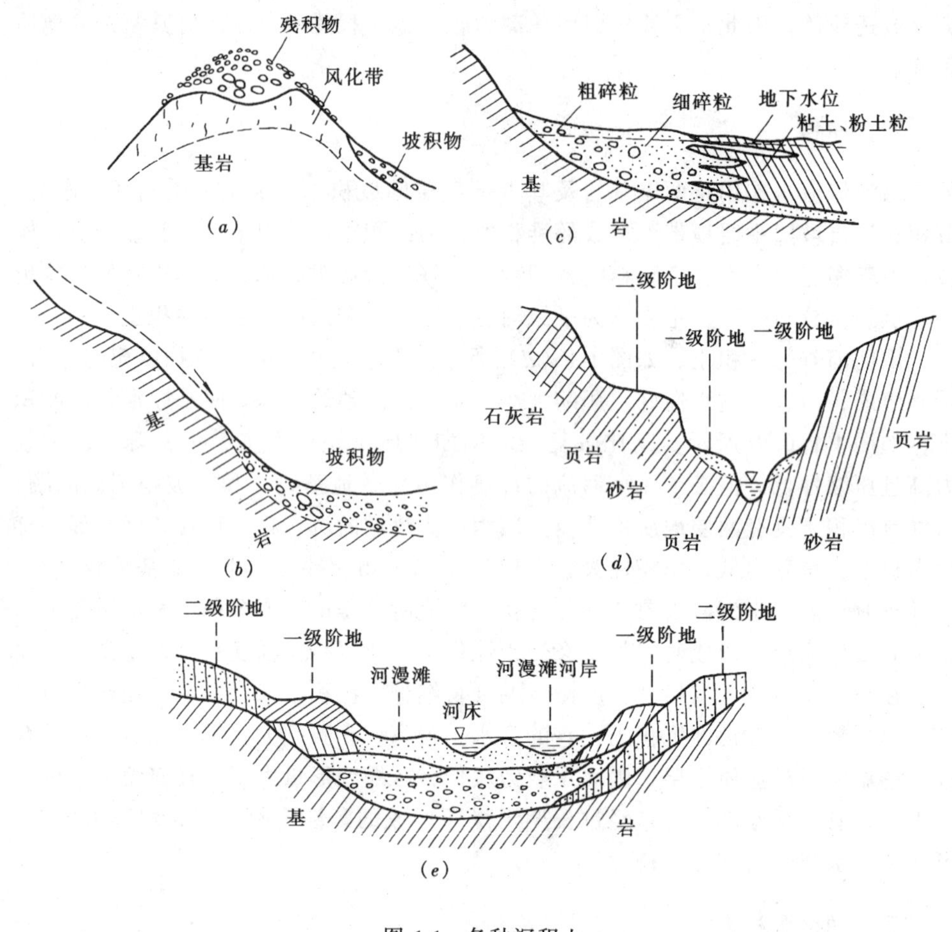

图 1-1　各种沉积土

(a) 残积土；(b) 坡积土；(c) 洪积土；
(d) 山区河谷冲积土横断面；(e) 平原河谷冲积土横断面

的陆坡地带，水深约 200~1000m，宽度约 100~200km）及深海（水深超过 1000m 的海洋底盘）的沉积物主要为有机质软泥，成分均一。

六、湖泊沉积土

由湖浪、湖流、冲蚀高湖海地质作用而在湖中沉积的堆积土称湖泊沉积土，可分为湖边、湖心沉积土。

湖边沉积土主要是由湖浪冲蚀湖岸、破坏岸壁形成的碎屑物质组成，具有明显的斜层理构造，离湖岸越远、沉积物越细。近岸的沉积土主要有粗颗粒的卵石、圆砾、砂土，作为地基，具有较高的承载力；远岸的沉积土则主要有细颗粒的砂土、黏性土，承载力较前者低。湖心沉积土是由河流和湖流挟带的细小悬浮颗粒到达湖心后沉积，主要是黏土和淤泥，常夹有细砂粉砂薄层，该沉积土强度低，压缩性高。若湖泊逐渐淤塞后则可变成沼泽，形成沼泽土，它主要是由泥炭（有机物含量近60%以上）组成，其主要特征是：含水量极高，透水性极低，压缩性很高且不均匀，承载能力也很低，因此，不能作为天然地基。

此外还有冰积土和风积土。它们分别是在冰川地质作用和风的地质作用下形成的。

第三节　土　的　组　成

一般情况下，土是由固体颗粒（固相）、水（液相）和空气（气相）三相所组成。固体颗粒构成土的骨架，水和气体填充于孔隙中，故土为三相体系。当孔隙完全被水充满时为饱和土，孔隙被空气充满时称为干土。饱和土和干土是两种特殊情况的土，均为两相体系。

一、固体颗粒

固体颗粒是土的主要组成部分，是决定土的性质的主要因素。土颗粒的大小、形状、矿物成分及颗粒级配对土的物理力学性质有很大的影响。

1. 土的矿物成分

土粒的矿物有两类：一类是原生矿物，另一类是次生矿物。在粗粒土中主要含有原生矿物，原生矿物主要因岩石经物理风化后形成，其成分与母岩相同，常见的有石英、长石、云母等，它们的性质稳定；而次生矿物是岩石经化学风化后产生的新的矿物，如黏土矿物，常见的有蒙脱石、伊利石、高岭石。不同的矿物成分对土的性质有着不同的影响，其中以细粒组的矿物成分的影响最为明显，如土中蒙脱石含量较高时，就会遇水膨胀、失水收缩，给工程带来不利影响。

2. 土的颗粒级配

自然界中的土都是由大小不同的土粒组成的。随着土粒由粗变细，土可由无黏性变为有黏性，透水性也随之减小。当土粒的粒径在一定范围内变化时，这些土粒的性质接近，因此，可按适当的范围将不同粒径的土粒分成若干粒组，见表1-1。显然，土中所含各粒组的相对含量不同，土的工程性质也有所不同。

工程上，常以土中各粒组的相对含量（各粒组占土粒总重的百分数）表示土中颗粒大小的组成情况，即颗粒级配。颗粒级配可通过土的颗粒分析试验测定，其结果在半对数纸上绘出如图1-2所示的颗粒级配曲线 a、b。根据曲线的陡缓可进行粗略分析：如曲线平缓，表示粒径相差悬殊，土粒不均匀，即级配良好（图1-2中 a 线）；反之，曲线很陡，表示粒径均匀，级配不好（图1-2中 b 线）。在工程计算中常以不均匀系数 C_u 作为定量分析，表示颗粒的不均匀程度，即：

土粒粒组的划分　　表 1-1

粒组名称		粒径范围（mm）	一般特征
漂石或块石颗粒		> 200	透水性很大，无黏性，无毛细水
卵石或碎石颗粒		200 ~ 20	
圆砾或角砾颗粒	粗	20 ~ 10	透水性大，无黏性，毛细水上升高度不超过粒径大小
	中	10 ~ 5	
	细	5 ~ 2	
砂粒	粗	2 ~ 0.5	易透水，当混入云母等杂质时透水性减小，而压缩性增加；无黏性，遇水不膨胀，干燥时松散；毛细水上升高度不大，并随粒径变小而增大
	中	0.5 ~ 0.25	
	细	0.25 ~ 0.1	
	极细	0.1 ~ 0.075	
粉粒	粗	0.075 ~ 0.01	透水性小；湿时稍有黏性，遇水膨胀小，干时稍有收缩，毛细水上升高度较大较快，极易出现冻胀现象
	细	0.01 ~ 0.005	
黏粒		< 0.005	透水性很小；湿时有黏性、可塑性，遇水膨胀大，干时收缩显著；毛细水上升高度大，但速度较慢

注：1. 漂石、卵石和圆砾颗粒均呈一定的磨圆形状（圆形或亚圆形）；块石、碎石和角砾颗粒都带有棱角；
2. 黏粒或称黏土粒，粉粒或称粉土粒；
3. 黏粒的粒径上限也有采用 0.002mm 的。

$$C_u = \frac{d_{60}}{d_{10}} \tag{1-1}$$

式中 d_{60}——小于某粒径土的质量占土总质量 60%时的粒径，该粒径称为限定粒径；

d_{10}——小于某粒径土的质量占土总质量 10%时的粒径，该粒径称为有效粒径。

颗粒级配曲线越陡，不均匀系数 C_u 越小，表示土粒越均匀。工程上把 $C_u < 5$的土称为均匀的；$C_u > 10$ 的土视为不均匀的。不均匀土颗粒级配良好，作为填方或垫层材料时，易获得较好的压实效果。

二、土中水

水在土中存在的状态有三种：固态水、气态水和液态水。固态水是指在温度低于 0℃时土中水以冰的形式存在，形成冻土。结冻时由于水的冰晶体不断扩大，土体发生隆起，出现冻胀现象；当解冻时，土中积聚的冰晶体融化，土体又随之下陷，出现融陷现象，往往会使土体强度降低。气态水是指土中出现的水蒸气，对土的性质影响不大。液态水主要指土中的结合水和自由水。

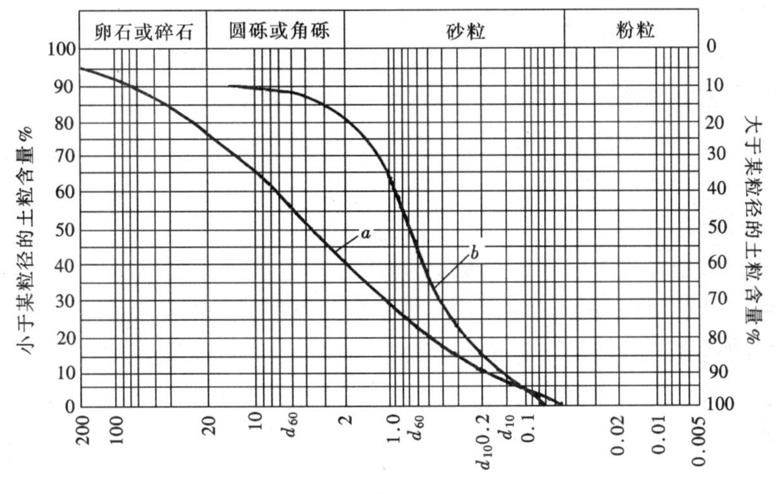

图 1-2 颗粒级配曲线

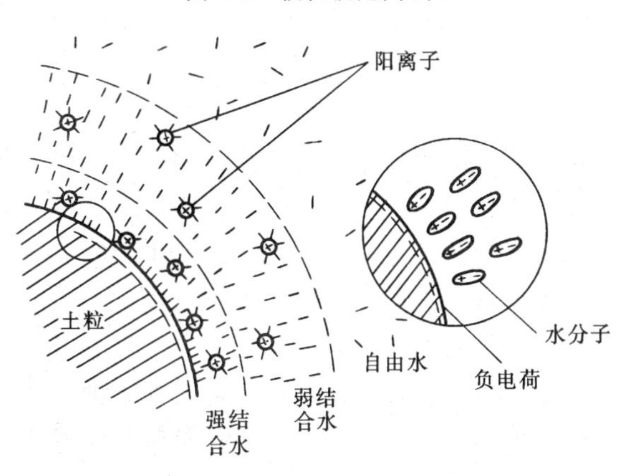

图 1-3 黏粒表面的水

1. 结合水

结合水是指土粒表面由电分子引力吸附着的土中水。研究表明，细小土粒与周围介质相互作用使其表面带负电荷，围绕土粒形成电场。在土粒电场范围内的水分子以及水溶液中的阳离子（如 Na^+、Ca^{2+}等）一起被吸附在土粒周围。水分子是极性分子，受电场作用而定向排列，且越靠近土粒表面吸附越牢固，随着距离的增大，吸附力减弱，活动性增大。因此结合水可分为强结合水和弱结合水，如图 1-3 所示。

(1) 强结合水

强结合水是受土粒表面强大的吸引力（可达几千个大气压力）作用而紧紧地

吸附在土粒表面的结合水。强结合水没有传递静水压力和溶解盐类的能力，温度达105℃以上时才能蒸发，冰点为 -78℃，密度为1.2~2.4g/cm^3，具有极大的黏滞性、弹性和抗剪强度，其力学性质接近固体。土粒越细，土的比表面越大，则吸着度越大。砂粒含的强结合水所占比例很小，当黏性土仅含强结合水时呈固体状态，磨碎后则呈粉末状态。

（2）弱结合水

弱结合水是在强结合水外吸附力稍低的一层水膜。其厚度比强结合水水膜大，受到电分子引力较小，具有黏滞性和抗剪强度，仍不能传递静水压力，但能从厚水膜向薄水膜处转移，直至平衡为止。黏性土的比表面较大，弱结合水水膜较厚，使黏性土具有可塑性。黏性土的一系列物理力学特性都与弱结合水的含量有关。砂土比表面小，含弱结合水少，故几乎不具可塑性。随着与土粒表面的距离增大，吸附力减小，弱结合水逐渐过渡为自由水。

2. 自由水

自由水是指在土粒表面电场影响范围以外的土中水，它能传递静水压力和溶解盐类，在0℃温度下结冰。自由水按其移动时所受作用力的不同，可分为重力水和毛细水。

（1）重力水

重力水是在土孔隙中受重力作用能自由流动的水，一般存在于地下水位以下的透水层中。重力水在土孔隙中流动时，产生动水压力，能带走土中细颗粒；在地下水位以下的土粒会受到重力水的浮力作用，使土中应力状态发生变化。施工时，重力水对基坑开挖、排水等方面均有很大影响。

（2）毛细水

毛细水是受水与空气界面的表面张力作用而存在于细孔隙中的自由水，一般存在于地下水位以上的透水层中。毛细水的上升高度视孔隙大小而定，粒径大于2mm的颗粒，孔隙较大，一般无毛细现象；极细小的孔隙，土粒周围有可能被结合水充满，亦无毛细现象。所以，毛细水主要存在于孔隙直径为0.002~0.5mm的砂土、粉土、粉质黏土的孔隙中。毛细水上升到地表会引起沼泽化、盐渍化，而且还会使地基润湿、降低强度、增大变形量，在寒冷地区还会加剧土的冻胀作用。在建筑工程中要注意毛细水的可能上升高度，采取一定的防潮、防冻胀的措施。

三、土中气体

土中气体存在于孔隙中未被水所占据的部位。与大气连通的气体（常见于粗粒土中）对土的性质影响不大；与大气隔绝的封闭气泡（常见于细粒土中）不易逸出，因而增大了土体的弹性和压缩性，降低了土的透水性。在淤泥和泥炭土层中，由于微生物的活动和分解，在土中产生一些可燃气体（如硫化氢、甲烷等），使土层不易压密而具高压缩性。

四、土的结构和构造

土的结构是指由土粒的大小、形状、表面特征、相互排列及其联结关系等因素形成的综合特征，可分单粒结构、蜂窝结构和絮状结构三种基本类型。

单粒结构是无黏性土的基本结构形式。因其颗粒较大，土粒的结合水很少，粒间没有联结力，有时仅会有微弱的毛细水联结。土粒间的排列紧密程度主要随其沉积条件的不同而异，如土粒沉积时受到波浪反复冲击推动作用，就会形成紧密的单粒结构，如图 1-4（*a*）所示。由于土粒排列紧密，在动、静荷载下都不会产生较大的沉降，因而应属强度大、压缩性小的良好天然地基。当土粒沉积速度快，如洪水冲积形成的砂层、砾石层，往往就形成疏松的单粒结构，如图 1-4（*b*）所示，因其土粒排列疏松，土中孔隙大，土粒骨架不稳定，在受到震动或其他外力作用时，土粒易发生移动，使土中孔隙减小，引起土的很大变形。因此，这种土层未经处理一般不宜作为建筑物的地基。饱和疏松的细砂、粉砂及粉土，在振动荷载作用下，会引起“液化”现象，在地震区将会引起震害。

（*a*）

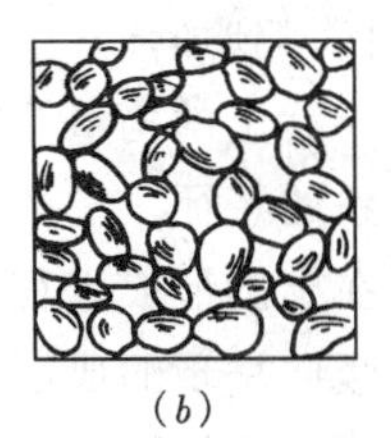
（*b*）

图 1-4　单粒结构
（*a*）紧密结构；（*b*）疏松结构

蜂窝结构是指粉粒（0.005～0.075mm）在水中沉积时，基本上是以单个土粒在自重作用下下沉，当碰到已沉积的土粒时，由于它们之间的相互引力大于其重力，土粒就停留在它们最初的接触点上而不再下沉，形成了具有很大孔隙的蜂窝结构，如图 1-5 所示。

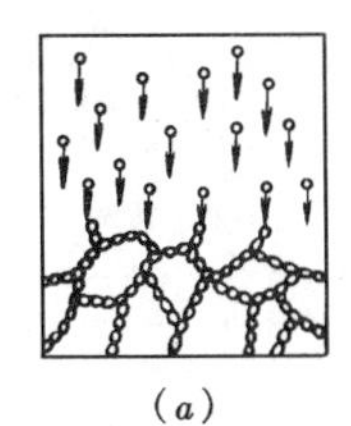
（*a*）

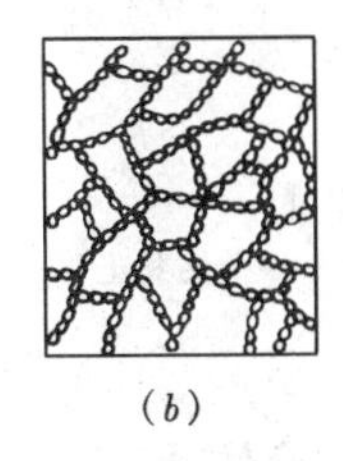
（*b*）

图 1-5　蜂窝结构
（*a*）颗粒正在沉积；（*b*）沉积完毕

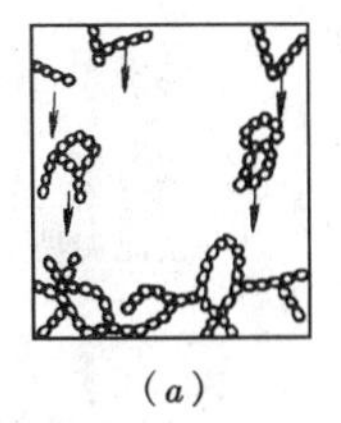
（*a*）

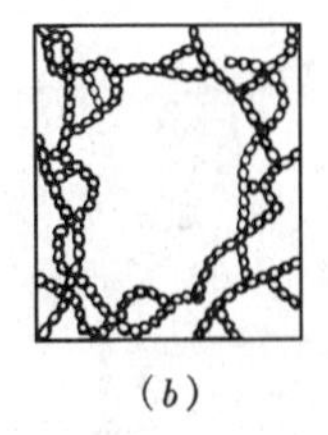
（*b*）

图 1-6　絮状结构
（*a*）絮状集合体正在沉积；（*b*）沉积完毕

絮状结构是由黏粒（粒径小于 0.005mm）集合体组成的结构形式。黏粒能够在水中处于悬浮状态，不会因单个的自重而下沉，当这些黏粒被带到电解质浓度较大的环境中（如海水），黏粒凝集成絮状的集合体，达到一定质量时就会相继下沉，与已沉积的絮状集合体接触，形成孔隙很大的絮状结构，如图 1-6 所示。

具有蜂窝结构和絮状结构的土，因粒间存在大量的微细孔隙，具有压缩性大、强度低、透水性小的特点。这类土还因土粒间的联结较弱且不甚稳定，当受到扰动时（如施工扰动影响），土粒接触点可能脱离，结构受到破坏，土的强度迅速降低；但土粒之间的联结力（结构强度）也会因长期的压密作用和胶结作用而得到加强。

土的构造是指土层中的物质成分和颗粒大小等都相近的各部分之间的相互关系的特征。土的构造最主要的特征是层状性，即层理构造，如图 1-7 所示。它是在土的形成过程中，由于不同阶段沉积的物质成分、颗粒大小或颜色不同，而沿竖向呈现的成层特征，常见的有水平层理构造和带有夹层、尖灭或透镜体等的交错层理构造。层理构造使土在垂直层理方向与平行层理方向性质不一，一般平行于层理方向的压缩模量与渗透系数往往大于垂直方向的。土的构造的另一特征是土的裂隙性，即裂隙构造。土体被许多不连续的小裂隙所分割，在裂隙中常填充有各种盐类的沉淀物，裂隙的存在破坏了土体的整体性，降低了土体的强度和稳定性，增大了其透水性，对工程不利。此外，土中的裹物（如腐殖物、贝壳、结构体等）以及天然或人为的孔洞等构造特征也会造成土的不均匀性。

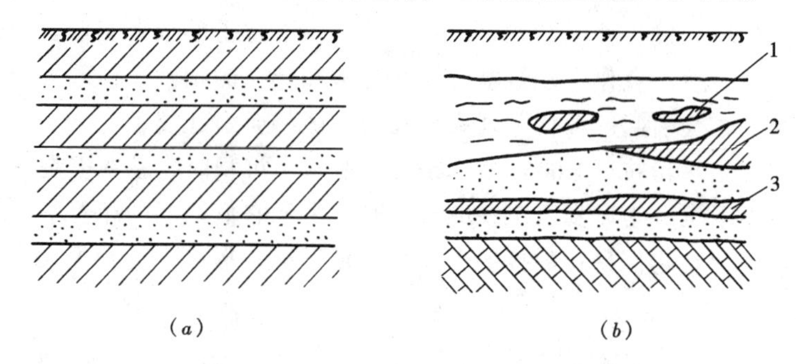

图 1-7 层理构造

（a）水平层理；（b）交错层理

1—淤泥夹黏土透镜体；2—黏土尖灭；3—砂土夹黏土层

第四节 土的物理性质指标

一般情况下，土是由固体颗粒、水、气体三相所组成，三部分之间比例不同，能反映出土的各种不同的物理性质和所处的状态，如软或硬、干或湿、松或密、轻或重。因此，我们可用三相的比例关系作为评定土的工程性质的定量指标。

为了方便说明和计算，将三相体系中分散的土颗粒、水和气体分别集中在一起，用质量和体积来表示，即土的三相简图，如图1-8所示。

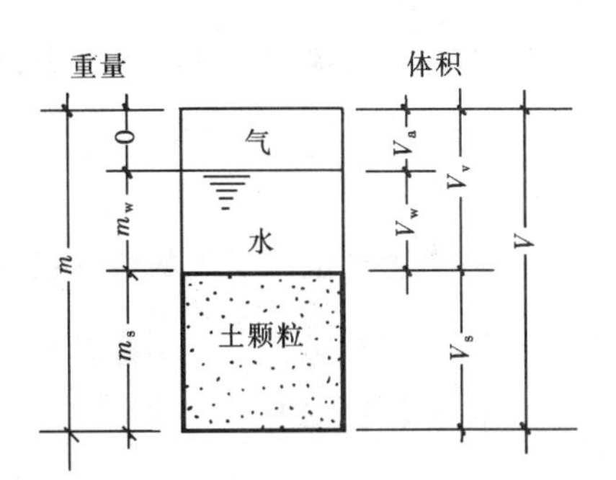

图 1-8　土的三相简图

m—土的总质量；m_s—土中颗粒质量；m_w—土中水的质量；V—土的总体积；V_s—土中颗粒体积；V_w—土中水的体积；V_v—土中孔隙体积；V_a—土中空气的体积

气体的质量比其他两部分质量小得多，可忽略不计。

一、土的含水特征指标

1. 土的含水量 w

土中水的质量与土粒质量之比的百分率，称为土的含水量，即

$$w = \frac{m_w}{m_s} \times 100\% \tag{1-2}$$

w 是表示土的湿度的一个重要指标。它与土的种类、埋藏条件和自然环境等因素有关，变化范围在20%～60%。含水量小，土较干，其强度就高。对于黏性土，随着含水量的增加，土由较干的坚硬状态变化为可塑状态，甚至为流塑状态。

土的含水量一般用“烘干法”测定，先称小块原状土样的湿土质量，然后置于烘箱内105℃恒温下烘干，再称干土质量，湿、干土质量之差与干土质量的比即为土的含水量。

2. 土的饱和度 S_r

土中水的体积与孔隙总体积之比的百分率，称为土的饱和度，即

$$S_r = \frac{V_w}{V_v} \times 100\% \tag{1-3}$$

S_r 表示土的潮湿程度，当 $S_r = 100\%$，表示土的孔隙中完全充满水，土处于完全饱和状态；当 $S_r = 0$ 时，土是完全干燥的。

二、土的孔隙特征指标

1. 土的孔隙比 e

土中孔隙体积与土的颗粒体积之比，称为土的孔隙比，即

$$e = \frac{V_v}{V_s} \tag{1-4}$$

e 是表示土的密实程度的一个很重要的指标。一般地，$e < 0.6$ 的土属密实的低压缩性土；$e > 1$ 的土是疏松的高压缩性土。

2. 土的孔隙率 n

土中孔隙的体积与土的总体积之比的百分率，即

$$n = \frac{V_v}{V} \times 100\% \tag{1-5}$$

三、土的单位体积重量特征指标

1. 土的天然密度 ρ、天然重度 γ

土在天然状态下单位体积的质量称为土的天然密度，即

$$\rho = \frac{m}{V} \quad (\mathrm{t/m^3},\ \mathrm{g/cm^3}) \tag{1-6}$$

土在天然状态下单位体积的重力称为土的天然重度，即

$$\gamma = \frac{mg}{V} = \rho g \quad (\mathrm{kN/m^3}) \tag{1-7}$$

式中 g——重力加速度，在本学科计算中可取 $g = 10\mathrm{m/s^2}$。

土的天然密度一般用环刀法测定，把圆环刀刃口向下放在土样上，将环刀垂直下压，并徐徐削去环力外围的土，使保持天然状态的土样压满环力容积内，称得土样的质量，求得它与环刀容积之比值即为天然密度。

2. 土的饱和密度 ρ_{sat}、饱和重度 γ_{sat}

土中孔隙全被水充满时，土单位体积的质量称为土的饱和密度，即

$$\rho_{sat} = \frac{m_s + V_v\rho_w}{V} \quad (\mathrm{t/m^3},\ \mathrm{g/cm^3}) \tag{1-8}$$

式中 ρ_w——水的密度，一般取 $\rho_w = 1\mathrm{t/m^3}$。

土中孔隙全被水充满时，土单位体积的重力称为土的饱和重度，即

$$\gamma_{sat} = \frac{m_s g + V_v \cdot \gamma_w}{V} = \rho_{sat} \cdot g \quad (\mathrm{kN/m^3}) \tag{1-9}$$

式中 γ_w——水的重度，近似地取 $\gamma_w = 10\mathrm{kN/m^3}$。

3. 土的干密度 ρ_d、干重度 γ_d

土单位体积中固体颗粒部分的质量称为土的干密度，即

$$\rho_d = \frac{m_s}{V} \quad (\mathrm{t/m^3}) \tag{1-10}$$

土单位体积中固体颗粒部分的重力称为土的干重度，即

$$\gamma_d = \frac{m_s}{V} \cdot g = \rho_d \cdot g \quad (\mathrm{kN/m^3}) \tag{1-11}$$

ρ_d 或 γ_d 越大，说明土越密度，因此在填土夯实工程中，常以此指标来控制土的施工质量。

4. 土的有效重度 γ'

在地下水位以下，由于土粒受到水的浮力作用，使土的重力减轻，土粒受到的浮力即等于同体积的水重力 $V_s\gamma_w$，水下土单位体积的有效重力称为土的有效重度，即

$$\gamma' = \frac{m_s \cdot g - V_s\gamma_w}{V} = \gamma_{sat} - \gamma_w \quad (kN/m^3) \tag{1-12}$$

5. 土粒的相对密度 d_s

土粒质量与同体积的4℃时纯水的质量之比称为土粒相对密度，即

$$d_s = \frac{m_s}{V_s\rho_w} = \frac{\rho_s}{\rho_w} \tag{1-13}$$

式中　ρ_s——土粒密度（t/m^3）。

d_s 取决于土的矿物成分和有机质含量，在试验室采用比重试验测定，一般土的 d_s 常在2.65~2.75之间。

以上的指标中，土的含水量 w、天然密度 ρ 和土粒的相对密度 d_s 直接用土工试验方法测定，它们是每种土必须测定的基本指标，其他指标为导出指标，可通过基本指标推导出来，见表1-2。

土的三相比例指标换算公式　　**表1-2**

名　称	符号	表达式	常用换算公式	单位	常见的数值范围
含水量	w	$w = \frac{m_w}{m_s} \times 100\%$	$w = \frac{S_r e}{d_s}$；$w = \frac{\gamma}{\gamma_d} - 1$		20%~60%
相对密度	d_s	$d_s = \frac{\rho_s}{\rho_w}$	$d_s = \frac{S_r e}{w}$		一般黏性土：2.70~2.75 砂　　土：2.65~2.69
密　度	ρ	$\rho = \frac{m}{V}$	$\rho = \frac{d_s + S_r e}{1+e}\rho_w$	t/m^3	$1.6 \sim 2.0t/m^3$
重　度	γ	$\gamma = \rho g$	$\gamma_d = \frac{d_s + S_r e}{1+e}\gamma_w$	kN/m^3	$16 \sim 20\ kN/m^3$
干土密度	ρ_d	$\rho_d = \frac{m_s}{V}$	$\rho_d = \frac{\rho}{1+w}$	t/m^3	$1.3 \sim 1.8t/m^3$
干土重度	γ_d	$\gamma_d = \rho_d g$	$\gamma_d = \frac{\gamma}{1+w}$	kN/m^3	$13 \sim 18\ kN/m^3$
饱和土密　度	ρ_{sat}	$\rho_{sat} = \frac{m_s + V_v\rho_w}{V}$	$\rho_{sat} = \frac{d_s + e}{1+e}\rho_w$	t/m^3	$1.8 \sim 2.3t/m^3$
饱和土重　度	γ_{sat}	$\gamma_{sat} = \rho_{sat} g$	$\gamma_{sat} = \frac{d_s + e}{1+e}\gamma_w$	kN/m^3	$18 \sim 23\ kN/m^3$
浮重度（有效重度）	γ'	$\gamma' = \frac{m_s - V_s\rho_w}{V}g$	$\gamma' = \gamma_{sat} - \gamma_w = \frac{d_s - 1}{1+e}\gamma_w$	kN/m^3	$8 \sim 13\ kN/m^3$

续表

名　称	符号	表达式	常用换算公式	单位	常见的数值范围
孔隙比	e	$e=\frac{V_v}{V_s}$	$e=\frac{d_s\rho_w}{\rho_d}-1$； $e=\frac{d_s(1+w)}{\rho}-1$		一般黏性土 $e=0.40\sim1.20$ 砂　土 $e=0.30\sim0.90$
孔隙率	n	$n=\frac{V_v}{V}\times100\%$	$n=\frac{e}{1+e}$		一般黏性土：30%～60% 砂　土：25%～45%
饱和度	S_r	$S_r=\frac{V_w}{V_v}$	$S_r=\frac{wd_s}{e}=\frac{w\rho_d}{n\rho_w}$		0～1.0

【例 1-1】 某原状土样的体积为 70cm^3，湿土质量为 126g，干土质量为 104.3g，土粒的相对密度为 2.68。求土样的天然密度 ρ、天然重度 γ、干重度 γ_d、有效重度 γ'、饱和重度 γ_{sat}、含水量 w 及孔隙比 e。

【解】 已知 $V=70\text{cm}^3$；$m=126\text{g}$；

$$m_s=104.3\text{g};\quad m_w=126-104.3=21.7\text{g}$$

由 $d_s=2.68$ 可知 $$V_s=\frac{m_s}{d_s\rho_w}=\frac{104.3}{2.68\times1.0}=38.91\text{cm}^3$$

所以 $$V_s=70-38.91=31.09\text{cm}^3$$

故 (1) $\rho=\frac{m}{V}=\frac{126}{70}=1.8\text{g/cm}^3$

(2) $\gamma=\rho g=1.8\times10=18\text{kN/m}^3$

(3) $\gamma_d=\frac{m_s g}{V}=\frac{104.3\times10}{70}=14.9\text{kN/m}^3$

(4) $\gamma_{sat}=\frac{m_s g+V_v\gamma_w}{V}=\frac{104.3\times10+31.09\times10}{70}=19.34\text{kN/m}^3$

(5) $\gamma'=\gamma_{sat}-\gamma_w=19.34-10=9.34\text{kN/m}^3$

(6) $w=\frac{m_w}{m_s}\times100\%=\frac{21.7}{104.3}\times100\%=20.81\%$

(7) $e=\frac{V_v}{V_s}=\frac{31.09}{38.91}=0.80$

第五节 无黏性土的物理特征

无黏性土一般指具有单粒结构的碎石土和砂土。无黏性土是一种无黏性的松散体，其密实程度对它的工程性质具有十分重要的影响。密实的无黏性土，其压缩性小，强度较高，为良好的天然地基；而处于疏松状态时，则是一种软弱地基，因此工程上把密实度作为评定无黏性土地基承载力的依据。

对于砂土的密实度，过去常用孔隙比或土的相对密实度的大小来评定，因考虑到原状砂样一般不易从现场获得，因此现行《建筑地基基础设计规范》（GB50007—2002）仍然采用标准贯入试验锤击数 N 来确定砂土的密实度（表 1-3）。

砂土密实度的划分　　**表 1-3**

砂土密实度	松　散	稍　密	中　密	密　实
N	$\leqslant 10$	$10 < N \leqslant 15$	$15 < N \leqslant 30$	> 30

注：1. N 系指未经修正的标准贯入试验锤击数；

2. 当用静力触探探头阻力判定砂土密实度时，可根据当地经验确定。

对于碎石土，因难以取样试验，为更加客观和可靠地反映碎石土的密实程度，《建筑地基基础设计规范》（GB50007—2002）规定，平均粒径小于等于 50mm 且最大粒径不超过 100mm 的卵石、碎石、圆砾、角砾，采用重型圆锥动力触探锤击数 $N_{63.5}$ 将其划分为密实、中密、稍密和松散四种状态（表 1-4），对平均粒径大于 50mm 或最大粒径大于 100mm 的碎石土，按表 1-5 鉴别其密实度。

碎石土的密实度　　**表 1-4**

重型圆锥动力触探锤击数	松　散	稍　密	中　密	密　实
$N_{63.5}$	$\leqslant 5$	$5 < N \leqslant 10$	$10 < N \leqslant 20$	> 20

碎石土密实度野外鉴别方法　　**表 1-5**

密实度	骨架颗粒含量和排列	可　挖　性	可　钻　性
密实	骨架颗粒含量大于总重的 70%，呈交错排列，连续接触	锹镐挖掘困难，用撬棍方能松动，井壁一般较稳定	钻进极困难，冲击钻探时，钻杆、吊锤跳动剧烈，孔壁较稳定
中密	骨架颗粒含量等于总重的 60% ~ 70%，呈交错排列，大部分接触	锹镐可挖掘，井壁有掉块现象，从井壁取出大颗粒处，能保持颗粒凹面形状	钻进较困难，冲击钻探时，钻杆、吊锤跳动不剧烈，孔壁有坍塌现象
稍密	骨架颗粒含量等于总重的 55% ~ 60%，排列混乱，大部分不接触	锹可以挖掘，井壁易坍塌，从井壁取出大颗粒后，砂土立即坍落	钻进较容易，冲击钻探时，钻杆稍有跳动，孔壁易坍塌
松散	骨架颗粒含量小于总重的 55%，排列十分混乱，绝大部分不接触	锹易挖掘，井壁极易坍塌	钻进很容易，冲击钻探时，钻杆无跳动，孔壁极易坍塌

注：1. 骨架颗粒系指与表 1-4 碎石土分类名称相对应粒径的颗粒；

2. 碎石土的密实度应按表列各项要求综合确定。

湿度对砂土的工程性质也有一定的影响。如饱和的细砂、粉砂，地震时易发生砂土液化；降水开挖基坑时有可能出现流砂现象。砂土的湿度根据饱和度划分成稍湿、很湿和饱和三种（表1-6)。

砂土湿度状态的划分　　**表1-6**

砂土湿度状态	稍　湿	很　湿	饱　和
饱和度 S_r（%）	$S_r \leqslant 50$	$50 < S_r \leqslant 80$	$S_r > 80$

第六节　黏性土的物理特征

一、黏性土的界限含水量

黏性土的含水量对土所处的状态影响很大，随着含水量的减少，土逐渐从流动状态经过可塑状态而变成半固态、固态，土的强度也随之增加。所谓可塑状态，就是当黏性土在某含水量范围内，可用外力塑成任何形状而不发生裂纹，当外力移去后仍能保持既得的形状，土的这种性能叫做可塑性。黏性土由一种状态转到另一种状态的分界含水量，称为界限含水量，它们对黏性土的分类及工程性质的评价有重要的意义。

黏性土由流动状态转变为可塑状态的界限含水量称为液限，用符号 w_L 表示；由可塑状态转变为半固态的界限含水量称为塑限，用符号 w_P 表示；黏性土的含水量逐步减小时，土的体积也在不断减小，直到土的体积不再减小时的界限含水量称为缩限，用符号 w_S 表示。黏性土这些状态与含水量的关系可用图1-9表示。从图1-9可见，当土的天然含水量 w 大于液限 w_L 时，土处于流动状态，此时土中含有大量自由水；当 w 在 w_L 与 w_P 之间时，土处于可塑状态，此时土中主要含弱结合水；当 w 在 w_P 与 w_S 之间时，土处于半固态，土中主要含强结合水和部分弱结合水；当 w 小于 w_S 时，土则处于固体状态，此时土中仅含有强结合水。

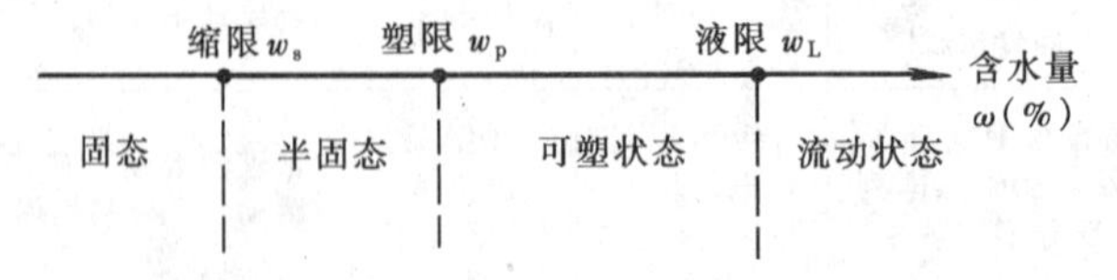

图1-9　黏性土状态与含水量的关系

目前，我国常采用锥式液限仪测定黏性土的液限 w_L，它是将调成浓糊状的土样装入试杯内，刮平杯口，把液限仪的圆锥体锥尖放在土样表面，如图1-10

所示。让它在重力作用下徐徐下沉，当锥体恰好沉入土样中10mm（锥体上的刻线刚好与土样表面齐平），这时对应的土的含水量就是液限。

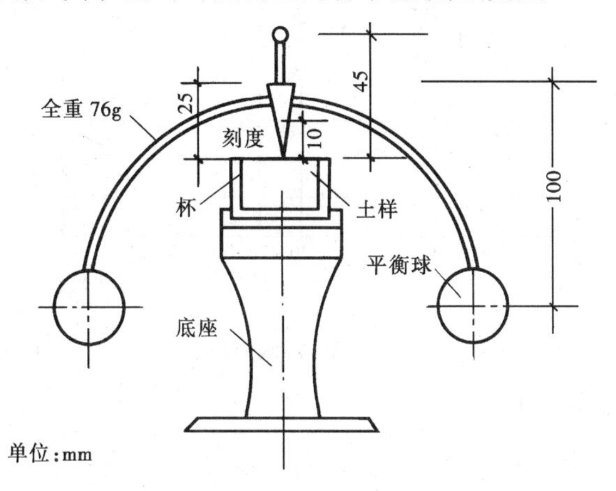

图1-10　锥式液限仪

我国《土工试验方法标准》（GBJ123—88）还介绍了用碟式液限仪测定黏性土的液限，如图1-11所示。该方法是将调成浓糊状的试样铺入铜碟前半部，刮

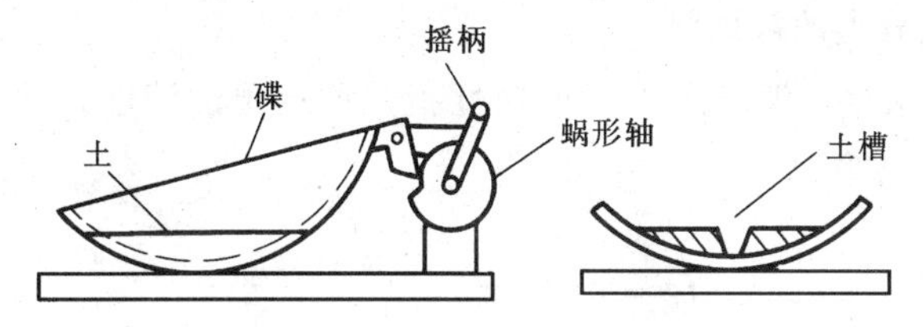

图1-11　碟式液限仪

平表面，试样厚度10mm，然后用开槽器经蜗形轴中心沿铜碟直径将试样划出V形槽，以每秒两转的速度转动摇柄，使铜碟反复起落，坠击于底座上，直至槽底两边试样的合拢长度为13mm，记录击数，并在槽的两边取试样测定含水量，取不同水量的试样，重复试验4～5次，然后在半对数坐标纸上绘出土样击数与含水量的关系曲线，如图1-12所示，取由线上击数为25时对应的整数含水量为该试样的液限。

塑限的测定一般采用搓条法。即将土样先捏成小圆球，再在毛玻璃上用手掌搓成小土条，若土条搓到直径为3mm时恰好开始断裂，这时断裂土条的含水量就是塑限。

二、塑性指数和液性指数

塑性指数是指液限与塑限的差值，即土处在可塑状态时的含水量的变化范

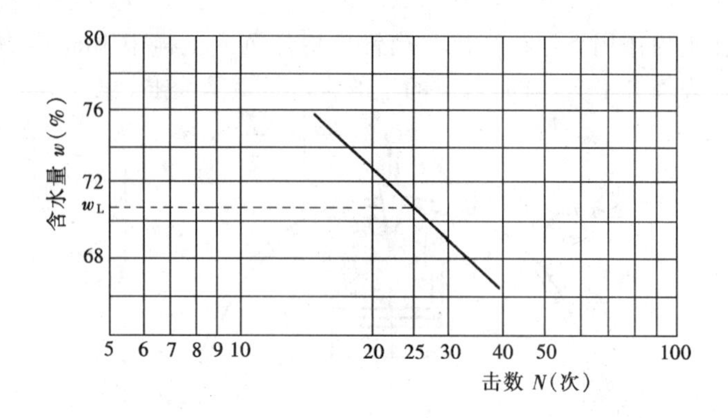

图 1-12　液限曲线

围，用符号 I_P 表示，即：

$$I_P = w_L - w_P \tag{1-14}$$

塑性指数以界限含水量去掉百分号的数值来计算，它的大小表明了土处于可塑状态的含水量变化的范围，在一定程度上反映了黏性土黏粒含量的多少以及黏粒的矿物成分，即它能反映土粒表面吸附结合水能力的强弱，因此，塑性指数 I_P 可作为黏性土分类的依据。

土的天然含水量与塑限之差除以塑性指数称为土的液性指数，用符号 I_L 表示，即：

$$I_L = \frac{w - w_P}{I_P} = \frac{w - w_P}{w_L - w_P} \tag{1-15}$$

液性指数是表示黏性土软硬程度的物理性质指标。例如，当 $I_L \leqslant 0$（即 $w < w_P$）时，土处于坚硬状态，当 $I_L > 1$（即 $w > w_L$）时，土则处于流塑状态。《建筑地基规范设计规范》（GB 50007—2002）按 I_L 将黏性土划分为五个状态（表1-7）。

黏性土的软硬状态按 I_L 划分　　**表 1-7**

状　态	坚　硬	硬　塑	可　塑	软　塑	流　塑
液性指数	$I_L \leqslant 0$	$0 < I_L \leqslant 0.25$	$0.25 < I_L \leqslant 0.75$	$0.75 < I_L \leqslant 1$	$I_L > 1$

三、黏性土的灵敏度与触变性

天然状态下的黏性土常具有一定的结构性。当黏性土受到外来因素的扰动时，土粒间的胶结物质以及土粒、离子、水分子所组成的平衡体系受到破坏，土的强度就会降低、压缩性增大，土的这种结构性对强度的影响可用灵敏度来衡量。黏性土的灵敏度是以天然结构的原状土的无侧限抗压强度与同一土经重塑（指含水量不变的条件下使土的结构彻底破坏后重新按原来的密度制备）后的无侧限抗压强度之比来表示，即

$$S_t = \frac{q_u}{q'_u} \tag{1-16}$$

式中　q_u——原状土试样的无侧限抗压强度；

q'_u——与原状土试样具有相同尺寸、密度和含水量的重塑土试样的无侧限抗压强度。

根据灵敏度可将黏性土分为低灵敏（$1 < S_t \leqslant 2$）、中灵敏（$2 < S_t \leqslant 4$）和高灵敏（$S_t > 4$）三类。土的灵敏度越高，土的结构性越强，受扰动后土的强度降低越多。因此，在施工时应特别注意保护基槽，尽量减少对土结构的扰动。

黏性土的结构受到扰动后，导致强度降低，但当扰动停止后，土的强度又会随时间而逐渐增加，这是由于土离子和水分子体系随时间又逐渐达到新的平衡状态。土的这种特性又称为触变性。例如，在黏性土中打桩时，桩侧土的结构受到破坏而强度降低，但在停止沉桩以后，强度又会逐渐恢复。因此，在压同一根桩时应尽量缩短接桩的停顿时间，相反，从成桩完毕到开始试桩则应给土一定的强度恢复的间歇时间。

第七节　地基土的分类

自然界中土的种类很多，工程性质各异，由于各部门对地基土的某些工程性质的重视程度和对土的用途不完全相同，所以制定分类标准时的着眼点也就不同。在建筑工程中，岩石和土是作为地基以承受建筑物的荷载，它们的工程性质（特别是承载力与变形特征）及其与地质成因的关系是地基岩、土工程分类的主要依据。

《建筑地基规范设计规范》（GB 50007—2002）将建筑地基的岩土分为岩石、碎石土、砂土、粉土、黏性土和人工填土六大类。

一、岩石

岩石是指颗粒间牢固联结，呈整体或具有节理裂隙的岩体，其分类有地质分类和工程分类。地质分类主要是根据地质成因、矿物成分、结构构造和风化程度。岩石按地质成因可分为岩浆岩、沉积岩和变质岩；按风化程度可分为未风化、微风化、中风化、强风化和全风化；依《岩土工程勘察规范》（GB50021—2001），岩石的风化特征可见表 1-8。按地质分类定名时可采用地质名称加风化程度表达，如强风化花岗岩、微风化砂岩等。

岩石按风化程度分类　　表 1-8

风化程度	野外特征	风化程度参数指标	
		波速比 K_v	风化系数 K_f
未风化	岩质新鲜，偶见风化痕迹	0.9～1.0	0.9～1.0
微风化	结构基本未变，仅节理面有渲染或略有变色，有少量风化裂隙	0.8～0.9	0.8～0.9
中等风化	结构部分破坏，沿节理面有次生矿物，风化裂隙发育，岩体被切割成岩块。用镐难挖，岩芯钻方可钻进	0.6～0.8	0.4～0.8
强风化	结构大部分破坏，矿物成分显著变化，风化裂隙很发育，岩体破碎，用镐可挖，干钻不易钻进	0.4～0.6	<0.4
全风化	结构基本破坏，但尚可辨认，有残余结构强度，可用镐挖，干钻可钻进	0.2～0.4	—
残积土	组织结构全部破坏，已风化成土状，锹镐易挖掘，干钻易钻进，具可塑性	<0.2	—

注：1. 波速比 K_v 为风化岩石与新鲜岩石压缩波速度之比；

2. 风化系数 K_f 为风化岩石与新鲜岩石饱和单轴抗压强度之比；

3. 岩石风化程度，除按表列野外特征和定量指标划分外，也可根据当地经验划分；

4. 花岗岩类岩石，可采用标准贯入试验划分，$N \geqslant 50$ 为强风化；$50 > N \geqslant 30$ 为全风化；$N < 30$ 为残积土；

5. 泥岩和半成岩，可不进行风化强度划分。

岩石的工程分类主要是依据岩体的工程性状，包括岩石的坚硬程度和岩体的完整程度。岩石的坚硬程度直接与地基的强度和变形性质有关，而岩体的完整性反映了它的裂隙性、破碎程度。它们对岩石强度和稳定性影响很大，尤其是对边坡和基坑工程更为突出。岩石的坚硬程度根据岩块的饱和单轴抗压强度 f_{rk} 按表 1-9 划分，当缺乏 f_{rk} 资料或不能进行该项试验时，可在现场通过观察按表 1-10 定性划分。岩石的完整程度按表 1-11 划分，当缺乏试验数据时可按表 1-12 划分。

岩石坚硬程度的划分　　表 1-9

坚硬程度类别	坚硬岩	较硬岩	较软岩	软岩	极软岩
饱和单轴抗压强度标准值 f_{rk}（MPa）	>60	$60 \geqslant f_{rk} > 30$	$30 \geqslant f_{rk} > 15$	$15 \geqslant f_{rk} > 5$	$\leqslant 5$

岩石坚硬程度的定性划分　　表 1-10

名称		定性鉴定	代表性岩石
硬质岩	坚硬岩	锤击声清脆，有回弹，震手，难击碎；基本无吸水反应	未风化～微风化的花岗岩、闪长岩、辉绿岩、玄武岩、安山岩、片麻岩、石英岩、硅质砾岩、石英砂岩、硅质石灰岩等
	较硬岩	锤击声较清脆，有轻微回弹，稍震手，较难击碎；有轻微吸水反应	1. 微风化的坚硬岩； 2. 未风化～微风化的大理岩、板岩、石灰岩、钙质砂岩等

续表

名称		定性鉴定	代表性岩石
软质岩	较软岩	锤击声不清脆，无回弹，较易击碎；指甲可刻出印痕	1. 中风化的坚硬岩和较硬岩； 2. 未风化～微风化的凝灰岩、千枚岩、砂质泥岩、泥灰岩等
	软岩	锤击声哑，无回弹，有凹痕，易击碎；浸水后手可掰开	1. 强风化的坚硬岩和较硬岩； 2. 中风化的较软岩； 3. 未风化～微风化的泥质砂岩、泥岩等
极软岩		锤击声哑，无回弹，有较深凹痕，手可捏碎；浸水后，可捏成团	1. 全风化的各种岩石； 2. 各种半成岩

岩体完整程度划分 **表 1-11**

完整程度等级	完整	较完整	较破碎	破碎	极破碎
完整性指数	>0.75	0.75～0.55	0.55～0.35	0.35～0.15	<0.15

注：完整性指数为岩体纵波波速与岩块纵波波速之比的平方。选定岩体、岩块测定波速时应注意其代表性。

岩体完整程度划分（缺乏试验数据时） **表 1-12**

名称	控制性结构面平均间距（m）	相应结构类型
完整	>1.0	整体状或巨厚层状结构
较完整	0.4～1.0	块状或厚层状结构
较破碎	0.2～0.4	裂隙块状、镶嵌状、中薄层状结构
破碎	<0.2	碎裂状结构、页状结构
极破碎	无序	散体状结构

二、碎石土

碎石土是指粒径大于2mm的颗粒含量超过全重50%的土。碎石土根据粒组含量及颗粒形状分为漂石或块石、卵石或碎石、圆砾或角砾，见表1-13。

碎石土的分类 **表 1-13**

土的名称	颗粒形状	粒组含量
漂石 块石	圆形及亚圆形为主 棱角形为主	粒径大于200mm的颗粒含量超过全重50%
卵石 碎石	圆形及亚圆形为主 棱角形为主	粒径大于20mm的颗粒含量超过全重50%
圆砾 角砾	圆形及亚圆形为主 棱角形为主	粒径大于2mm的颗粒含量超过全重50%

注：分类时应根据粒组含量栏从上到下以最先符合者确定。

三、砂土

砂土是指粒径大于2mm的颗粒含量不超过全重的50%，粒径大于0.075mm的颗粒超过全重50%的土。砂土根据粒组含量按表1-14分为砾砂、粗砂、中砂、细砂和粉砂。

碎石土的分类 表1-14

土的名称	粒组含量
砾砂	粒径大于2mm的颗粒含量占全重25%~50%
粗砂	粒径大于0.5mm的颗粒含量超过全重50%
中砂	粒径大于0.25mm的颗粒含量超过全重50%
细砂	粒径大于0.075mm的颗粒含量超过全重85%
粉砂	粒径大于0.075mm的颗粒含量超过全重50%

注：分类时应根据粒组含量栏从上到下以最先符合者确定。

【例1-2】 已知某土样不同粒组的重量占全重的百分比如下：粒径5~2mm占3.1%，2~1mm占6%，1~0.5mm占14.4%，0.5~0.25mm占41.5%，0.25~0.1mm占26%，0.1~0.075mm占9%，全重为100%，试确定土的名称。

【解】 对照表1-14，粒经大于2mm的占全重的3.1%<25%，不属于砾砂；粒径大于0.5mm的占全重的23.5%（14.4%+6%+3.1%=23.5%）<50%，不属于粗砂；粒径大于0.25mm的占全重的65%（23.5%+41.5%=65%）>50%，所以该土定名为中砂。

四、粉土

粉土是指塑性指数I_P小于等于10，且粒径大于0.075mm的颗粒含量不超过全重50%的土，其中，粒径小于0.005mm的颗粒含量超过全重10%的为黏质粉土。

粉土的性质介于砂土和黏性土之间，粉土的密实度与其天然孔隙比e有关，见表1-15。粉土的强度还与天然含水量有关，一般随含水量增加，即湿度增加，其强度随之降低，粉土的湿度划分见表1-16。从液化特性看，此类土易被液化；从工程中反映，此类土难以压实，不宜用石灰加固；在桩基工程中，从沉桩的难易程度看，不适宜采用压入法沉桩。

按孔隙比e确定粉土的密实度 表1-15

孔隙比e	$e<0.75$	$0.75\leqslant e\leqslant 0.09$	$e>0.9$
密实度	密实	中密	稍密

按含水量w确定粉土的湿度　表 1-16

含水量 w（%）	$w<20$	$20\leq w\leq 30$	$w>30$
湿度	稍湿	湿	很湿

五、黏性土

黏性土是指塑数性指数 I_P 大于 10 的土。

黏性土的工程性质与土的成因、生成年代的关系很密切，不同成因和不同年代的黏性土尽管某些物理性指标值可能很接近，但其工程性质可能相差很大。因而黏性土按沉积年代、塑性指数进行分类。

黏性土按塑性指数分类　表 1-17

土的名称	粉质黏土	黏　土
塑性指数	$10<I_p\leq 17$	$I_p>17$

按沉积年代，黏性土分为老黏性土、一般黏性土和新近沉积黏性土。老黏性土沉积年代久，距今大约 15 万年以上，工程性质较好，一般具有较高的强度和较低的压缩性。在我国分布面积最广，工程中遇到最多的是一般黏性土，它的沉积年代距今约 2.5 万年以上，其工程性质变化很大。而新近沉积黏性土一般都为欠固结土，强度低，压缩性大。黏性土也不能一概而论，研究表明，有些地区的老黏性土承载力不一定高于一般黏性土，而有些新近沉积的黏性土工程性能也不一定很差，应该根据当地实践经验确定。

按塑性指数 I_P 黏性土分为粉质黏土和黏土（表 1-17）。

六、人工填土

人工填土是由人类活动而堆填的土，按其组成和成因可分为素填土、杂填土、冲填土、压实填土。人工填土的物质成分杂乱，均匀性差，按堆积时间不同，可分为老填土和新填土，当作为地基时应慎重对待。

素填土是由碎石土、砂土、粉土、黏性土等组成的填土，其中不含杂质或含杂质很少，按其主要组成物质可分为碎石素填土、砂性素填土、粉性素填土及黏性素填土。压实填土即为经过压实或夯实的素填土。

杂填土为含有建筑垃圾、工业废料、生活垃圾杂物的填土。

冲填土是由水力冲填泥砂形成的填土。

除了以上六类土之外，还有一些具有特殊性质的土，如淤泥和淤泥质土、红黏土和次生红黏土、湿陷性黄土、膨胀土、冻土等。

淤泥为在静水或缓慢的流水环境中沉积，并经生物化学作用形成，其天然含水量大于液限，天然孔隙比大于或等于 1.5 的黏性土。天然含水量大于液限而天然孔隙比小于 1.5 但大于或等于 1.0 的黏性土或粉土应为淤泥质土。

红黏土为碳酸盐岩系的岩石经红土化作用形成的高塑性黏土，其液限一般大于50%。红黏土经再搬运后仍保留其基本特征，液限大于45%的土称为次生红黏土。

【例 1-3】 某土样的天然含水量 $w=46.2\%$，天然重度 $\gamma=17.15kN/m^3$，土粒相对密度 $d_s=2.74$，液限 $w_L=42.4\%$，塑限 $w_P=22.9\%$，试确定该土样的名称。

【解】 塑性指数

$$I_P = w_L - w_P = 42.4 - 22.9 = 19.5$$

液性指数

$$I_L = \frac{w - w_P}{w_L - w_P} = \frac{46.2 - 22.9}{19.5} = 1.19$$

孔隙比 $$e = \frac{d_s \gamma_\omega (1 + w)}{\gamma} - 1 = \frac{2.74 \times 10 \times (1 + 0.462)}{17.15} - 1 = 1.34$$

因 $I_p>17$，$I_L>1$，为处于流塑状态的黏土，又因为 $w>w_L$，$1.5>e>1$，故该土定名为淤泥质黏土。

思 考 题

1-1 土由哪几部分组成？土中三相比例的变化对土的性质有什么影响？

1-2 何谓土的不均匀系数？如何从颗粒级配曲线的陡或平缓来评价土的均匀性？

1-3 土中水有哪几种？结合水与自由水的性质有何不同？

1-4 土的三相指标有哪些？哪些指标可直接测定？哪些指标可由换算得到？

1-5 何谓土的塑性指数？塑性指数有何意义？

1-6 何谓土的液性指数？如何用液性指数描述土的物理状态？

1-7 地基土分为哪几类？分类的依据分别是什么？

习 题

1-1 一体积为100cm³的原状土样，其湿土质量为176g，经105℃烘干后质量为137g，土粒的相对密度为2.70。试求土的含水量 w、重度 γ、孔隙比 e、有效重度 γ' 和干重度 γ_d。

1-2 某土样处于完全饱和状态，土粒的相对密度为2.68，含水量为30%。试求土样的孔隙比 e 和重度 γ。

1-3 某土样的含水量为6%，密度为1.6g/cm³，土粒相对密度2.7，若孔隙比不变，使土样完全饱和，问在100cm³土样中应加多少水？

1-4 某无黏性土土样的颗粒分析结果见表1-18，试确定该土样的名称。

习题 1-4 附表　　表 1-18

粒径（mm）	20～2	2～0.5	0.5～0.25	0.25～0.075	0.075～0.05	<0.05
粒组含量（%）	6.5	13.7	27.5	38.2	8.9	5.2

1-5　某饱和原状土样，经试验测得其体积为100cm^3，湿土质量为185g，干土质量为135g，土粒的相对密度为2.67，土样的液限为38%，塑限为20%。

试求：(1) 土样的塑性指数 I_p、液性指数 I_L，并确定该土的名称和状态；

(2) 若将土样压实，使其干密度达到1.63t/m^3，此时土样的孔隙比减小多少？

第二章　地基中的应力和变形计算

学　习　要　点

本章主要讨论土中自重应力、附加应力、压缩性指标、沉降计算的分层总和法和规范法及地基变形与时间的关系。通过本章的学习，要求读者掌握自重应力和附加应力的分布规律及计算方法，熟练运用角点法计算矩形及条形基础均布荷载作用下地基中的附加应力，掌握土的压缩性指标的确定，会用分层总和法计算基础的最终沉降量。

正确理解地基中附加应力的分布规律及土的压缩性，了解饱和土在固结过程中土骨架和孔隙水压力的分担作用及地基变形与时间的关系。

第一节　概　　述

建筑物的荷载最终将通过基础底面传给地基。由于土颗粒的传递、扩散作用，将地基局部荷载分布到较广、较深的地基中，使地基中原有的应力状态发生变化，从而引起地基的变形，使基础产生沉降或不均匀沉降。如果基础的沉降或不均匀沉降超过了一定限度，就会导致建筑物的开裂、歪斜甚至破坏。因此，为了保证建筑物的正常使用和经济合理，在地基基础设计时，就必须计算地基的变形值，将这一变形值控制在容许的范围内，否则应采取必要的措施。

地基土产生变形的原因有两条，一是外因，即建筑物荷载作用使地基中产生附加应力；二是内因，即土本身具有压缩性。所以本章首先讨论地基中原有的自重应力、上部结构荷载传给地基的基底压力及由此在地基中引起的附加应力。地基变形计算中，除应研究土中应力外，还应研究土体的变形特性，即土的压缩性。

土中的应力的计算大多利用弹性理论求解，即假定地基土为均匀、连续、各向同性的半空间线性变形体。这样假设可使应力的计算简单，虽然这与地基土的实际性质不完全一致（地基土往往是成层的非均质各向异性体），但在实际工程中，地基中应力的变化范围不会很大，可以将土中应力与应变的关系近似为直线关系，由此引起的误差在工程上认为是容许的。而地基的变形则需利用某些简化假设来解决成层地基的计算问题。

另外，由于土体变形稳定经历的时间随所受荷载大小、土质情况等不同而有很大差异，所以还必须研究地基变形与时间的关系，本章仅对一维固结理论作一些简单介绍。

第二节　土中的自重应力

土中自重应力是指土的有效重量在土中产生的应力，它与是否修建建筑物无关，是始终存在于土体之中的。在计算自重应力时，可认为天然地面为一无限大的水平面，当土质均匀时，土体在自重力作用下，在任一竖直面都为对称面，土中没有侧向变形和剪切变形，只能产生垂直变形。因此，可以取一土柱作为脱离体来研究地面下深度 z 处的自重应力，当土的重度为 γ 时，该处的自重应力为：

$$\sigma_{cz} = \frac{\gamma z A}{A} = \gamma \cdot z \tag{2-1}$$

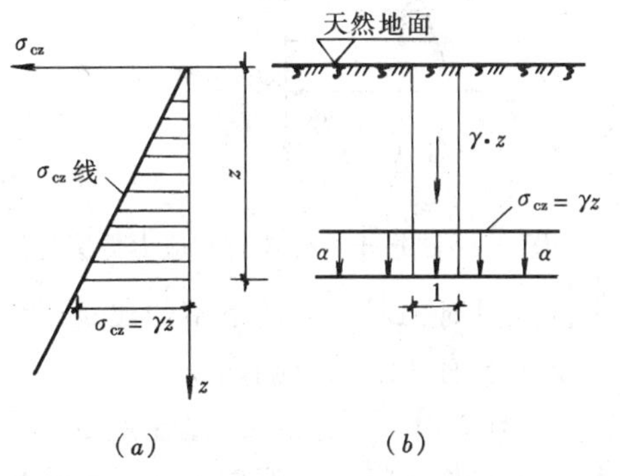

图 2-1　均质土中竖向自重应力
（a）σ_{cz}沿深度的分布；（b）任意水平面上的分布

侧向自重应力 σ_{cx}、σ_{cy}可根据广义虎克定律求得，即

$$\sigma_{cx} = \sigma_{cy} = K_0 \sigma_{cz} \tag{2-2}$$

式中　K_0——静止土压力系数。

当深度 z 范围内由多层土组成，则 z 处的竖向自重应力为各层土竖向自重应力之和，即

$$\sigma_{cz} = \gamma_1 h_1 + \gamma_2 h_2 + \cdots + \gamma_n h_n = \sum_{i=1}^{n} \gamma_i h_i \tag{2-3}$$

式中　n——从地面到深度 z 处的土层数；

γ_i——第 i 层土的重度（kN/m^3），地下水位以下的土，受到水的浮力作用，减轻了土的重力，计算时应取土的有效重度 γ'_i 代替 γ_i；

h_i——第 i 层土的厚度。

按式（2-3）计算出各土层分界处的自重应力，分别用直线连接，得出竖向自重应力分布图，如图 2-2 所示，应注意：对基岩或坚硬黏土层可视为不透水层，在不透水层中不存在水的浮力，所以其自重应力按上覆土层的水土总重力计算。

由 σ_{cz}分布图可知竖向自重应力的分布规律为：（1）土的自重应力分布线是一条折线，折点在土层交界处和地下水位处，在不透水层面处分布线有突变；（2）同一层土的自重应力按直线变化；（3）自重应力随深度增加而变大；（4）在

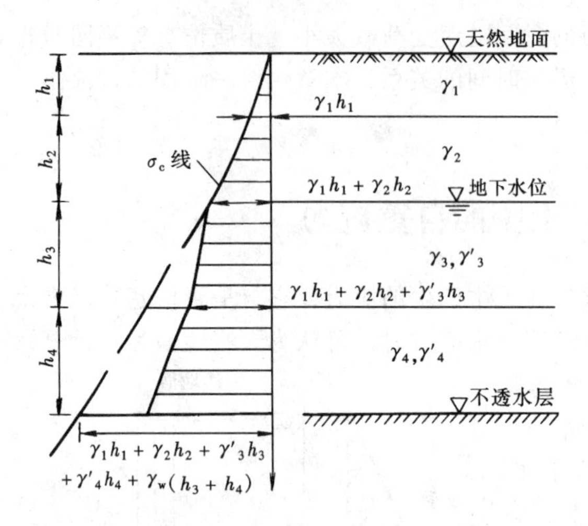

图 2-2　成层土中竖向自重应力沿深度的分布

同一平面，自重应力各点相等。

自然界中的天然土层，形成至今已有很长的时间，在本身的自重作用下引起的土的压缩变形早已完成，因此自重应力一般不会引起建筑物基础的沉降。但对于近期沉积或堆积的土层就应考虑由自重应力引起的变形。

此外，地下水位的升降会引起土中自重应力的变化。当水位下降时，原水位以下自重应力增加，增加值可看做附加应力，因此会引起地表或基础的下沉；当水位上升时，对设有地下室的建筑或地下建筑工程地基的防潮不利，对黏性土的强度也会有一定的影响。

【例 2-1】　已知某地基土层剖面，如图 2-3 所示，求各层土的竖向自重应力及地下水位下降至淤泥层顶面时的竖向自重应力，并分别绘出其分布曲线。

【解】　$\sigma_{cz0} = 0$

$\sigma_{cz1} = 15.7 \times 0.5 = 7.85\text{kPa}$

$\sigma_{cz2} = 7.85 + 18 \times 0.5 = 16.85\text{kPa}$

$\sigma_{cz1} = 16.85 + (18 - 10) \times 3 = 40.85\text{kPa}$

$\sigma_{cz1}^{上} = 40.85 + (16.7 - 10) \times 7 = 87.75\text{kPa}$

$\sigma_{cz1}^{下} = 87.75 + 10 \times (3 + 7) = 187.75\text{kPa}$

当地下水位降至淤泥层顶面时：

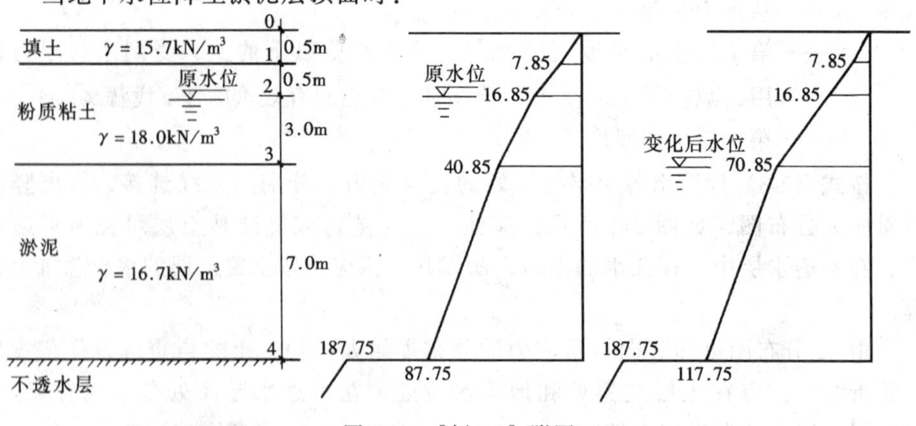

图 2-3　［例 2-1］附图

$\sigma_{cz1} = 7.85\text{kPa}$

$\sigma_{cz2} = 16.85\text{kPa}$

$\sigma_{cz1} = 16.85 + 18 \times 3 = 70.85\text{kPa}$

$\sigma_{cz1}^{上} = 70.85 + (16.7 - 10) \times 7 = 117.75\text{kPa}$

$\sigma_{cz1}^{下} = 117.75 + 10 \times 7 = 187.75\text{kPa}$

第三节　基底压力和基底附加压力

一、基底压力

在基础与地基之间接触面上作用着建筑物荷载通过基础传给地基的压力（方向向下），称为基底压力，同时也存在着地基对基础的反作用力（方向向上），称为基底反力，两者大小相等。

基底压力的分布形态与基础的刚度、地基土的性质、基础埋深以及荷载的大小等有关。当基础为绝对柔性基础时（即无抗弯强度），基础随着地基一起变形，中部沉降大，四周沉降小，其压力分布与荷载分布相同，如图 2-4（*a*）所示。如果要使柔性基础各点沉降相同，则作用在基础上的荷载必须是四周大而中间小，如图 2-4（*b*）所示。当基础为绝对刚性基础时（即抗弯刚度无限大），基底受荷后仍保持为平面，各点沉降相同，由此可知，基底的压力分布必是四周大而中间小，如图 2-4（*c*）中的虚线所示。由于地基土的塑性性质，特别是基础边缘地基土产生塑性变形后，基底压力发生重分布，使边缘压力减小，而边缘与中心之间的压力相应增加，压力分布呈马鞍形，如图 2-4（*c*）中的实线所示。随着荷载的增加，基础边缘地基土塑性变形区扩大，基底压力由马鞍形发展为抛物线形，甚至钟形，如图 2-5 所示。

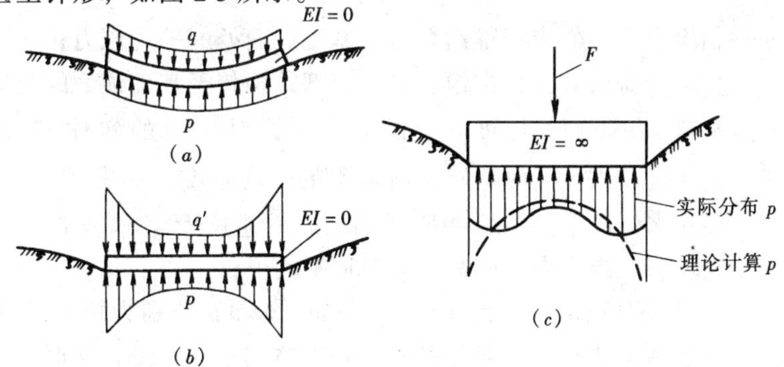

图 2-4　基础的基底反力和沉降

(*a*)绝对柔性基础荷载均匀时；(*b*)绝对柔性基础沉降均匀时；(*c*)绝对刚性基础

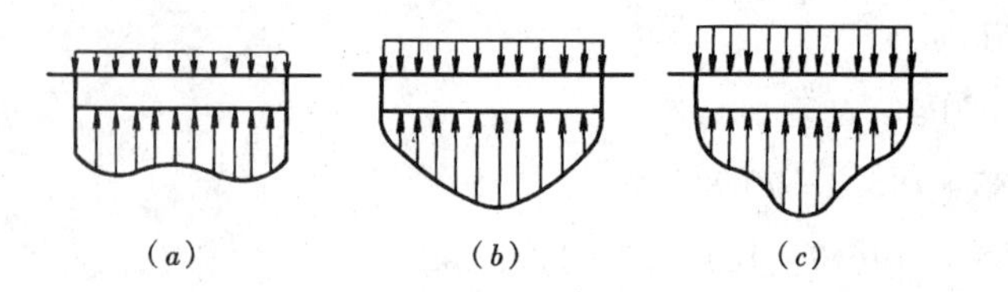

图 2-5　刚性基础基底压力的分布形态

(a) 马鞍形；(b) 抛物线形；(b) 钟形

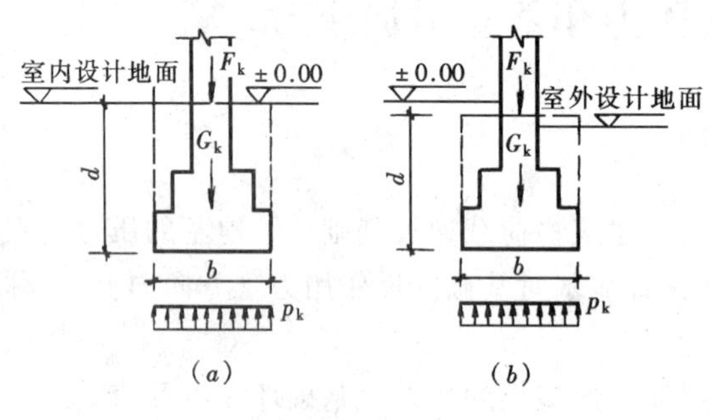

图 2-6　中心荷载下的基底反力分布

(a) 内墙或内柱基础；(b) 外墙或外柱基础

一般建筑物基础是介于柔性基础与绝对刚性基础之间而具有较大的抗弯刚度。作用在基础上的荷载，受到地基承载力的限制，一般不会很大；基础又有一定的埋深，因此基底压力分布大多属于马鞍形分布，并比较接近直线。工程中常将基底压力假定为直线分布，按材料力学公式计算基底压力，这样使得基底压力的计算大为简化。

二、基底压力简化计算

1. 中心荷载作用下的基础

中心荷载作用下的基础所受竖向荷载的合力通过基底形心，如图 2-6 所示，基底压力按下式计算：

$$P_k = \frac{F_k + G_k}{A} \tag{2-4}$$

式中　P_k——相应于荷载效应标准组合时，基础底面处的平均压力；

F_k——相应于荷载效应标准组合时，上部结构传至基础顶面的竖向力；

G_k——基础及其台阶上回填土的总重力，对一般的实体基础：$G_k = \gamma_G Ad$，其中 γ_G 为基础及回填土的平均重度，通常 $\gamma_G = 20\text{kN/m}^3$，但在水位以下部分应扣除浮力，有效重度 $\gamma'_G = 10\text{kN/m}^3$；$d$ 为基础埋深，当室内外标高不同时取平均值；

A——基础底面积，对矩形基础，$A = lb$，l 和 b 分别为矩形基础底面的长边和短边；对于条形基础，长度方向取 $l = 1\text{m}$，此时，F_k 和 G_k 则为相应值。

2. 偏心荷载作用下的基础

在单向偏心荷载作用下，设计时通常把基础长边方向与偏心方向一致，如图 2-7 所示，此时相应于荷载效应标准组合，两短边边缘最大压力值 p_{kmax}和最小压力值 p_{kmin}按材料力学偏心受压公式计算：

$$\frac{p_{kmax}}{p_{kmin}} = \frac{F_k + G_k}{A} \pm \frac{M_k}{W} \tag{2-5}$$

式中　M_k——相应于荷载效应标准组合时，作用在基底形心上的力矩值，$M_k = (F_k + G_k)e$，e 为偏心距；

W——基础底面的抵抗矩，$W = bl^2/6$。

F_k、G_k、A 符号意义同式（2-4）。

将偏心距 $e = \dfrac{M_k}{F_k + G_k}$代入式（2-5），得：

$$\frac{p_{kmax}}{p_{kmin}} = \frac{F_k + G_k}{A}\left(1 \pm \frac{6e}{l}\right) \tag{2-6}$$

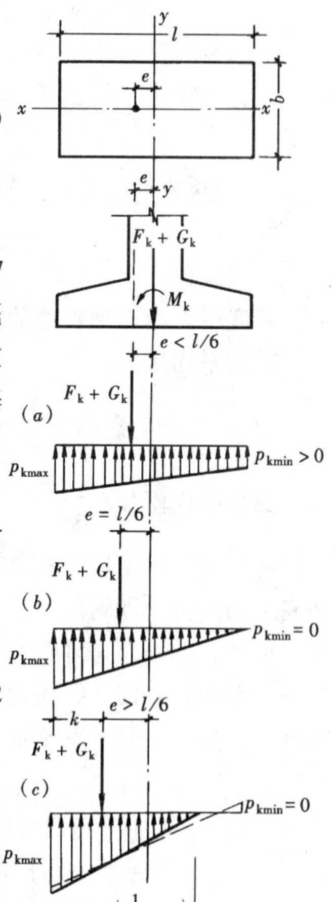

图 2-7　单向偏心荷载下的矩形基础的基底压力分布图

由式（2-6）可见，当 $e < l/6$ 时，p_{kmin}为正值，基底压力分布图呈梯形，如图 2-7（a）所示；当 $e = l/6$ 时，$p_{kmin} = 0$，基底压力分布呈三角形，如图 2-7（b）所示；当 $e > l/6$ 时，p_{kmin}为负值，表示基础底面与地基之间一部分出现拉应力，如图 2-7（c）中虚线所示。实际上，它们之间不会传递拉应力，此时基底与地基局部脱开，而使基底压力重新分布。因此，根据偏心荷载应与基底反力相平衡的条件，荷载合力（$F_k + G_k$）应通过三角形反力分布图的形心，如图 2-7（c）中实线所示，则基底边缘的最大压力 p_{kmax}为：

$$p_{kmax} = \frac{2(F_k + G_k)}{3kb} \tag{2-7}$$

式中　k——荷载作用点至基底边缘的距离，$k = l/2 - e$。

对于条形基础：

$$p_{kmax} = \frac{2(\overline{F}_k + \overline{G}_k)}{3k} \tag{2-8}$$

【例 2-2】　某构筑物基础，如图 2-8 所示，在设计地面标高处作用有偏心荷载 680kN，偏心距 1.31m，基础埋深为 2.0m，底面尺寸为 4m × 2m。试求基底平均压力 p_k 和边缘最大压力 p_{kmax}，并绘出沿偏心方向的基底压力分布图。

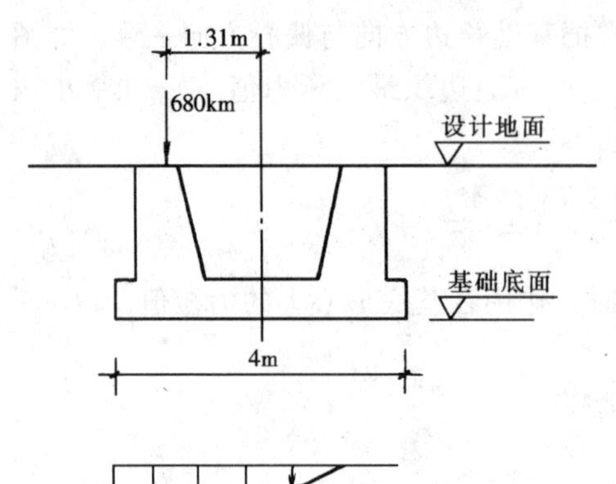

图 2-8　[例 2-2] 附图

【解】　作用在基底形心上的竖向力及填土重力：

$$G_k = 20 \times 4 \times 2 \times 2 = 320\text{kN}$$

$$F_k + G_k = 680 + 320 = 1000\text{kN}$$

作用在基础形心处的弯矩：

$$M_k = 680 \times 1.31 = 890.8\text{kN·m}$$

偏心距：

$$e = \frac{M_k}{F_k + G_k} = \frac{890.8}{1000} = 0.89\text{m} > \frac{l}{6} = 0.67\text{m}$$

p_{kmax}应按式（2-7）计算

$$k = \frac{l}{2} - e = \frac{4}{2} - 0.89 = 1.11\text{m}$$

$$p_{kmax} = \frac{2(F_k + G_k)}{3kb} = \frac{2 \times 1000}{3 \times 1.11 \times 2} = 300\text{kPa}$$

基底压力沿基础长边的作用范围：$3k = 3.33$m

基底平均压力：

$$p_k = \frac{1}{2}（p_{kmax} + p_{kmin}）= \frac{1}{2} \times 300 = 150\text{kPa}$$

三、基底附加压力

一般的天然土层，在自重应力的长期作用下，变形早已完成，只有新增加于基底上的压力（即附加压力）才能引起地基产生附加应力和变形。

通常，基础总是埋置在天然地面下一定深度处，该处原有的自重应力由于开挖基坑而卸除。因此，由建筑物建造后的基底压力中扣除基底标高处原有的土中自重应力后，才是基底平面处新增加于地基的附加压力 p_0，如图 2-9 所示，即

$$p_0 = p - \sigma_c = p - \gamma_0 d \tag{2-9}$$

式中　p——对应于荷载效应准永久组合时的基底平均压力；

σ_c——基底处土的自重应力；

γ_0——基础底面标高以上天然土层的加权平均重度，$\gamma_0 = (\gamma_1 h_1 + \gamma_2 h_2 + \cdots + \gamma_n h_n) / (h_1 + h_2 + \cdots + h_n)$；

d——基础埋深，一般从天然地面算起，$d = (h_1 + h_2 + \cdots + h_n)$，$n$ 为 d 范围内的土层数。

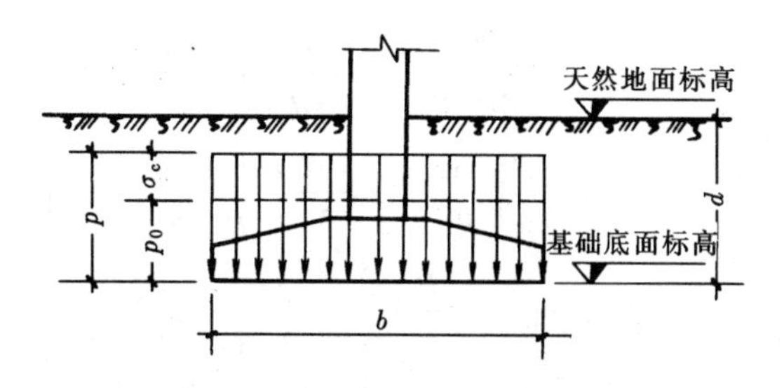

图 2-9　基底附加压力计算简图

第四节　地基中的附加应力

附加应力是由建筑物荷载或其他外荷载在地基内引起的应力。目前土中附加应力计算方法有两种：一种是弹性理论法；另一种是应力扩散法（在第六章叙述）。前者是将地基视作半无限均质弹性体，利用弹性力学的计算公式求解。

一、竖向集中力作用下的附加应力

竖向集中力作用于半空间表面，如图 2-10（a）所示，在半空间内任一点 M（x，y，z）引起的应力和位移解，由法国的布辛涅斯克（J.Boussinesq）根据弹性理论求得，其表达式如下：

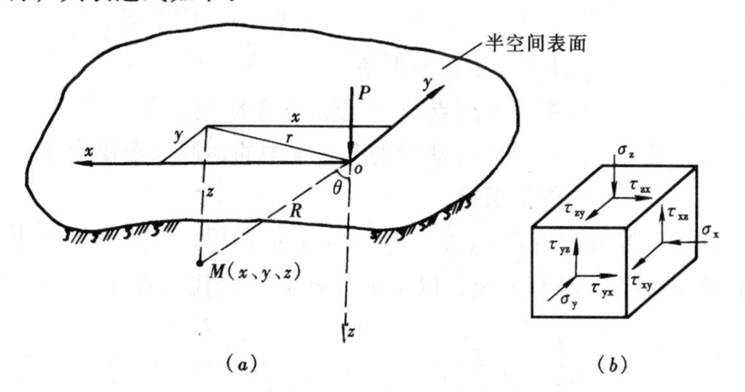

图 2-10　竖向集中力作用下的附加应力

（a）半空间任意点 M；（b）M 点处的微单元体

$$\sigma_x=\frac{3P}{2\pi}\left\{\frac{x^2z}{R^5}+\frac{1-2\mu}{3}\left[\frac{R^2-Rz-z^2}{R^3(R+z)}-\frac{x^2(2R+z)}{R^3(R+z)^2}\right]\right\} \tag{2-10a}$$

$$\sigma_y=\frac{3P}{2\pi}\left\{\frac{y^2z}{R^5}+\frac{1-2\mu}{3}\left[\frac{R^2-Rz-z^2}{R^3(R+z)}-\frac{y^2(2R+z)}{R^3(R+z)^2}\right]\right\} \tag{2-10b}$$

$$\sigma_z = \frac{3P}{2\pi}\frac{z^3}{R^5} = \frac{3P}{2\pi R^2}\cos^3\theta \tag{2-10c}$$

$$\tau_{xy} = \tau_{yz} = \frac{3P}{2\pi}\left[\frac{xyz}{R^5} - \frac{1-2\mu}{3}\frac{xy(2R+z)}{R^3(R+z)^2}\right] \tag{2-11a}$$

$$\tau_{yz} = \tau_{zy} = \frac{3P}{2\pi}\frac{yz^2}{R^5} = \frac{3Py}{2\pi R^3}\cos^2\theta \tag{2-11b}$$

$$\tau_{zx} = \tau_{xz} = \frac{3P}{2\pi}\frac{xz^2}{R^5} = \frac{2Px}{2\pi R^3}\cos^2\theta \tag{2-11c}$$

$$u = \frac{P(1+\mu)}{2\pi E}\left[\frac{xz}{R^3} - (1-2\mu)\frac{x}{R(R+z)}\right] \tag{2-12a}$$

$$v = \frac{P(1+\mu)}{2\pi E}\left[\frac{yz}{R^3} - (1-2\mu)\frac{y}{R(R+z)}\right] \tag{2-12b}$$

$$w = \frac{P(1+\mu)}{2\pi E}\left[\frac{z^2}{R^3} + 2(1-\mu)\frac{1}{R}\right] \tag{2-12c}$$

式中 σ_x、σ_y、σ_z——M 点平行于 x、y、z 轴的正应力；

τ_{xy}、τ_{yz}、τ_{zx}——M 点沿 x、y、z 轴的剪应力；

u、v、w——M 点沿 x、y、z 轴方向的位移；

R——集中力作用点至 M 点的距离：

$$R = (x^2 + y^2 + z^2)^{1/2} = (r^2 + z^2)^{1/2} = \frac{z}{\cos\theta};$$

θ——OM 线与 z 轴的夹角；

r——集中力作用点与 M 点的水平距离；

E——土的弹性模量（或土力学中的地基变形模量 E_0）；

μ——土的泊松比。

以上公式中，竖向正应力 σ_z 和竖向位移 w 最常用，以后计算土中附加应力时主要是计算 σ_z。为了计算方便，以 $R=(r^2+z^2)^{1/2}$代入式（2-10c）得：

$$\sigma_z = \frac{3P}{2\pi}\frac{z^3}{(r^2+z^2)^{5/2}} = \frac{3}{2\pi}\frac{1}{\left[\left(\frac{r}{2}\right)^2+1\right]^{5/2}}\frac{P}{z^2} \tag{2-13}$$

令

$$K = \frac{3}{2\pi}\frac{1}{\left[\left(\frac{r}{z}\right)^2+1\right]^{5/2}}$$

则

$$\sigma_z = K\frac{P}{z^2} \tag{2-14}$$

式中 K——集中荷载作用下的地基竖向附加应力系数，按 r/z 查表 2-1。

集中荷载作用下地基竖向附加应力系数 K　　表 2-1

r/z	K	r/z	K	r/z	K	r/z	K	r/z	K
0	0.4775	0.50	0.2733	1.00	0.0844	1.50	0.0251	2.00	0.0085
0.05	0.4745	0.55	0.2466	1.05	0.0744	1.55	0.0224	2.20	0.0058
0.10	0.4657	0.60	0.2214	1.10	0.0658	1.60	0.0200	2.40	0.0040
0.15	0.4516	0.65	0.1978	1.15	0.0581	1.65	0.0179	2.60	0.0029
0.20	0.4329	0.70	0.1762	1.20	0.0513	1.70	0.0160	2.80	0.0021
0.25	0.4103	0.75	0.1565	1.25	0.0454	1.75	0.0144	3.00	0.0015
0.30	0.3849	0.80	0.1386	1.30	0.0402	1.80	0.0129	3.50	0.0007
0.35	0.3577	0.85	0.1226	1.35	0.0357	1.85	0.0116	4.00	0.0004
0.40	0.3294	0.90	0.1083	1.40	0.0317	1.90	0.0105	4.50	0.0002
0.45	0.3011	0.95	0.0956	1.45	0.0282	1.95	0.0095	5.00	0.0001

利用式（2-14）可求出地基中任意点的附加应力值。如将地基划分为许多网格，并求出各网格点上的 σ_z 值，可绘出如图 2-11 所示的土中附加应力分布曲线。图 2-11（a）是在荷载轴线上及在不同深度的水平面上的 σ_z 分布，从图可见，在 $r=0$ 的荷载轴线上，随着 z 增大，σ_z 减小；当 z 不变，在荷载轴线上的 σ_z 最大，随着 r 增加，K 值变小，σ_z 也变小。图 2-11（b）是将 σ_z 值相等的点连接所得的曲线，称 σ_z 等值线。从图 2-11 可见，它们均表明土中应力扩散的结果。

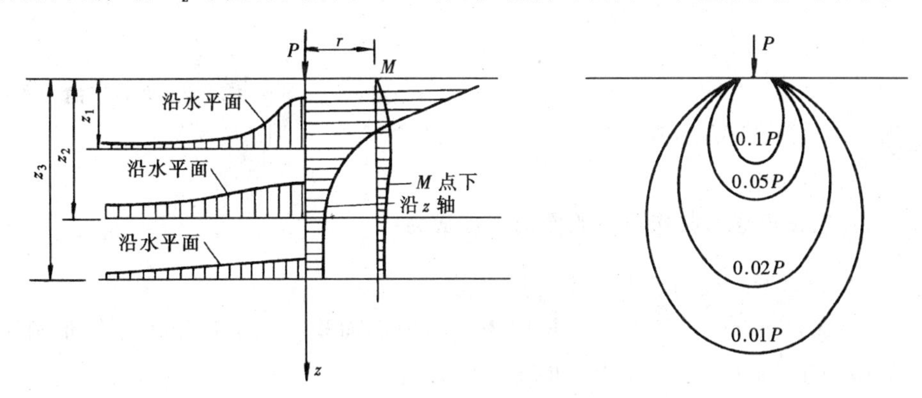

图 2-11　土中附加应力 σ_z 分布图

（a）一个集中力作用下不同深度上 σ_z 分布；（b）σ_x 等值线图

当有若干个竖向集中力 P_i 作用在地表面时，按叠加原理，地面下某深度处 M 点的 σ_z 应为各集中力单独作用时在 M 点所引起的竖向附加应力的总和，即：

$$\sigma_z = K_1\frac{P_1}{z^2} + K_2\frac{P_2}{z^2} + \cdots + K_n\frac{P_n}{z^2} = \frac{1}{z^2}\sum_{i=1}^{n}K_iP_i \tag{2-15}$$

式中　K_i——第 i 个集中力竖向附加应力系数，按 r_i/z 由表2-1查得，其中 r_i 是第 i 个集中力作用点至 M 点的水平距离。

当局部荷载的作用平面形状或分布值的大小不规则时，可将荷载面（或基础底面）分成若干个形状规则的单元，如图2-12所示，每个单元上的分布荷载近似地以作用在单元面积形心上的集中力（$P_i = A_i \times p_{0i}$）来代替，利用式（2-15）计算地基中某点 M 的竖向附加应力。这种方法称为等代荷载法。由于在集中力作用点处（$R=0$）σ_z 为无限大，因此，计算点 M 不应过于接近荷载面。一般当矩形单元的长边小于单元面积形心至计算点的距离的1/3（即 $R_i/l_i \geqslant 3$）时，其计算误差可不大于3%。

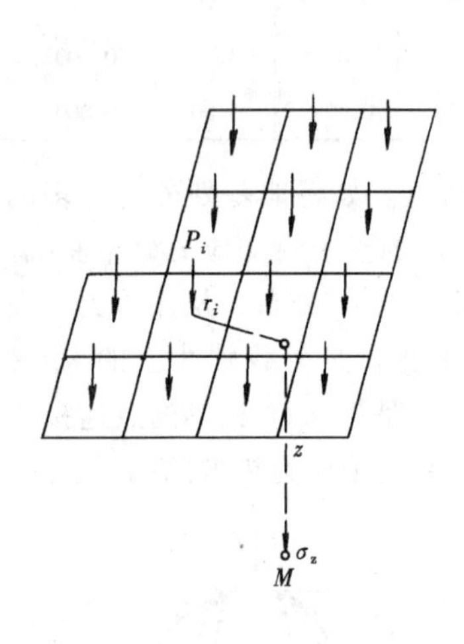

图2-12　等代荷载法计算 σ_z

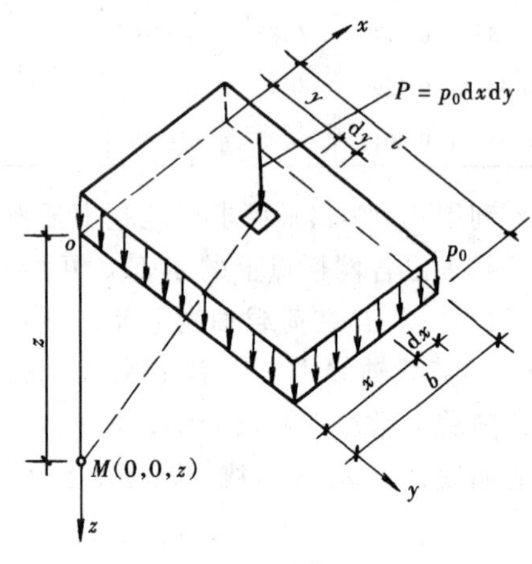

图2-13　均匀矩形荷载角点下的附加应力 σ_z

二、均布矩形荷载作用下的竖向附加应力

1. 均布矩形荷载角点下的竖向附加应力

在地基表面有一短边为 b、长边为 l 的矩形面积，其上作用均布矩形荷载 p_0，如图2-13所示，须求角点下的附加应力。

设坐标原点 o 在荷载面角点处，在矩形面积内取一微面积 $dxdy$，距离原点 o 为 x、y，微面积上的分布荷载以集中力 $P = p_0 dxdy$ 代替，则在角点下任意深度 z 处的 M 点，由该集中力引起的竖向附加应力 $d\sigma_z$，可由式（2-10c）导得：

$$d\sigma_z = \frac{3}{2\pi}\frac{p_0 z^3}{(x^2+y^2+z^2)^{5/2}}dxdy \tag{2-16}$$

将它对矩形荷载面 A 进行积分可得：

$$\sigma_z = \iint_A \mathrm{d}\sigma_z = \frac{3p_0z^3}{2\pi}\int_0^b\int_0^l \frac{1}{(x^2+y^2+z^2)^{5/2}}\mathrm{d}x\mathrm{d}y$$

$$= \frac{p_0}{2\pi}\left[\frac{blz(b^2+l^2+2z^2)}{(b^2+z^2)(l^2+z^2)\sqrt{b^2+l^2+z^2}} + \arctan\frac{bl}{z\sqrt{b^2+l^2+z^2}}\right] \quad (2\text{-}17)$$

令

$$K_c = \frac{1}{2\pi}\left[\frac{blz(b^2+l^2+2z^2)}{(b^2+z^2)(l^2+z^2)\sqrt{b^2+l^2+z^2}} + \arctan\frac{bl}{z\sqrt{b^2+l^2+z^2}}\right] \quad (2\text{-}18)$$

则

$$\sigma_z = K_c p_0 \quad (2\text{-}19)$$

式中 K_c——均布矩形荷载角点下竖向附加应力系数，按 l/b、z/b 查表 2-2。

均布矩形荷载角点下的竖向附加应力系数 K_c **表 2-2**

z/b	l/b											
	1.0	1.2	1.4	1.6	1.8	2.0	3.0	4.0	5.0	6.0	10.0	条形
0.0	0.250	0.250	0.250	0.250	0.250	0.250	0.250	0.250	0.250	0.250	0.250	0.250
0.2	0.249	0.249	0.249	0.249	0.249	0.249	0.249	0.249	0.249	0.249	0.249	0.249
0.4	0.240	0.242	0.243	0.243	0.244	0.244	0.244	0.244	0.244	0.244	0.244	0.244
0.6	0.223	0.228	0.230	0.232	0.232	0.233	0.234	0.234	0.234	0.234	0.234	0.234
0.8	0.200	0.207	0.212	0.215	0.216	0.218	0.220	0.220	0.220	0.220	0.220	0.220
1.0	0.175	0.185	0.191	0.195	0.198	0.200	0.203	0.204	0.204	0.204	0.205	0.205
1.2	0.152	0.163	0.171	0.176	0.179	0.182	0.187	0.188	0.189	0.189	0.189	0.189
1.4	0.131	0.142	0.151	0.157	0.161	0.164	0.171	0.173	0.174	0.174	0.174	0.174
1.6	0.112	0.124	0.133	0.140	0.145	0.148	0.157	0.159	0.160	0.160	0.160	0.160
1.8	0.097	0.108	0.117	0.124	0.129	0.133	0.143	0.146	0.147	0.148	0.148	0.148
2.0	0.084	0.095	0.103	0.110	0.116	0.120	0.131	0.135	0.136	0.137	0.137	0.137
2.2	0.073	0.083	0.092	0.098	0.104	0.108	0.121	0.125	0.126	0.127	0.128	0.128
2.4	0.064	0.073	0.081	0.088	0.093	0.098	0.111	0.116	0.118	0.118	0.119	0.119
2.6	0.057	0.065	0.072	0.079	0.084	0.089	0.102	0.107	0.110	0.111	0.112	0.112
2.8	0.050	0.058	0.065	0.071	0.076	0.080	0.094	0.100	0.102	0.104	0.105	0.105
3.0	0.045	0.052	0.058	0.064	0.069	0.073	0.087	0.093	0.096	0.097	0.099	0.099
3.2	0.040	0.047	0.053	0.058	0.063	0.067	0.081	0.087	0.090	0.092	0.093	0.094
3.4	0.036	0.042	0.048	0.053	0.057	0.061	0.075	0.081	0.085	0.086	0.088	0.089
3.6	0.033	0.038	0.043	0.048	0.052	0.056	0.069	0.076	0.080	0.082	0.084	0.084
3.8	0.030	0.035	0.040	0.044	0.048	0.052	0.065	0.072	0.075	0.077	0.080	0.080
4.0	0.027	0.032	0.036	0.040	0.044	0.048	0.060	0.067	0.071	0.073	0.076	0.076
4.2	0.025	0.029	0.033	0.037	0.041	0.044	0.056	0.063	0.067	0.070	0.072	0.073
4.4	0.023	0.027	0.031	0.034	0.038	0.041	0.053	0.060	0.064	0.066	0.069	0.070
4.6	0.021	0.025	0.028	0.032	0.035	0.038	0.049	0.056	0.061	0.063	0.066	0.067
4.8	0.019	0.023	0.026	0.029	0.032	0.035	0.046	0.053	0.058	0.060	0.064	0.064
5.0	0.018	0.021	0.024	0.027	0.030	0.033	0.043	0.050	0.055	0.057	0.061	0.062
6.0	0.013	0.015	0.017	0.020	0.022	0.024	0.033	0.039	0.043	0.046	0.051	0.052
7.0	0.009	0.011	0.013	0.015	0.016	0.018	0.025	0.031	0.035	0.038	0.043	0.045
8.0	0.007	0.009	0.010	0.011	0.013	0.014	0.020	0.025	0.028	0.031	0.037	0.039

续表

z/b	l/b											
	1.0	1.2	1.4	1.6	1.8	2.0	3.0	4.0	5.0	6.0	10.0	条形
9.0	0.006	0.007	0.008	0.009	0.010	0.011	0.016	0.020	0.024	0.026	0.032	0.035
10.0	0.005	0.006	0.007	0.007	0.008	0.009	0.013	0.017	0.020	0.022	0.028	0.032
12.0	0.003	0.004	0.005	0.005	0.006	0.006	0.009	0.012	0.014	0.017	0.022	0.026
14.0	0.002	0.003	0.004	0.004	0.004	0.005	0.007	0.009	0.011	0.013	0.018	0.023
16.0	0.002	0.002	0.003	0.003	0.003	0.004	0.005	0.007	0.009	0.010	0.014	0.020
18.0	0.001	0.002	0.002	0.002	0.003	0.003	0.004	0.006	0.007	0.008	0.012	0.018
20.0	0.001	0.001	0.002	0.002	0.002	0.002	0.004	0.005	0.006	0.007	0.010	0.015
25.0	0.001	0.001	0.001	0.001	0.001	0.002	0.002	0.003	0.004	0.004	0.007	0.013
30.0	0.001	0.001	0.001	0.001	0.001	0.001	0.002	0.002	0.003	0.003	0.005	0.011
35.0	0.000	0.000	0.001	0.001	0.001	0.001	0.001	0.002	0.002	0.002	0.004	0.009
40.0	0.000	0.000	0.000	0.000	0.001	0.001	0.001	0.001	0.001	0.002	0.003	0.008

2. 均布矩形荷载任意点下的竖向附加应力

在实际工程中常需求地基中任意点的附加应力。如图 2-13 所示的荷载平面，求 o 点下深度为 z 处 M 点的附加应力时，可通过 o 点将荷载面积划分为几块小矩形，并使每块小矩形的某一角点为 o 点，分别求每个小矩形块在 M 点的附加应力，然后将各值叠加，即为 M 点的最终附加应力值，这种方法称为角点法。

(1) 图 2-14 (a)，o 点在均布荷载的边界上，则

$$\sigma_z = (K_{c\text{I}} + K_{c\text{II}})p_0$$

式中，$K_{c\text{I}}$、$K_{c\text{II}}$ 分别表示相应于面积Ⅰ（$oabe$）和Ⅱ（$odce$）的角点下附加应力系数，必须注意，查表 2-2 时所取边长 l 和 b 应为划分后小矩形块的长边和短边，以下各种情况相同。

(2) 图 2-14 (b)，o 点在均布荷载面内，则

$$\sigma_z = (K_{c\text{I}} + K_{c\text{II}} + K_{c\text{III}} + K_{c\text{IV}})p_0$$

当 o 点位于荷载面中心时，$K_{c\text{I}} = K_{c\text{II}} = K_{c\text{III}} = K_{c\text{IV}}$，所以，$\sigma_z = 4K_{c\text{I}}p_0$。

(3) 图 2-14 (c)，o 点在荷载面边缘外侧，此时荷载面 $abcd$ 可以看成是由Ⅰ（$ofbg$）与Ⅱ（$ofah$）之差和Ⅲ（$oecg$）与Ⅳ（$oedh$）之差合成的，则

$$\sigma_z = (K_{c\text{I}} - K_{c\text{II}} + K_{c\text{III}} - K_{c\text{IV}})p_0$$

(4) 图 2-14 (d)，o 点在荷载角点外侧，把荷载面看成由Ⅰ（$ohce$）和Ⅳ（$ogaf$）两个面积中扣除Ⅱ（$ohbf$）和Ⅲ（$ogde$）而成的，则

$$\sigma_z = (K_{c\text{I}} - K_{c\text{II}} - K_{c\text{III}} + k_{c\text{IV}})p_0$$

【例 2-3】 三个宽度相同、长度不同的基础，它们的基底尺寸分别为 2m×2m、4m×2m、20m×2m，埋深都是 1m，地基土重度为 $18kN/m^3$。作用在基底面上的中心荷载（$F+G$）分别为 472kN、944kN、236kN/m，试求这三个基础中心点下 $z = 2m$ 处的竖向附加应力。

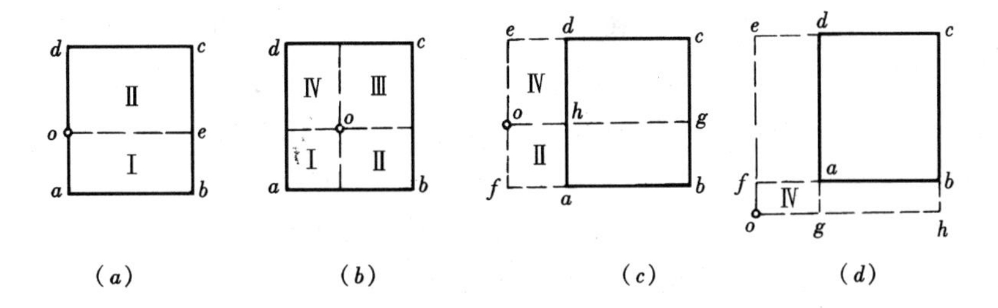

图 2-14　以角点法计算均布荷载下的地基附加应力

(a) 计算点 o 在荷载面边缘；(b) 计算点 o 在荷载面内；
(c) 计算点 o 在荷载面边缘外侧；(d) 计算点 o 在荷载面角点外侧

【解】　基础Ⅰ　$p_{01}=\dfrac{472}{2\times2}-18\times1=118-18=100\text{kPa}$

$$\frac{l}{b}=\frac{2/2}{2/2}=1\quad\frac{z}{b}=\frac{2}{2/2}=2\quad K_c=0.084$$

$$\sigma_{z1}=4K_cp_0=4\times0.084\times100=33.6\text{kPa}$$

基础Ⅱ　$p_{02}=\dfrac{944}{4\times2}-18\times1=118-18=100\text{kPa}$

$$\frac{l}{b}=\frac{4/2}{2/2}=2\quad\frac{z}{b}=\frac{2}{2/2}=2\quad K_c=0.120$$

$$\sigma_{z2}=4\times0.12\times100=48\text{kPa}$$

基础Ⅲ　$p_{03}=\dfrac{236}{2}-18\times1=118-18=100\text{kPa}$

$$\frac{l}{b}=\frac{20/2}{2/2}=10\quad\frac{z}{b}=\frac{2}{2/2}=2\quad K_c=0.137$$

$$\sigma_{z3}=4\times0.137\times100=54.8\text{kPa}$$

比较此例题的计算结果可知，在其他条件相同（p_0 相同，b 相同，z 相同）的条件下，基础中心点以下的附加应力随着基础长边与短边的比值增长而增大。因此，在基础设计施工中需要查明基础下一定深度范围的地基土是否存在有较软弱土层或其他异常情况，对于条形基础所需考虑的深度要比同宽度的柱基础深一些。

【例 2-4】　有相邻两荷载面 A 和 B（图 2-15），试计算 A 荷载面中点以下深度 $z=2\text{m}$ 处的附加应力。

【解】　(1) 基础 A 本身在中心点 o 下产生的附加应力：

$$\frac{l/2}{b/2}=\frac{1}{1}=1\quad\frac{z}{b/2}=\frac{2}{1}=2\quad K_c=0.084$$

$$\sigma_{zA}=4K_cp_{0A}=4\times0.084\times150=50.4\text{kPa}$$

(2) 基础 B 对基础 A 中心点产生的附加应力，应等于矩形Ⅰ（$odeh$）与Ⅱ

（*oabc*）在 *o* 点下的附加应力之和再减去矩形Ⅲ（*oadf*）与Ⅳ（*obeg*）在 *o* 点下的附加应力之和：

Ⅰ：$l/b = 6/4 = 1.5 \quad z/b = 2/4 = 0.5 \quad K_{c\text{I}} = 0.237$

Ⅱ：$l/b = 2/2 = 1 \quad z/b = 2/2 = 1 \quad K_{c\text{II}} = 0.175$

Ⅲ：$l/b = 4/2 = 2 \quad z/b = 2/2 = 1 \quad K_{c\text{III}} = 0.200$

Ⅳ：$l/b = 6/4 = 3 \quad z/b = 2/2 = 1 \quad K_{c\text{IV}} = 0.203$

$\sigma_{zB} = [0.237 + 0.175 - (0.200 + 0.203)] \times 300 = 2.76\text{kPa}$

最终：*A*、*B* 两基础在 *o* 点的共同影响为：

$$\sigma_z = \sigma_{zA} = \sigma_{zB} = 50.4 + 2.76 = 53.16\text{kPa}$$

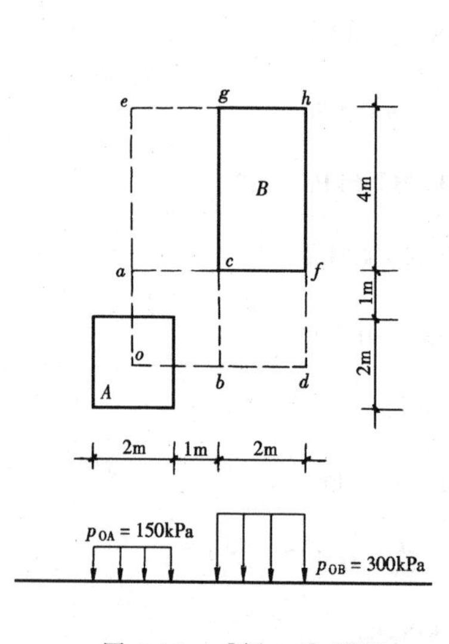

图 2-15　［例 2-4］附图

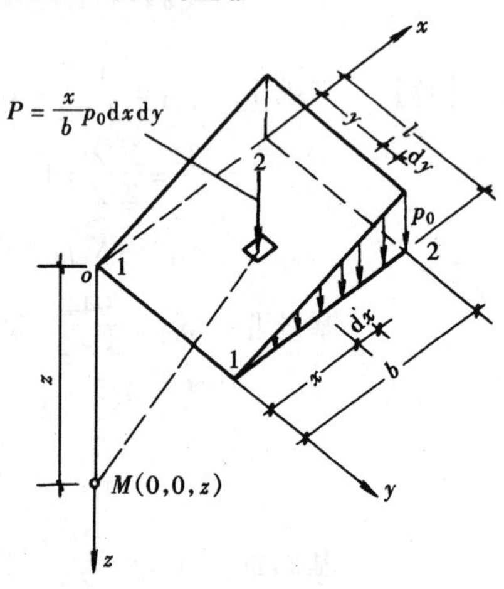

图 2-16　三角形分布矩形荷载角点下的附加应力 σ_z

三、三角形分布矩形荷载作用下的附加应力

由于弯矩作用，基底反力呈梯形分布，此时可采用均匀分布及三角形分布叠加。

设 *b* 边荷载呈三角形分布，另一 *l* 边的荷载分布不变，荷载最大值 p_0，如图 2-16 所示。取荷载零值边的角点 *o* 为坐标原点，在荷载面积内某点（*x*，*y*）取微面积 $\mathrm{d}x\mathrm{d}y$ 上的分布荷载用集中力（x/b）$p_0\mathrm{d}x\mathrm{d}y$ 代替，则角点 *o* 下深度 *z* 处的 *M* 点，由该集中力引起的附加应力 $\mathrm{d}\sigma_z^*$ 可按式（2-10*c*）计算：

$$\mathrm{d}\sigma_z = \frac{3}{2\pi}\frac{xp_0z^3}{b(x^2 + y^2 + z^2)^{5/2}}\mathrm{d}x\mathrm{d}y \tag{2-20}$$

在整个矩形面积进行积分，得：

$$\sigma_z = \iint_A d\sigma_z = \frac{3p_0 z^3}{2\pi b}\int_0^b\int_0^l \frac{x\,dx\,dy}{(x^2+y^2+z^2)^{5/2}}$$

$$= \frac{p_0 l}{2\pi b}\left[\frac{z}{\sqrt{b^2+l^2}} - \frac{z^3}{(b^2+z^2)\sqrt{b^2+l^2+z^2}}\right] = K_{t1} p_0 \tag{2-21}$$

式中　K_{t1}——角点1下的竖向附加应力系数，由 l/b 及 z/b 查表2-3；

l——三角形荷载分布不变化对应的边；

b——三角形荷载分布变化对应的边。

同理可求得最大荷载边角点下的附加应力为：

$$\sigma_z = K_{t2} p_0 \tag{2-22}$$

式中　K_{t2}——角点2下的附加应力系数，由 l/b 及 z/b 查表2-3。

三角形分布的矩形荷载角点下的竖向附加应力系数 K_{t1} 和 K_{t2}　表2-3

l/b	0.2		0.4		0.6		0.8		1.0	
z/b \ 点	1	2	1	2	1	2	1	2	1	2
0.0	0.0000	0.2500	0.0000	0.2500	0.0000	0.2500	0.0000	0.2500	0.0000	0.2500
0.2	0.0223	0.1821	0.0280	0.2115	0.0296	0.2165	0.0301	0.2178	0.0304	0.2182
0.4	0.0269	0.1094	0.0420	0.1604	0.0487	0.1781	0.0517	0.1844	0.0531	0.1870
0.6	0.0259	0.0700	0.0448	0.1165	0.0560	0.1405	0.0621	0.1520	0.0654	0.1575
0.8	0.0232	0.0480	0.0421	0.0853	0.0553	0.1093	0.0637	0.1232	0.0688	0.1311
1.0	0.0201	0.0346	0.0375	0.0638	0.0508	0.0852	0.0602	0.0996	0.0666	0.1086
1.2	0.0171	0.0260	0.0324	0.0491	0.0450	0.0673	0.0546	0.0807	0.0615	0.0901
1.4	0.0145	0.0202	0.0278	0.0386	0.0392	0.0540	0.0483	0.0661	0.0554	0.0751
1.6	0.0123	0.0160	0.0238	0.0310	0.0339	0.0440	0.0424	0.0547	0.0492	0.0628
1.8	0.0105	0.0130	0.0204	0.0254	0.0294	0.0363	0.0371	0.0457	0.0435	0.0534
2.0	0.0090	0.0108	0.0176	0.0211	0.0255	0.0304	0.0324	0.0387	0.0384	0.0456
2.5	0.0063	0.0072	0.0125	0.0140	0.0183	0.0205	0.0236	0.0265	0.0284	0.0313
3.0	0.0046	0.0051	0.0092	0.0100	0.0135	0.0148	0.0176	0.0192	0.0214	0.0233
5.0	0.0018	0.0019	0.0036	0.0038	0.0054	0.0056	0.0071	0.0074	0.0088	0.0091
7.0	0.0009	0.0010	0.0019	0.0019	0.0028	0.0029	0.0038	0.0038	0.0047	0.0047
10.0	0.0005	0.0004	0.0009	0.0010	0.0014	0.0014	0.0019	0.0019	0.0023	0.0024

l/b	1.2		1.4		1.6		1.8		2.0	
z/b \ 点	1	2	1	2	1	2	1	2	1	2
0.0	0.0000	0.2500	0.0000	0.2500	0.0000	0.2500	0.0000	0.2500	0.0000	0.2500
0.2	0.0305	0.2184	0.0305	0.2185	0.0306	0.2185	0.0306	0.2185	0.0306	0.2185
0.4	0.0539	0.1881	0.0543	0.1886	0.0545	0.1889	0.0546	0.1891	0.0547	0.1892
0.6	0.0673	0.1602	0.0684	0.1616	0.0690	0.1625	0.0694	0.1630	0.0696	0.1633
0.8	0.0720	0.1355	0.0739	0.1381	0.0751	0.1396	0.0759	0.1405	0.0764	0.1412
1.0	0.0708	0.1143	0.0735	0.1176	0.0753	0.1202	0.0766	0.1215	0.0774	0.1225
1.2	0.0664	0.0962	0.0698	0.1007	0.0721	0.1037	0.0738	0.1055	0.0749	0.1069
1.4	0.0606	0.0817	0.0644	0.0864	0.0672	0.0897	0.0692	0.0921	0.0707	0.0937

续表

z/b \ l/b 点	1.2		1.4		1.6		1.8		2.0	
	1	2	1	2	1	2	1	2	1	2
1.6	0.0545	0.0696	0.0586	0.0743	0.0616	0.0780	0.0639	0.0806	0.0656	0.0826
1.8	0.0487	0.0596	0.0528	0.0644	0.0560	0.0681	0.0585	0.0709	0.0604	0.0730
2.0	0.0434	0.0513	0.0474	0.0560	0.0507	0.0596	0.0533	0.0625	0.0553	0.0649
2.5	0.0326	0.0365	0.0362	0.0405	0.0393	0.0440	0.0419	0.0469	0.0440	0.0491
3.0	0.0249	0.0270	0.0280	0.0303	0.0307	0.0333	0.0331	0.0359	0.0352	0.0380
5.0	0.0104	0.0108	0.0120	0.0123	0.0135	0.0139	0.0148	0.0154	0.0161	0.0167
7.0	0.0056	0.0056	0.0064	0.0066	0.0073	0.0074	0.0081	0.0083	0.0089	0.0091
10.0	0.0028	0.0028	0.0033	0.0032	0.0037	0.0037	0.0041	0.0042	0.0046	0.0046

z/b \ l/b 点	3.0		4.0		6.0		8.0		10.0	
	1	2	1	2	1	2	1	2	1	2
0.0	0.0000	0.2500	0.0000	0.2500	0.0000	0.2500	0.0000	0.2500	0.0000	0.2500
0.2	0.0306	0.2186	0.0306	0.2186	0.0306	0.2186	0.0306	0.2186	0.0306	0.2186
0.4	0.0548	0.1894	0.0549	0.1894	0.0549	0.1894	0.0549	0.1894	0.0549	0.1894
0.6	0.0701	0.1638	0.0702	0.1639	0.0702	0.1640	0.0702	0.1640	0.0702	0.1640
0.8	0.0773	0.1423	0.0776	0.1424	0.0776	0.1426	0.0776	0.1426	0.0776	0.1426
1.0	0.0790	0.1244	0.0794	0.1248	0.0795	0.1250	0.0796	0.1250	0.0796	0.1250
1.2	0.0774	0.1096	0.0779	0.1103	0.0782	0.1105	0.0783	0.1105	0.0783	0.1105
1.4	0.0739	0.0973	0.0748	0.0982	0.0752	0.0986	0.0752	0.0987	0.0753	0.0987
1.6	0.0697	0.0870	0.0708	0.0882	0.0714	0.0887	0.0715	0.0888	0.0715	0.0889
1.8	0.0652	0.0782	0.0666	0.0797	0.0673	0.0805	0.0675	0.0806	0.0675	0.0808
2.0	0.0607	0.0707	0.0624	0.0726	0.0634	0.0734	0.0636	0.0736	0.0636	0.0738
2.5	0.0504	0.0599	0.0529	0.0585	0.0543	0.0601	0.0547	0.0604	0.0548	0.0605
3.0	0.0419	0.0451	0.0449	0.0482	0.0469	0.0504	0.0474	0.0509	0.0476	0.0511
5.0	0.0214	0.0221	0.0248	0.0265	0.0283	0.0290	0.0296	0.0303	0.0301	0.0309
7.0	0.0124	0.0126	0.0152	0.0154	0.0186	0.0190	0.0204	0.0207	0.0212	0.0216
10.0	0.0066	0.0066	0.0084	0.0083	0.0111	0.0111	0.0128	0.0130	0.0139	0.0141

四、均布圆形荷载作用下的附加应力

设圆形面积半径为 r_0，均布荷载 p_0 作用在半无限体表面上（图 2-17），求圆形面积中心点下深度 z 处的竖向附加应力。采用极坐标，原点设在圆心 o 处，在圆面积内取微面积 $\mathrm{d}A = r\mathrm{d}\theta\mathrm{d}r$，将作用在此微面积上的分布荷载以一集中力 $p_0\mathrm{d}A$ 代替，由此在 M 点引起的附加应力仍可按式（2-10c）计算：

$$\mathrm{d}\sigma_z = \frac{3p_0 r z^3 \mathrm{d}\theta \mathrm{d}r}{2\pi(r^2 + z^2)^{5/2}} \tag{2-23}$$

将上式积分得

$$\sigma_z = \iint_A \mathrm{d}\sigma_z = \frac{3p_0 z^3}{2\pi}\int_0^{2\pi}\int_0^{r_0} \frac{r\mathrm{d}\theta\mathrm{d}r}{(r^2 + z^2)^{5/2}}$$

$$= p_0\left[1 - \left(\frac{z^2}{z^2 + r_0^2}\right)^{3/2}\right] = K_0 p_0 \tag{2-24}$$

式中　K_0——均布圆形荷载中心点下的竖向附加应力系数，按 z/r_0 查表 2-4。

同理，可计算圆形荷载周边下的附加应力：

$$\sigma_z = K_t p_0 \tag{2-25}$$

式中　K_t——均布圆形荷载周边下的附加应力系数，按 z/r_0 查表 2-4。

均布圆形荷载中心点及圆周边下的附加应力系数 K_0、K_t　　表 2-4

z/r_0 \ 系数	K_0	K_t	z/r_0 \ 系数	K_0	K_t	z/r_0 \ 系数	K_0	K_t
0.0	1.000	0.500	1.6	0.390	0.244	3.2	0.130	0.103
0.1	0.999	0.482	1.7	0.360	0.229	3.3	0.124	0.099
0.2	0.993	0.464	1.8	0.332	0.217	3.4	0.117	0.094
0.3	0.976	0.447	1.9	0.307	0.204	3.5	0.111	0.089
0.4	0.949	0.432	2.0	0.285	0.193	3.6	0.106	0.084
0.5	0.911	0.412	2.1	0.264	0.182	3.7	0.100	0.079
0.6	0.864	0.374	2.2	0.246	0.172	3.8	0.096	0.074
0.7	0.811	0.369	2.3	0.229	0.162	3.9	0.091	0.070
0.8	0.756	0.363	2.4	0.211	0.154	4.0	0.087	0.066
0.9	0.701	0.347	2.5	0.200	0.146	4.2	0.079	0.058
1.0	0.646	0.332	2.6	0.187	0.139	4.4	0.073	0.052
1.1	0.595	0.313	2.7	0.175	0.133	4.6	0.067	0.049
1.2	0.547	0.303	2.8	0.165	0.125	4.8	0.062	0.047
1.3	0.502	0.286	2.9	0.155	0.119	5.0	0.057	0.045
1.4	0.461	0.270	3.0	0.146	0.113			
1.5	0.424	0.256	3.1	0.138	0.108			

五、线荷载作用下的地基附加应力

在地基表面作用一竖向线荷载 $\overline{p}$，设线荷载沿 y 轴均匀分布且为无限延伸，如图 2-18 所示，须求地基中某点 M 的附加应力。

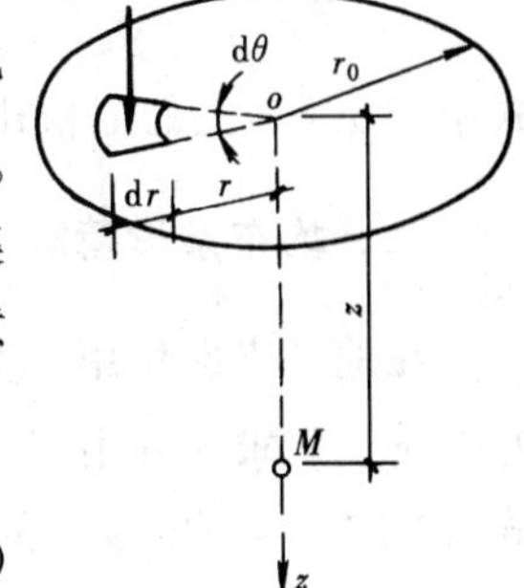

图 2-17　均布圆形荷载中点下的附加应力 σ_z

过 M 点作与 y 轴垂直的平面 xoz，且平面 xoy 位于地基表面，从图 2-18 可知，$R_1 = \sqrt{x^2 + z^2}$，$\cos\beta = z/R_1$。沿 y 轴取一微分长度 dy，在此微分段上的分布荷载以集中力 $P = \overline{p}\mathrm{d}y$ 代替，从而可用式（2-10c）求地基中任意点 M 处由 P 引起的附加应力：

$$\mathrm{d}\sigma_z = \frac{3\overline{p}}{2\pi}\frac{z^3}{R^5}\mathrm{d}y \tag{2-26}$$

将上式积分得：

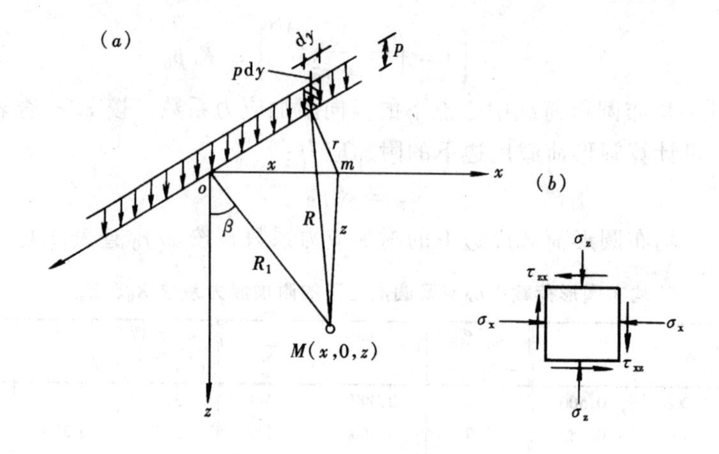

图 2-18　线荷载作用下的附加应力
(a) M 点的位置；(b) M 点的应力分量

$$\sigma_z = \int_{-\infty}^{\infty} \mathrm{d}\sigma_z = \int_{-\infty}^{\infty} \frac{3\overline{p}z^3}{2\pi R^5}\mathrm{d}y = \frac{2\overline{p}z^3}{\pi R_1^4} = \frac{2\overline{p}}{\pi z}\cos^4\beta \tag{2-27}$$

同理可得：

$$\sigma_x = \frac{2\overline{p}x^2z}{\pi R_1^4} = \frac{2\overline{p}}{\pi z}\cos^2\beta\sin^2\beta \tag{2-28}$$

$$\tau_{xz} = \tau_{xz} = \frac{2\overline{p}xz^2}{\pi R_1^4} = \frac{2\overline{p}}{\pi z}\cos^3\beta\sin\beta \tag{2-29}$$

由于线荷载沿 y 轴均匀分布且无限延伸，因此与 y 轴垂直的任何平面上的应力状态完全相同。根据弹性力学原理可得：

$$\tau_{xy} = \tau_{yx} = \tau_{yz} = \tau_{zy} = 0 \tag{2-30}$$

$$\sigma_y = \mu(\sigma_x + \sigma_z) \tag{2-31}$$

式中　μ——土的泊松比。

六、均布条形荷载作用下的附加应力

在地基表面作用一宽度为 b 的均布条形荷载 p_0，且沿 y 轴无限延伸，如图 2-19 所示，求地基中任一点 M 的附加应力时，可取 $\overline{p} = p_0\mathrm{d}\xi$ 作为线荷载，利用式 (2-27) ~ (2-29) 在宽度 b 范围内积分得：

$$\sigma_z = \int_{-b_1}^{+b_1} \frac{2p_0z^3\mathrm{d}\xi}{\pi[(x-\xi)^2+z^2]^2}$$

$$= \frac{p_0}{\pi}\left(\arctan\frac{b_1 - x}{z} + \arctan\frac{b_1 + x}{z}\right) - \frac{2p_0 b_1 z(x^2 - z^2 - b_1^2)}{\pi[(x^2 + z^2 - b_1^2)^2 + 4b_1^2 z^2]}$$

$$= K_{sz} p_0 \tag{2-32}$$

同理可得：

$$\sigma_x = K_{sx} p_0 \tag{2-33}$$

$$\tau_{xz} = \tau_{zx} = K_{sxz} p_0 \tag{2-34}$$

式中　K_{sz}、K_{sx}、K_{sxz}——σ_z、σ_x、σ_{xz}的附加应力系数，按 x/b、z/b 查表 2-5。

均布条形荷载下的附加应力系数 K_{sz}、K_{sx}、K_{sxz}　　　**表 2-5**

z/b	x/b																	
	0.00			0.25			0.50			1.00			1.50			2.00		
	K_{sz}	K_{sx}	K_{sxz}	K_{sz}	K_{sx}	K_{sxz}	K_{sz}	K_{sx}	K_{sxz}	K_{sz}	K_{sx}	K_{sxz}	K_{sz}	K_{sx}	K_{sxz}	K_{sz}	K_{sx}	K_{sxz}
0.00	1.00	1.00	0	1.00	1.00	0	0.50	0.50	0.32	0	0	0	0	0	0	0	0	0
0.25	0.96	0.45	0	0.90	0.39	0.13	0.50	0.35	0.30	0.02	0.17	0.05	0.00	0.07	0.01	0	0.04	0
0.50	0.82	0.18	0	0.74	0.19	0.16	0.48	0.23	0.26	0.08	0.21	0.13	0.02	0.12	0.04	0	0.07	0.02
0.75	0.67	0.08	0	0.61	0.10	0.13	0.45	0.14	0.20	0.15	0.22	0.16	0.04	0.14	0.07	0.02	0.10	0.04
1.00	0.55	0.04	0	0.51	0.05	0.10	0.41	0.09	0.16	0.19	0.15	0.16	0.07	0.14	0.10	0.03	0.13	0.05
1.25	0.46	0.02	0	0.44	0.03	0.07	0.37	0.06	0.12	0.20	0.11	0.14	0.10	0.12	0.10	0.04	0.11	0.07
1.50	0.40	0.01	0	0.38	0.02	0.06	0.33	0.04	0.10	0.21	0.08	0.13	0.11	0.10	0.10	0.06	0.10	0.07
1.75	0.35	—	0	0.34	0.01	0.04	0.30	0.03	0.08	0.21	0.06	0.11	0.13	0.09	0.10	0.07	0.09	0.08
2.00	0.31	—	0	0.31	—	0.03	0.28	0.02	0.06	0.20	0.05	0.10	0.14	0.07	0.10	0.08	0.08	0.08
3.00	0.21	—	0	0.21	—	0.02	0.20	0.01	0.03	0.17	0.02	0.06	0.13	0.03	0.07	0.10	0.04	0.07
4.00	0.16	—	0	0.16	—	0.01	0.15	—	0.02	0.14	0.01	0.03	0.12	0.02	0.05	0.10	0.03	0.05
5.00	0.13	—	0	0.13	—	—	0.12	—	—	0.12	—	—	0.11	—	—	0.09	—	—
6.00	0.11	—	0	0.10	—	—	0.10	—	—	0.10	—	—	0.10	—	—	—	—	—

若采用极坐标，如图 2-20 所示，在 x 轴上取一微分段长度 dx，在此微分段上分布荷载用线荷载 $\overline{p}$ 代替，则：

$$\overline{p} = p_0 dx = p_0 \frac{R_1 d\beta}{\cos\beta} = \frac{p_0 z}{\cos^2\beta} d\beta \tag{2-35}$$

将式（2-35）代入式（2-27），并积分得：

$$\sigma_z = \int_{\beta_1}^{\beta_2} \frac{2p_0}{\pi}\cos^2\beta d\beta = \frac{p_0}{\pi}[\sin\beta_2\cos\beta_2 - \sin\beta_1\cos\beta_1 + (\beta_2 - \beta_1)] \tag{2-36}$$

同理可得：

$$\sigma_x = \frac{p_0}{\pi}[-\sin(\beta_2 - \beta_1)\cos(\beta_2 - \beta_1) + (\beta_2 - \beta_1)] \tag{2-37}$$

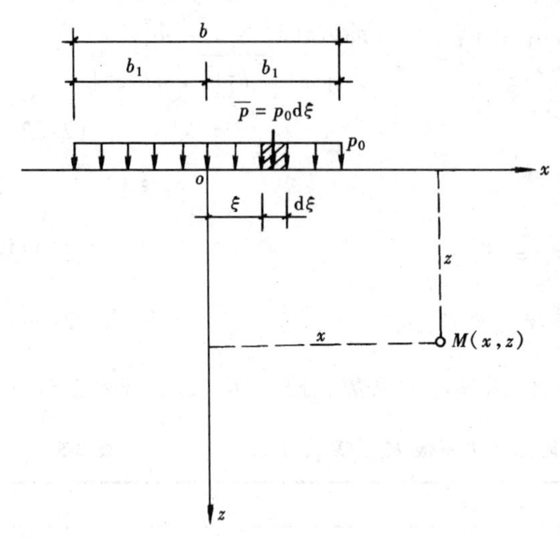

图 2-19　采用直角坐标时均布条形荷载作用下的附加应力 σ_z

$$\tau_{xz}=\tau_{zx}=\frac{p_0}{\pi}(\sin^2\beta_2-\sin^2\beta_1) \tag{2-38}$$

在式（2-36）~式（2-38）中，当 M 点位于荷载分布宽度两端点竖直线之外时，β_1、β_2 均取正值；反之，β_1 取负值，β_2 仍取正值。

将上述公式代入材料力学主应力公式，可得 M 点的大主应力 σ_1 和小主应力 σ_3 的表达式为：

$$\left.\begin{matrix}\sigma_1\\ \sigma_3\end{matrix}\right\}=\frac{\sigma_z+\sigma_x}{2}\pm\sqrt{\left(\frac{\sigma_z-\sigma_x}{2}\right)^2+\tau_{xz}^2}=\frac{p_0}{\pi}[(\beta_2-\beta_1)\pm\sin(\beta_2-\beta_1)] \tag{2-39}$$

令 $\beta_0=\beta_2-\beta_1$（β_0 称视角），则上式可写为：

$$\left.\begin{matrix}\sigma_1\\ \sigma_3\end{matrix}\right\}=\frac{p_0}{\pi}(\beta_0\pm\sin\beta_0) \tag{2-40}$$

σ_1 的方向同视角 β_0 的角平分线，而 σ_3 与 σ_1 相互垂直。

利用式（2-19）、（2-32）、（2-33）和式（2-34）可绘出 σ_z、σ_x 和 τ_{xz} 等值线图，如图 2-21 所示。对于均布条形荷载，$\sigma_z=0.1p_0$ 的影响深度为 $6b$，如图 2-21（a）所示；而均布方形荷载，$\sigma_z=0.1p_0$ 的影响深度仅 $2b$，如图 2-21（b）所示。这是由于在 p_0 及宽度相同的条件下，均布条形荷载面积较均布方形荷载的大，在相邻荷载作用下应力产生叠加的结果。图 2-21（c）、（d）是 σ_x 和 τ_{xz} 等值线，由图可见，在荷载边缘处有应力集中现象，因此，地基土的破坏首先出现在基础的边缘。

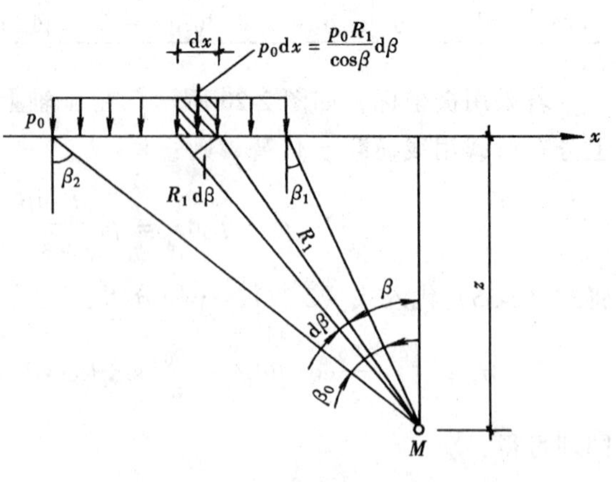

图 2-20　采用极坐标时均布条形荷载作用下的附加应力 σ_z

【例 2-5】　有一条形基础，

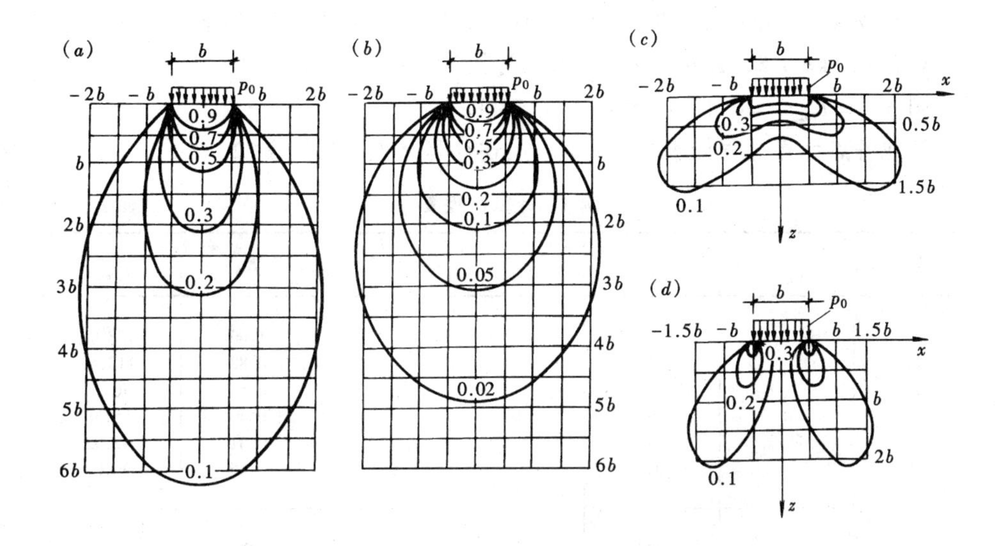

图 2-21 σ_z、σ_x、τ_{xz}等值线

(a) 均布条形荷载 σ_z 等值线；(b) 均布方形荷载 σ_z 等值线；

(c) 均布条形荷载 σ_x 等值线；(d) 均布条形荷载 τ_{xz}等值线

作用在基础上的轴力每延米为 500kN，基底宽度 $b=4\text{m}$，埋深 $d=1.8\text{m}$，埋深范围内土层情况如图 2-22 所示。原天然地面在图中设计地面以下 0.5m。试计算图中 0-5、6-11 及 8-8 剖面各点的附加应力 σ_z，并绘出附加应力分布图。

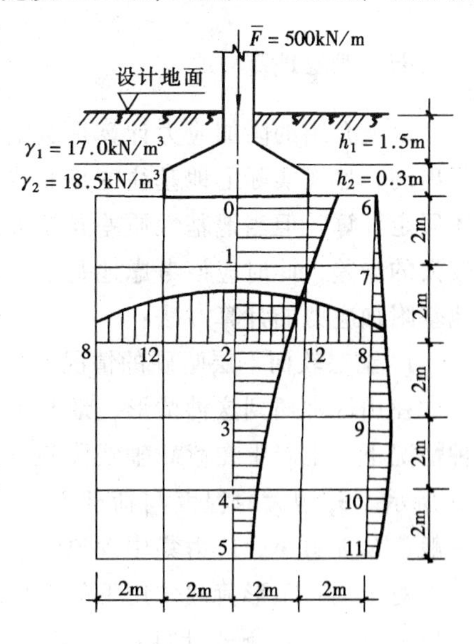

图 2-22 [例 2-5] 附图

【解】 (1) 计算基底压力

$$p=\frac{\overline{F}+\overline{G}}{b}=\frac{\overline{F}+\gamma_G bd}{b}$$

$$=\frac{500+20\times4\times1.8}{4}$$

$$=161.0\text{kPa}$$

(2) 计算埋深范围内土的加权平均重度

$$\gamma_0=\frac{\gamma_1h_1+\gamma_2h_2}{d}=\frac{17.0\times1.0+18.5\times0.3}{1.3}$$

$$=17.35\text{kN/m}^3$$

(3) 计算基底附加压力

$$p_0=p-\sigma_c=p-\gamma_0d=161.0-17.35\times1.3=138.45\text{kPa}$$

(4) 按式 (2-32) 计算地基中附加应力，以点 12 为例计算如下：

$x/b=2/4=0.5$，$z/b=4/4=1.0$，查表 2-5 得 $K_{sz}=0.41$

则 $\sigma_{z12}=K_{sz}p_0=0.41\times138.45=56.76\text{kPa}$

其他各点计算过程如表 2-6 所示。上述计算结果，见图 2-22。

例 2-5 计算过程表 **表 2-6**

点	x (m)	z (m)	x/b	z/b	K_{sz}	σ_z (kPa)
0	0	0	0	0	1.00	138.45
1		2		0.5	0.82	113.53
2		4		1	0.55	76.15
3		6		1.5	0.40	55.38
4		8		2	0.31	42.92
5		10		2.5	0.26	36.00
6	4	0	1	0	0	0
7		2		0.5	0.08	11.08
8		4		1	0.19	26.31
9		6		1.5	0.21	29.07
10		8		2	0.20	27.69
11		10		2.5	0.19	26.31

七、双层地基

以上介绍的附加应力计算是假定地基为均匀、连续、各向同性的线性半空间得出的，然而实际上地基往往是非均匀和各向异性的，大多数情况下通常仍按上述假定计算。但当地基性质差异较大时，仍按上述假定计算的结果，可能会造成较大的误差，此时应该考虑地基不均匀对附加应力计算的影响。下面仅介绍双层地基附加应力的计算方法：

1. 上层软而下层坚硬的情况

在山区常遇到这种情形，地基土上层为可压缩土层，在不深处为基岩。在这种情况下，土层中在荷载轴线附近的 σ_z 有增大现象，称应力集中现象，如图 2-23 所示。σ_z 增大的程度与荷载面宽度 b、土层厚度 h 和界面上的摩擦力有关。一般，h/b 愈小，应力集中现象愈显著。

对于均布条形荷载作用下的双层地基，在荷载轴线上土层中深度为 z 处的附加应力 σ_z，可按下式计算：

$$\sigma_z=k_dp_0 \tag{2-41}$$

式中 k_d——应力系数，按 z/h 查表 2-7；

h——基岩面至荷载作用面的距离。

图 2-24 为均布条形荷载作用下，可压缩土层厚度不同时，荷载轴线上的 σ_z 分布。

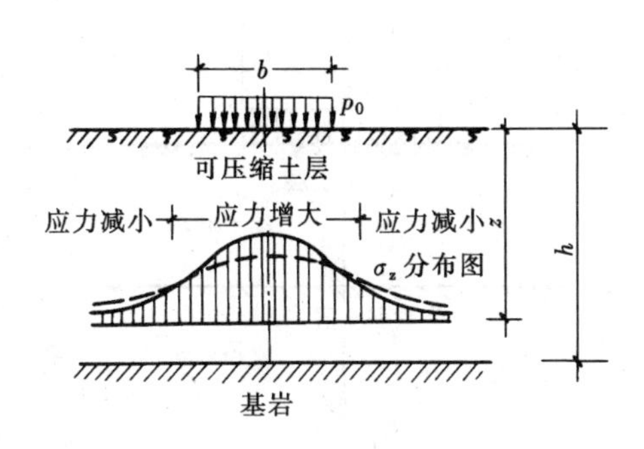

图 2-23　双层地基应力集中现象

（虚线表示均质地基中深度为 z 的水平面上 σ_z 分布）

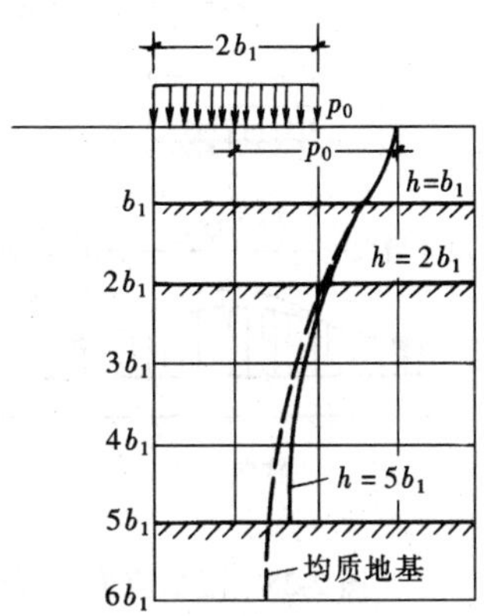

图 2-24　均布条形荷载作用下基岩深夜不同时 σ_z 分布

双层地基（上软下硬）均布条形荷载中点下的附加应力系数 K_d　　表 2-7

z/h	岩层埋藏深度		
	$h=b_1$	$h=2b_1$	$h=5b_1$
0.0	1.000	1.00	1.00
0.2	1.009	0.99	0.82
0.4	1.020	0.92	0.57
0.6	1.024	0.84	0.44
0.8	1.023	0.78	0.37
1.0	1.022	0.76	0.36

注：z——计算点至荷载作用面的距离；

h——基岩面至荷载作用面的距离；

b_1——条形基础宽度的一半。

2. 上层坚硬而下层软弱的情况

这也是在工程中常遇到一种情形，地表为坚实的土层而下层为软弱土。此时，地基中附加应力将出现应力分散现象（图 2-25）。

为了简化计算，忽略上、下界面上的摩擦力，对于均布条形荷载作用下（图 2-26），界面上 M 点的附加应力可按下式计算：

$$\sigma_z = K_E p_0 \tag{2-42}$$

式中　K_E——附加应力系数，可查表 2-8 确定。

表 2-8 中 v 与土的变形模量及泊松比有关，可按下式计算：

$$v = \frac{E_{01}}{E_{02}} \cdot \frac{1-\mu_2^2}{1-\mu_1^2} \tag{2-43}$$

式中 E_{01}、E_{02}——分别为硬层和软弱土层的变形模量，可由静载荷试验测得；

μ_1、μ_2——分别为硬层和软弱土层的泊松比。

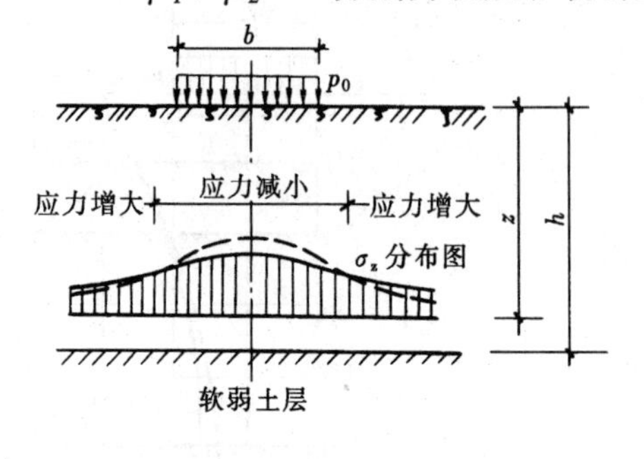

图 2-25 附加应力分散现象

（虚线表示均质地基中深度为 z 的水平面上 σ_z 分布）

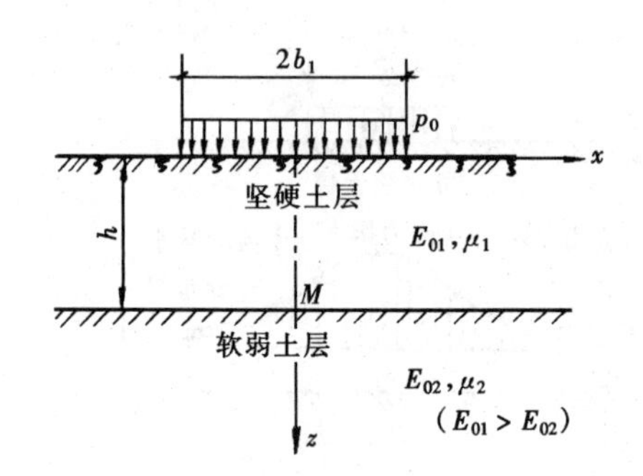

图 2-26 均布条形荷载下的双层地基

从表 2-8 及式（2-43）可以看出，上层坚硬而下层软弱的双层地基（$v > 1$），其 K_E 值均小于均质地基（$v = 1$）的 K_E 值，说明地基中应力分散，见图 2-25 所示的附加应力曲线。

均布条形荷载下界面上 *M* 点的附加应力系数 K_E 表 2-8

h/b_1	$v = 1.0$	$v = 5.0$	$v = 10.0$	$v = 15.0$
0.0	1.00	1.00	1.00	1.00
0.5	1.02	0.95	0.87	0.82
1.0	0.90	0.69	0.58	0.52
2.0	0.60	0.41	0.33	0.29
3.33	0.39	0.26	0.20	0.18
5.0	0.27	0.17	0.16	0.12

第五节 土的压缩性

土层在受到竖向附加应力作用后，会产生压缩变形，引起基础沉降。土体在压力作用下体积减小的特性称为土的压缩性。土体积减小包括三部分：(1) 土颗粒发生相对位移，土中水及气体从孔隙中被排出，从而使土孔隙体积减小；(2) 土颗粒本身的压缩；(3) 土中水及封闭气体被压缩。试验研究表明，在一般的压力（土常受到的压力为 100～600kPa）作用下，土粒和水的压缩与土的总压缩量之比是很微小的（小于 1/400），因此完全可以忽略不计，可把土的压缩仅视为土中孔隙体积的减小。

一、室内压缩试验

1. 压缩试验

室内压缩试验的主要目的是用压缩仪进行压缩试验，了解土的孔隙比随压力变化的规律，并测定土的压缩指标，评定土的压缩性大小。

压缩试验时，先用金属环刀切取原状土样，放入上下有透水石的压缩仪内，如图 2-27 所示，分级加载。在每组荷载作用下（一般按 p = 50、100、200、300、400kPa 加载），压至变形稳定，测出土样的变形量，然后再加下一级荷载。根据每级荷载下的稳定变形量算出相应压力下的孔隙比。在压缩过程中，土样在金属环内不会有侧向膨胀，只有竖向变形，这种方法称为侧限压缩试验。

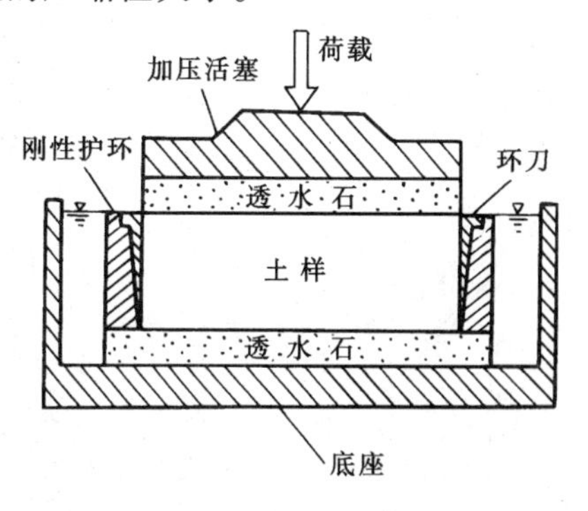

图 2-27 压缩仪的压缩容器简图

设土样原始高度为 h_1，如图 2-28 所示，土样的横截面面积为 A，此时土样的原始孔隙比 e_1 和土颗粒体积 V_{s1} 可用下式表示：

$$e_1 = \frac{V_{v1}}{V_{s1}} = \frac{Ah_1 - V_{s1}}{V_{s1}}$$

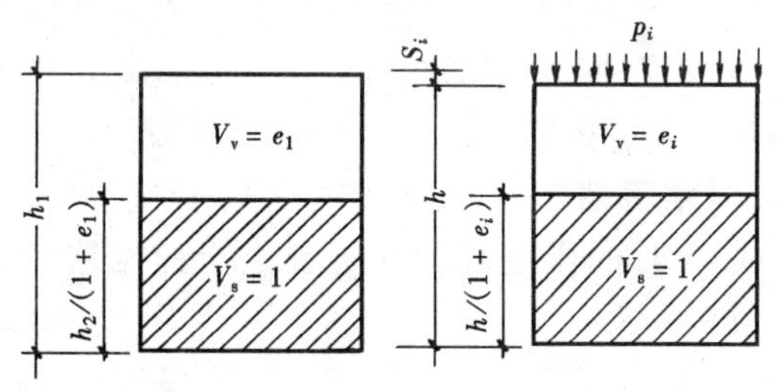

图 2-28 压缩试验中的土样孔隙比变化

则
$$V_{s1} = \frac{Ah_1}{1 + e_1} \tag{2-44}$$

当压力达到某级荷载 p_i 时，测出土样的稳定变形量为 s_i，此时土样高度为 $h_1 - s_i$，对应的孔隙比为 e_i，则土颗粒体积为：

$$V_{si} = \frac{A\ (h_1 - s_i)}{1 + e_i} \tag{2-45}$$

由于土样在压缩过程受到完全侧限，土样横截面面积是不变的。又因前面已假定土颗粒及水是不可压缩的，故 $V_{s1} = V_{si}$，即：

$$\frac{Ah_1}{1 + e_1} = \frac{A\ (h_1 - s_i)}{1 + e_i}$$

则
$$s_i = \frac{e_1 - e_i}{1 + e_1} h_1 \tag{2-46}$$

或
$$e_i = e_1 - \frac{s_i}{h_1}(1 + e_1) \tag{2-47}$$

式中，$e_1 = \frac{d_s(1 + w_0)}{\gamma_0} - 1$，其中 d_s、w_0、γ_0 分别为土粒相对密度、土样的初始含水量和初始重度。

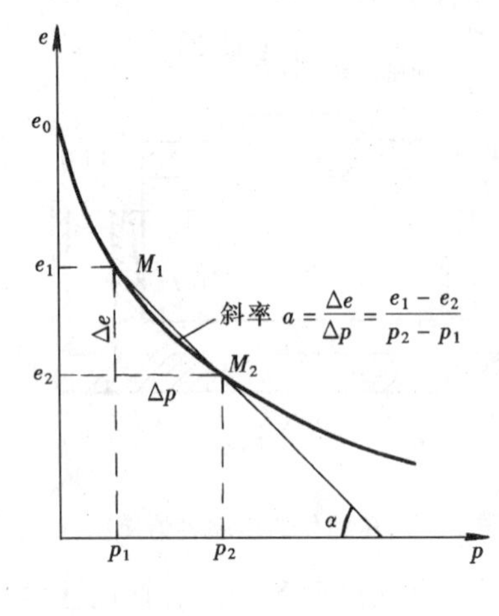

图 2-29 土的压缩曲线

根据某级荷载下的变形量 s_i，按式（2-47）求得相应的孔隙比 e_i，然后以压力 p 为横坐标，孔隙比 e 为纵坐标可绘出 e-p 关系曲线，此曲线称为压缩曲线，如图 2-29 所示。

2. 压缩指标

(1) 压缩系数 a

由 e-p 曲线，如图 2-29 所示可知，土在完全侧限条件下，孔隙比 e 随压力 p 增加而减小。当压力变化范围不大时，曲线段 M_1M_2 可近似地以割线 $\overline{M_1M_2}$ 代替，$\overline{M_1M_2}$ 与横轴的夹角为 α，令：

$$a = \tan\beta = \frac{\Delta e}{\Delta p} = \frac{e_1 - e_2}{p_2 - p_1} \tag{2-48}$$

a 称为压缩系数（kPa^{-1} 或 MPa^{-1}）。不同的土，在同一压力范围内孔隙比变化大，则 a 值就大，说明土的压缩性大。对同一种土而言，a 并非常数，在不同的压力段，a 值不同，随着压力增加，a 值将减小。

为了便于比较土的压缩性大小，《建筑地基规范设计规范》（GB 50007—2002）规定，取 $p_1 = 100kPa$，$p_2 = 200kPa$ 时的压缩系数作为评定土的压缩性指标，记为 a_{1-2}，当

$a_{1-2} < 0.1MPa^{-1}$ 时，属低压缩性土；

$0.1 \leqslant a_{1-2} < 0.5MPa^{-1}$ 时，属中压缩性土；

$a_{1-2} \geqslant 0.5MPa^{-1}$ 时，属高压缩性土。

(2) 压缩模量 E_s

土的压缩模量 E_s 是指在完全侧限条件下，土的竖向附加应力与相应的应变的比值。它与一般材料的弹性模量的区别在于：(1) 土在压缩试验时，只有竖向变形，没有侧向膨胀；(2) 土的变形包括弹性变形和相当部分的不可恢复的残余变形，即土不是弹性体。

在压缩过程中，压力为 p_1 时，土样高度 h_1，孔隙比为 e_1，压力由 p_1 增加到 p_2，稳定变形量为 s，相应孔隙比变为 e_2，根据式（2-46）可得土样的竖向应

变：

$$\lambda_z = \frac{s}{h_1} = \frac{e_1 - e_2}{1 + e_1} \tag{2-49}$$

由 E_s 的定义及式（2-48）可得：

$$E_s = \frac{\Delta p_z}{\lambda_z} = \frac{p_2 - p_1}{\frac{e_1 - e_2}{1 + e_1}} = \frac{1 + e_1}{a} \tag{2-50}$$

式中　Δp_z——土的竖向附加应力，即为两级荷载的差值 $\Delta p_z = p_2 - p_1$。

土的压缩模量也是表示土的压缩性大小的一个指标。由式（2-50）可见，E_s 与 a 成反比，即 a 越大，E_s 就越小，土则越软弱，压缩性越大。同样，也取 $p_1 = 100\text{kPa}$，$p_2 = 200\text{kPa}$ 时，压缩模量记为 E_{s1-2} 作为评定土的压缩性指标，当

$E_{s1-2} < 4\text{MPa}$ 时，属高压缩性土；

$4\text{MPa} \leqslant E_{s1-2} \leqslant 15\text{MPa}$ 时，属中压缩性土；

$E_{s1-2} > 15\text{MPa}$ 时，属低压缩性土。

（3）压缩指数 C_c

室内压缩试验资料整理的另一种表达方法是采用半对数坐标，即以横坐标采用对数值，可绘出 e-$\log p$ 曲线，如图 2-30 所示，由图可看出，e-$\log p$ 曲线的后半段接近直线，它的斜率称为压缩指数，用 C_c 表示，即：

$$C_c = \frac{e_1 - e_2}{\log p_2 - \log p_1} \tag{2-51}$$

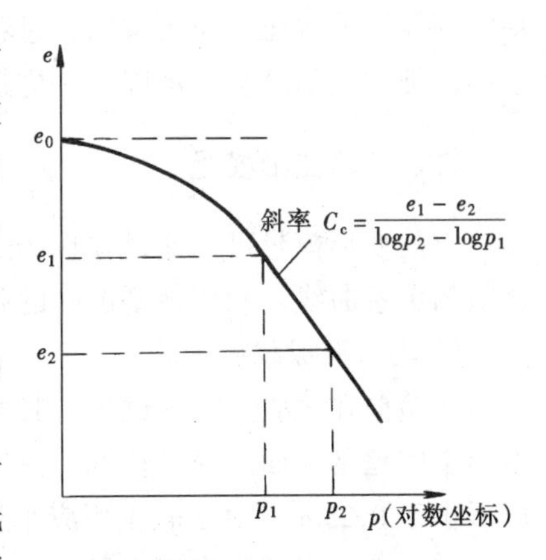

图 2-30　土的 e-$\log p$ 曲线

压缩指数 C_c 越大，土的压缩性越高，一般 $C_c > 0.4$ 时属高压缩性土，$C_c < 0.2$ 为低压缩性土。通常，e-$\log p$ 曲线及压缩指数用于分析土的应力历史对地基沉降计算的影响。

3. 土的回弹曲线和再压缩曲线

在室内压缩试验过程中，如加压到某一值 p_i 后，相应于图 2-31（a）中 e-p 曲线上的 b 点，不再加压，反而进行逐级卸压，则可观察到土样的回弹。当测得其逐级卸载回弹稳定后的孔隙比，则可给出相应的孔隙比与压力的关系曲线，如图 2-31（a）中的 bc 曲线，称为回弹曲线，由图中可看到，土样在 p_1 作用下的压缩变形在卸压完毕后并不能完全恢复到初始的 a 点，说明土的压缩变形是由弹性变形和残余变形两部分组成的，而且以后者为主。如果重新加压，则可测得

每级荷载下再压缩稳定后的孔隙比，绘出再压缩曲线，如图 2-31（*a*）中 *edf* 线段，其中 *df* 段像是 *ab* 段的延续，犹如其间没有经过卸压和再压过程一样。这种现象在 *e*-log *p* 曲线中也同样可以看到，如图 2-31（*b*）所示。

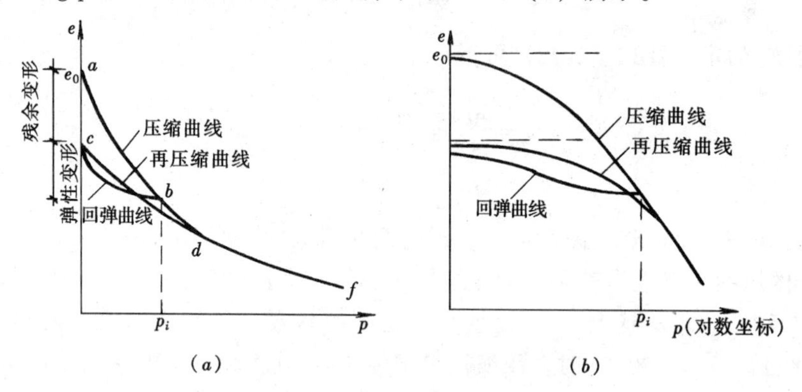

图 2-31 土的回弹曲线和再压缩曲线

（*a*）*e*-*p* 曲线（*b*）*e*-log*p* 曲线

目前，在工程中常见到许多基础，其基底面积和埋深都较大，开挖基坑后地基受到较大的减压（应力解除）过程，造成坑底回弹，建筑物施工时又发生地基土再压缩，在估算基础沉降时，应适当考虑这种影响。

二、土的变形模量

土的变形模量可以通过在现场进行浅层平板载荷试验测得的地基沉降与压力之间的关系曲线，利用地基沉降的弹性力学公式反算获得。

1. 浅层平板载荷试验

试验前在试验点挖一试坑，其宽度不应小于承压板宽度或直径的三倍，以模拟半空间地基表面的局部荷载，深度依所需测试土层的深度而定。载荷板面积一般不小于 $0.25m^2$，对于软土不应小于 $0.5m^2$。为了保持试验土层的原状结构和天然湿度，宜在拟试压表面用粗砂或中砂层找平，其厚度不超过 20mm。

图 2-32 所示为两种千斤顶形式的载荷架，其构造一般由加载装置、反力装置及观测装置三部分组成，加荷载置包括承压板、立柱、加荷千斤顶及稳压器；反力装置包括地锚系统或堆重系统等；观测装置包括百分表及固定支架等。

荷载应逐级增加，加荷分级不应少于 8 级，第一级荷载（包括设备重）宜接近开挖试坑所卸除的土重，与其相应的沉降量不计，最大加载量不应小于设计要求的两倍。

每级加载后，按间隔 10、10、10、15、15min，以后为每隔 30min 测读一次沉降量，当在连续 2h 内，每小时的沉降量小于 0.1mm 时，则认为已趋稳定，可

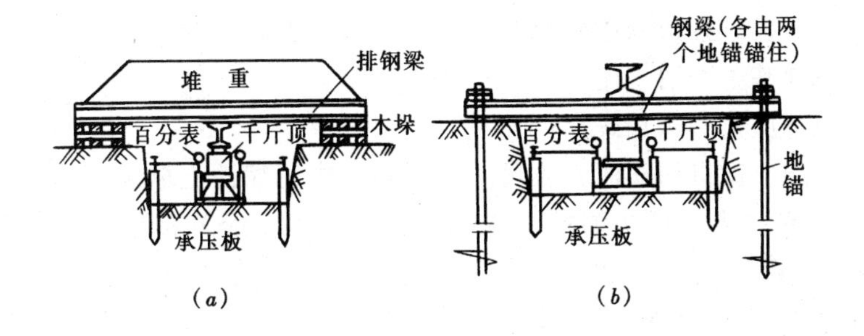

图 2-32 浅层平板载荷试验

(a) 堆重—千斤顶式；(b) 地锚—千斤顶式

加下一级荷载。当出现下列情况之一时，认为已达破坏，可终止加载：

(1) 承压板周围的土明显地侧向挤出；

(2) 沉降 s 急骤增大，荷载-沉降（p-s）曲线出现陡降段；

(3) 在某一级荷载下，24h 内沉降速率不能达到稳定；

(4) 沉降量与承压板宽度或直径之比大于或等于 0.06。

根据各级荷载及其相应的稳定沉降的观测数值按一定比例绘制荷载 p 与沉降 s 的关系曲线（p-s 曲线），见图 2-33。

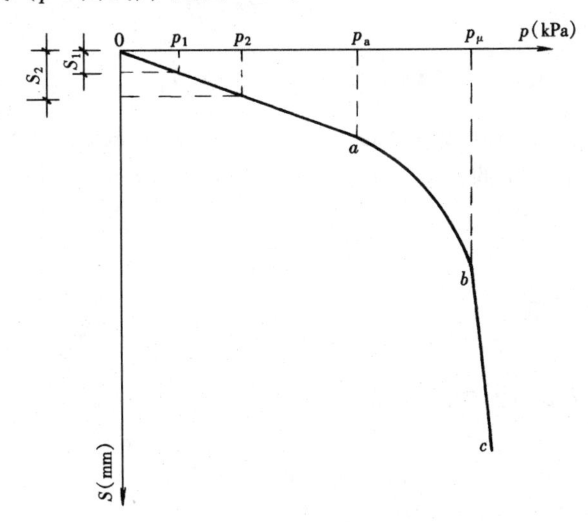

图 2-33 浅层平板载荷试验 p-s 曲线

通常在 p-s 曲线的直线段上任选一压力 p_1 及相应的沉降 s_1，利用弹性力学公式反算地基土的变形模量，其计算公式为：

$$E_0 = \omega\ (1 - \mu^2)\ \frac{p_1 b}{s_1} \tag{2-52}$$

式中　ω——系数，方形承压板取 0.88，圆形承压板取 0.79；

μ——地基土的泊松比；

b——承压板的边长或直径。

如 p-s 曲线上没有明显的直线段时，对高、中压缩性土取 $s_1 = 0.02b$ 及其对应的荷载 p_1；对砂土及低压缩性土取 $s_1 =$（$0.01 \sim 0.015$）b 及其对应的荷载 p_1 代入式 2-52 计算。

2. 土的变形模量与压缩模量的关系

如前所述，土的变形模量 E_0 是指土体在无侧限条件下的应力与应变的比值，而土的压缩模量则是土体在完全侧限条件的应力与应变的比值。通过材料力学中的广义虎克定律，可建立两者之间的理论关系。

由室内压缩试验的完全侧限条件可知，试样的受力条件属轴对称问题。取土样中一微单元体，在 z 轴方向的压力作用下，竖向应力为 σ_z，水平应力 $\sigma_x = \sigma_y = K_0\sigma_z$，且 $\varepsilon_x = \varepsilon_y = 0$，根据广义虎克定律：

$$\varepsilon_x = \frac{\sigma_x}{E_0} - \frac{\mu}{E_0}(\sigma_y + \sigma_z) \tag{2-53a}$$

$$\varepsilon_y = \frac{\sigma_y}{E_0} - \frac{\mu}{E_0}(\sigma_x + \sigma_z) \tag{2-53b}$$

$$\varepsilon_z = \frac{\sigma_z}{E_0} - \frac{\mu}{E_0}(\sigma_x + \sigma_y) \tag{2-53c}$$

将 $\varepsilon_x = \varepsilon_y = 0$，及 $\sigma_x = \sigma_y = K_0\sigma_z$ 代入式（2-53a）或式（2-53b），可得土的侧压力系数与泊松式 μ 的关系如下：

$$K_0 = \frac{\mu}{1 - \mu} \tag{2-54}$$

或

$$\mu = \frac{K_0}{1 + K_0} \tag{2-55}$$

将式（2-55）代入式（2-53c），得：

$$E_0 = \frac{\sigma_z}{\varepsilon_z}(1 - 2\mu K_0)$$

根据室内试验的压缩模量的定义 $E_s = \frac{\sigma_z}{\varepsilon_z}$，则

$$E_0 = E_s(1 - 2\mu K_0) = \beta \cdot E_s \tag{2-56}$$

一般土的泊松比 $\mu \leqslant 0.5$，则 $\beta \leqslant 1$，所以 $E_0 < E_s$。K_0、μ、β 可采用表 2-9 所列的经验值。但是必须指出的是，式（2-56）只是 E_0 与 E_s 之间的理论关系。

μ、β、K_0 的经验值　　表 2-9

土的种类和状态		μ	β	K_0
碎石土		0.15～0.20	0.95～0.90	0.18～0.25
砂　土		0.20～0.25	0.90～0.83	0.25～0.33
粉　土		0.25	0.83	0.33
粉质黏土	坚硬状态	0.25	0.83	0.33
	可塑状态	0.30	0.74	0.43
	软塑及流塑状态	0.35	0.62	0.53
黏　土	坚硬状态	0.25	0.83	0.33
	可塑状态	0.35	0.62	0.53
	软塑及流塑状态	0.42	0.39	0.72

实际上，由于现场载荷试验测定 E_0 和室内压缩试验测定 E_s 时，各有些无法考虑到的因素，使得实测 E_0 值与 E_s 值往往不符合式（2-56）。其主要原因是：土体并非为理想的弹性体；压缩试验的土样受到不同程度的扰动；载荷试验与压缩试验的加荷速率、压缩稳定标准不一样；载荷试验的侧限条件并非无侧限条件，与 E_0 的定义有出入；土体的 μ 值不易精确确定等。根据统计资料，实测的 E_0 值可能是 βE_s 值的几倍，一般来说土越坚硬，则倍数越大，其值接近 E_s，而软土的实测 E_0 值与 βE_s 值比较接近。

第六节　基础的最终沉降量

基础沉降量是随时间而发展的，基础的最终沉降量是指地基变形稳定后的沉降量，目前国内常用的计算方法有分层总和法和《建筑地基基础设计规范》（GB50007—2002）推荐的方法。

一、分层总和法

分层总和法是将地基在变形计算范围内划分为若干土层，可认为各层土的受力和变形情况与在压缩仪中的土样（单向压缩）相似，地基的最终沉降即为每一薄层土的变形量之总和。

1. 分层总和法的基本假设

（1）地基中的附加应力按均质地基采用弹性理论计算；

（2）土层在竖向附加应力作用下只产生竖向变形，即可采用完全侧限条件下的室内压缩指标计算土层的变形量；

（3）基础中心点下土柱所受附加应力进行计算。

2. 计算公式

如图 2-34（a）所示，取基底中心点下截面为 A 的小土柱，土柱上作用有自重应力和附加应力，现分析第 i 层土柱的压缩变形量。

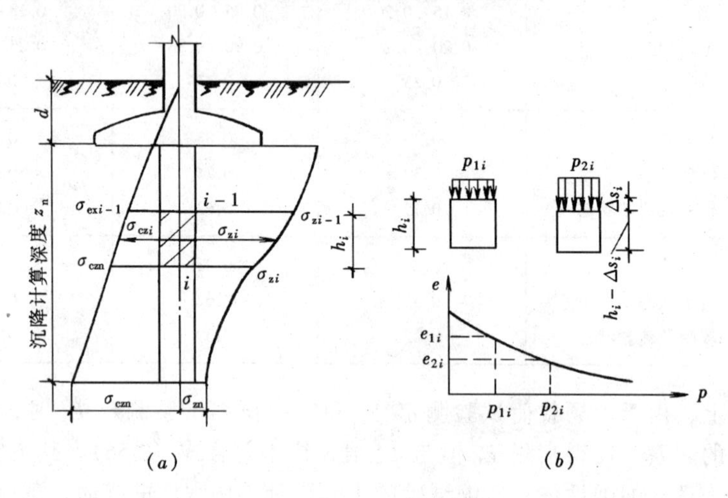

图 2-34　分层总和法计算地基最终沉降量

若第 i 层土柱在 p_{1i} 作用下（相当于自重应力作用），相应的孔隙比为 e_{1i}，土柱厚度为 h_i，如图2-34（b）所示。当压力增大至 p_{2i} 时（相当于自重应力与附加应力之和），对应于压缩稳定的孔隙比为 e_{2i}，土柱的变形量为 Δs_i 按式（2-46）可得：

$$\Delta s_i = \frac{e_{1i} - e_{2i}}{1 + e_{1i}} h_i \tag{2-57}$$

由式（2-48）得

$$e_{1i} - e_{2i} = a_i(p_{2i} - p_{1i}) \tag{2-58}$$

式中　$p_{2i} - p_{1i} = (\overline{\sigma}_{czi} + \overline{\sigma}_{zi}) - \overline{\sigma}_{czi} = \overline{\sigma}_{zi}$，即为第 i 土柱上的平均附加应力。

将式（2-58）代入式（2-57），得 Δs_i 的另一个表达形式：

$$\Delta s_i = \frac{a_i(p_{2i} - p_{1i})}{1 + e_{1i}} h_i = \frac{p_{2i} - p_{1i}}{\dfrac{1 + e_{1i}}{a_i}} h_i = \frac{\overline{\sigma}_{zi}}{E_{si}} h_i \tag{2-59}$$

则沉降计算深度内地基的最终沉降量为：

$$s = \Delta s_1 + \Delta s_2 + \cdots\cdots + \Delta s_n = \sum_{i=1}^{n} \frac{e_{1i} - e_{2i}}{1 + e_{1i}} h_i \tag{2-60}$$

或

$$s = \sum_{i=1}^{n} \frac{\overline{\sigma}_{zi}}{E_{si}} h_i \tag{2-61}$$

式中 n——地基沉降深度范围内所划分的土层数；

E_{si}——第 i 层土的压缩模量；

h_i——第 i 层土的厚度；

p_{1i}——作用在第 i 层土上的平均自重应力，$p_{1i}=\overline{\sigma}_{czi}$；

p_{2i}——作用在第 i 层土上的平均自重应力与平均附加应力之和，$p_{2i}=\overline{\sigma}_{czi}+\overline{\sigma}_{zi}$。

地基沉降计算深度 z_n 是指由于附加应力引起地基的变形不可忽略的深度范围。随着深度的增加，土中附加应力越小，因此，计算到一定深度后，变形量就可忽略不计。一般先试取基底下某一深度 z_n，如图 2-34（a）所示，计算该深度处土的自重应力 σ_{czn}和附加应力 σ_{zn}，如果 $\sigma_{zn}/\sigma_{czn}\leqslant 0.2$（对高压缩性土要求 $\sigma_{zn}/\sigma_{czn}\leqslant 0.1$），则 z_n 即为所取的地基沉降计算深度。

3. 计算步骤

（1）按比例绘出基础和地基剖面图；

（2）将基底以下土分为若干薄层，一般分层厚度 $h_i\leqslant 0.4b$（b 为基底宽度），靠近 z_n 的分层厚度可适当加大。天然土层交界面及地下水位处必须作为分层界面；

（3）计算基底下各分层面处土的自重应力 σ_{czi}和附加应力 σ_{zi}，并绘出自重应力和附加应力曲线，如图 2-34（a）所示；

（4）确定地基沉降计算深度 z_n；

（5）求各层土的平均自重应力 $\overline{\sigma}_{czi}=(\sigma_{czi-1}+\sigma_{czi})/2$ 和平均附加应力

$$\overline{\sigma}_{zi}=(\sigma_{zi-1}+\sigma_{zi})/2\text{；}$$

（6）从每分层土的压缩曲线中由 $p_{1i}=\overline{\sigma}_{czi}$ 和 $p_{2i}=\overline{\sigma}_{czi}+\overline{\sigma}_{zi}$ 分别查出相应的 e_{1i}和 e_{2i}，如图 2-34（b）所示；

（7）按式（2-57）计算各分层土的变形量 Δs_i；

（8）按式（2-60）计算地基沉降计算深度范围内的最终沉降量 s。

【例 2-6】 有一底面为 4m×4m 的柱基础，上部结构传至基础顶面的竖向荷载 $F=1440$kN，基础埋深 $d=1.5$m，地下水位深 3.9m，土的天然重度 $\gamma=16$kN/m^3，饱和重度 $\gamma_{sat}=17.2$kN/m^3，土的压缩试验结果如图 2-35 所示，试计算基础中心点的沉降量。

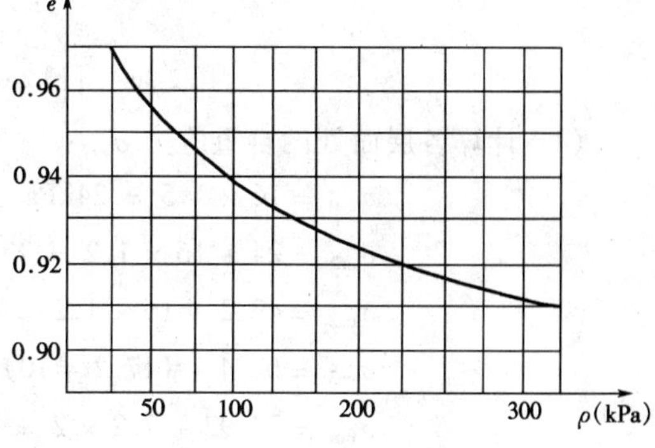

图 2-35 ［例 2-6］附图 1

【解】

(1) 基础及地基剖面图如图 2-36 所示。

(2) 计算基底附加压力 p_0:

$$p = \frac{F + G}{A} = \frac{1440 + 20 \times 4 \times 4 \times 1.5}{4 \times 4} = 120\text{kPa}$$

$$p_0 = p - \sigma_c = 120.0 - 16 \times 1.5 = 96.0\text{kPa}$$

(3) 计算分层:

一般，$h_i \leqslant 0.4b = 1.6\text{m}$

从第四分层起，因离基底较远，为计算方便，取 $h_i = 2.0\text{m}$，具体分层厚度见图 2-36。

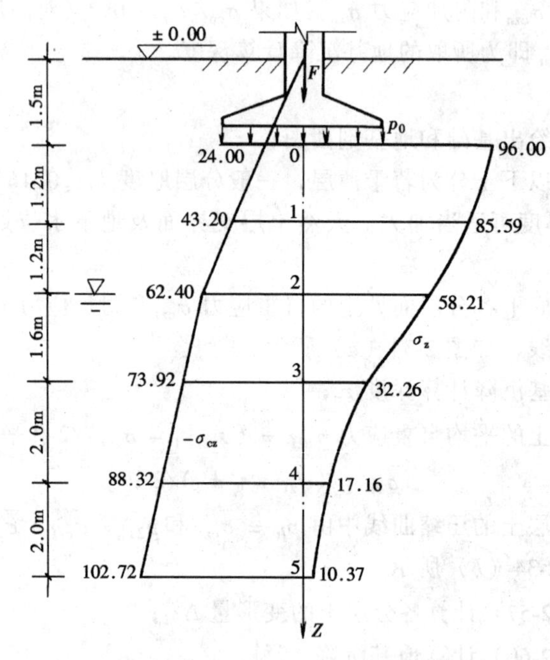

图 2-36 [例 2-6] 附图 2

(4) 计算各层面处的自重应力 σ_{czi}:

$$\sigma_{cz0} = 16 \times 1.5 = 24\text{kPa}$$

$$\sigma_{cz1} = 24 + 16 \times 1.2 = 43.2\text{kPa}$$

$$\sigma_{cz2} = 43.2 + 16 \times 1.2 = 62.4\text{kPa}$$

$$\sigma_{cz3} = 62.4 + (17.2 - 10) \times 1.6 = 73.92\text{kPa}$$

$$\sigma_{cz4} = 73.92 + 7.2 \times 2 = 88.32\text{kPa}$$

$$\sigma_{cz5} = 88.32 + 7.2 \times 2 = 102.72\text{kPa}$$

(5) 计算各层面处的附加应力 σ_{zi}，见表 2-10：

(6) 确定地基沉降计算深 z_n，由图 2-35 知：

$$a_{1-2}=\frac{e_1-e_2}{p_2-p_1}=\frac{0.94-0.92}{200-100}\times 1000=0.2\text{MPa}^{-1}$$

属中压缩性土。

设 $z_n=6.0\text{m}$，

$$\frac{\sigma_{zn}}{\sigma_{czn}}=\frac{17.16}{88.32}=0.19<0.2$$

取 $z_n=6.0\text{m}$

(7) 计算各层土的平均自重应力和平均附加应力，计算结果列于表 2-10。

[例 2-6] 附表 1　　表 2-10

z (m)	L/b	z/b	K_i	$\sigma_{zi}=4K_ip_0$ (kPa)
0	1	0	0.2500	96.0
1.2	1	0.6	0.2229	85.59
2.4	1	1.2	0.1516	58.21
4.0	1	2.0	0.0840	32.26
6.0	1	3.0	0.0447	17.16
8.0	1	4.0	0.0270	10.37

(8) 按 $p_{1i}=\overline{\sigma}_{czi}$ 和 $p_{2i}=\overline{\sigma}_{czi}+\overline{\sigma}_{zi}$ 查图 2-35 得相应的 e_{1i} 和 e_{2i}，其结果列于表 2-11。

(9) 计算各层土的变形量 $\Delta s_i=\dfrac{e_{1i}-e_{2i}}{1+e_{1i}}h_i$，见表 2-11。

(10) 计算地基最终沉降量 $s=15.96+12.24+10.72+7.20=46.12\text{mm}$

[例 2-6] 附表 2　　表 2-11

点	z (m)	h_i (mm)	$\overline{\sigma}_{czi}$ (kPa)	$\overline{\sigma}_{zi}$ (kPa)	p_{1i} (kPa)	p_{2i} (kPa)	e_{1i}	e_{2i}	$\frac{e_{1i}-e_{2i}}{1+e_{1i}}$	Δs_i (mm)
1	1.2	1200	33.6	90.80	33.6	124.4	0.961	0.935	0.0133	15.96
2	2.4	1200	52.8	71.90	52.8	124.7	0.955	0.935	0.0102	12.24
3	4.0	1600	68.16	45.24	68.16	113.40	0.950	0.937	0.0067	10.72
4	6.0	2000	81.12	24.71	81.12	105.83	0.946	0.939	0.0036	7.20

二、《规范》法

《规范》法是在分层总和法的基础上发展起来的一种计算沉降的方法。它是以天然土层面分层，对同一土层采用单一的侧限条件的压缩指标，并运用平均附加应力系数以简化计算，采用相对变形作为地基沉降计算深度的控制标准，最后引入沉降计算经验系数以调整沉降计算值，使计算结果接近于实测值。

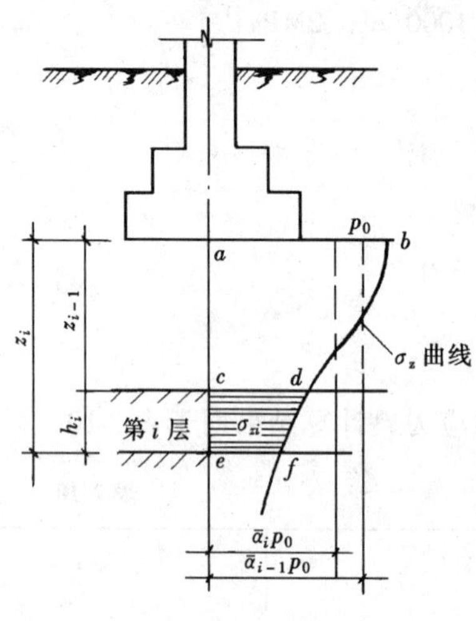

图 2-37　平均附加应力系数的物理意义

由式（2-59）计算第 i 层土的变形量计算值为：

$$\Delta s'_i = \bar{\sigma}_{zi} h_i / E_{si}$$

式中　$\bar{\sigma}_{zi} h_i$——代表第 i 层土的附加应力面积，如图 2-37 中 $cdef$，从图可知：

$$\bar{\sigma}_{zi} h_i = A_{cdef} = A_{abef} - A_{abcd} = \int_0^{z_i} k p_0 \mathrm{d}z - \int_0^{z_{i-1}} k p_0 \mathrm{d}z$$

为了便于计算，令：$\frac{1}{z_i}\int_0^{z_i} K\mathrm{d}z = \bar{\alpha}_i, \frac{1}{z_{i-1}}\int_0^{z_{i-1}} K\mathrm{d}z = \bar{\alpha}_{i-1}$

则

$$\Delta s'_i = (p_0 z_i \bar{\alpha}_i - p_0 z_{i-1} \bar{\alpha}_{i-1}) / E_{si}$$

式中　A_{abef}——表示 $abef$ 附加应力面积；

A_{abcd}——表示 $abcd$ 附加应力面积；

$p_0 z_i \bar{\alpha}_i$——代表 z_i 范围的竖向附加应力面积等代值，$\bar{\alpha}_i$ 代表 z_i 范围的平均附加应力系数值；

$p_0 z_{i-1} \bar{\alpha}_{i-1}$——代表 z_{i-1} 范围的竖向附加应力面积等代值，$\bar{\alpha}_{i-1}$ 代表 z_{i-1} 范围的平均附加应力系数值。

地基沉降量计算值为：

$$s' = \sum_{i=1}^{n} \Delta s' = \sum_{i=1}^{n} \frac{p_0}{E_{si}} (z_i \bar{\alpha}_i - z_{i-1} \bar{\alpha}_{i-1}) \tag{2-62}$$

根据大量的沉降观测资料与式（2-62）计算结果比较，对较紧密的地基土，计算值较实测的沉降值偏大；对较软弱的地基土，计算值较实测值偏小。这是由于公式推导时作的某些假定造成的，实际上地基土并非均匀的，并在压缩时有侧向变形，等等。因此《建筑地基基础设计规范》（GB50007—2002）将式（2-62）乘以经验系数 ψ_s 进行修正，得出地基的最终沉降量：

$$s = \psi_s s' = \psi_s \sum_{i=1}^{n} \frac{p_0}{E_{si}}(z_i \overline{\alpha}_i - z_{i-1} \overline{\alpha}_{i-1}) \tag{2-63}$$

式中　p_0——对应于荷载效应准永久组合时的基底附加压力；

E_{si}——基底下第 i 层土的压缩模量；

n——地基沉降计算深度范围内的土层数；

z_i、z_{i-1}——基础底面至第 i 层和第 $i-1$ 层土底面的距离；

$\overline{\alpha}_i$、$\overline{\alpha}_{i-1}$——基础底面计算点至第 i 层和第 $i-1$ 层土底面范围内的平均附加应力系数，按 l/b 和 z/b 查表 2-12。对三角形分布的矩形荷载角点下的平均竖向附加应力系数 $\overline{\alpha}$ 可查表 2-13。对圆形面积均布荷载中心点和周边点上的 $\overline{\alpha}$ 值，按 z/r_0 查表 2-14 及表 2-15，r_0 为圆形基底的半径；

ψ_s——沉降计算经验系数，根据地区沉降观测资料及经验确定，也可采用表 2-16 的数值。

地基沉降计算沉度 z_n 可通过试算确定，并要求满足下式条件：

$$\Delta s'_n \leqslant 0.025 \sum_{i=1}^{n} \Delta s'_i \tag{2-64}$$

式中　$\Delta s'_i$——计算深度 z_n 范围内第 i 层土的计算沉降量；

$\Delta s'_n$——计算深度 z_n 处向上取厚度为 Δz 土层的计算沉降量，Δz 按表 2-17 确定。

按式（2-64）所确定的沉降计算深度下如有较软土层时，尚应向下继续计算，直至软弱土层中所取规定厚的计算沉降量满足式（2-64）为止。

在计算深度范围内存在基岩时，z_n 可取至基岩表面。当存在较厚的坚硬黏性土，其孔隙比小于 0.5，压缩模量大于 50MPa；或存在较厚的密实砂卵石层，其压缩模量大于 80MPa，z_n 可取至该层土表面。

当无相邻荷载影响，基础宽度在 1～30m 范围内时，基础中点的地基沉降计算深度 z_n 也可按下式估算：

$$z_n = b(2.5 - 0.4\ln b) \tag{2-65}$$

式中　b——基础宽度（m）。

均布矩形荷载角点下的平均竖向附加应力系数 $\overline{\alpha}$　　**表 2-12**

z/b	l/b												
	1.0	1.2	1.4	1.6	1.8	2.0	2.4	2.8	3.2	3.6	4.0	5.0	10.0
0.0	0.2500	0.2500	0.2500	0.2500	0.2500	0.2500	0.2500	0.2500	0.2500	0.2500	0.2500	0.2500	0.2500
0.2	0.2496	0.2497	0.2497	0.2498	0.2498	0.2498	0.2498	0.2498	0.2498	0.2498	0.2498	0.2498	0.2498

续表

z/b	l/b												
	1.0	1.2	1.4	1.6	1.8	2.0	2.4	2.8	3.2	3.6	4.0	5.0	10.0
0.4	0.2474	0.2479	0.2481	0.2483	0.2483	0.2484	0.2485	0.2485	0.2485	0.2485	0.2485	0.2485	0.2485
0.6	0.2423	0.2437	0.2444	0.2448	0.2451	0.2452	0.2454	0.2455	0.2455	0.2455	0.2455	0.2455	0.2456
0.8	0.2346	0.2372	0.2387	0.2395	0.2400	0.2403	0.2407	0.2408	0.2409	0.2409	0.2410	0.2410	0.2410
1.0	0.2252	0.2291	0.2313	0.2326	0.2335	0.2340	0.2346	0.2349	0.2351	0.2352	0.2352	0.2353	0.2353
1.2	0.2149	0.2199	0.2229	0.2248	0.2260	0.2268	0.2278	0.2282	0.2285	0.2286	0.2287	0.2288	0.2289
1.4	0.2043	0.2102	0.2140	0.2164	0.2190	0.2191	0.2204	0.2211	0.2215	0.2217	0.2218	0.2220	0.2221
1.6	0.1939	9.2006	0.2049	0.2079	0.2099	0.2113	0.2130	0.2188	0.2143	0.2146	0.2148	0.2150	0.2152
1.8	0.1840	0.1912	0.1960	0.1994	0.2018	0.2034	0.2055	0.2066	0.2073	0.2077	0.2079	0.2082	0.2084
2.0	0.1746	0.1822	0.1875	0.1912	0.1938	0.1958	0.1982	0.1996	0.2004	0.2009	0.2012	0.2015	0.2018
2.2	0.1659	0.1737	0.1793	0.1833	0.1862	0.1883	0.1911	0.1927	0.1937	0.1943	0.1947	0.1952	0.1955
2.4	0.1578	0.1657	0.1715	0.1757	0.1789	0.1812	0.1843	0.1862	0.1873	0.1880	0.1885	0.1890	0.1895
2.6	0.1503	0.1583	0.1642	0.1686	0.1719	0.1745	0.1779	0.1799	0.1812	0.1820	0.1825	0.1832	0.1838
2.8	0.1433	0.1514	0.1574	0.1619	0.1654	0.1680	0.1717	0.1739	0.1753	0.1763	0.1769	0.1777	0.1784
3.0	0.1369	0.1449	0.1510	0.1556	0.1592	0.1619	0.1658	0.1682	0.1698	0.1708	0.1715	0.1725	0.1733
3.2	0.1310	0.1390	0.1450	0.1497	0.1533	0.1562	0.1602	0.1628	0.1645	0.1657	0.1664	0.1675	0.1685
3.4	0.1256	0.1334	0.1394	0.1441	0.1478	0.1508	0.1550	0.1577	0.1595	0.1607	0.1616	0.1628	0.1639
3.6	0.1205	0.1282	0.1342	0.1389	0.1427	0.1456	0.1500	0.1528	0.1548	0.1561	0.1570	0.1583	0.1595
3.8	0.1158	0.1234	0.1293	0.1340	0.1378	0.1408	0.1452	0.1482	0.1502	0.1516	0.1526	0.1541	0.1554
4.0	0.1114	0.1189	0.1248	0.1294	0.1332	0.1362	0.1408	0.1438	0.1459	0.1474	0.1485	0.1500	0.1516
4.2	0.1073	0.1147	0.1205	0.1251	0.1289	0.1319	0.1365	0.1396	0.1418	0.1434	0.1445	0.1462	0.1479
4.4	0.1035	0.1107	0.1164	0.1210	0.1248	0.1279	0.1325	0.1357	0.1379	0.1396	0.1407	0.1425	0.1444
4.6	0.1000	0.1070	0.1127	0.1172	0.1209	0.1240	0.1287	0.1319	0.1342	0.1359	0.1371	0.1390	0.1410
4.8	0.0967	0.1036	0.1091	0.1136	0.1173	0.1204	0.1250	0.1283	0.1307	0.1324	0.1337	0.1357	0.1379
5.0	0.0935	0.1003	0.1057	0.1102	0.1139	0.1169	0.1216	0.1249	0.1273	0.1291	0.1304	0.1325	0.1348
5.2	0.0906	0.0972	0.1026	0.1070	0.1106	0.1136	0.1183	0.1217	0.1241	0.1259	0.1273	0.1295	0.1320
5.4	0.0878	0.0943	0.0996	0.1039	0.1075	0.1105	0.1152	0.1186	0.1211	0.1229	0.1243	0.1265	0.1292
5.6	0.0852	0.0916	0.0968	0.1010	0.1046	0.1076	0.1122	0.1156	0.1181	0.1200	0.1215	0.1238	0.1266
5.8	0.0828	0.0890	0.0941	0.0983	0.1018	0.1047	0.1094	0.1128	0.1153	0.1172	0.1187	0.1211	0.1240
6.0	0.0805	0.0866	0.0916	0.0957	0.0991	0.1021	0.1067	0.1101	0.1126	0.1146	0.1161	0.1185	0.1216
6.2	0.0783	0.0842	0.0891	0.0932	0.0966	0.0995	0.1041	0.1075	0.1101	0.1120	0.1136	0.1161	0.1193
6.4	0.0762	0.0820	0.0869	0.0909	0.0942	0.0971	0.1016	0.1050	0.1076	0.1096	0.1111	0.1137	0.1171
6.6	0.0742	0.0799	0.0847	0.0886	0.0919	0.0948	0.0993	0.1027	0.1053	0.1073	0.1088	0.1114	0.1149
6.8	0.0723	0.0779	0.0826	0.0865	0.0898	0.0926	0.0970	0.1004	0.1030	0.1050	0.1066	0.1092	0.1129
7.0	0.0705	0.0761	0.0806	0.0844	0.0877	0.0904	0.0949	0.0982	0.1008	0.1028	0.1044	0.1071	0.1109
7.2	0.0688	0.0742	0.0787	0.0825	0.0857	0.0884	0.0928	0.0962	0.0987	0.1008	0.1023	0.1051	0.1090
7.4	0.0672	0.0725	0.0769	0.0806	0.0838	0.0865	0.0908	0.0942	0.0967	0.0988	0.1004	0.1031	0.1071
7.6	0.0656	0.0709	0.0752	0.0789	0.0820	0.0846	0.0889	0.0922	0.0948	0.0968	0.0984	0.1012	0.1054
7.8	0.0642	0.0693	0.0736	0.0771	0.0802	0.0828	0.0871	0.0904	0.0929	0.0950	0.0966	0.0994	0.1036

续表

z/b	l/b												
	1.0	1.2	1.4	1.6	1.8	2.0	2.4	2.8	3.2	3.6	4.0	5.0	10.0
8.0	0.0627	0.0678	0.0720	0.0755	0.0785	0.0811	0.0853	0.0886	0.0912	0.0932	0.0948	0.0976	0.1020
8.2	0.0614	0.0663	0.0705	0.0739	0.0769	0.0795	0.0837	0.0869	0.0894	0.0914	0.0931	0.0959	0.1004
8.4	0.0601	0.0649	0.0690	0.0724	0.0754	0.0779	0.0820	0.0852	0.0878	0.0893	0.0914	0.0943	0.0938
8.6	0.0588	0.0636	0.0676	0.0710	0.0739	0.0764	0.0805	0.0836	0.0862	0.0882	0.0898	0.0927	0.0973
8.8	0.0576	0.0623	0.0663	0.0696	0.0724	0.0749	0.0790	0.0821	0.0846	0.0866	0.0882	0.0912	0.0959
9.2	0.0554	0.0599	0.0637	0.0670	0.0721	0.0761	0.0792	0.0817	0.0837	0.0837	0.0883	0.0882	0.0931
9.6	0.0533	0.0577	0.0614	0.0672	0.0696	0.0734	0.0765	0.0789	0.0809	0.0809	0.0825	0.0855	0.0905
10.0	0.0514	0.0556	0.0592	0.0649	0.0672	0.0710	0.0739	0.0763	0.0783	0.0783	0.0799	0.0829	0.0880
10.4	0.0496	0.0537	0.0572	0.0627	0.0649	0.0686	0.0716	0.0739	0.0759	0.0779	0.0775	0.0804	0.0857
10.8	0.0479	0.0519	0.0553	0.0606	0.0628	0.0664	0.0693	0.0717	0.0736	0.0736	0.0751	0.0781	0.0834
11.2	0.0463	0.0502	0.0535	0.0563	0.0587	0.0609	0.0644	0.0672	0.0695	0.0714	0.0730	0.0759	0.0813
11.6	0.0448	0.0486	0.0518	0.0545	0.0569	0.0590	0.0625	0.0652	0.0675	0.0694	0.0709	0.0738	0.0793
12.0	0.0435	0.0471	0.0502	0.0529	0.0552	0.0573	0.0606	0.0634	0.0656	0.0674	0.0690	0.0719	0.0774
12.8	0.0409	0.0444	0.0474	0.0499	0.0521	0.0541	0.0573	0.0599	0.0621	0.0639	0.0654	0.0682	0.0739
13.6	0.0387	0.0420	0.0448	0.0472	0.0493	0.0512	0.0543	0.0568	0.0589	0.0607	0.0621	0.0649	0.0707
14.4	0.0367	0.0398	0.0425	0.0448	0.0468	0.0486	0.0516	0.0540	0.0561	0.0577	0.0592	0.0619	0.0677
15.2	0.0349	0.0379	0.0404	0.0426	0.0446	0.0463	0.0492	0.0515	0.0535	0.0551	0.0565	0.0592	0.0650
16.0	0.0332	0.0361	0.0385	0.0407	0.0425	0.0442	0.0469	0.0492	0.0511	0.0527	0.0540	0.0567	0.0625
18.0	0.0297	0.0323	0.0345	0.0364	0.0381	0.0396	0.0422	0.0442	0.0460	0.0475	0.0487	0.0512	0.0570
20.0	0.0269	0.0293	0.0312	0.0330	0.0345	0.0359	0.0383	0.0402	0.0418	0.0432	0.0444	0.0468	0.0524

三角形分布的矩形荷载角点下的平均竖向附加应力系数 $\overline{\alpha}$　　表 2-13

z/b	l/b = 0.2		l/b = 0.4		l/b = 0.6		l/b = 0.8		l/b = 1.0	
	角点 1	角点 2	角点 1	角点 2	角点 1	角点 2	角点 1	角点 2	角点 1	角点 2
0.0	0.0000	0.2500	0.0000	0.2500	0.0000	0.2500	0.0000	0.2500	0.0000	0.2500
0.2	0.0112	0.2161	0.0140	0.2308	0.0148	0.2333	0.0151	0.2339	0.0152	0.2341
0.4	0.0179	0.1810	0.0245	0.2084	0.0270	0.2153	0.0280	0.2175	0.0285	0.2184
0.6	0.0207	0.1505	0.0308	0.1851	0.0355	0.1966	0.0376	0.2011	0.0388	0.2030
0.8	0.0217	0.1277	0.0340	0.1640	0.0405	0.1787	0.0440	0.1852	0.0459	0.1883
1.0	0.0217	0.1104	0.0351	0.1461	0.0430	0.1624	0.0476	0.1704	0.0502	0.1746
1.2	0.0212	0.0970	0.0351	0.1312	0.0439	0.1480	0.0492	0.1571	0.0525	0.1621
1.4	0.0204	0.0865	0.0344	0.1187	0.0436	0.1356	0.0495	0.1451	0.0534	0.1507
1.6	0.0195	0.0779	0.0333	0.1082	0.0427	0.1247	0.0490	0.1345	0.0533	0.1405
1.8	0.0186	0.0709	0.0321	0.0993	0.0415	0.1153	0.0480	0.1252	0.0525	0.1313
2.0	0.0178	0.0650	0.0308	0.0917	0.0401	0.1071	0.0467	0.1169	0.0513	0.1232
2.5	0.0157	0.0538	0.0276	0.0769	0.0365	0.0908	0.0429	0.1000	0.0478	0.1063
3.0	0.0140	0.0458	0.0248	0.0661	0.0330	0.0786	0.0392	0.0871	0.0439	0.0931
5.0	0.0097	0.0289	0.0175	0.0424	0.0236	0.0476	0.0285	0.0576	0.0324	0.0624
7.0	0.0073	0.0211	0.0133	0.0311	0.0180	0.0352	0.0219	0.0427	0.0251	0.0465
10.0	0.0053	0.0150	0.0097	0.0222	0.0133	0.0253	0.0162	0.0308	0.0186	0.0336

续表

z/b	l/b = 0.2		l/b = 0.4		l/b = 0.6		l/b = 0.8		l/b = 1.0	
	角点 1	角点 2	角点 1	角点 2	角点 1	角点 2	角点 1	角点 2	角点 1	角点 2
z/b	l/b = 1.2		l/b = 1.4		l/b = 1.6		l/b = 1.8		l/b = 2.0	
0.0	0.0000	0.2500	0.0000	0.2500	0.0000	0.2500	0.0000	0.2500	0.0000	0.2500
0.2	0.0153	0.2342	0.0153	0.2343	0.0153	0.2343	0.0153	0.2343	0.0153	0.2343
0.4	0.0288	0.2187	0.0289	0.2189	0.0290	0.2190	0.0290	0.2190	0.0290	0.2191
0.6	0.0394	0.2039	0.0397	0.2043	0.0399	0.2046	0.0400	0.2047	0.0401	0.2048
0.8	0.0470	0.1899	0.0476	0.1907	0.0480	0.1912	0.0482	0.1915	0.0483	0.1917
1.0	0.0518	0.1769	0.0528	0.1781	0.0534	0.1789	0.0538	0.1794	0.0540	0.1797
1.2	0.0546	0.1649	0.0560	0.1666	0.0568	0.1678	0.0574	0.1584	0.0577	0.1689
1.4	0.0559	0.1541	0.0575	0.1562	0.0586	0.1576	0.0594	0.1585	0.0599	0.1591
1.6	0.0561	0.1443	0.0580	0.1467	0.0594	0.1484	0.0603	0.1494	0.0609	0.1502
1.8	0.0556	0.1354	0.0578	0.1381	0.0593	0.1400	0.0604	0.1413	0.0611	0.1422
2.0	0.0547	0.1274	0.0570	0.1303	0.0587	0.1324	0.0599	0.1338	0.0608	0.1348
2.5	0.0513	0.1107	0.0540	0.1139	0.0560	0.1163	0.0575	0.1180	0.0586	0.1193
3.0	0.0476	0.0976	0.0503	0.1008	0.0525	0.1033	0.0541	0.1052	0.0554	0.1067
5.0	0.0356	0.0661	0.0382	0.0690	0.0403	0.0714	0.0421	0.0734	0.0435	0.0749
7.0	0.0277	0.0496	0.0299	0.0520	0.0318	0.0541	0.0333	0.0558	0.0347	0.0572
10.0	0.0207	0.0359	0.0224	0.0379	0.0239	0.0395	0.0252	0.0409	0.0263	0.0403

z/b	l/b = 3.0		l/b = 4.0		l/b = 6.0		l/b = 8.0		l/b = 10.0	
	角点 1	角点 2	角点 1	角点 2	角点 1	角点 2	角点 1	角点 2	角点 1	角点 2
0.0	0.0000	0.2500	0.0000	0.2500	0.0000	0.2500	0.0000	0.2500	0.0000	0.2500
0.2	0.0153	0.2343	0.0153	0.2343	0.0153	0.2343	0.0153	0.2343	0.0153	0.2343
0.4	0.0290	0.2192	0.0291	0.2192	0.0291	0.2192	0.0291	0.2192	0.0291	0.2192
0.6	0.0402	0.2050	0.0402	0.2050	0.0402	0.2050	0.0402	0.2050	0.0402	0.2050
0.8	0.0486	0.1920	0.0487	0.1920	0.0487	0.1921	0.0487	0.1921	0.0487	0.1921
1.0	0.0545	0.1803	0.0546	0.1803	0.0546	.0.1804	0.0546	0.1804	0.0546	0.1804
1.2	0.0584	0.1697	0.0586	0.1699	0.0587	0.1700	0.0587	0.1700	0.0587	0.1700
1.4	0.0609	0.1603	0.0612	0.1605	0.0613	0.1606	0.0613	0.1606	0.0613	0.1606
1.6	0.0623	0.1517	0.0626	0.1521	0.0628	0.1523	0.0628	0.1523	0.0628	0.1523
1.8	0.0628	0.1441	0.0633	0.1445	0.0635	0.1447	0.0635	0.1448	0.0635	0.1448
2.0	0.0629	0.1371	0.0634	0.1377	0.0637	0.1380	0.0638	0.1380	0.0638	0.1380
2.5	0.0614	0.1223	0.0623	0.1233	0.0627	0.1237	0.0628	0.1238	0.0628	0.1239
3.0	0.0589	0.1104	0.0600	0.1116	0.0607	0.1123	0.0609	0.1124	0.0609	0.1125
5.0	0.0480	0.0797	0.0500	0.0817	0.0515	0.0833	0.0519	0.0837	0.0521	0.0839
7.0	0.0391	0.0619	0.0414	0.0642	0.0435	0.0663	0.0442	0.0671	0.0445	0.0674
10.0	0.0302	0.0462	0.0325	0.0485	0.0349	0.0509	0.0359	0.0520	0.0364	0.0526

圆形面积均布荷载中心点下平均竖向附加应力系数 $\bar{\alpha}$ 表 2-14

z/r_0	$\bar{\alpha}$	z/r_0	$\bar{\alpha}$	z/r_0	$\bar{\alpha}$
0.0	1.000	2.1	0.640	4.1	0.401
0.1	1.000	2.2	0.623	4-2	0.439
0.2	0.998	2.3	0.606	4.3	0.386
0.3	0.993	2.4	0.590	4.4	0.379
0.4	0.986	2.5	0.574	4.5	0.372
0.5	0.974	2.6	0.560	4.6	0.365
0.6	0.960	2.7	0.546	4.7	0.359
0.7	0.942	2.8	0.532	4.8	0.353
0.8	0.923	2.9	0.519	4.9	0.347
0.9	0.901	3.0	0.507	5.0	0.341
1.0	0.878	3.1	0.495	6.0	0.292
1.1	0.855	3.2	0.484	7.0	0.255
1.2	0.831	3.3	0.473	8.0	0.227
1.3	0.808	3.4	0.463	9.0	0.206
1.4	0.784	3.5	0.453	10.0	0.187
1.5	0.762	3.6	0.443	12.0	0.156
1.6	0.739	3.7	0.434	14.0	0.134
1.7	0.718	3.8	0.425	16.0	0.117
1.8	0.697	3.9	0.417	18.0	0.104
1.9	0.677	4.0	0.409	20.0	0.094
2.0	0.658				

圆形面积均布荷载的圆周点下平均竖向附加应力系数 $\bar{\alpha}$ 表 2-15

z/r_0	$\bar{\alpha}$	z/r_0	$\bar{\alpha}$	z/r_0	$\bar{\alpha}$
0.0	0.500	1.6	0.368	3.4	0.257
0.2	0.484	1.8	0.353	3.8	0.239
0.4	0.468	2.0	0.338	4.2	0.215
0.6	0.448	2.2	0.324	4.6	0.202
0.8	0.434	2.4	0.311	5.0	0.190
1.0	0.417	2.6	0.299	5.5	0.177
1.2	0.400	2.8	0.287	6.0	0.166
1.4	0.384	3.0	0.276		

沉降计算经验系数 ψ_s　　**表 2-16**

基底附加压力 \ $\overline{E}_s$（MPa）	2.5	4.0	7.0	15.0	20.0
$p_0 = f_{sk}$	1.4	1.3	1.0	0.4	0.2
$p_0 < 0.75f_{sk}$	1.1	1.0	0.7	0.4	0.2

注：1. f_{sk}为地基承载力特征值；

2. $\overline{E}_s$为沉降计算深度范围内压缩模量的当量值，按下式计算：

$$\overline{E}_s = \frac{\Sigma A_i}{\Sigma \dfrac{A_i}{E_{si}}} \tag{2-66}$$

式中　A_i——第 i 层土的平均附加应力系数沿该土层厚度的积分值；

E_{si}——相应于该土层的压缩模量。

Δz　值　　**表 2-17**

基底宽度 b（m）	≤2	$2 < b \leqslant 4$	$4 < b \leqslant 8$	$8 < b \leqslant 15$	$15 < b \leqslant 30$	$b > 30$
Δz（m）	0.3	0.6	0.8	1.0	1.2	1.5

【例 2-7】　某中心受压柱基础，底面尺寸为 3m×2m，基底压力 $p = 220\text{kPa}$，持力层土的承载力标准值 $f_{sk} = 190\text{kPa}$。其他数据见图 2-38。试计算基础的最终沉降量。

【解】　（1）计算基底附加压力：

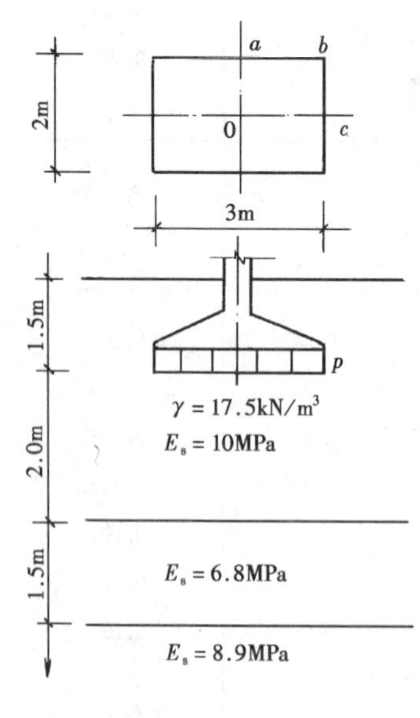

图 2-38　［例 2-7］附图

$$p_0 = p - \sigma_c = 220 - 17.5 \times 1.5 = 193.75\text{kPa}$$

（2）基底中点至第 i 层土底面范围的平均附加应力系数$\overline{\alpha}_i = 4\,\overline{\alpha}_{(\text{oabc})i}$，见表 2-18。

（3）计算沉降量 s'的计算过程见表 2-18。

试取 $z_n = 5.0\text{m}$，查表 2-17 知，$\Delta z = 0.3\text{m}$

（4）确定地基沉降计算深度：

由表 2-18 知：$\sum\limits_{i=1}^{4}\Delta s'_i = 29.36 + 12.35 + 1.85 + 0.96 = 44.53\text{mm}$

$$\Delta s'_n = 0.96\text{mm} < 0.025\sum_{i=1}^{4}\Delta s'_i = 0.025 \times 44.53 = 1.11\text{mm}$$

故取　　$z_n = 4.3\text{m}$

（5）确定沉降计算经验系数 ψ_s：

[例 2-7] 附表　　表 2-18

z_i (mm)	l/b	z/b	$\overline{\alpha}_{(abcd)i}$	$z_i\overline{\alpha}_i = 4z_i\overline{\alpha}_{(oabc)i}$ (mm)	$z_i\overline{\alpha}_i - z_{i-1}\overline{\alpha}_{i-1}$ (mm)	E_{si} (kPa)	$\Delta s'_i$ (mm)
0	1.5/1.0 = 1.5	0	0.2500	0.0			
2000	1.5	2.0	0.1894	1515.2	1515.2	10000	29.36
3500	1.5	3.5	0.1392	1948.8	433.6	6800	12.35
4000	1.5	4.0	0.1271	2033.6	84.8	8900	1.85
4300	1.5	4.3	0.1208	2077.7	44.2	8900	0.96

当量模量

$$\overline{E}_s = \frac{\sum_{i=1}^{4} A_i}{\sum_{i=1}^{4} \frac{A_i}{E_{si}}} = \frac{P_0 \sum_{i=1}^{4} (z_i\overline{\alpha}_i - z_{i-1}\overline{\alpha}_{i-1})}{\sum_{i=1}^{4} \Delta s'} = \frac{193.75 \times 2077.7}{44.53} = 9.04\text{MPa}$$

查表 2-16 得：

$$\psi_s = 0.85$$

（6）最终沉降量：

$$s = \psi_s s' = 0.85 \times 44.53 = 37.85\text{mm}$$

第七节　应力历史对地基变形的影响

天然土历史固结过程中所经受过的最大有效应力，称为先期固结应力（前期固结应力)。

一、沉积土层的应力历史

根据天然土层现有的应力与其历史上的先期固结应力对比，可将土（主要为黏性土和粉土）分为正常固结土、超固结土和欠固结土三类。正常固结土的覆盖土层是逐渐沉积到现在的地面，由于经历了漫长的地质年代，在土的自重作用下已达到固结稳定状态，其先期固结应力 p_c 等于现有的覆盖土自重应力 $p_1 = \gamma h$，如图 2-39（a）中的 A 类土。超固结土在历史上曾经有相当厚的覆盖土层，如图 2-39（b）中的 B 类土，图中虚线表示当时沉积层的地面，在土的自重作用下也已达到固结稳定状态，后来由于地质作用，上部土层被冲蚀而形成现在的地表，因此先期固结应力 $p_c = \gamma h_c$ 超过了现有的土自重应力 $p_1 = \gamma h$，若 p_c 与 p_1 的比值称为超固结比（OCR)，其值越大表示超固结作用越大。欠固结土也是逐渐沉积到现在地面，但不同的是还没有达到固结稳定状态，这是因为沉积经历年代时间短，在土自重作用下没有完全固结，

土中固结应力 γh 尚未全部转化为有效应力，因此，土的现有有效应力就是它的先期固结应力 $p_c < \gamma h$，如图 2-39（c）中的 C 类土，图中虚线表示将来固结完成后的地面。

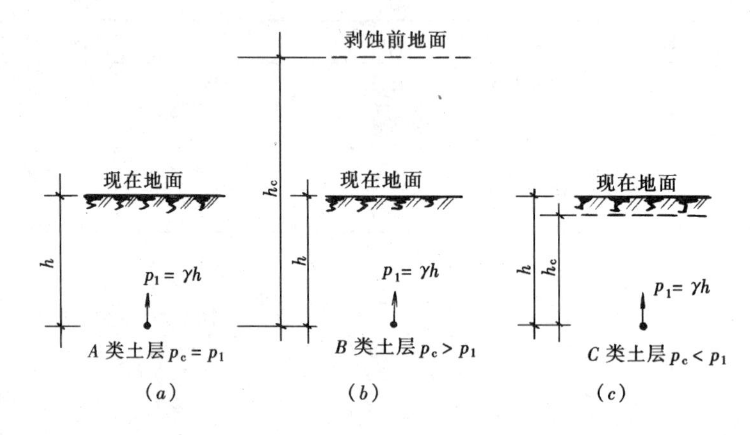

图 2-39　沉积土层按先期固结应力 p_c 分类

为了了解土层的应力历史，首先要确定该土层的先期固结应力 p_c，最常用的方法是卡萨格兰德（Cassa-Grande）依据 e-log$p$ 曲线建议的经验作图法，其步骤如下（图 2-40）：

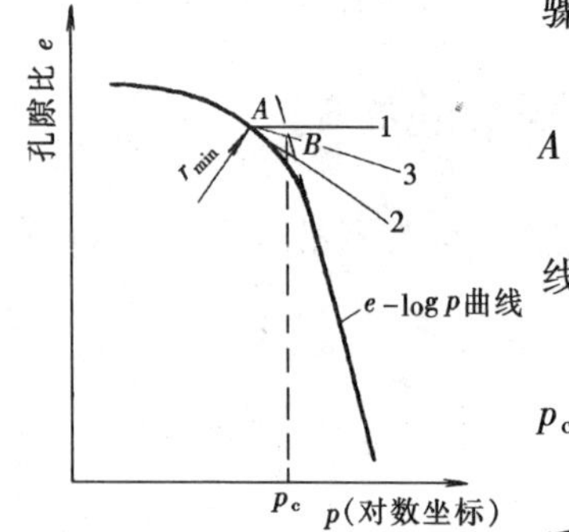

图 2-40　确定先期固结应力 p_c

1. 在 e-log$p$ 曲线上找出曲率半径最小的一点 A，过 A 点作出水平线 $A1$ 和切线 $A2$；

2. 作∠$1A2$ 的平分线 $A3$，与 e-log$p$ 曲线中直线段的延长线相交于 B 点；

3. B 点所对应的有效应力就是先期固结应力 p_c。

必须指出，采用这种简易的经验作图法对取土质量要求较高，绘制 e-log$p$ 曲线要选用适当的比例尺等，否则有时很难找到 A 点，因此，确定先期固结应力，还应结合场地地形、地貌等形成历史的调查资料加以判别、综合分析。

二、原始压缩曲线

在计算地基的固结沉降时，必须首先弄清土层所经历的应力历史，而室内压缩曲线因土样受扰动及应力释放已不能完全反映现场土层的实际状况，因此需要将室内压缩试验的 e-log$p$ 曲线进行修正，以恢复符合现场原始土体孔隙比与有效应力的关系曲线。

对于正常固结土（$p_c = p_1$），假定取样过程中试样不发生体积变化，即试样的初始孔隙比 e_0 就是它的原位孔隙比。由 e_0 与 p_1 值在 e-log$p$ 坐标上定出 b 点（图 2-41），该点即为原始压缩曲线上的起始点。许多室内压缩试验表明，若将土试样加以不同程度的扰动，得出的不同室内压缩曲线直线段都大致交于 $e = 0.42e_0$ 的点 c。由此可推想，原始压缩曲线也应交于该点；作 bc 直线段，即为推求的原始压缩曲线段，依据该直线段的斜率可定出正常固结土的压缩指数 C_c。

对于超固结土，在现场由先期固结应力 p_c 减至现有的有效应力 p_1，经历了回弹的过程，当它后来受到外荷载作用引起的附加应力 Δp 时，将先沿着原始再压缩曲线压缩，如果 Δp 超过 $p_c - p_1$，它才会沿着原始压缩曲线压缩。因此，超固结土的原始压缩曲线应依据室内压缩-回弹-再压缩曲线进行修正，见图 2-42，先作 b_1 点，其横、纵坐标分别为试样在现场的自重应力 p_1 和孔隙比 e_0；过 b_1 点作一直线，其斜率等于室内回弹曲线与再压缩曲线的平均斜率，该直线与通过 B 点垂线（其横坐标相应于先期固结应力 p_c）交于 b 点，b_1b 即为原始再压缩曲线，其斜率为回弹指数 C_e（根据经验得知，因试样受到扰动，初次室内压缩曲线斜率比原始再压缩曲线的斜率大得多，而室内回弹、再压缩曲线的平均斜率则比较接近原始再压缩曲线的斜率）；由室内压缩曲线上孔隙比 $e = 0.42e_0$ 处确定 C 点，连接 bc 直线，即得原始压缩曲线，其斜率为压缩指数 C_c。

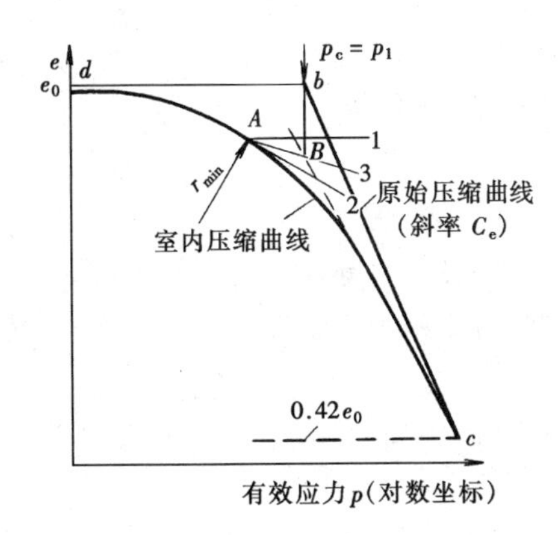

图 2-41 正常固结土的原始压缩曲线

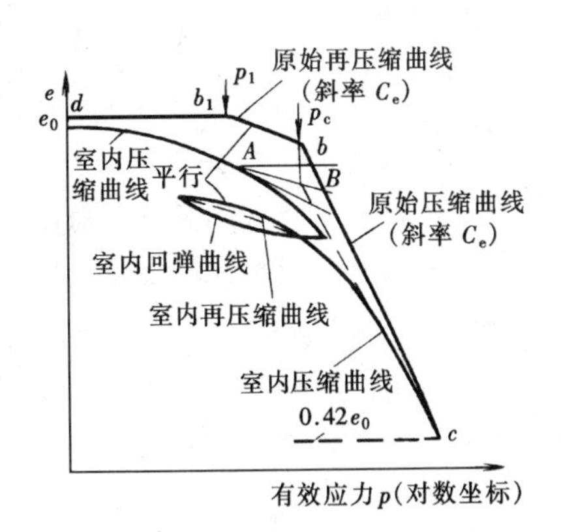

图 2-42 超固结土的原始再压缩曲线和原始压缩曲线

对于欠固结土，与正常固结土的区别就在于自重作用下压缩尚未稳定，所以可近似地按正常固结土的方法求得原始压缩曲线，从而定出压缩指数 C_c 值。

三、地基固结沉降计算

地基固结沉降计算仍采用分层总和法，只是土的压缩性指标从原始压缩曲线中确定，从而考虑应力历史对地基沉降的影响。

1. 正常固结土的沉降计算

设图 2-43 为第 i 层土的原始压缩曲线，其压缩指数为 C_{ci}，则固结沉降 s_c 为：

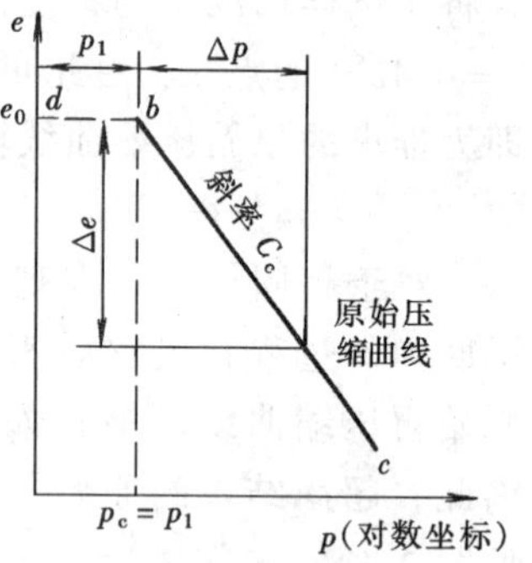

图 2-43 正常固结土的沉降计算

$$s_c = \sum_{i=1}^{n} \frac{\Delta e_i}{1 + e_{0i}} H_i = \sum_{i=1}^{n} \frac{H_i}{1 + e_{0i}} C_{ci} \log \frac{p_{1i} + \Delta p_i}{p_{1i}} \quad (2\text{-}67)$$

式中 Δe_i——从原始压缩曲线确定的第 i 层土的孔隙比变化：

$$\Delta e_i = C_{ci}[\log(p_{li} + \Delta p_i) - \log p_{li}] = C_{ci} \log \frac{p_{li} + \Delta p_i}{p_{li}}$$

Δp_i——第 i 层土的附加应力（有效应力增量）平均值，$\Delta p = 1/2 \times (\sigma_{zi} + \sigma_{zi-1})$；

p_{1i}——第 i 层土的自重应力平均值，$p_{1i} = 1/2 \times (\sigma_{ci} + \sigma_{czi-1})$；

e_{0i}——第 i 层土的初始孔隙比；

C_{ci}——从原始压缩曲线确定的第 i 层土的压缩指数。

2. 超固结土的沉降计算

对于超固结土的沉降计算，应按下列两种情况分别对待。

第一种情况，如图 2-44（a）所示，第 i 分层土的有效应力增量 $\Delta p > (p_c - p_1)$，此时，该分层土的孔隙比将天然孔隙比由原始再压缩曲线 $b_1 b$ 段减少 $\Delta e'$，然后沿着原始压缩曲线 bc 段减少 $\Delta e''$，即相应于应力增量 Δp 的 Δe 这两部分组成。其中第一部分（相应的有效应力由土自重应力 p_1 增加到先期固结应力 p_c）的孔隙比变化 $\Delta e'$ 为：

$$\Delta e' = C_e(\log p_c - \log p_1) = C_e \log\left(\frac{p_c}{p_1}\right) \quad (2\text{-}68)$$

第二部分，相应的有效应力由 p_c 增加到（$p_1 + \Delta p$），其孔隙比的变化 $\Delta e''$ 为：

$$\Delta e'' = C_c[\log(p_1 + \Delta p) - \log p_c] = C_c \log\left(\frac{p_1 + \Delta p}{p_c}\right) \quad (2\text{-}69)$$

总孔隙比变化 Δe 为：

$$\Delta e = \Delta e' + \Delta e'' = C_e \log\left(\frac{p_c}{p_1}\right) + C_c \log\left(\frac{p_1 + \Delta p}{p_c}\right) \tag{2-70}$$

当满足第一种情况的分层数 n，则各分层的总固结沉降量 s_{cn}为：

$$s_{cn} = \sum_{i=1}^{n} \frac{H_i}{1 + e_{0i}}\left[C_{ei}\log\left(\frac{p_{ci}}{p_{1i}}\right) + C_{ci}\log\left(\frac{p_{1i} + \Delta p_i}{p_{ci}}\right)\right] \tag{2-71}$$

式中 C_{ei}、C_{ci}——第 i 层土的回弹指数和压缩指数；

p_{ci}——第 i 层土的期固结应力；

其余符号意义同式（2-67）。

第二种情况，如图 2-44（b）所示，分层土的有效应力增量 $\Delta p \leqslant (p_c - p_1)$，则孔隙比的变化 Δe 只沿着再压缩曲线 $b_1 b$ 发生，其大小为：

$$\Delta e = C_e[\log(p_1 + \Delta p) - \log p_1] = C_e \log\left(\frac{p_1 + \Delta p}{p_1}\right) \tag{2-72}$$

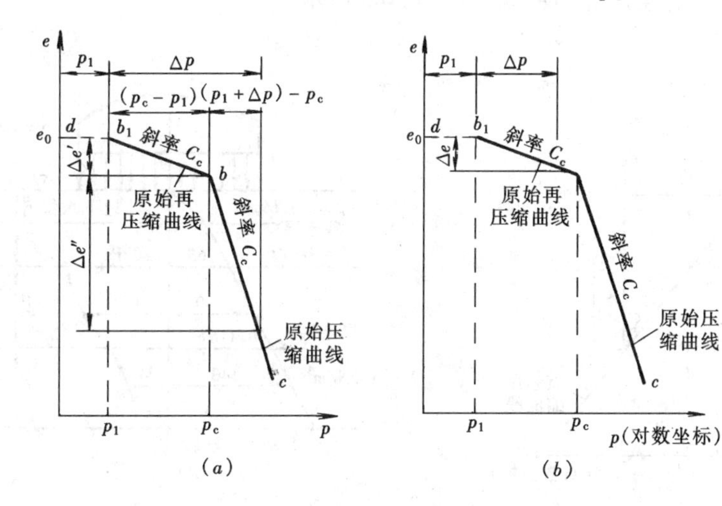

图 2-44 超固结土的孔隙比变化

（a）$\Delta p > (p_c - p_1)$；（b）$\Delta p \leqslant (p_c - p_1)$

当满足此种情况的土层数为 m，则各分层产生的总固结沉降量 s_{cm}为：

$$s_{cm} = \sum_{i=1}^{m} \frac{H_i}{1 + e_{0i}} C_{ei} \log\left(\frac{p_{1i} + \Delta p_i}{p_{1i}}\right) \tag{2-73}$$

地基的总固结沉降 s_c 为上述两情况的沉降的叠加，即：

$$s_c = s_{cn} + s_{cm} \tag{2-74}$$

3. 欠固结土的沉降计算

对于欠固结土，其沉降不仅由地基附加应力引起，还包括在自重作用下继续完成的那一部分固结沉降，其孔隙比的变化 Δe 由 $\Delta e'$与 $\Delta e''$组成（图 2-45）：

$$\Delta e = \Delta e' + \Delta e'' = C_c[\log p_1 - \log p_c] + C_c[\log(p_1 + \Delta p) - \log p_1]$$

$$= C_c \log \frac{p_1 + \Delta p}{p_c} \tag{2-75}$$

固结沉降为：

$$s_c = \sum_{i=1}^{n} \frac{H_i}{1 + e_{0i}} C_{ci} \log \frac{p_{1i} + \Delta p_i}{p_{ci}} \tag{2-76}$$

【例 2-8】　某仓库，面积为 $12.5 \times 12.5\text{m}^2$，均布堆载 100kPa，地基剖面见图 2-46。已知黏土层为正常固结土，初始孔隙比的变化规律为 $e_0 = 0.67 - 0.53\log \frac{p_1}{115}$，压缩指数 C_c 为 0.53。试计算由均匀堆载引起的地基沉降量（不计砂层的沉降量）。

【解】　依据土层分布及荷载分布，计算得堆载中心点下地基中的自重应力及附加应力，并绘出分布曲线，如图 2-46 所示。

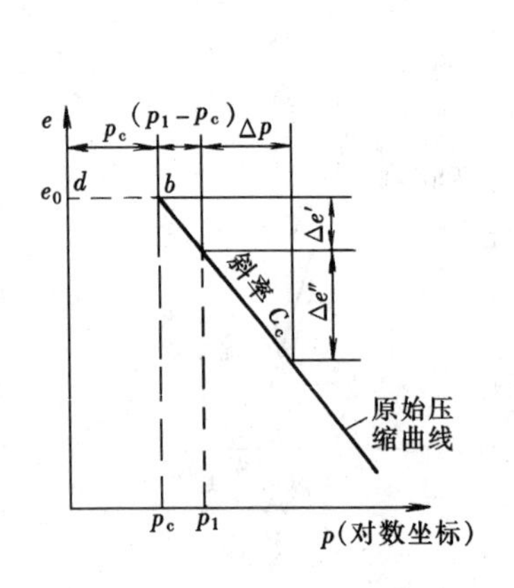

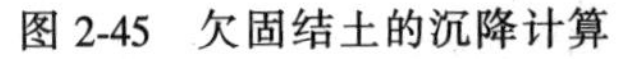
图 2-45　欠固结土的沉降计算

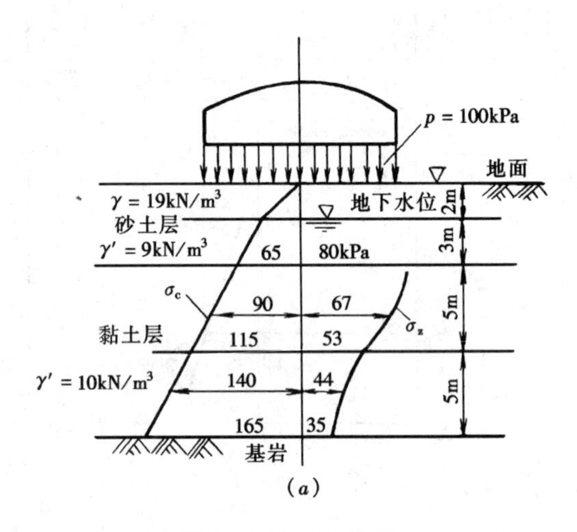

图 2-46　例 2-8 附图

将黏土层分为两层 $H_i = 5\text{m}$，平均自重应力 p_{1i} 分别为 90kPa、140kPa，相应的初始孔隙比 e_{0i} 为：

$$e_{01} = 0.67 - 0.53\log \frac{90}{115} = 0.726$$

$$e_{02} = 0.67 - 0.53\log \frac{140}{115} = 0.625$$

各层平均附加应力 Δp_i 分别为 67kPa、44kPa。

对于正常固结土，由式（2-67）可得黏土层固结沉降量为：

$$s_c = \Sigma \frac{H_i}{1 + e_{0i}} C_{ci} \log\left(\frac{p_{1i} + \Delta p_i}{p_{1i}}\right)$$

$$=\frac{5000}{1+0.726}\times 0.53\times \log\left(\frac{90+67}{90}\right)+\frac{5000}{1+0.625}\times 0.53\times \log\frac{140+44}{140}$$

$$=371+194+565\text{mm}$$

第八节　地基变形与时间的关系

地基的变形也就是土中孔隙体积的减少，对饱和土来讲，要产生变形，就要将占据土中孔隙的水排挤出去。不同的土，透水性差别很大，因此各种土完成最终沉降量所需的时间长短不一。一般地，碎石土、砂土透水性好，完成沉降所经历的时间很短，可认为在施工完成后，其变形也基本完成。这类地基上的房屋在施工期如无因沉降不均而损坏的现象，就可以认为地基情况良好。对低压缩性的黏性土、粉土，施工完毕时可认为完成总沉降量的 50% ~ 80%；对中压缩性黏性土，可完成 20% ~ 50%；而饱和高压缩性黏性土，施工完毕时只能完成 5% ~ 20%，完成最终沉降量需要几年甚至十几年时间。当需要考虑建筑物有关部分之间的连接方式、连接时间，以及预留净空的大小时，或由于地基沉降引起建筑物出现开裂、倾斜，对地基进行处理需要确定处理方案和处理时机时，都非常有必要掌握地基沉降随时间而发展的过程，尤其是黏性土的变形与时间的关系。

一、土的渗透性

地基土中的自由水，在有水头差（或压力差）时，将通过土的孔隙流动，称为渗流，而水流通过土中孔隙的难易程度则称为土的渗透性。

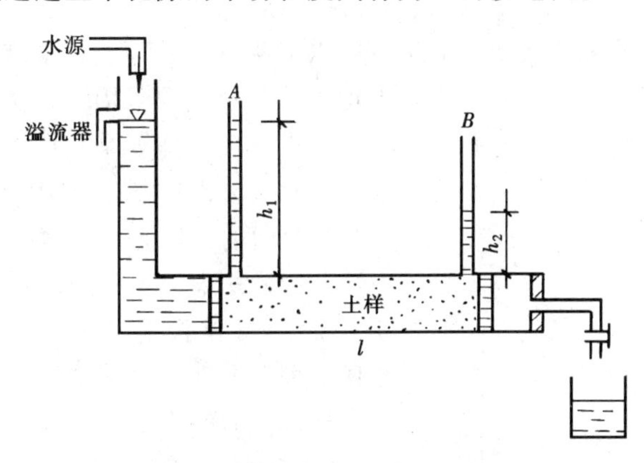

图 2-47　砂土渗透试验示意图

为了说明水在土中渗流的一个重要规律，可进行如图 2-47 所示装置的试验，A、B 是两根竖直测压管，两管的水平距离为 l。水从左侧流经土样后从右端流出。由于水流过土样时受到土颗粒的阻力，能量有所损耗，因此，测压管 B 的水头高度较A的低，两者水头差$\Delta h = h_1 - h_2$。实验证明，水在土中的渗透速度与Δh成正比而与l成反比，亦即：

$$v = k\frac{\Delta h}{l} = ki \tag{2-77}$$

式中　v——水在土中的渗透速度；

i——水头梯度，$i = \frac{\Delta h}{l}$，即土中两点的水头差Δh与其渗流长度l的比值；

k——比例系数，称为土的渗透系数（mm/s 或 m/a），与土的透水性强弱有关。

式（2-77）是达西（Darcy，1885）根据砂土的渗透试验得出的，故称为达西定律。

渗透系数k可通过室内渗透试验或现场抽水试验测定。常见的几种土渗透系数参考值见表 2-19。

土的渗透系数参考值　　**表 2-19**

土　类	渗透系数（mm/s）	土　类	渗透系数（mm/s）
致密黏土	$< 10^{-4}$	粉砂、细砂	$10^{-2} \sim 10^{-3}$
粉质黏土	$10^{-5} \sim 10^{-6}$	中　砂	$1 \sim 10^{-2}$
粉土、裂隙黏土	$10^{-3} \sim 10^{-5}$	粗砂、砾石	$1 \sim 10^{3}$

注：$1\text{mm/s} = 3 \times 10^4\text{m/a}$。

在达西定律的表达式中，应该说明以下两点：其一，由于沿土样长度的各个断面，其渗水的孔隙大小和分布是不均匀的，公式中采用了以整个断面积计算假想的渗流速度，而不是土样孔隙流体的真正速度，即v是指单位时间内流过单位土截面的水量；其二，土中水的实际流程是十分复杂弯曲的，比土样长度大得多，而且也无法知道，公式中以土样长度作为渗流路径的长度，因此，i是指平均水力梯度，而不是局部的真正水力梯度。以上的处理避免了微观流体力学分析上的困难，反映了某一范围内宏观渗流的平均效果，在解决实际工程问题上具有很重要的实用价值，故一直沿用至今。

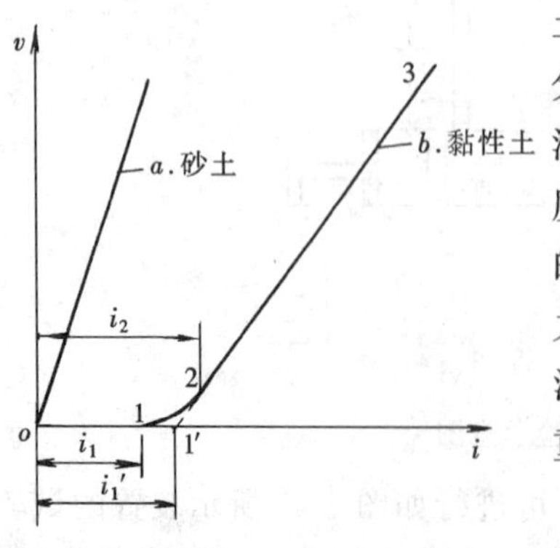

图 2-48　渗透系数v与水力梯度i的关系

实验证明，在砂土中水的流动符合达西定律，如图 2-48 中a线；而黏性土中只有当水力梯度超过起始梯度后才开始发生渗流，如图

2-48 中 b 线。点 1 相应于起始梯度 i_1，在点 1 与点 2 之间渗流速度与水力梯度呈曲线关系，达点 2（相应水力梯度为 i_2）后两者转为直线关系。为计算方便，采用直线段在横坐标上的截距 i'_1 作为起始梯度，则用于黏性土的达西定律为：

$$v = k(i - i'_1) \tag{2-78}$$

二、饱和土体的有效应力原理

饱和土是由固体颗粒构成的骨架和充满其间的水组成的两相体。在土中任一点处的应力由两部分构成，其一是由土骨架承担的部分，即由颗粒之间进行传递的粒间应力，其二为由孔隙水承担的部分，水虽不能承担剪应力，但能承担法向应力，并能通过连通的孔隙水传递，这部分应力称为孔隙水压力。

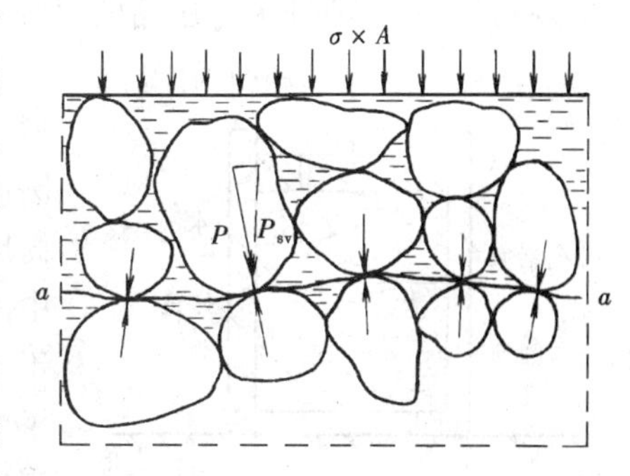

图 2-49　土中平均应力和有效应力

取饱和土单元体中任一横截面 a-a，如图 2-49 所示，水平投影面积为 A，a-a 截面通过土颗粒的接触点。其接触点所占面积 A_s 很小，即面积 A 中绝大部分都是由孔隙水所占据的面积 $A_w = A - A_s$。设面积 A 上作用有垂直总应力 σ，而在 a-a 面上的孔隙水处将作用有孔隙水压力 u，在颗粒接触处作用有粒间作用力 p_s，其竖向分力为 p_{siv}，则 a-a 面的竖向力平衡方程式为：

$$\sigma A = \Sigma P_{siv} + uA_w$$

等式两边同除以面积 A，则：

$$\sigma = \frac{\Sigma P_{siv}}{A} + u\frac{A_w}{A} \tag{2-79}$$

式（2-79）中右端第一项为各竖直向粒间作用力总和除以横截面积 A，代表全面积 A 上的平均竖直向粒间应力，定义为有效应力，用 σ' 表示；右端第二项中的 A_w/A，由于颗粒接触面积 A_s 很小（根据研究不超过 $0.03A$），故 $A_w/A \approx 1$。因此，式（2-79）可简化为

$$\sigma = \sigma' + u \tag{2-80a}$$

或

$$\sigma' = \sigma - u \tag{2-80b}$$

上两式即为饱和土的有效应力原理表达式，表明饱和土中任意点的总应力 σ 总是等于有效应力与孔隙水压力 u 之和，或饱和土中任意点的有效应力 σ' 总是等于总应力 σ 与孔隙水压力 u 之差。由于任意点处孔隙水压力（超孔隙水压力）在各个方向上的作用是相等的，它只能使土颗粒受到等相压缩，而不会使土粒移动；然而土粒的变形模量很大，水压力引起的压缩在土力学问题中可以忽略不

计。因此，引起土的体积压缩的原因并不是作用在土体上的总应力，而是有效应力的增量。

三、附加应力的分担作用

在外力作用下，饱和土体原有应力状态发生变化，该附加应力（由超静孔隙水压力和附加的有效应力组成）使土中孔隙水（自由水）逐渐排出，孔隙体积逐渐减小，同时，土骨架承担的附加有效应力与孔隙水承担的超静孔隙水压力逐渐转移和调整，这种排水与压缩的过程称为土的渗透固结。

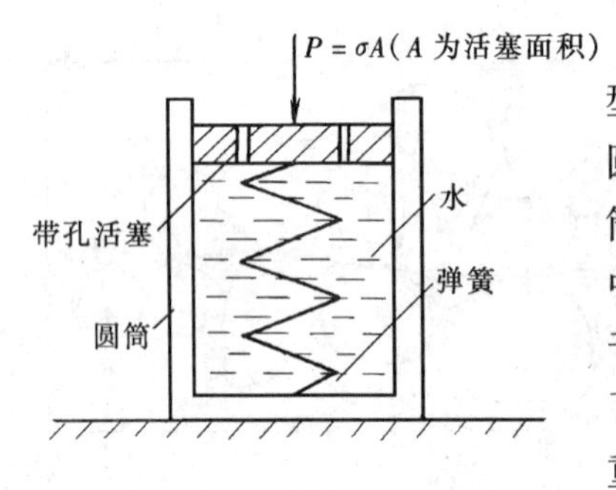

图 2-50　土骨架与土中水分担附加应力的模型

饱和土的渗透固结可借助于弹簧-活塞模型来说明。如图 2-50 所示，在一个盛满水的圆筒中，上放一个带有小孔的活塞，在活塞和筒底之间放一个弹簧，弹簧模拟土骨架，圆筒中的水相当于土中孔隙水，活塞上的小孔相当于土的渗透性。在模型受压之前，弹簧已承担了活塞的重量（相当于土中骨架承担的有效自重应力），容器中水承受着的静水压力，它们对今后的压缩变形并无影响。当活塞上骤然施加外压力 σ 的瞬间（$t=0$），水还来不及从活塞的小孔流出，活塞没有下沉，因此，弹簧也没有受压变形，说明压力 σ 全部由圆筒内的水所承担，水受到超静止水压力后开始从活塞小孔逐渐排出，活塞随之下沉，使得弹簧受压，直到外压力全部由弹簧承担为止。模型的这个受压过程模拟了饱和土在渗透固结过程中，土骨架和孔隙水对附加应力的分担作用，即作用在饱和土上的附加应力 σ 开始时全部由土中水承担（$t=0$ 时，$\sigma=u$，$\sigma'=0$）。随着土孔隙中的自由水被挤出，超孔隙水压力逐渐转嫁给土骨架（$t>0$，$0<u<\sigma$，$0<\sigma'<\sigma$，并 $\sigma=u+\sigma'$），最终全部 σ 都由土骨架承担（$t\rightarrow\infty$，$u=0$，$\sigma'=\sigma$），土的渗透固结变形完结。综上所述可知，饱和土的渗透固结就是土中超孔隙水压力向有效应力的转换过程，也就是超孔隙水压力消散和有效应力增长的过程，并且在固结过程中任一时间 t，土中某点处有效应力 σ' 与超静孔隙水压力 u 之和总是等于作用在该点处的附加应力 σ_z。土的渗透性越大，则固结过程所需的时间越短。

四、太沙基一维固结理论

为了求得饱和土层在渗透固结过程中任意时间的变形，首先要求得在附加应力作用下地基中各点的有效应力或超孔隙水压力随时间的变化。土层中孔隙水主要是单向地向外排出，由此仅产生竖直方向的压缩变形，这种压缩过程称为一维固结，通常采用太沙基在 1925 年提出的一维固结理论进行计算。

1. 基本假设

(1) 土是均质、各向同性、完全饱和的；

(2) 土粒和孔隙水都是不可压缩的，土的压缩完全由孔隙体积的减少所引起；

(3) 土中附加应力沿水平面是无限均匀分布的（荷载作用面积远大于压缩土层厚度），土的压缩及土中水的渗流仅在竖直方向发生（一维的）；

(4) 土中水的渗流服从于达西定律；

(5) 在整个渗流过程中，土的渗透系数 k、压缩系数 a 都视为不变的常数；

(6) 外荷载是一次骤然施加的。

2. 一维固结微分方程

考虑如图 2-51（a）所示的最简单情况，有一饱和黏土层，厚度为 H，上面透水，底面则不透水。假设该饱和黏土层在自重应力作用下固结已完成，只是在附加应力作用下才引起固结。当该土层表面骤然受到连续均布荷载 p_0 作用时，在土中引起的附加应力 σ_z 沿深度均匀分布，并等于 p_0，如图 2-51（a）中 be 所示。由于水只能从表面透水层排出，土层表面排水距离最短，底面排水距离最长，当排水固结开始后，土层表面的孔隙水压力（实际为超静孔隙水压力，以后均简称为孔隙水压力）立即降到零，而底面孔隙水压力降低很少。其他各层面处孔隙水压力则随深度减小而降低，变化情况如图 2-51（a）实线 bd 所示。随着时间增长，曲线形状将逐渐发生变化，如图 2-51（a）中虚线所示。由此可见，土中有效应力 σ' 和孔隙水压力 u 是深度 z 和时间 t 的函数，即：

$$\sigma' = f(z,t) \tag{2-81}$$

$$u = F(z,t) \tag{2-82}$$

显然，当 $t=0$ 时，bd 与 ac 线重合，$\sigma' = f(z,t) = 0$ 及 $u = F(z,t) = \sigma_z$，即全部附加应力都由孔隙水承担；当 $t=\infty$ 时，bd 与 be 线重合 $\sigma' = f(z,t) = \sigma_z$ 及 $u = F(z,t) = 0$，即全部附加应力都由土骨架承担。

在深度 z 处取一微单元体，如 2-51（b）所示，此微单元体体积 $V = \mathrm{d}x\mathrm{d}y\mathrm{d}z$，其孔隙体积 V_v 为：

$$V_v = nV = \frac{e}{1+e}\mathrm{d}x\mathrm{d}y\mathrm{d}z \tag{2-83}$$

式中　n——土的孔隙率；

e——土的孔隙比。

则微单元体土颗粒体积为：

$$V_s = V - V_v = \mathrm{d}x\mathrm{d}y\mathrm{d}z - \frac{e}{1+e}\mathrm{d}x\mathrm{d}y\mathrm{d}z = \frac{1}{1+e}\mathrm{d}x\mathrm{d}y\mathrm{d}z = \frac{1}{1+e_1}\mathrm{d}x\mathrm{d}y\mathrm{d}z \tag{2-84}$$

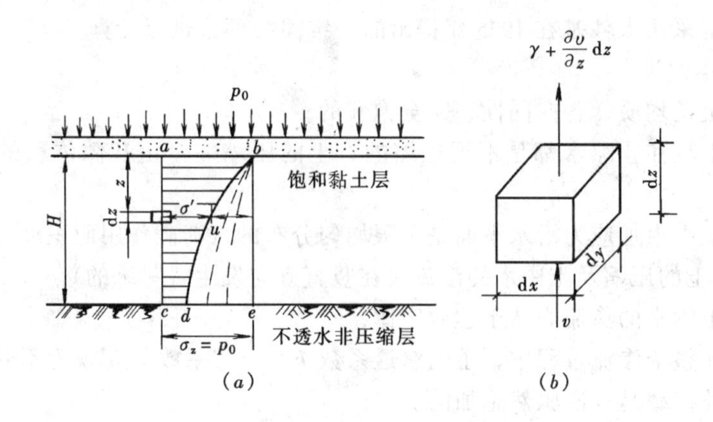

图 2-51　饱和黏性土层的固结

(a) 土层的附加应力分布曲线；(b) 固结中的微单元体

因 V_s 在渗透固结过程中为常量，则在 dt 时间内微单元体积的改变量为：

$$\frac{\partial V}{\partial t}\mathrm{d}t = \frac{\partial}{\partial t}(V_s + V_v)\mathrm{d}t = \frac{\partial V_v}{\partial t}\mathrm{d}t = \frac{\partial}{\partial t}eV_s\mathrm{d}t = \frac{1}{1+e_1}\mathrm{d}x\mathrm{d}y\mathrm{d}z\frac{\partial e}{\partial t}\mathrm{d}t \tag{2-85}$$

设某一时刻在此微单元体的底面及顶面的渗透速度为 v 和 $v+\frac{\partial v}{\partial z}\mathrm{d}z$，如图 2-51 ($b$) 所示，则在 d$t$ 时间内，微单元体水量变化为：

$$\left[v - \left(v + \frac{\partial v}{\partial z}\mathrm{d}z\right)\right]\mathrm{d}x\mathrm{d}y\mathrm{d}t = -\frac{\partial v}{\partial z}\mathrm{d}x\mathrm{d}y\mathrm{d}z\mathrm{d}t \tag{2-86}$$

显然，在 dt 时间内，微单元体水量的变化等于此时孔隙的变化量，即式 (2-85) 与式 (2-86) 相等，故得：

$$\frac{\partial v}{\partial z} = -\frac{1}{1+e_1}\cdot\frac{\partial e}{\partial t} \tag{2-87}$$

根据压缩系数的定义，$a = -\mathrm{d}e/\mathrm{d}p$，(定义中的 p 指有效应力) 所以有：

$$\mathrm{d}e = -a\mathrm{d}p = -a\mathrm{d}\sigma' \tag{2-88}$$

式中　dσ'——有效应力增量。

根据土骨架和孔隙水共同分担压力的平衡条件式 $\sigma' + u = \sigma_z$，式 (2-88) 可写为：

$$\mathrm{d}e = -a\mathrm{d}(\sigma_z - u) = a\mathrm{d}u \tag{2-89a}$$

或

$$\frac{\partial e}{\partial t} = a\frac{\partial u}{\partial t} \tag{2-89b}$$

式中　σ_z——微单元体中的附加应力，在连续均布荷载作用下 $\sigma_z = p_0$；

u——微单元体中的孔隙水压力，$u = \gamma_w h$，h 为由于孔隙水压力引起的水头高度。

根据达西定律：

$$v = ki = -k\frac{\partial h}{\partial z} \tag{2-90}$$

因渗透速度 v 的方向与 z 轴方向相反，故式（2-90）等号右边取负号。将孔隙水压力的水头高度 $h = u/\gamma_w$ 代入式（2-90），得：

$$v = -\frac{k\partial u}{\gamma_w \partial z} \tag{2-91a}$$

或

$$\frac{\partial v}{\partial z} = -\frac{k}{\gamma_w}\frac{\partial^2 u}{\partial z^2} \tag{2-91b}$$

将式（2-91a）和式（2-91b）代入式（2-87）可得：

$$\frac{k}{\gamma_w}\frac{\partial^2 u}{\partial z^2} = \frac{a}{(1+e_1)}\frac{\partial u}{\partial t}$$

或

$$\frac{\partial u}{\partial t} = \frac{k(1+e_1)}{a\gamma_w}\frac{\partial^2 u}{\partial z^2} \tag{2-92}$$

令

$$C_v = \frac{k(1+e_1)}{a\gamma_w} \tag{2-93}$$

则

$$\frac{\partial u}{\partial t} = C_v\frac{\partial^2 u}{\partial z^2} \tag{2-94}$$

式中 C_v——土的竖向固结系数；

k——土的渗透系数；

e_1——土初始的孔隙比；

a——土的压缩系数；

γ_w——水的重度。

式（2-94）是饱和黏性土单向固结微分方程，可根据不同的初始条件和边界条件求其特解。

根据图 2-51（a）所示的初始条件和边界条件：

$t = 0$ 和 $0 \leqslant z \leqslant H$ 时，$u = \sigma_z$；

$0 < t \leqslant \infty$ 和 $z = 0$ 时，$u = 0$；

$0 < t \leqslant \infty$ 和 $z = H$ 时，$\partial u/\partial z = 0$（$z = H$ 处为不透水层，孔隙水压力 u 的变化率为零）；

$t = \infty$ 和 $0 \leqslant z \leqslant H$ 时，$u = 0$。

根据以上初始条件和边界条件，采用分离变量法求得式（2-94）的特解为：

$$u_{z,t} = \frac{4}{\pi}\sigma_z\sum_{m=1}^{m=\infty}\frac{1}{m}\sin\frac{m\pi z}{2H}e^{\frac{m^2\pi^2}{4}T_v} \tag{2-95}$$

式中 $u_{z,t}$——某一时刻 t，深度 z 处的孔隙水压力；

m——正奇数（1、3、5…）；

e——自然对数底；

H——土层中最远处排水距离。单面排水时取土层厚度 H；双面排水时（水从土层中心分别向上、下两方向渗透），取土层厚度的一半 $H/2$；

T_v——时间因数，$T_v = \dfrac{C_v t}{H^2}$，无量纲。

3. 地基的竖向固结度 U_z

地基的竖向固结度是指某一时刻 t 地基的固结沉降量 s_{ct} 与最终固结沉降量 s_c 的比值，即：

$$U_z = \frac{s_{ct}}{s_c} \tag{2-96}$$

我们知道，土的固结沉降与有效应力面积成正比，所以，地基在某一时刻的固结沉降量 s_{ct} 等于某时刻的有效应力面积除以 E_s，最终沉降量 s_c 等于最终有效应力面积除以 E_s，即整个土层平均固结度为：

$$\overline{U}_z = \frac{s_{ct}}{s_c} = \frac{A_{abcd}}{A_{abce}} = \frac{A_{abce} - A_{bde}}{A_{abce}} = 1 - \frac{\int_0^H u(t,z)\mathrm{d}z}{\int_0^H \sigma_z \mathrm{d}z} \tag{2-97}$$

式中 $u(z,t)$——深度 z 处某一时刻 t 的孔隙水压力；

σ_z——深度 z 处的竖向附加应力，即 $t=0$ 时该深度处的起始孔隙水压力，对图 2-51 所示情况，$\int_0^H \sigma_z \mathrm{d}z = \sigma_z \cdot H = p_0 H$；

A——应力面积。

将孔隙水压力的函数解式（2-95）代入式（2-97），可得竖向固结度 $\overline{U}_z$ 与时间因素 T_v 的关系式：

$$\overline{U}_z = 1 - \frac{8}{\pi^2}\sum_{m=1}^{m=\infty}\frac{1}{m^2}\exp\left(-\frac{m^2\pi^2}{4}T_v\right) \tag{2-98}$$

上式中括号内的级数收敛很快，当 $\overline{U}_z$ 大于 30% 时可近似地取其第一项，所以

$$\overline{U}_z = 1 - \frac{8}{\pi^2}e^{-\frac{\pi^2}{4}T_v} \tag{2-99}$$

式（2-99）表达的 $\overline{U}_z$ 与 T_v 的关系，可用图 2-52 中曲线①表示。实际上基底下压缩土层内的附加应力分布有多种情况，对不同的情况，根据其边界条件和初始条件可导出相应的微分方程式（2-94）的特解，从而按固结度的定义求得相应的 $\overline{U}_z$-T_v 的关系曲线。

工程中常遇到的附加应力分布大致可分为五种情况，如图 2-53 所示。

情况 1：相当于地基土在自重应力作用下固结已完成，基础底面积较大而压缩土层又较薄（$H/b \leqslant 0.5$）的情况，土中附加应力在压缩层范围内均匀分布，

$\overline{U}_z$-T_v 关系曲线为图 2-52 曲线①所示。

情况 2：相当于大面积的新填土，由于土自重应力引起固结的情况，$\overline{U}_z$-T_v 关系曲线如图 2-53 曲线②所示，也可由下式表示：

$$\overline{U}_{z2} = 1 - \frac{32}{\pi^3} e^{-\frac{\pi^2}{4} T_v} \tag{2-100}$$

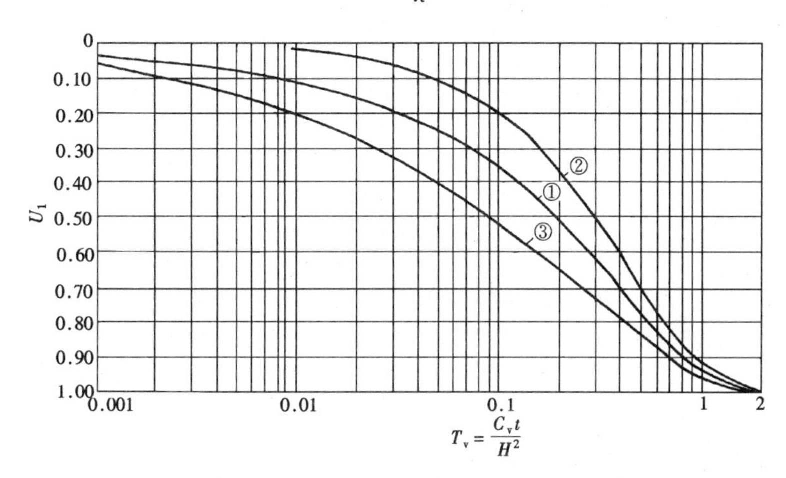

图 2-52　$\overline{U}_z$-T_v 的关系曲线

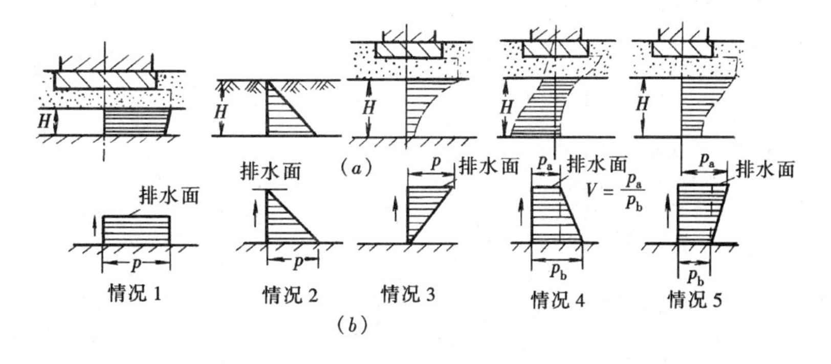

图 2-53　固结土层中附加应力分布

（a）实际分布图；（b）简化分布图（箭头表示水流方向）

情况 3：相当于土在自重应力作用下固结已完成，基底面积小，土层厚度大，在压缩土层底面的附加应力已接近于零的情况，$\overline{U}_z$-T_v 关系曲线如图 2-52 曲线③所示。

情况 4：相当于自重应力作用还未固结完毕，又在上面新建建筑物的情况，其固结度$\overline{U}_{z4}$可利用曲线①、曲线②及叠加原理求解。设该梯形分布的附加应力在排水面处分别为 p_a 和 p_b，其梯形面积为 A_4，如图 2-54（a）所示。该面积可分成两部分，第一部分即情况 1，面积 $A_1 = p_a H$；第二部分即情况 2，面积 $A_2 =$

$\frac{1}{2}(P_b - P_a)H$。按式（2-61）和式（2-96）列出在某时间 t 情况 4 的沉降量为：

$$s_{t4} = \overline{U}_{z4} \cdot s_4 = \overline{U}_{z4} \cdot \frac{1}{E_3} \cdot \frac{1}{2}(p_a + p_b)H = \overline{U}_{z4} \cdot \frac{1}{E_s}A_4 \tag{2-101}$$

令：

$$s_{t1} = \overline{U}_{z1} \cdot s_1 = \overline{U}_{z1} \cdot \frac{1}{E_s} \cdot p_a H = \overline{U}_{z1} \cdot \frac{1}{E_s}A_1 \tag{2-102}$$

$$s_{t2} = \overline{U}_{z2} s_2 = \overline{U}_{z2} \cdot \frac{1}{E_s} \cdot \frac{1}{2}(p_b - p_a)H = \overline{U}_{z2} \cdot \frac{1}{E_s}A_2 \tag{2-103}$$

则：

$$s_{t4} = s_{t1} + s_{t2} \tag{2-104}$$

所以：

$$\overline{U}_{z4} = \frac{\overline{U}_{z1}A_1 + \overline{U}_{z2}A_2}{A_4} \tag{2-105}$$

情况 5：与情况 3 相类似，但土层底面处附加应力还不接近于零的情况。同理，利用叠加原理可求得固结度 $\overline{U}_{z5}$，如图 2-54（b）所示：

$$\overline{U}_{z5} = \frac{\overline{U}_{z1}A_1 - \overline{U}_{z2}A_2}{A_5} \tag{2-106}$$

其中 $A_1 = p_b \cdot H$、$A_2 = \frac{1}{2}(p_a - p_b)H$、$A_5 = \frac{1}{2}(p_a + p_b)H$

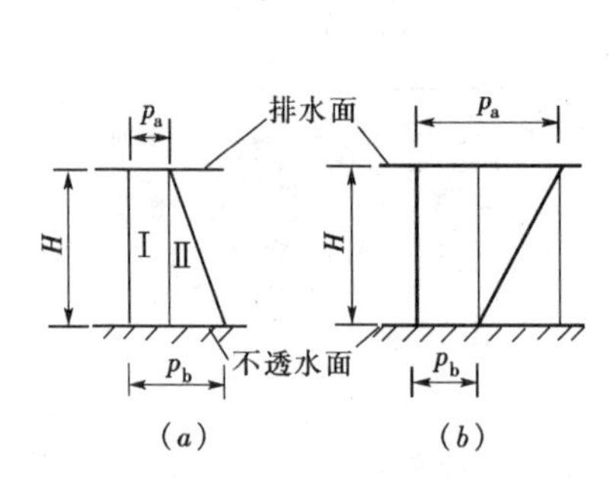

图 2-54 固结度的合成计算方法

（a）情况 4；（b）情况 5

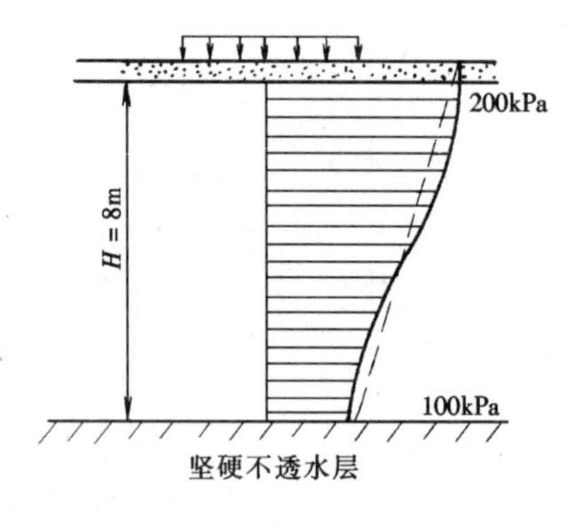

图 2-55 ［例 2-9］附图

式（2-105）和式（2-106）中 U_{z1} 和 U_{z2} 可根据相同的时间因素 T_v 用式（2-99）和式（2-100）求取，或从图 2-52 中曲线①、曲线②求取。

以上情况都是单面排水，对双面排水，无论附加应力如何分布均按情况 1 计算。此时，排水路径 H 应取土层厚度的一半，即 U_z 与 T_v 的关系用式（2-99）表示或直接按图 2-52 中曲线①确定。

【例 2-9】 某饱和黏土层厚 8m，土层顶面单面排水，土的天然孔隙比 $e_1 =$

1.0，压缩系数 $a=0.3\text{MPa}^{-1}$，渗透系数 $k=12\text{mm/a}$，土层顶面与底面的附加应力分别为200kPa和100kPa，见图2-55。计算：（1）加荷1a时的沉降量；（2）固结度达70%时需要的时间及相应的沉降量。

【解】　（1）黏土层的最终固结沉降量

$$s=\frac{\overline{\sigma}_z}{E_s}H=\frac{a}{1+e_1}\times\frac{1}{2}(p_a+p_b)H$$

$$=\frac{0.3\times10^3}{1+1.0}\times\frac{1}{2}(200+100)\times8000$$

$$=180\text{mm}$$

（2）计算土的竖向固结系数

$$c_v=\frac{k(1+e_1)}{a\gamma_w}=\frac{12\times(1+1.0)}{0.3\times10\times10^{-6}}=8.0\times10^6\text{mm}^2/\text{a}$$

（3）计算 $t=1\text{a}$ 时的沉降量（单面排水）

$t=1\text{a}$ 时，时间因素 $T_v=\frac{c_v t}{H_2}=\frac{8.0\times10^6\times1}{8000^2}=0.125$

题中附加应力分布属情况5，则：

$$A_1=p_bH=200\times8=1600$$

$$A_2=\frac{1}{2}(p_a-p_b)H=\frac{1}{2}(200-100)\times8=400$$

$$A_5=\frac{1}{2}(p_a+p_b)H=\frac{1}{2}(200+100)\times8=1200$$

由 $T_v=0.125$ 分别查曲线①、曲线②得 $\overline{U}_{z1}=0.42$，$\overline{U}_{z2}=0.24$，由式（2-106）得：

$$U_{z5}=\frac{0.42\times1600-0.24\times400}{1200}=0.48$$

则 $t=1\text{a}$ 时的沉降量 $s_{ct}=\overline{U}_{z5}\cdot s_c=0.48\times180=86.4\text{mm}$

（4）已知 $\overline{U}_{z5}=0.7$ 将式（2-99），式（2-100）代入式（2-106）得

$$0.7=\frac{\left(1-\frac{8}{\pi^2}e^{-\frac{\pi^2}{4}T_v}\right)\times1600-\left(1-\frac{32}{\pi^2}e^{-\frac{\pi^2}{4}T_v}\right)\times400}{1200}$$

解得　$T_v=0.364$

则：
$$t = \frac{H^2 T_v}{c_v} = \frac{8000^2 \times 0.364}{8 \times 10^6} = 2.9\text{a}$$

$\overline{U}_z$ 达到 70% 的沉降量　$s_{ct} = 0.7 \times 180 = 126\text{mm}$

五、根据早期沉降观测资料推算基础的沉降

根据国内外经验，s-t 曲线大多呈对数或双曲线形式，见图 2-56。利用建筑物早期的实测资料可以分析该地基的沉降与时间关系的发展情况。

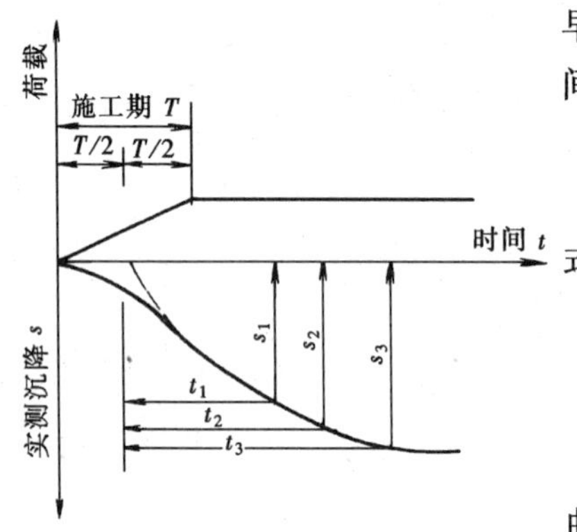

图 2-56　早期实测沉降与时间关系曲线

1. 对数曲线法

不同条件下固结度计算公式可用普遍公式表达为：

$$\overline{U}_z = \frac{s_{ct}}{s_c} = 1 - Ae^{-Bt} \tag{2-107}$$

式中，A、B 为待定系数，在 s-t 实测曲线的后半部分取三个点，分别代入上式得：

$$s_1 = (1 - Ae^{-Bt_1})s$$
$$s_2 = (1 - Ae^{-Bt_2})s$$
$$s_3 = (1 - Ae^{-Bt_3})s$$

联立求解得 A、B、s 三个未知数，从而推算任意时间 t 对应的沉降量 s_t。

2. 双曲线法

$$\overline{U}_z = \frac{s_{ct}}{s_c} = \frac{t}{A + t} \tag{2-108}$$

在实测曲线的后半部分取两点，代入上式得：

$$s_1 = \frac{t_1}{A + t_1}s$$

$$s_2 = \frac{t_2}{A + t_2}s$$

联立求解得 A、s 两个未知数，从而也可推算任意时间 t 时的沉降量 s_t。

六、建筑物沉降观测

对重要的、新型特殊的建筑物或对不均匀沉降有严格限制的建筑物进行沉降观测，可以正确地反映地基实际的沉降量和沉降速率，是验证地基基础设计是否正确、预估沉降发展趋势、分析建筑物产生裂缝的原因以及研究采取加固或处理

措施的重要依据。在正常情况下沉降速率应逐渐减慢，如沉降速率减小到0.05mm/d以下时，可认为沉降趋于稳定；如出现等速沉降，就有导致地基丧失稳定的危险；当出现加速沉降时，表示地基已丧失稳定，应及时采取措施，防止发生工程事故。

《建筑地基基础设计规范》（GB50007—2002）规定，以下建筑物应在施工期间及使用期间进行沉降观测：

（1）地基基础设计等级为甲级的建筑物；

（2）复合地基或软弱地基上的设计等级为乙级的建筑物；

（3）加层、扩建建筑物；

（4）受邻近深基坑开挖施工影响或受场地地下水等环境因素变化影响的建筑物；

（5）需要积累建筑经验或进行设计反分析的工程。

沉降观测首先要设置好水准基点，其位置必须稳定可靠、妥善保护，埋设地点宜靠近观测对象，但必须在建筑物所产生的压力影响范围以外。在一个观测区内，水准基点不应少于3个。其次是设置好建筑物上的沉降观测点，如图2-57所示，其位置由设计人员确定，一般设置在室外地面以上，外墙（柱）身的转角及重要部位，数量不宜少于6个。观测次数与时间，一般情况下，民用建筑物每施工完一层(包括地下部分）应观测1次；工业建筑按不同荷载阶段分次观测，施工期间的观测不应少于4次。建筑物竣工后的观测，第一年不少于3~5次，第二年不少于2次，以后每年1次，直到下沉稳定为止。对于突然发生严重裂缝或大量沉降等情况时，应增加观测次数。沉降观测后应及时整理好资料，算出各点的沉降量、累计沉降量及沉降速率，以便及早发现和处理出现的地基问题。

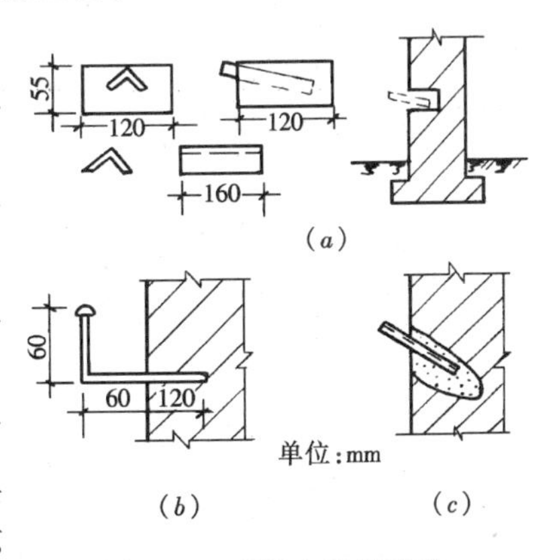

图2-57　观测点设置示意

思　考　题

2-1　何谓基底压力、地基反力、基底附加压力？

2-2　何谓土的自重应力和附加应力？两者沿深度的分布有什么特点？

2-3　当地下水位有升降时，土中自重应力有何变化？

2-4　设荷载面积 $l\times b$，当荷载宽度 b 及基底附加压力 p_0 不变，荷载长度 l 增加时对土中附加应力有何影响？当荷载无限分布时，土中附加应力的分布图形又如何？

2-5　何谓土的压缩性？引起土压缩的原因是什么？如何评价地基土的压缩性？

2-6　分层总和法和规范法是如何确定沉降计算深度 z_n 的？

2-7　有效应力与孔隙水压力的物理意义是什么？在固结过程中两者是怎样变化的？

习　　题

2-1　某建筑物的地基剖面如图 2-58 所示，(1) 计算各土层的自重应力，绘出自重应力分布图；(2) 当地下水位从地面下 3.0m 降至地面下 5.0m 时，计算各土层的自重应力，并绘出自重应力分布图。

2-2　某建筑物整片基础，如图 2-59 所示，其基底平均附加应力 $p_0 = 98\text{kPa}$，求基底 1、2、3 点下深度为 10.0m 处土中附加应力。

2-3　某条形基础的宽度为 2m，在梯形分布的条形荷载（附加压力）下，边缘 $p_{0\max} = 200\text{kPa}$、$p_{0\min} = 100\text{kPa}$。试求基底中心点下和边缘两点下各 3m 及 6m 深度处的 σ_z 值。

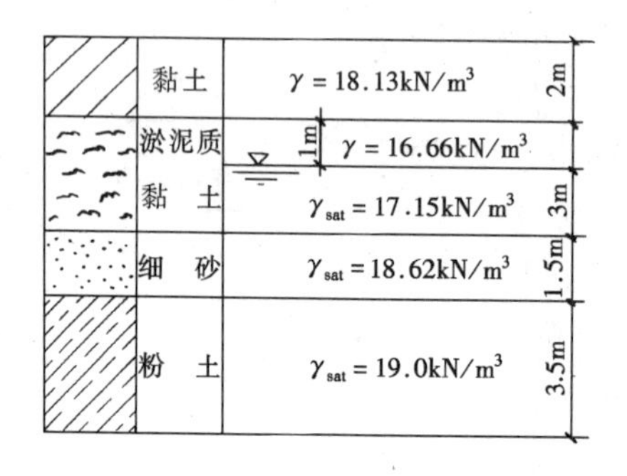

图 2-58　［习题 2-1］附图

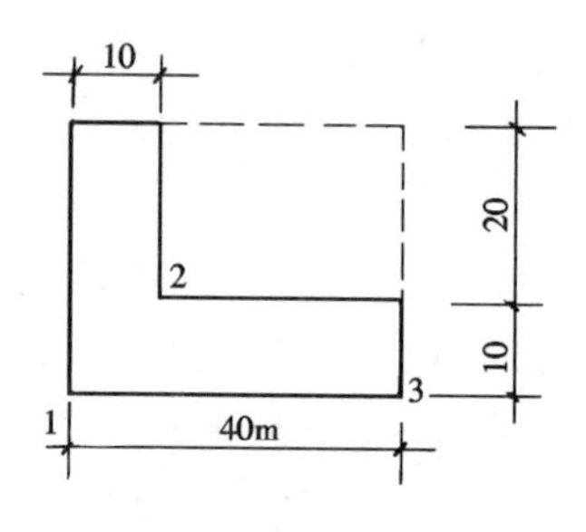

图 2-59　［习题 2-2］附图

2-4　某矩形基础的底面尺寸为 4m × 2.5m，天然地面下基础埋深为 1m，设计地面高出天然地面 0.4m，如图 2-60 所示，土层的压缩试验资料见表 2-20，试按分层总和法计算基础中心点下的最终沉降量。

土的压缩试验资料（习题 2-4 附表）　　**表 2-20**

土层 \ e \ p	0	50	100	200	300
粉质黏土	0.866	0.799	0.770	0.736	0.721
淤泥黏土	1.085	0.960	0.890	0.803	0.748

2-5　某独立基础承受竖向力设计值 $F = 700\text{kN}$，基底尺寸 $A = 2\text{m} \times 3\text{m}$，埋深 $d = 1.5\text{m}$，试用《规范》法计算地基的最终沉降量，如图 2-61 所示。

2-6　某饱和黏土层厚 6m，单面排水，自重应力下的孔隙比 $e_1 = 1.0$，压缩系数 $a = 0.55\text{MPa}^{-1}$，渗透系数 $k_v = 5\text{mm/a}$，顶面附加应力 $p_a = 240\text{kPa}$，底面附加应力 $p_b = 120\text{kPa}$，土在自重应力下已完成固结。试计算：(1) 该土层的最终沉降量；(2) 时间 $t = 2\text{a}$ 时的沉降量；(3) 固结度达 80% 所需的时间；(4) 如果该土层底面有透水层，固结度达 80% 所需的时间？

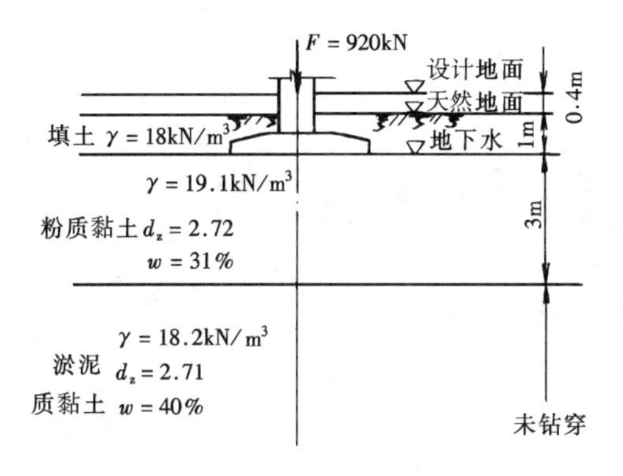

图 2-60　[习题 2-4] 附图

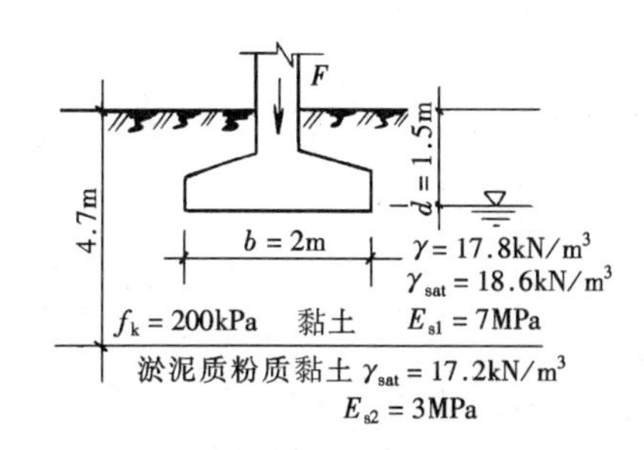

图 2-61　[习题 2-5] 附图

2-7　某饱和软黏土层厚 5.0m，其下为不可压缩的不透水层，地基表面上作用有大面积均布荷载 $p = 120\text{kPa}$，已知软土层的天然重度 $\gamma = 16\text{kN/m}^3$，自重固结前 $E_s = 1.6\text{MPa}$，自重固结后 $E_s = 4.0\text{MPa}$，$c_v = 2 \times 10^7 \text{mm}^2/\text{a}$。试计算：

(1) 设软土层在自重作用下已固结，现在 p 作用下，经过半年，沉降为多少？固结度又为多少？

(2) 若软土层在自重作用下尚未固结，现又施加荷载 p，问固结度为 70% 时，需要多少时间？最终沉降量为多少？

第三章　土的抗剪强度

学 习 要 点

土的抗剪强度是土的重要力学性质之一，本章将讨论土的抗剪强度、极限平衡理论、抗剪强度指标的测定等。

通过本章的学习，要求读者掌握：抗剪强度的库伦定律、土的极限平衡条件、用直接剪切仪和三轴压缩仪测定土的抗剪强度指标的方法及试验成果的整理。要求熟悉抗剪强度的组成和影响因素。

地基基础设计必须满足两个基本条件，即变形条件和强度条件。关于地基的变形计算已在第二章中介绍，本章将主要介绍地基的强度和稳定问题，它包括土的抗剪强度问题以及地基基础设计时的地基承载力的计算问题。

土的强度问题实质上就是抗剪强度问题。当地基受到荷载作用后，土中各点将产生法向应力与剪应力，若某点的剪应力达到该点的抗剪强度，土即沿着剪应力作用方向产生相对滑动，此时称该点剪切破坏。若荷载继续增加，则剪应力达到抗剪强度的区域（塑性区）愈来愈大，最后形成连续的滑动面，一部分土体相对另一部分土体产生滑动，基础因此产生很大的沉降或倾斜，整个地基达到剪切破坏，此时称地基丧失了稳定性。

土的抗剪强度是指在外力作用下，土体内部产生剪应力时，土对剪切破坏的极限抵抗能力。

土的抗剪强度主要应用于地基承载力的计算、地基稳定性分析、边坡稳定性分析、挡土墙及地下结构物上的土压力计算等。

第一节　土的抗剪强度及测定

一、抗剪强度的库伦定律

土的抗剪强度和金属等材料的抗剪强度一样，可以通过试验的方法予以测定，但土的抗剪强度与之不同的是，它不是一个定值，而是要受诸多因素的影响。不同类型的土其抗剪强度不同，即使同一类土，在不同条件下的抗剪强度也不相同。

测定土的抗剪强度的方法很多，最简单的方法是直接剪切试验，简称直剪试验。试验用直剪仪进行（分应变控制式和应力控制式两种，应变式直剪仪应用较为普遍）。图 3-1 为应变式直剪仪示意图，该仪器的主要部分由固定的上盒和活动的下盒组成，用销钉固定成一完整的剪切盒。用环刀推入土样，土样上、下各放一块透水石。试验时，先通过加压板施加竖向力 F，然后拔出销钉，在下盒上匀速施加一水平力 T，此时土样在上、下盒之间固定的水平面上受剪（如图 3-1），直到破坏。从而可以直接测得破坏面上的水平力 T，若试样的水平截面积为 A，则垂直压应力为 $\sigma = F/A$，此时，土的抗剪强度（土样破坏时对此推力的极限抵抗能力）为 $\tau_f = T/A$。

试验时，通常用四个相同的试样，使它们在不同的垂直压应力 σ_1、σ_2、σ_3、σ_4 作用下剪切破坏。得出相应的抗剪强度为 τ_{f1}、τ_{f2}、τ_{f3}、τ_{f4}，以 σ 为横坐标，τ_f 为纵坐标，绘制 σ-τ_f 关系曲线，如图 3-2 所示。若土样为砂土，其曲线为一条通过坐标原点并与横坐标成 φ 角的直线，其方程为：

$$\tau_f = \sigma \tan\varphi \tag{3-1}$$

式中　τ_f——在法向应力 σ 作用下土的抗剪强度，kPa；

σ——作用在剪切面上的法向应力，kPa；

φ——土的内摩擦角，°；

$\tan\varphi$——土的内摩擦系数。

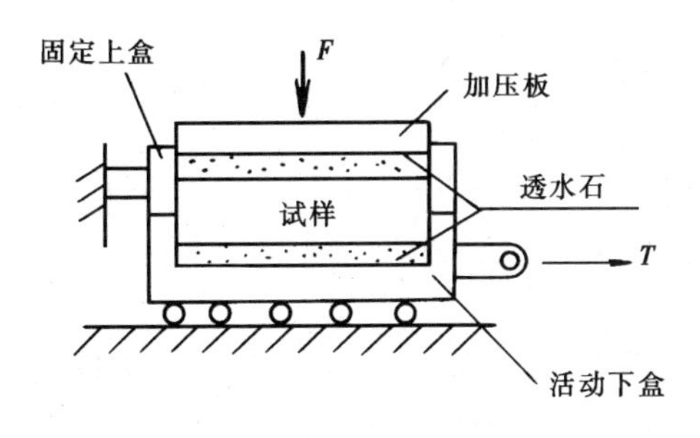

图 3-1　直剪仪示意图

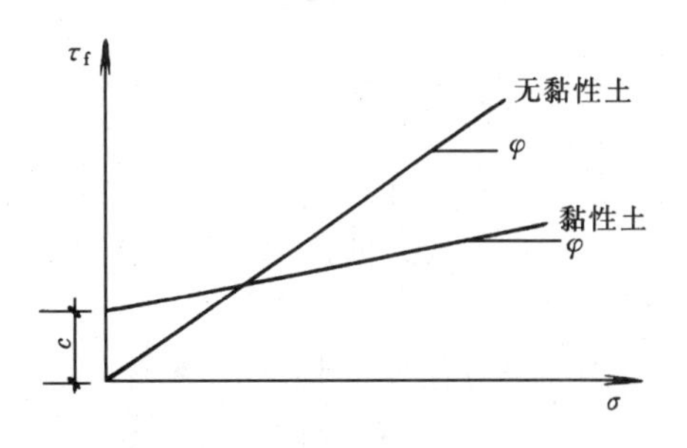

图 3-2　抗剪强度曲线

公式（3-1）是库伦（Coulomb）于 1773 年提出的，称为库伦定律或土的抗剪强度定律。

若所用土样为黏性土，则黏性土的法向应力 σ 与抗剪强度 τ_f 之间基本上仍成直线关系，但该直线不通过坐标原点且在纵坐标轴上有一截距 c。这是由于黏性土的抗剪强度除内摩擦力外，还有一部分黏聚力，它是由土的性质决定的，与作用于剪切面上的法向应力 σ 的大小无关。黏性土的抗剪强度可写为：

$$\tau_f = c + \sigma\tan\varphi \tag{3-2}$$

式中 c——土的黏聚力，kPa；

c、φ——土的抗剪强度指标（或参数）。

为进行 c、φ 值的统计分析，同一种土至少取6组试样。此试验适用于乙、丙级建筑的可塑状态黏性土与饱和度不大于50%的粉土。

为了近似模拟土体在现场受剪的排水条件，直接剪切试验可分为快剪、固结快剪和慢剪三种方法。

快剪：试验时在试样施加竖向压力 σ 后，立即快速施加水平剪应力使试样剪切破坏。一般从加荷到剪坏只用3～5min。可认为土样在短暂的时间内来不及排水，所以又称不排水剪。

固结快剪：试验时允许试样在竖向压力下充分排水，待固结稳定后，再快速施加水平剪应力，使试样剪切破坏（约3～5min）。换言之，土样在竖向压力作用下充分排水固结，而在施加剪力时不让其排水。

慢剪：试验时在土样上、下两面与透水石之间不放蜡纸或塑料薄膜。在整个试验过程中允许土样有充分的时间排水和固结。

由于排水条件不同，剪切方法不同，得出的抗剪强度指标也不同。一般慢剪得到的抗剪强度指标较大，快剪得到的抗剪强度指标较小。如果地基为厚黏土层，施工速度又快，这样，在施工期间来不及排水固结，应选择快剪指标；如果为薄黏土层，施工期又长，能固结排水，但工程完工投入使用时，短期内荷载突增，宜选择固结快剪指标。

二、抗剪强度的构成因素

公式（3-1）和（3-2）中的 c 和 φ 称为抗剪强度指标，在一定条件下是常数，它们是构成土的抗剪强度的基本要素。c 和 φ 的大小反映了土的抗剪强度的高低。

土的抗剪强度的构成因素有二，内摩擦力与黏聚力。φ 为土的内摩擦角，$\tan\varphi$ 为土的内摩擦系数，$\sigma\tan\varphi$ 则是土的内摩擦力。存在于土体内部的摩擦力由两部分组成：一是剪切面上颗粒与颗粒之间产生的摩擦力；另一个是由于颗粒之间的相互嵌入和联锁作用产生的咬合力。土颗粒越粗，内摩擦角 φ 越大。砂类土的抗剪强度主要来源于内摩擦力；黏性土的内摩擦角一般较无黏性土小，对于饱和黏性土，有时内摩擦角为零，此时抗剪强度线为一水平线。

黏聚力 c 是由于土粒之间的胶结作用、结合水膜以及水分子引力作用等形成的。它随着土的压密、土颗粒之间的距离的减小而增大，随胶结物的结晶和硬化而增强。为防止土的结构被破坏，黏聚力丧失，因而在施工时应尽量不扰动地基土的结构。土颗粒越细，塑性越大，其黏聚力也越大。

三、抗剪强度的影响因素

影响土的抗剪强度的因素很多，主要有：

(1) 土颗粒的矿物成分、形状及颗粒级配

颗粒越大、形状越不规则、表面粗糙以及级配良好的土（影响 φ 角），其摩擦力与咬合力都大，抗剪强度就大。砂土级配中粗粒含量的增多使内摩擦角增大，抗剪强度随之提高。棱角颗粒比河床搬运的砂和砾石具有更大的咬合力，因而抗剪强度更高。

(2) 初始密度

土的初始密度越大，土粒间接触越紧密，粒间摩擦力和咬合力就越大，因而抗剪强度就越大。此外，土的原始密度大也意味着土粒间空隙小，接触紧密，其黏聚力也大。因此，土的初始密度对土的抗剪强度有很大影响。

(3) 含水量

土中含水量的多少对抗剪强度的影响极为显著。含水量增加时，抗剪强度降低。这是因为自由水在土粒表面起了润滑作用，降低了表面摩擦力，因而内摩擦角减小。对细粒土，含水量增加时，结合水膜增厚，粒间电分子引力减弱，因而黏聚力降低。

(4) 土的结构扰动情况

黏性土的结构受到扰动破坏，会使土丧失了部分黏聚力，土的抗剪强度随之降低，故原状土的抗剪强度高于同样密度和含水量的重塑土。因此，在基坑开挖施工时，保持基底土不受扰动极为重要。

(5) 有效应力的影响

从有效应力原理可知，土中某点受到的总应力等于有效应力和孔隙水压力之和。随着孔隙水压力的消散，土中有效应力增加，土骨架压缩紧密，部分土结构破坏而颗粒密度增加，其结果是使土中摩擦力和黏聚力相应增大，抗剪强度提高。

(6) 应力历史的影响

超固结土因受较现今作用压力大的有效压力的压密，因而抗剪强度较高，反之，欠固结土，因压密程度不足，抗剪强度较低。

(7) 试验条件的影响

土的抗剪强度是随试验时的条件而变的，如试验方法、加荷方式、加荷速率、试验时的排水条件、技术人员的技能等对抗剪强度指标的测定都有很大影响。其中，最主要的是试验时的排水条件。即同一种土在不同的排水条件下进行试验，可以得出不同的试验结果。

第二节 土的强度理论——极限平衡条件

在研究土的应力和强度问题时，常采用最大剪应力理论。该理论认为：材料的剪切破坏主要是由于某一截面上的剪应力达到极限值所致，但材料达到破坏的剪切强度也和该面上的正应力有关。

当土中某点的剪应力小于土的抗剪强度时，土体不会发生剪切破坏；当土中剪应力等于土的抗剪强度时，土体达到临界状态，称为极限平衡状态，此时土中大、小主应力与土的抗剪强度指标之间的关系，称为土的极限平衡条件。

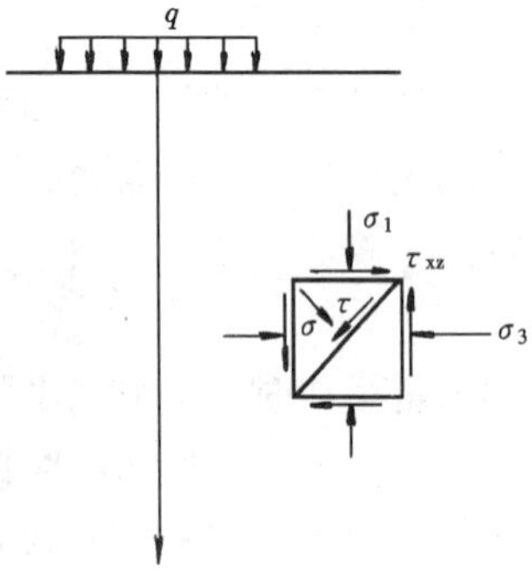

图 3-3 土中某点应力状态

一、土中某点的应力状态

为简单起见，现研究平面应力状态时的情况。设想一无限长条形荷载作用于弹性半无限体的表面上，根据弹性理论，这属于平面变形问题。垂直于基础长度方向的任意横截面上，其应力状态如图 3-3 所示。地基中任意一点 M 皆为平面应力状态，其上作用的应力为正应力 σ_x、σ_z 和剪应力 τ_{xz}。由材料力学可知，该点的大、小主应力为：

$$\sigma_3^1 = \frac{\sigma_x + \sigma_z}{2} \pm \sqrt{\left(\frac{\sigma_x - \sigma_z}{2}\right)^2 + \tau^2} \tag{3-3}$$

当主应力已知时，可求过该点的任意截面上的正应力 σ 和剪应力 τ。如图 3-4 所示，图中竖直面和水平面为主应力面，面上只有大、小主应力作用，而无剪应力存在。取棱柱体 abc 为脱离体，将各力分别在水平和竖直方向投影，根据静力平衡条件，得：

$$\Sigma F_x = 0, \sigma_3 ds \sin\alpha - \sigma ds \sin\alpha + \tau ds \cos\alpha = 0$$

$$\Sigma F_z = 0, \sigma_1 ds \cos\alpha - \sigma ds \cos\alpha + \tau ds \sin\alpha = 0$$

联立求解上述方程，得斜截面上的正应力和剪应力分别为：

$$\sigma = \frac{\sigma_1 + \sigma_3}{2} + \frac{\sigma_1 - \sigma_3}{2}\cos 2\alpha \tag{3-4}$$

$$\tau = \frac{\sigma_1 - \sigma_3}{2}\sin 2\alpha \tag{3-5}$$

在已知 σ_1、σ_3 的情况下，mn 斜面上的 σ 和 τ 仅与该面的倾角 α 有关。式 (3-4)、式 (3-5) 是以 2α 为参数的圆的方程，为了消去 α，先对式 (3-4) 进行

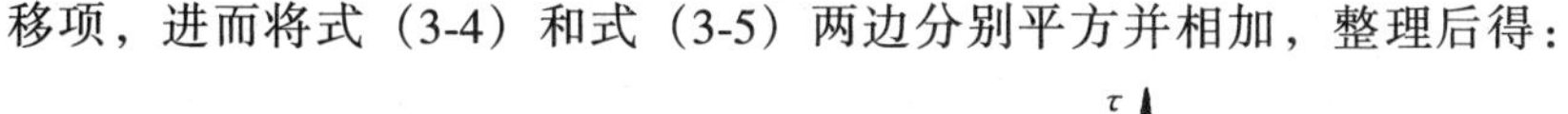

移项，进而将式（3-4）和式（3-5）两边分别平方并相加，整理后得：

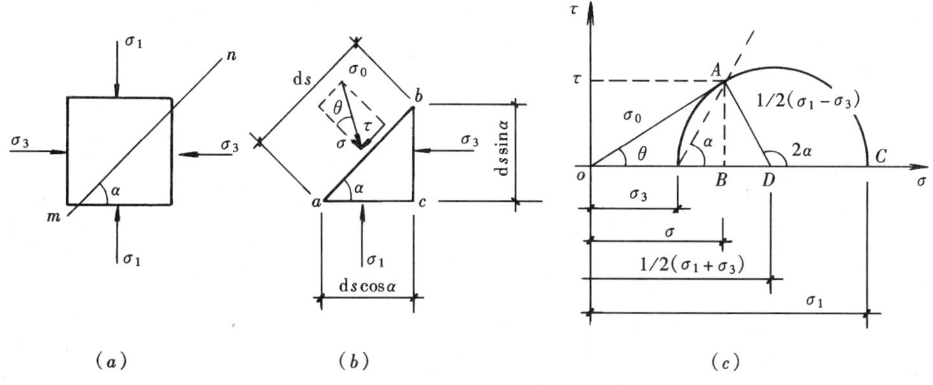

图 3-4　土体中任意一点的应力状态

（a）单元体上的应力；（b）隔离体 abc 上的应力；（c）莫尔应力圆

$$\left[\sigma - \frac{1}{2}(\sigma_1 + \sigma_3)\right]^2 + \tau^2 = \left[\frac{1}{2}(\sigma_1 - \sigma_3)\right]^2 \tag{3-6}$$

式（3-6）为标准圆方程，在 σ-τ 坐标系中，圆的半径为（$\sigma_1 - \sigma_3$）/2，圆心坐标为$((\sigma_1 + \sigma_3)/2, 0)$，该圆就称为莫尔应力圆，$oA$ 为总应力 σ_0，即 σ 和 τ 的合力，$\angle AoB$ 为 θ，即 σ 和 τ 的夹角，称为倾斜角。

莫尔应力圆上每一点的横、纵坐标分别表示土中相应点与主平面成 α 倾角的 mn 平面上的法向应力 σ 和剪应力 τ。即土体中每一点在已知其主应力 σ_1 和 σ_3 时，可用莫尔应力圆求该点不同倾斜面上的法向应力 σ 和剪应力 τ。因而莫尔应力圆上的纵、横坐标可以表示土中任一点的应力状态。

二、土体极限平衡条件

根据莫尔应力圆与抗剪强度曲线的关系可以判断土中某点是否处于极限平衡状态。将土的抗剪强度曲线与表示某点应力状态的莫尔应力圆绘于同一直角坐标系上，如图 3-5 所示，进行比较，它们之间的关系将有以下三种情况：

（1）莫尔应力圆位于抗剪强度线下方，如图 3-5 中圆 1；说明这个应力圆所表示的土中这一点在任何方向的平面上的剪应力都小于土的抗剪强度，因此该点不会发生剪切破坏，该点处于弹性平衡状态；

（2）莫尔应力圆与抗剪强度线相切，如图 3-5 中圆 2；切点为 A，说明 A 点所代表的平面上的剪应力刚好等于土的抗剪强度，该点处于极限平衡状态。这个应力圆称为极限应力圆；

（3）抗剪强度线是莫尔应力圆的割线，如图 3-5 中圆 3；说明土中过这一点的某些平面上的剪应力已经超过了土的抗剪强度，从理论上讲该点早已破坏，因而这种应力状态是不会存在的，实际上在这里已产生塑性流动和应力重分布，故圆 3 用虚线表示。

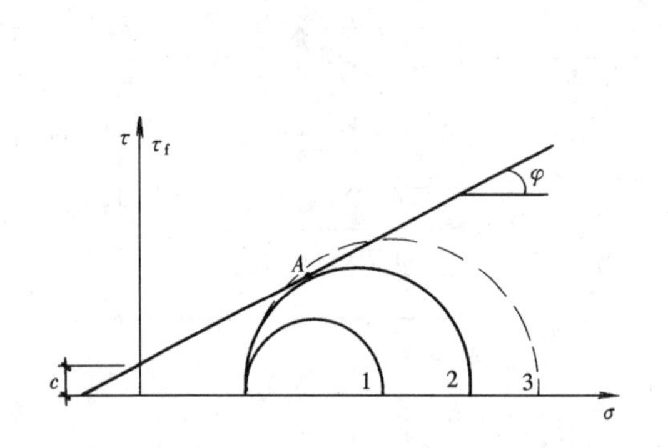

图 3-5　莫尔应力圆与抗剪强度线的关系

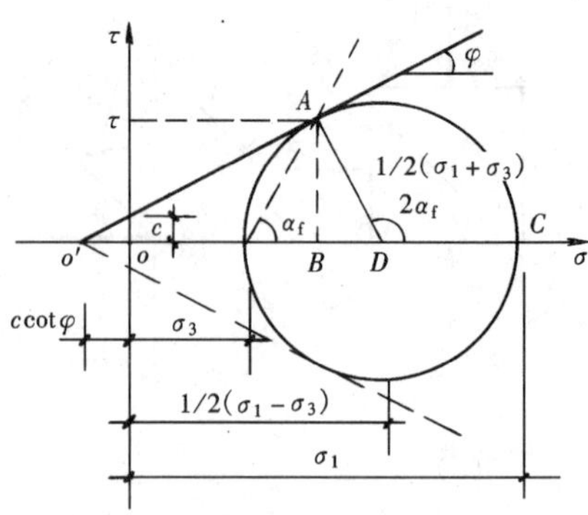

图 3-6　极限平衡状态时的应力圆

根据莫尔应力圆与抗剪强度线相切于一点的几何关系，可建立以大、小主应力表示的极限平衡条件方程式。图 3-4（a）表示土体中的微元体的受力情况，mn 为破裂面，它与大主应力作用面呈 α_{cr}角，该点处于极限平衡状态，其莫尔应力圆如图 3-6。对于黏性土，由直角三角形 $Ao'D$ 的几何关系，得：

$$\sin\varphi = \frac{\overline{A}\,\overline{D}}{\overline{o'D}} = \frac{\frac{1}{2}(\sigma_1 - \sigma_3)}{\frac{1}{2}(\sigma_1 + \sigma_3) + c\cot\varphi} = \frac{\sigma_1 - \sigma_3}{\sigma_1 + \sigma_3 + 2c\cot\varphi} \tag{3-7}$$

整理上式，得到：

$$\sigma_1 = \sigma_3 \frac{1 + \sin\varphi}{1 - \sin\varphi} + 2c\frac{\cos\varphi}{1 - \sin\varphi}$$

通过三角函数转换，得到：

$$\frac{1 + \sin\varphi}{1 - \sin\varphi} = \frac{\sin 90° + \sin\varphi}{\sin 90° - \sin\varphi}$$

$$= \frac{2\sin\left(45° + \frac{\varphi}{2}\right)\cos\left(45° - \frac{\varphi}{2}\right)}{2\sin\left(45° - \frac{\varphi}{2}\right)\cos\left(45° + \frac{\varphi}{2}\right)} = \frac{\sin^2\left(45° + \frac{\varphi}{2}\right)}{\cos^2\left(45° + \frac{\varphi}{2}\right)}$$

$$= \tan^2\left(45° + \frac{\varphi}{2}\right)\frac{\cos\varphi}{1 - \sin\varphi} = \sqrt{\frac{1 - \sin^2\varphi}{(1 - \sin\varphi)^2}}$$

$$= \sqrt{\frac{1 + \sin^2\varphi}{1 - \sin\varphi}} = \tan\left(45° + \frac{\varphi}{2}\right)$$

所以

$$\sigma_1 = \sigma_3 \tan^2\left(45° + \frac{\varphi}{2}\right) + 2c\tan\left(45° + \frac{\varphi}{2}\right) \quad (3\text{-}8a)$$

或

$$\sigma_3 = \sigma_1 \tan^2\left(45° - \frac{\varphi}{2}\right) - 2c\tan\left(45° - \frac{\varphi}{2}\right) \quad (3\text{-}8b)$$

对于无黏性土，由于 $c = 0$，由式（3-8a）、式（3-8b），可得到无黏性土的极限平衡条件为：

$$\sigma_1 = \sigma_3 \tan^2\left(45° + \frac{\varphi}{2}\right) \quad (3\text{-}9)$$

$$\sigma_3 = \sigma_1 \tan^2\left(45° - \frac{\varphi}{2}\right) \quad (3\text{-}10)$$

在图 3-6 的三角形 $Ao'D$ 中，由外角与内角的关系可得：

$$2\alpha_f = 90° + \varphi$$

即破裂角

$$\alpha_f = 45° + \frac{\varphi}{2} \quad (3\text{-}11)$$

在极限平衡状态时，通过土中一点出现一对滑动面，如图 3-6 所示。这一对滑动面与大主应力 σ_1 作用面夹角为 ±（$45° + \varphi/2$），即与小主应力作用面夹角为 ±（$45° - \varphi/2$），而这一对滑动面之间的夹角在 σ 作用方向等于 $90° + \varphi$。

综合上述分析，土的强度理论可归结为：

（1）土的强度破坏是由于土中某点剪切面上的剪应力达到和超过了土的抗剪强度所致；

（2）一般情况下，剪切破坏不发生在剪应力最大的平面上，而是发生在与大主应力面呈 $\alpha_f = 45° + \varphi/2$ 的斜面上，只有 $\varphi = 0$ 时，剪切破坏面才与剪应力最大的平面一致；

（3）极限平衡状态时，土中该点的极限应力圆与抗剪强度线相切，一组极限应力圆的公切线即为土的强度包线。

【例 3-1】　已知一组直剪试验结果，在法向压力为 σ = 100、200、300、400kPa 时，测得抗剪强度分别为 τ_f = 67、119、162、215kPa。试作图求该土的抗剪强度指标 c、φ 值。若作用在此土中某平面上的正应力和剪应力分别为 220kPa 和 100kPa，试问土样是否会剪切破坏？

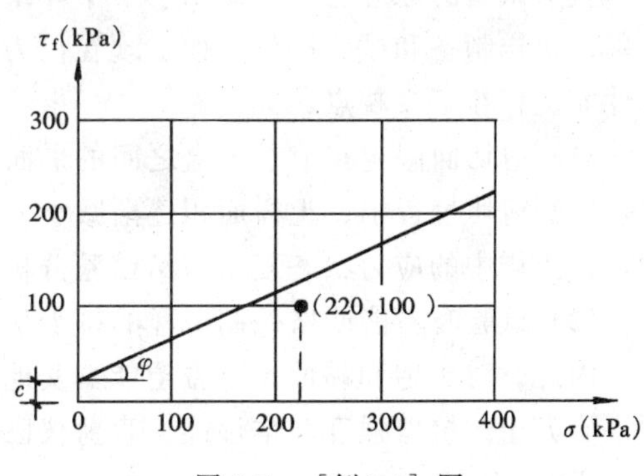

图 3-7　［例 3-1］图

【解】　（1）以法向压力 σ 为横坐标，抗剪强度 τ_f 为纵坐标，σ 与 τ_f 的比例尺相同，将土样的直剪试验结果点在坐标系上，如图 3-7 所示，连接成直线即为抗剪强度线。

(2) 由抗剪强度线与 τ_f 轴截距量得 $c = 15kPa$，直线与 σ 轴的倾角量得 $\varphi = 27°$ 或由式（3-2）计算 φ 角。已知 $\tau_f = 215kPa$，$\sigma = 400kPa$，则 $215 = 15 + 400\tan\varphi$，即 $\varphi = 26°57'$。

(3) 在 $\sigma = 220kPa$，$\tau = 100kPa$ 时，将此值绘在坐标系（图 3-7）上，可以看出该点在抗剪强度线下方，故土中该平面不会发生剪切破坏。

第三节　抗剪强度指标的测定方法

一、直剪试验

为了近似模拟土体在现场受剪的排水条件，直接剪切试验可分为快剪、固结快剪和慢剪三种方法。

快剪：试验时在试样施加竖向压力后，立即快速施加水平剪应力使试样剪切破坏。一般从加荷到剪坏只用 3～5min。可认为土样在短暂的时间内来不及排水，所以又称不排水剪。

固结快剪：试验时允许试样在竖向压力下充分排水，待固结稳定后，再快速（约 3～5min）施加水平剪应力，使试样剪切破坏。换言之，土样在竖向压力作用下充分排水固结，而在施加剪力时不让其排水。

慢剪：试验时在土样上、下两面与透水石之间不放蜡纸或塑料薄膜。在整个试验过程中允许土样有充分的时间排水和固结。

由于排水条件不同，剪切方法不同，得出的抗剪强度指标也不同。一般慢剪的指标大，快剪的指标小。如果地基为厚黏土层，施工速度又快，这样，在施工期间来不及排水固结，应选择快剪指标；如果为薄黏土层，施工期又长，能固结排水，但工程完工投入使用时，短期内荷载突增，宜选择固结快剪指标。

直剪试验的原理已在本章第一节中介绍过，这里不在赘述。由于直剪仪构造简单，土样制备和试验操作方便，现在仍为一般工程试验所采用，但该仪器在技术性能上存在不少缺点，如：

(1) 剪切面限定在上、下盒之间的平面上，不能反映土的实际薄弱剪切面；

(2) 剪切过程中，土样面积逐渐减小，垂直荷载发生偏心，使剪应力分布不均匀，土样中的应力状态复杂，给试验分析造成一定的误差；

(3) 试验时不能严格控制试样的排水条件，不能量测孔隙水压力等。

因此，对于饱和黏性土，希望能真实地反映实际土受力情况和排水条件以及深入研究土的抗剪强度基本性能，直剪仪已不能满足要求了。

二、三轴剪切试验

三轴压缩仪（或称三轴剪力仪，简称三轴仪）能较好地解决直剪试验中存在的上述问题，对强度要求高的重要科研与工程项目的剪切试验常采用三轴仪。

三轴仪的主要工作部分为压力室，如图 3-8 所示。经过精心切取的圆柱形土样，直径一般为 $d>38$mm，高为 $2d$，用乳胶膜包裹，上、下各放置一块透水石后放入压力室内。试验时，先通过阀门 A 向压力室内施加液体压力 σ_3，使试样受到周围均布压力作用，如图 3-9（a）所示。此时三个方向的主应力都相等，因此土中无剪应力，然后在 σ_3 不变的情况下再施加垂直均布压力 $\Delta\sigma$（称偏应力），此时垂直轴向压应力为 $\sigma_1=\sigma_3+\Delta\sigma$，试样中开始出现剪应力，逐渐增加 σ_1，实际上是增大 $\Delta\sigma$，试样内部剪应力也相应增大，当 σ_1 增大到一定数值时，试样因受剪而达到剪切破坏。

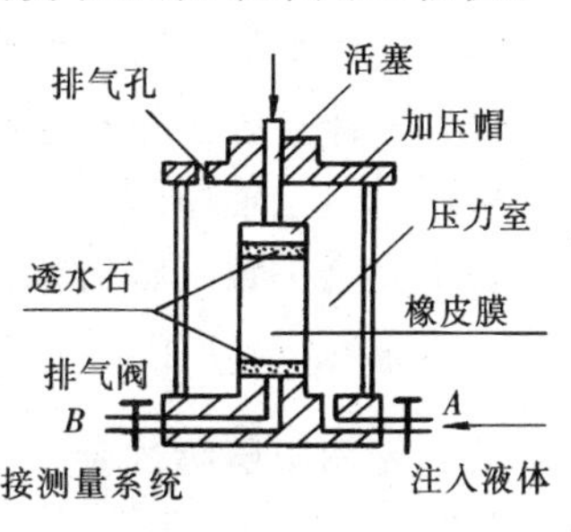

图 3-8　三轴仪示意图

试样剪切破坏时的主应力 σ_1 和 σ_3 处在极限应力状态，因此由 σ_1 和 σ_3 作出的应力圆是极限应力圆，必与土的抗剪强度线相切，为求得强度包线（抗剪强度线），可在同一土层中常取 3～4 个试样，在不同的压力作用下使之剪切破坏，绘出相应的极限应力圆，这些应力圆的包线（公切线）即为土的抗剪强度线。抗剪强度线与纵轴的截距为土的黏聚力 c 与横轴的倾角即为土的内摩擦角 φ，如图3-9（b）所示。

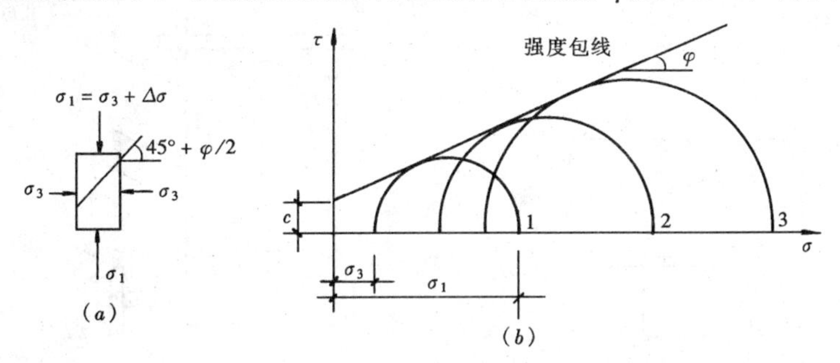

图 3-9　三轴压缩试验

（a）试样受力情况；（b）三轴试验结果

进行上述试验时，根据需要还可以控制试样的排水条件，量测试验过程中土样的孔隙水压力以及试样的变形等一些参数。因此三轴仪除图 3-8 所示压力室外，还附有观测系统和控制系统。

从上面的介绍可以看出，三轴试验时，试样的受力比较明确，在主应力作用下，破坏发生在最危险的剪切面上。试验过程中可以严格控制排水条件和量测孔隙水压力。

三轴压缩试验与直接剪切相比有如下优点:

(1) 能严格地控制排水条件（排水或不排水）;

(2) 能量测孔隙水压力的变化，计算有效应力;

(3) 试样中的应力状态较明确，破裂面在最弱处;

(4) 试样受压比较符合地基土的实际受力情况，特别是对甲级建筑物地基土应予采用。但三轴压缩试验的缺点是试样的中主应力 $\sigma_2=\sigma_3$，与实际土体的受力状态不完全一致（轴对称），已经问世的真三轴仪中的试样可在不同的三个主应力（$\sigma_1\neq\sigma_2\neq\sigma_3$）作用下进行试验。

三、无侧限压缩试验

这是一种侧向压力 $\sigma_3=0$ 的三轴压缩试验。饱和黏性土样在三轴仪上进行试验时，不排水剪切试验的破坏包线接近于一条水平线，如图 3-10 所示。虽然三个试样的周围压力 σ_3 不等，但破坏时的主应力差（$\sigma_1-\sigma_3$）相等，也即三个应力圆的半径相等，其内摩擦角 $\varphi=0$。因此，对饱和黏性土的不排水剪试验就不需要施加侧向压力 σ_3，只需施加垂直压力使土样达到剪切破坏。因此，可以用构造简单的无侧限压缩仪（图 3-11）来代替三轴仪对饱和土进行不排水剪切试验。无侧限压缩试验时，只需对一个土样加压破坏就能求得强度包线。图 3-10 中所示是此种试验的莫尔圆。但应该做三个以上的试验以便得到一个最佳平均值 q_u 绘出莫尔应力圆并且得出:

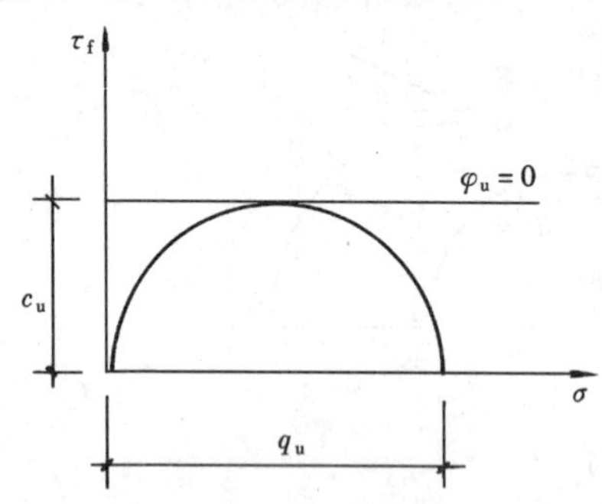

图 3-10 饱和土不排水试验应力圆

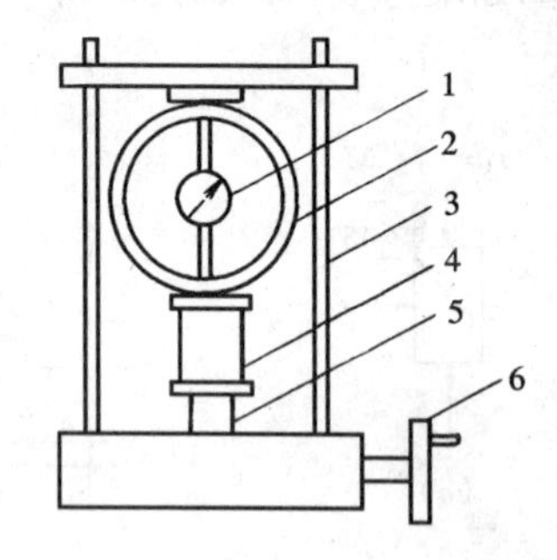

图 3-11 单轴压缩仪示意图

1—百分表；2—量力环；3—加压框架；

4—土样；5—升降螺杆；6—手轮

$$\tau_u = c_u = \frac{q_u}{2} \tag{3-12}$$

式中 τ_u——饱和土的不排水抗剪强度，kPa;

c_u——饱和土的不排水黏聚力，kPa;

q_u——饱和土的不排水无侧限抗压强度（土体破坏时 $q_u=\sigma_1$），kPa。

四、十字板剪切试验

前面介绍了三种土的抗剪强度试验方法均是在室内试验室完成的，而试样须取得原状土。对难于取样或试样在自重作用下不能保持原状的软黏土，就应用原位测试方法。目前国内广泛采用的是十字板剪切试验，这样就避免了试样在采取、运送、保存和制备等方面的结构扰动而导致降低试验结果的精度的影响。

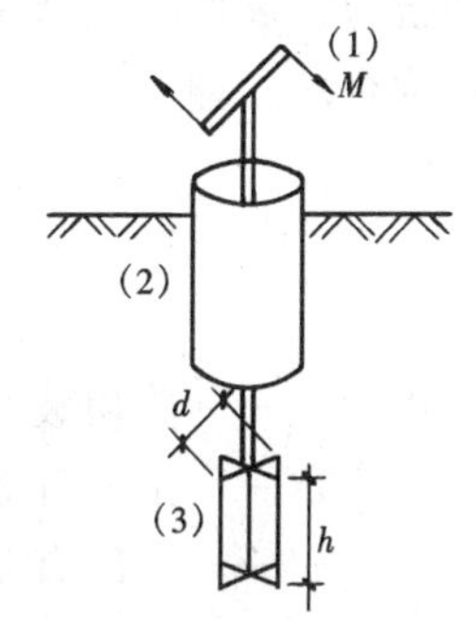

图 3-12　十字板剪切试验示意图
(1) 加力系统；(2) 传力系统；(3) 剪切系统

十字板剪切仪的构造如图 3-12，它是由三部分组成：(1) 加力系统：地面上扭力设备；(2) 传力系统：与扭力设备和十字板相连套管；(3) 剪切系统：十字板，使土侧面和水平面发生剪切破坏。

试验时先将套管打到预定深度，将十字板装在钻杆的下端后，通过套管压入土中约 750mm，然后由地面上的扭力设备对钻杆施加扭矩，使埋在土中的十字板扭转，直至土体剪切破坏。破坏面为十字板旋转所形成的圆柱面和上、下端面。通过量力设备可测得破坏时的扭矩 M，M 应等于圆柱形土体侧面和上、下表面上的抵抗力矩之和，即：

$$M=\pi dh\cdot\tau_f\cdot\frac{d}{2}+2\frac{\pi d^2}{4}\cdot\tau_f\cdot\frac{d}{3}$$

所以

$$\tau_f=\frac{2M}{\pi d^2(h+d/3)} \tag{3-13}$$

式中　M——剪切破坏时施加的扭矩，kN·m；

τ_f——现场十字板测定的抗剪强度，kPa；

h、d——分别为十字板的高度和直径，m；

$d/3$——力臂值，即合力的作用点距圆心的 2/3 处。

十字板剪切试验适用于取样困难的软黏土的不固结不排水剪的测定。缺点：应力条件复杂；优点：仪器构造简单，操作方便，试验时对土的结构扰动也很小，故在实际中得到广泛应用。

第四节　不同排水条件时的剪切试验方法

一、抗剪强度的总应力法和有效应力法表示

本章第一节中讲到土的直剪试验时，因无法测量土样中孔隙水压力，施加在

试样上的垂直法向应力 σ 是总应力，所以用总应力表示时为：

$$\tau_f = c + \sigma\tan\varphi \tag{3-2}$$

由于土中某点的总应力 σ 等于有效应力与孔隙水压力 u_f 之和，即 $\sigma = \sigma' + u_f$。但孔隙水不能承担剪应力，它只能通过影响正应力来影响抗剪强度，即土的抗剪强度取决于剪切面上的有效正应力 σ'，故土的抗剪强度用有效应力表示更为合理，即：

$$\tau_f = c' + \sigma'\tan\varphi' \tag{3-14}$$

或

$$\tau_f = c' + (\sigma - u_f)\tan\varphi' \tag{3-15}$$

式中　σ'——剪切破坏面上的法向有效应力，kPa；

c'——土的有效黏聚力，kPa；

φ'——土的有效内摩擦角，°；

u_f——剪切破坏时的孔隙水压力，kPa。

由式（3-15）可以看出，有效应力的发挥程度与孔隙水压力的大小有关。饱和黏性土在加荷的瞬间，荷载完全由孔隙水压力承担，此时 $(\sigma - u_f)\tan\varphi' = 0$；随着孔隙水压力的消散，孔隙水压力逐渐转化为有效应力，$(\sigma - u_f)\tan\varphi'$ 逐渐增大，即土的抗剪强度逐渐增大。当土体完全固结时，孔隙水压力完全消散，$(\sigma - u_f)\tan\varphi'$ 达到最大值。

用总应力表达黏性土的抗剪强度，由于不需要测量试样中的孔隙水压力，因此，建立在总应力法基础上的分析方法比较简单，故目前仍在采用。但对于受排水条件影响较大的黏性土，应最好采用有效应力表达其抗剪强度。

二、不同排水条件时的试验方法

通过大量试验研究，结果证明：不仅不同土类具有各自的强度机理和强度性质，即使是同一土类在不同的剪切条件下也有其不同的强度变化规律。研究表明，饱和黏性土的抗剪强度特性受诸多因素的影响。但大多数因素对抗剪强度的影响都可用土单元体在剪切过程中引起的孔隙水压力（或有效应力）差异反映出来，因为外荷载引起的剪应力只能由土骨架来承担。因此，研究饱和土抗剪强度的特性，应重点研究土样在剪切前和剪切过程中孔隙水压力（或有效应力）变化对土抗剪强度性质的影响。下面分别以三种排水条件来讨论饱和黏性土的抗剪强度的变化规律。

（1）不固结-不排水剪试验（unconsolidation undrained shear test 简称 UU 试验）

该试验方法是在整个试验过程中都不让试样排水固结，简称不排水剪试验。在三轴剪切试验中，自始至终关闭排水阀门，无论在周围压力 σ_3 作用下或随后施加竖向压力 $\Delta\sigma$（$=\sigma_1-\sigma_3$），剪切时都不使土样排水，因而在试验过程中土样的含水量保持不变。加于试样的周围压力部分由孔隙水承担，孔隙压力将上升到某一数值 u_1，而有效周围压力 σ'_3（$=\sigma_3-u$）保持不变；通过活塞施加轴向压力 $\Delta\sigma$ 使试样剪切时，孔隙水压力产生变化，其增量为 u_2，有效应力随之变化；至剪切破坏时，试样的大主应力 $\sigma_1=\sigma_3+\Delta\sigma$，小主应力为 σ_3，孔隙水压力 $u=u_1+u_2$，有效应力 $\sigma'_1=\sigma_3+\Delta\sigma-u$，$\sigma'_3=\sigma_3-u$。测得的抗剪强度指标用 c_u、φ_u 表示。直剪试验时，在试样的上、下两面均贴以蜡纸或将上、下两块透水石换成不透水的金属板，因而施加的是总应力 σ，不能测定孔隙水压力 u 的变化。

不排水剪是模拟建筑场地土体基本来不及固结排水就较快地加载的情况。在实际工作中，对地基土的透水性较差、排水条件不良、建筑物施工速度快或斜坡稳定性验算时，可以采用这种试验条件来测定土的抗剪强度指标。

试验结果如图 3-13 所示，图中三个半圆 I、II、III 分别为三个试样在不同的周围压力 σ_3 作用下，施加轴压力剪切破坏时的总应力圆。如图所示，各圆直径相同，即主应力差（$\sigma_1-\sigma_3$）相等，因而其破坏包线为水平线，即 $\varphi=0$，$\tau_f=(\sigma_1-\sigma_3)/2$。

试验中，如果分别量测试样破坏时的孔隙水压力 u，并用有效应力整理，可得到三个试样有效应力圆只有一个，并且直径（$\sigma'_1-\sigma'_3$）=（$\sigma_1-\sigma_3$），这说明，改变周围压力增量只能引起孔隙水压力的变化，不会改变试样中的有效应力。所以其抗剪强度不变，因而也不能得到有效应力强度包线及其指标 c' 和 φ'。所以，这种试验一般只适用于测定饱和土的不排水强度。

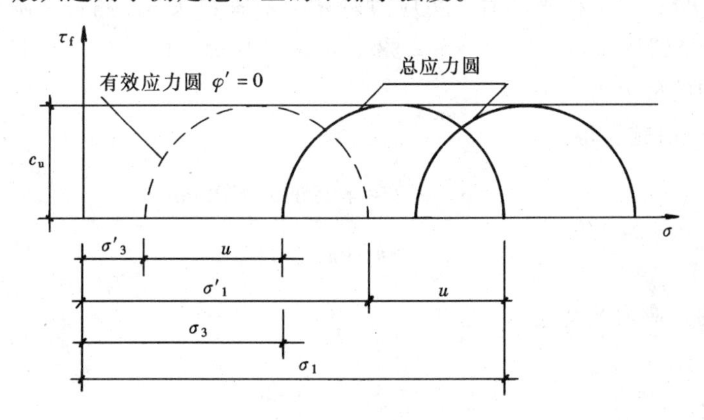

图 3-13 饱和黏性土不排水剪切试验结果

(2) 固结—不排水剪试验（consolidation undrained shear test 简称 CU 试验）

试验时，先使试样在周围压力 σ_3 作用下充分排水，然后关闭排水阀门，在

不排水条件下施加 $\Delta\sigma$ 至土样剪切破坏。破坏时 $u_1=0, u_2\neq 0, u=u_2$，$\sigma'_1=\sigma_3+\Delta\sigma-u_2$，测得的抗剪强度指标用 c_{cu}、φ_{cu}表示。直剪试验时，施加垂直压力并使试样充分排水固结后，再快速施加水平力，使试样在施加水平力过程中来不及排水。

固结不排水剪是模拟建筑场地土体在自重或正常荷载作用下已达到充分固结，而后遇到突然施加荷载的情况。对一般建筑物地基的稳定性验算以及预计建筑物施工期间能够排水固结，但在竣工后将施加大量活荷载（如料仓、油罐等），或可能有突然活荷载（如风力等）情况，就应用固结不排水剪的试验指标。

(3) 固结-排水剪试验（consolidation drained shear test 简称 CD 试验）

试验时，在周围压力作用下持续足够的时间使土样充分排水，使孔隙水压力 u_1 降为零后才施加 $\Delta\sigma$，$\Delta\sigma$ 的施加速率仍很缓慢，不使孔隙水压力增量 u_2 出现，即在应力变化过程中孔隙水压力始终处于零的固结状态。故在试样破坏时，$u=0$，$\sigma'_1=\sigma_3+\Delta\sigma$，$\sigma'_3=\sigma$。由于孔隙水压力充分消散，此时总应力法和有效应力法表达的抗剪强度指标也一致。测得的强度指标用 c_d、φ_d 表示。

固结排水剪是模拟地基土体已充分固结后开始缓慢施加荷载的情况。在实际工程中，对土的排水条件良好（如黏土层中夹砂层）、地基土透水性较好（如低塑性黏性土）以及加荷速率慢等时可选用。但因工程正常施工速度不大会使孔隙水压力完全消散，试验过程又费时费力，因而较少采用。

【例 3-2】 一饱和黏性土试样在三轴仪中进行固结不排水试验，施加的周围压力 $\sigma_3=196\text{kPa}$，试样破坏时的主应力差 $\sigma_1-\sigma_3=274\text{kPa}$，测得孔隙水压力 $u=176\text{kPa}$，如果破坏面与水平面呈 $\alpha=58°$，试求破坏面上的正应力和剪应力以及破坏时土样中的最大剪应力？

【解】 由题意得：

$$\sigma_1 = 274 + 196 = 470\text{kPa}$$

$$\sigma_3 = 196\text{kPa}$$

破坏面上的正应力及剪应力为：

$$\sigma = \frac{1}{2}(\sigma_1+\sigma_3)+\frac{1}{2}(\sigma_1-\sigma_3)\cos2\alpha$$

$$= \frac{1}{2}(470+196)+\frac{1}{2}(470-196)\cos116° = 273\text{kPa}$$

$$\tau = \frac{1}{2}(\sigma_1-\sigma_3)\sin2\alpha = \frac{1}{2}(470-196)\sin116° = 123\text{kPa}$$

破坏面上的有效正应力为：

$$\sigma' = \sigma - u = 273 - 176 = 97\text{kPa}$$

最大剪应力发生在 $\alpha = 45°$ 的平面上，即：

$$\tau_{\max} = \frac{1}{2}(\sigma_1 - \sigma_3) = \frac{1}{2}(470 - 196) = 137\text{kPa}$$

【例 3-3】 在［例 3-2］中的饱和黏性土，已知 $\varphi' = 26°$，$c' = 75.8\text{kPa}$，试问为什么破坏发生在 $\alpha = 58°$ 的平面上，而不是发生在最大剪应力的作用面上？

【解】 在 $\alpha = 58°$ 的平面上已知 $\sigma' = 97\text{kPa}$，剪应力 $\tau = 123\text{kPa}$，该面上的抗剪强度为：

$$\tau_f = c' + \sigma' \tan\varphi' = 75.8 + 97\tan26° = 123\text{kPa}$$

由计算可知，在 $\alpha = 58°$ 的平面上，土的抗剪强度等于该面上的剪应力。所以该面上发生剪切破坏。

最大剪应力作用面（$\alpha = 45°$）上：

$$\sigma = \frac{1}{2}(\sigma_1 + \sigma_3) + \frac{1}{2}(\sigma_1 - \sigma_3)\cos2\alpha$$

$$= \frac{1}{2}(470 + 196) + \frac{1}{2}(470 - 196)\cos90° = 333\text{kPa}$$

$$\sigma' = \sigma - u = 333 - 176 = 157\text{kPa}$$

$$\tau_f = c' + \sigma' \tan\varphi' = 75.8 + 157\tan26° = 152.4\text{kPa}$$

由上述计算可知：在 $\alpha = 45°$ 的平面上，最大剪应力 $\tau_{\max} = 137\text{kPa}$，而该面上的抗剪强度为 $\tau_f = 152.4\text{kPa}$，所以在最大剪应力作用面上不会发生剪切破坏。

第五节 应 力 路 径

应力路径是指受力微元体某一面上应力状态变化，可在应力坐标系中位置改变所经过的移动轨迹表示，这种轨迹称为应力路径。以三轴试验为例，如果保持 σ_3 不变，逐渐增大 σ_1，这个应力变化过程可以用一系列应力圆表示，为了避免在一张图上画很多应力圆使图面很不清晰，可在圆上适当选择代表整个应力圆的一个特征应力点——应力圆顶点，其坐标为 $p = (\sigma_1 + \sigma_3)/2$ 和 $q = (\sigma_1 - \sigma_3)/2$，见图 3-14（$a$）。按应力变化过程顺序把这些点连接起来就是应力路径图 3-14（b），并以箭头指明应力状态的发展方向。由图 3-15 可知，加荷方法不同，应力路径也不同。在三轴压缩试验中，如果保持 σ_1 不变，逐渐减少 σ_3，最大剪应力面上的应力路径为 AC 线。如果保持 σ_3 不变，逐渐增大 σ_1，最大剪应力面上的应力路径为 AB 线。

应力路径可以表示总应力的变化，也可以表示有效应力的变化。图 3-16 表

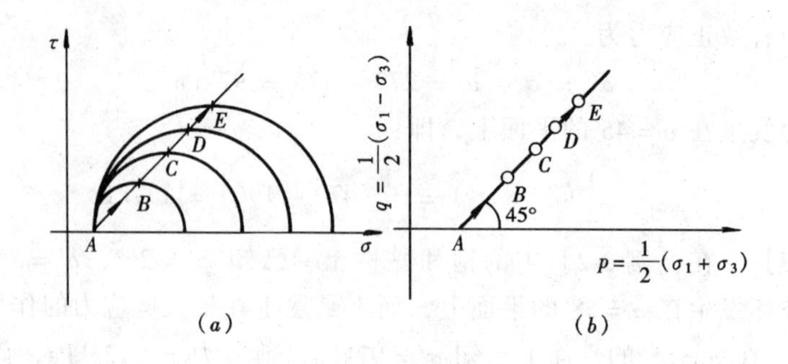

图 3-14　应力路径

示几个相同的试样，初始固结压力是各向相等的，其大小为 p'（即压力室的周围压力 σ_3），以不同的加荷方式进行排水剪试验的有效应力路径。图中 AE 是常规三轴排水试验的应力路线，因 $\Delta\sigma'_3=0$（即 σ_3 不增加），只增大 σ'_1，所以 AE 的斜率为 1∶1。E 点如果是在破坏时的极限应力圆上，则该点落在表示破坏的 K'_f 线上。K'_f 线是连接在不同初始固结压力条件下，各个破坏状态极限应力圆上最大剪应力点的直线。K'_f 线的倾角 α 与内摩擦角 φ' 有关。在纵轴上的截距 a 与黏聚力 c' 有关。图中 AH 是保持 σ'_1 不变，即 $\Delta\sigma'_1=0$，减少 σ'_3 的排水试验，其斜率也是 1∶1。AG 是增大 σ'_1，减小 σ'_3 的排水剪试验，在试验中使 $\sigma'_1=-\sigma'_3$，即保持 $p'=(\sigma'_1+\sigma'_3)/2$ 不变。AF 线是无侧向变形的单向压缩试验，$\Delta\sigma'_3=K'_0\Delta\sigma'_1$，该直线的倾角 β 与 K'_0 有关。AK、AL 各代表各向等压力加压与各向等压力退压的应力路径。

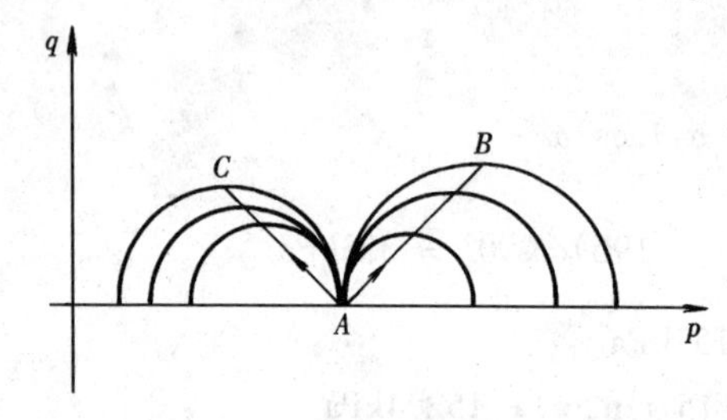

图 3-15　不同加荷方法的应力路径

K'_0 线可由下式得出：

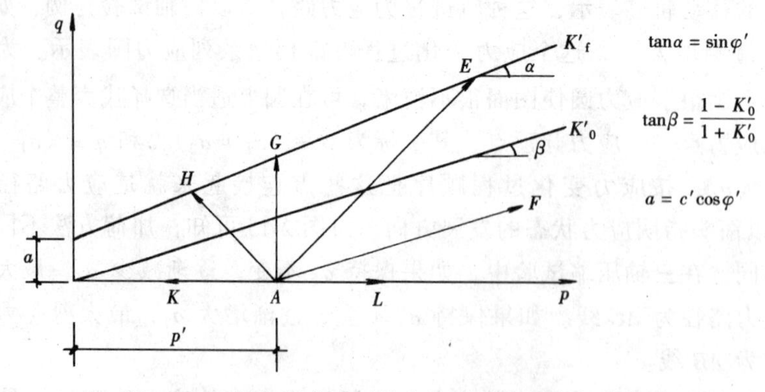

图 3-16　不同加压方式时排水剪试验的有效应力路径

$$\frac{q}{p'}=\frac{1-K'_0}{1+K'_0} \tag{3-16}$$

正常固结土的 K'_0 线大致通过坐标原点。如果上述 q/p' 比值相应于破坏应力，则点的轨迹是 K'_f 线。一般情况下，K'_f 线落在抗剪强度包线（φ'线）下面，而 K'_0 线在 K'_f 线下面。这是因为 K'_0 是原位应力状态，而 K'_f 是破坏状态。

应力路径不一定是直线，图3-17表示的是正常固结土三轴固结不排水剪试验的应力路径，图中总应力路径 AB 是直线，而有效应力路径 AB' 则是曲线，两者之间的距离即为孔隙水压力 u_f。从图中可以看出，有效应力路径在总应力路径的左边，从 A 点开始，沿曲线至 B' 点剪切破坏，u_f 为剪切破坏时的孔隙水压力，图中 K_f 线和 K'_f 线分别为以总应力和有效应力表示的极限应力圆顶点的连线。

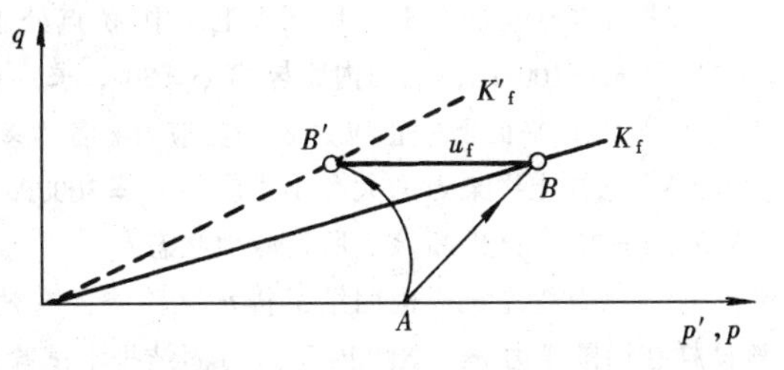

图 3-17　正常固结土三轴固结不排水剪试验的应力路径

由于土体的变形和强度不仅与受力的大小有关，而且还与土的应力历史有关。土的应力路径可以模拟土体实际的应力状态，全面研究应力变化过程对土的力学性质的影响。因此，土的应力路径对进一步探讨土的应力-应变关系和强度都具有十分重要的意义。

思　考　题

3-1　何谓土的抗剪强度？与其他钢材、混凝土等建筑材料的强度相比，有什么特点？同一种土的抗剪强度是不是一个定值？为什么？

3-2　为什么土粒越粗，内摩擦角 φ 越大？土粒越细，黏聚力 c 越大？土的密度和含水量对土内摩擦角 φ 和黏聚力 c 的影响如何？

3-3　为什么土的抗剪强度与试验方法有关？应用第二章土的渗透固结的概念，说明UU试验、CU试验和CD试验的性质差异？这三种实验结果有何差别？饱和软黏土不排水剪为什么会得出内摩擦角 $\varphi=0$ 的结果？

3-4　何谓土的极限平衡状态？何谓土的极限平衡条件？其表达式有哪几个？

3-5　土体中发生剪切破坏的平面，是不是剪应力最大的平面？在什么情况下，剪切破坏面与最大剪应力面是一致的？在一般情况下，剪切破坏面与大主应力面成什么角度？

3-6　土的抗剪强度影响因素有哪些？

3-7　抗剪强度指标常用的室内测定方法和原位测定方法各有哪几种？其优缺点及适用范围是什么？

习　题

3-1　已知地基中某一点所受的大主应力为600kPa，小主应力为100kPa。(1) 绘出摩尔应力圆。(2) 最大剪应力值是多少？(3) 最大剪应力作用面与大主应力面的夹角？(4) 计算作用在与小主应力面成30°的面上的正应力和剪应力？

3-2　在条形均布荷载作用下，土体中 M 点处于极限平衡状态时，大主应力 $\sigma_1=300$kPa，小主应力 $\sigma_3=100$kPa，土的内摩擦角 $\varphi=30°$，求：(1) 土的黏聚力 c 为多少？(2) 与大主应力夹角等于60°平面上的正应力 σ 和剪应力 τ 各为多少？

3-3　已知土中某点的大、小主应力 $\sigma_1=300$kPa、$\sigma_3=100$kPa，测量土的抗剪强度指标 $c=10$kPa，$\varphi=20°$，试判断该点所处应力状态？

3-4　某黏性土试样由固结不排水试验测得有效抗剪强度指标 $c'=25$kPa，$\varphi'=30°$，如果该试样在周围压力 $\sigma_3=200$kPa 下进行固结排水试验至破坏，试求破坏时的大主应力 σ_1？

3-5　某饱和黏性土进行三轴不固结不排水剪切试验，测定的不排水剪强度 $c_u=40$kPa，如果对同一土样进行三轴不固结不排水剪切试验，施加周围压力 $\sigma_3=100$kPa。试问，将在多大轴压力下发生破坏？

3-6　某饱和黏性土进行三轴固结不排水剪切试验，两个试样的主应力和剪切破坏时的实测孔隙水压力 u_f 如表3-1。试求：(1) 用作图法确定该黏性土试样的 c_{cu}、φ_{cu}和 c'、φ'；(2) 试样Ⅱ破坏面上的法向有效应力和剪应力。

固结不排水剪切试验结果（习题3-6表）　　**表3-1**

土　样	σ_1 (kPa)	σ_3 (kPa)	u_f (kPa)
试样Ⅰ	145	218	310
试样Ⅱ	60	100	150

第四章　土压力、地基承载力与土坡稳定

学习要点

土压力计算、地基承载力确定都是建立在土的强度理论基础之上，是进行挡土墙设计、基坑支护和基础设计的基础知识。本章重点讨论挡土墙朗肯和库伦土压力理论的计算方法；简要介绍重力式挡土墙的墙型选择、验算内容和方法；重点讨论地基临塑荷载、临界荷载以及地基极限承载力的确定方法。

要求掌握各种土压力的形成条件，朗肯和库伦土压力理论、挡土墙上各种土压力的计算，熟悉重力式挡土墙的墙型选择、验算内容和方法。了解各种地基的破坏形式，掌握地基临塑荷载、临界荷载以及地基极限承载力的确定方法。了解土坡稳定的一般知识。

第一节　概　　述

一、挡土墙的用途

在建筑工程中常遇到在天然土坡上修筑建筑物，为了防止土体的滑坡和坍塌，常用各类型的挡土结构加以支挡，挡土墙是最常用的支挡结构物。挡土墙按结构形式不同可分为重力式、悬臂式、扶壁式、锚杆式及加筋式挡土墙等形式，其构筑材料通常用块石、砖、素混凝土及钢筋混凝土等，中、小型工程可以就地取材，由块石、砖建成，重要工程用素混凝土或钢筋混凝土材料建成。

挡土墙在工业与民用建筑、水利工程、铁道工程、桥梁、港口及航道等建筑工程中被广泛应用。如支挡建筑物周围填土的挡土墙，图 4-1（*a*）；房屋地下室的侧墙，图 4-1（*b*）；桥台，图 4-1（*c*）；堆放散粒材料的挡墙，图 4-1（*d*）。

土体作用在挡土墙上的压力称为土压力，是指挡土墙后的填土因自重或外荷载作用对墙背产生的侧压力。它与填料的性质、挡土墙的形式和位移方向以及地基土质等因素有关，因此，计算十分复杂。目前多采用古典的朗肯和库伦土压力理论，尽管这些理论基于各种不同的假定和简化，由于其计算比较简便，并且通过国内外大量挡土墙模型试验、原位观测及理论研究，结果均表明，其计算方法是实用、可靠的。

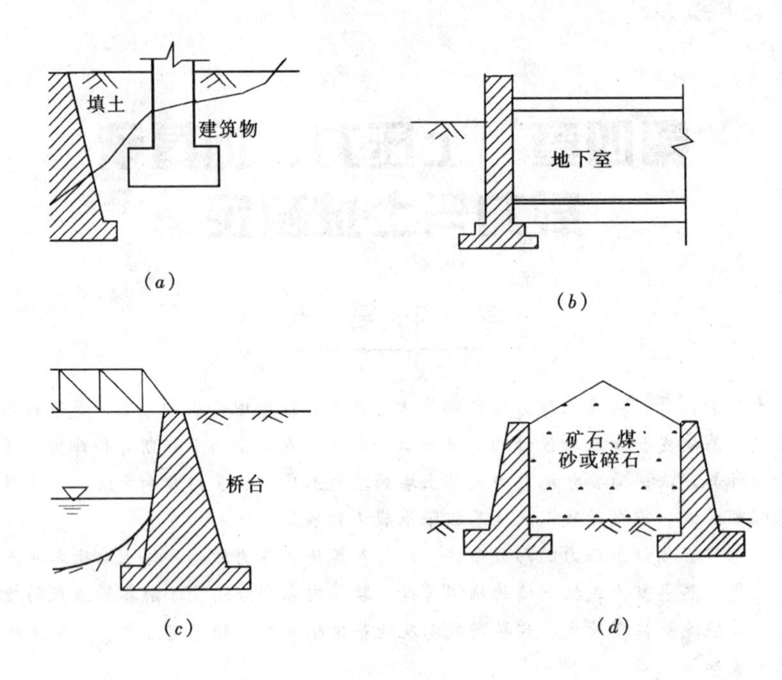

图 4-1　挡土墙应用举例

（a）支挡建筑物周围填土的挡土墙；（b）地下室侧墙；（c）桥台；（d）粒状材料的挡墙

地基承载力是指地基单位面积上承受荷载的能力。在荷载作用下，为了防止出现整体剪切破坏而丧失其稳定性，在地基计算中必须进行地基承载力的验算，地基承载力也是进行基础设计的重要依据。

二、土压力的种类

挡土墙的作用是挡住墙背后的填土，阻止其产生下滑。因此，挡土填的背后都会作用来自填土的土压力，设计挡土墙时必须确定土压力的性质、大小、方向和作用点。影响挡土墙压力大小及分布规律的因素虽然很多，归纳起来主要有：挡土墙的位移（或转动）方向和位移量的大小；挡土墙的墙高、形状、结构形式、墙背的光滑程度；填土的性质，包括填土的重度、含水量、内摩擦角和黏聚力的大小及填土表面的形状（水平、向上倾斜、向下倾斜）；挡土墙的建筑材料等。其中挡土墙的位移方向和位移量的大小及墙高是最主要的影响因素。根据挡土墙位移的方向和位移量及墙后土体所处的应力状态，可将土压力分为三种。

1. 挡土墙静止不动，墙后土体处于弹性平衡状态时，作用在墙背上的土压力称为静止土压力，以 E_0 表示，见图 4-2（a）。

2. 挡土墙离开填土向前移动 $-\delta$，土体中产生 AB 滑裂面，同时在此滑裂面

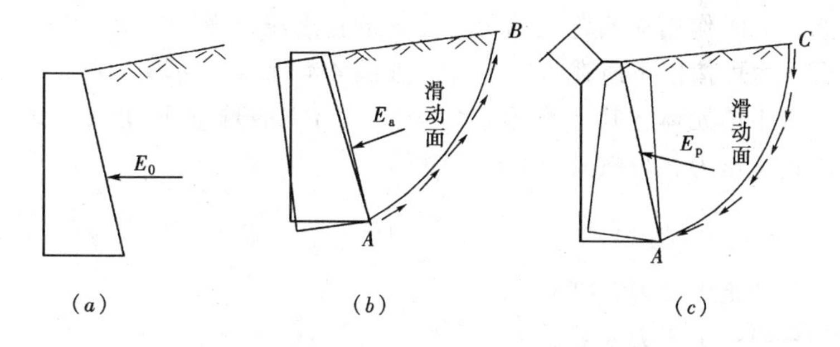

图 4-2　挡土墙上的三种土压力

(a) 静止土压力；(b) 主动土压力；(c) 被动土压力

上产生抗剪力，阻止土体下滑，从而减小作用在墙上的土压力。当挡土墙向离开土体方向偏移至墙后土体达到极限平衡状态时，作用在墙背上的土压力称为主动土压力，以 E_a 表示，此时挡土墙上的土压力达到最小值。见图 4-2（b）。

3. 挡土墙在外力作用下，向着填土方向移动 $+\delta$，土中产生滑裂面 AC，AC 面上的抗剪强度阻止土体向上挤出，因此，增大了对墙体的土压力。当挡土墙向土体方向偏移至墙后土体达到极限平衡状态时，作用在墙背上的土压力称为被动土压力，以 E_p 表示，此时挡土墙上的土压力达到最大值。见图 4-2（c）。

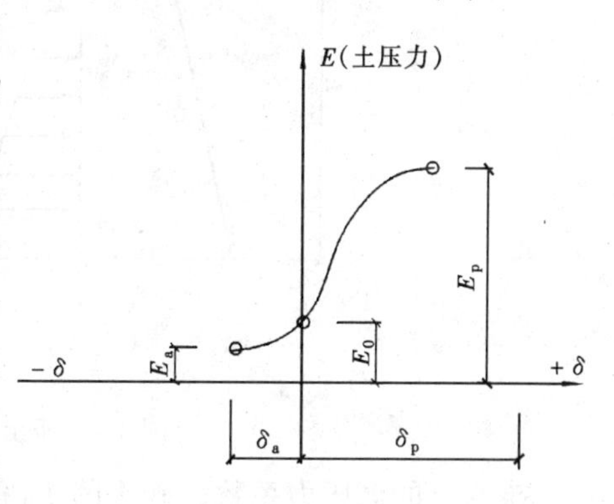

图 4-3　墙身位移和土压力关系

在实验室里通过挡土墙模型试验可以测出这三种土压力与挡土墙移动方向的关系。如图 4-3 所示。试验表明，对于密砂及密实黏土，当墙体向前产生的位移 $-\delta$ 分别达到 0.5%H 和 1%～2%H（H 为挡土墙高）时才会产生主动土压力；当墙体向后产生的位移 $+\delta$ 分别达到 5%H 和 10%H 时，才会产生被动土压力。可见产生被动土压力所需的位移量比产生主动土压力所需的位移量要大得多。在相同的墙高和填土条件下，主动土压力小于静止土压力，而静止土压力又小于被动土压力。需要利用被动土压力时，若工程结构不容许产生过大的位移，则只能利用被动土压力的一部分。

第二节　静止土压力

断面很大的挡土墙，如修筑在坚硬土质地基上，由于地基不会产生不均匀沉降，墙体不会产生转动，墙体自重大也不会产生移动，挡土墙背面的土体处于弹性平衡状态，此时作用在墙背上的土压力为静止土压力 E_0。

静止土压力可按以下所述方法计算。如图 4-4 所示，在填土表面以下任意深度 z 处取一微小单元体，其上作用着的竖向力为土的自重压力 γz，该处的水平作用力为静止土压力，可按式（4-1）计算。

$$p_0 = K_0 \gamma z \tag{4-1}$$

式中 p_0——静止土压力，kPa；

K_0——静止土压力系数；

γ——填土的重度，kN/m^3；

z——计算点距离填土表面的深度，m。

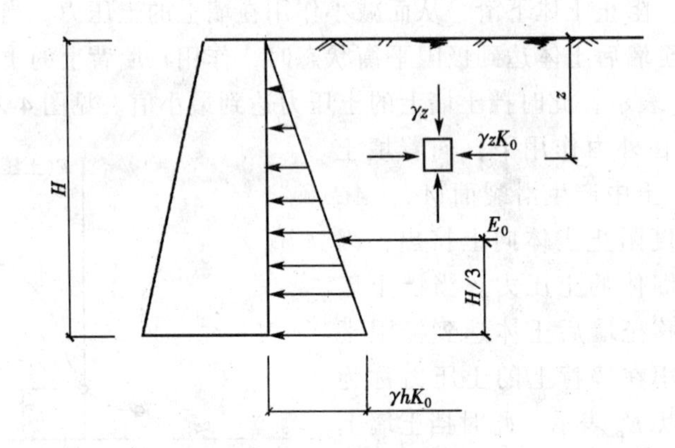

图 4-4 静止土压力计算图

K_0 为土的侧压力系数，砂土的 K_0 值为 0.34～0.45，黏性土的 K_0 值为 0.5～0.7，也可以根据填土的内摩擦角 φ'，利用半经验公式计算。

$$K_0 = 1 - \sin\varphi' \tag{4-2}$$

式中 φ'——土的有效内摩擦角。

日本《建筑基础结构设计规范》建议，不分土的种类，K_0 均采用 0.5。

由式（4-1）可知，静止土压力沿墙高呈三角形分布，如图 4-4 所示。如果取挡土墙长度方向 1m 计算，则作用在墙体上的总土压力为：

$$E_0 = \frac{1}{2}\gamma H^2 K_0 \tag{4-3}$$

式中 H——挡土墙的高度，m。

合力 E_0 的作用点在距离墙底 $H/3$ 处。

计算主动土压力和被动土压力经常所用的理论方法有两种，下面分别给予介绍。

第三节　朗肯土压力理论

朗肯（Rankine，1857）土压力理论是根据半空间的应力状态和土的极限平衡条件而得出的土压力计算方法。为了使挡土墙符合半无限弹性体内的应力条件，朗肯将挡土墙作了一定的假设，即：挡土墙的墙背垂直、墙背光滑；挡土墙的墙后填土表面水平并延伸至无穷远。下面分别介绍主动土压力和被动土压力的计算公式。

一、主动土压力

1. 无黏性土

如图 4-5（*a*）所表示的，表面水平，向下和向左右无限伸延的半无限空间弹性体中，在深度 z 处取一微小单元体，设土质单一、均质，其重度为 γ，则作用在单元体顶面的法向应力即为该处土的自重应力。

$$\sigma_z = \gamma z$$

而单元体垂直面上的法向应力为：

$$\sigma_x = K_0 \gamma z$$

由于土体内每个竖直截面均为对称平面，因此，竖直截面上的法向应力均为主应力，此时应力状态可用莫尔圆表示，如图 4-5（*b*）中应力圆Ⅰ，因该点处于弹性平衡状态，故莫尔圆不与抗剪强度包线相切。

假设由于外力作用使半无限空间土体在水平方向均匀地伸展，则单元体上的垂直截面的法向应力 σ_x 逐渐减小，直至土体达到极限平衡状态，此时土体所处的状态称为主动朗肯状态，水平面为大主应力面，故剪切破坏面与垂直面成 $45° - \varphi/2$ 的夹角，如图 4-5（*b*）所示。应力状态如图 4-5（*d*）中莫尔应力圆Ⅱ，此时莫尔应力圆与抗剪强度包线相切于 T_1 点，σ_z 为大主应力，σ_x 为小主应力，此小主应力即为朗肯主动土压力 p_a。

由极限平衡条件公式

$$\sigma_3 = \sigma_1 \tan^2\left(45° - \frac{\varphi}{2}\right)$$

得无黏性土的主动土压力强度计算公式

$$p_a = K_a \gamma z \tag{4-4}$$

式中　p_a——主动土压力强度，$p_a = \sigma_3$，kPa；

K_a——主动土压力系数，$K_a = \tan^2\left(45° - \frac{\varphi}{2}\right)$；

γ——墙后填土的重度，kN/m³；

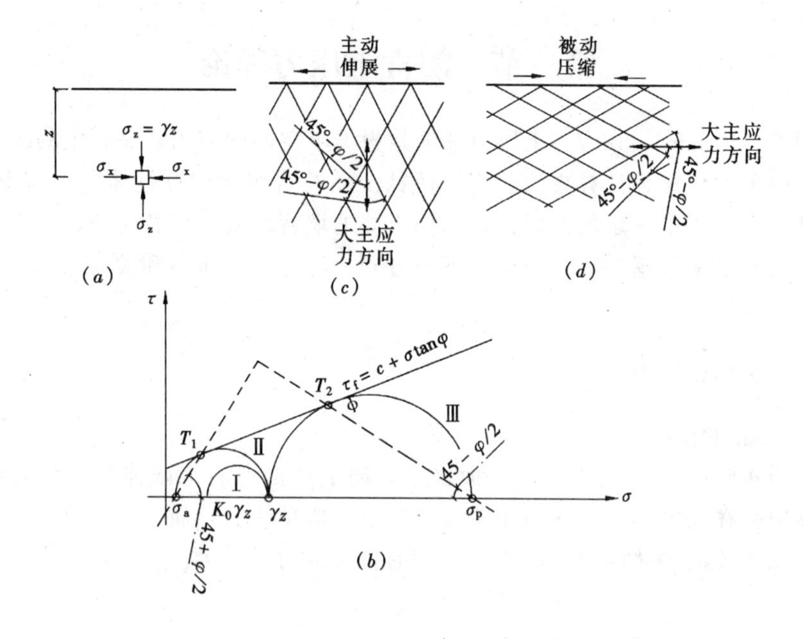

图 4-5　半无限空间土体的平衡状态

(a) 半空间内单元微体；(b) 用莫尔圆表示主动和被动朗肯状态；

(c) 半空间的主动朗肯状态；(d) 半空间的被动朗肯状态

z——计算点距离填土表面的深度，m。

由式 (4-4) 可知，无黏性土的主动土压力强度与深度 z 成正比，沿墙高呈三角形分布，墙高为 H 的挡土墙底部土压力强度为 $p_a = K_a\gamma H$。如果取挡土墙长度方向 1m 计算，则作用在墙体上的总土压力为

$$E_a = \frac{1}{2}\gamma H^2 K_a \tag{4-5}$$

土压力合力作用点在距离墙底 $H/3$ 处，见图 4-6 (b)。

2. 黏性土

当墙后填土达到主动极限平衡状态时，由极限平衡条件公式

$$\sigma_3 = \sigma_1\tan^2\left(45° - \frac{\varphi}{2}\right) - 2c\tan\left(45° - \frac{\varphi}{2}\right)$$

得到

$$p_a = \gamma z K_a - 2c\sqrt{K_a} \tag{4-6}$$

式中　c——土的黏聚力，kPa。

其余符号同前。

由公式 (4-6) 可知，黏性土的主动土压力由两部分组成，一部分为 $\gamma z K_a$，

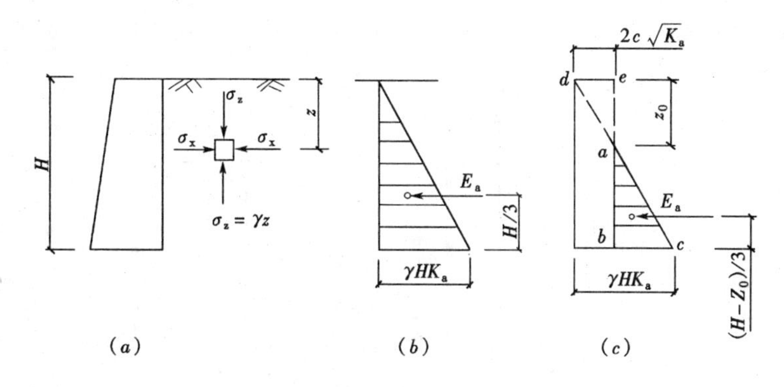

图 4-6　主动土压力分布图

(a) 主动土压力计算；(b) 无黏性土；(c) 黏性土

与无黏性土相同，是由土的自重产生的，与深度成正比；另一部分 $-2c\sqrt{K_a}$；由黏聚力产生，沿深度是一常数，两部分叠加的结果如图 4-6（c）所示。顶部力三角形 *aed* 对墙顶作用力为拉力，实际上土与墙不是一个整体，在很小的力作用下就已分离开，即挡土墙与填土之间不承受拉力，可以认为 *ae* 段墙上作用力为零，主动土压力分布只有 *abc* 部分。令 $p_a = 0$ 即可求得土压力为零的深度 z_0，z_0 称为临界深度。即：

$$p_a = \gamma z K_a - 2c\sqrt{K_a} = 0$$

得

$$z_0 = \frac{2c}{\gamma\sqrt{K_a}} \tag{4-7}$$

若深度取 $z = H$ 时，$p_a = \gamma HK_a - 2c\sqrt{K_a}$，如果取挡土墙长度方向 1m 计算，则作用在墙体上的总土压力为：

$$\begin{aligned} E_a &= \frac{1}{2}(H - z_0)(\gamma HK_a - 2c\sqrt{K_a}) \\ &= \frac{1}{2}\gamma H^2 K_a - 2cH\sqrt{K_a} + \frac{2c^2}{\gamma} \end{aligned} \tag{4-8}$$

土压力合力作用点在距墙底 $\frac{1}{3}$（$H - z_0$）处。

二、被动土压力

1. 无黏性土

假设由于某种作用力使半无限空间土体在水平方向被压缩，则作用在微小单元体水平面上的法向应力 σ_z 大小保持不变，而竖直面上的法向应力 σ_x 不断增大，并超过 σ_z 而后再达到极限平衡状态，此时土体处于朗肯被动极限状态，垂直面是大主应力作用面，故剪切破坏面与水平面成（45° − φ/2）角，见图 4-5（c），应力状态如图 4-5（b）中的莫尔应力圆Ⅲ所示，该应力圆与抗剪强度包线

相切于 T_2 点。此时，σ_z 成为小主应力，σ_x 达到极限状态，为大主应力，此大主应力即为被动土压力 p_p。

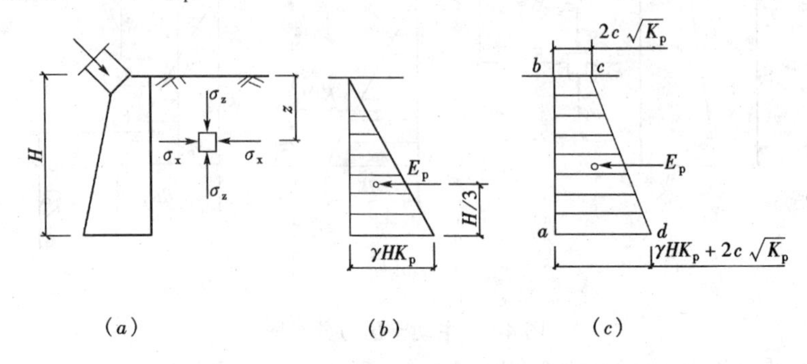

图 4-7 被动土压力分布图

(a) 被动土压力；(b) 无黏性土；(c) 黏性土

由极限平衡条件公式

$$\sigma_1 = \sigma_3\tan^2\left(45° + \frac{\varphi}{2}\right)$$

得被动土压力的计算公式

$$p_p = K_p\gamma z \tag{4-9}$$

式中 p_p——被动土压力强度，$p_p=\sigma_1$，kPa；

K_p——被动土压力系数，$K_p = \tan^2\left(45° + \frac{\varphi}{2}\right)$。

土压力分布呈三角形，挡土墙底部土压力强度为 $p_p = K_p\gamma H$，如果取挡土墙长度方向 1m 计算，则作用在墙体上的总土压力为：

$$E_p = \frac{1}{2}\gamma H^2 K_p \tag{4-10}$$

土压力合力作用点在距离墙底 $H/3$ 处，见图 4-7（b）。

2. 黏性土

同样，当土体达到被动极限平衡状态时，由极限平衡条件公式

$$\sigma_1 = \sigma_3\tan^2\left(45° + \frac{\varphi}{2}\right) + 2c\tan^2\left(45° + \frac{\varphi}{2}\right)$$

得到

$$p_p = \gamma zK_p + 2c\sqrt{K_p} \tag{4-11}$$

黏性土的被动土压力也由两部分组成，一部分 γzK_p 与无黏性土主动土压力相同，呈三角形分布；另一部分 $2c\sqrt{K_p}$ 为矩形分布，两部分叠加结果即为总被动土压力，呈梯形分布，如图 4-7（c）中 $abcd$ 所示。如果取挡土墙长度方向 1m 计算，则作用在墙体上的总土压力为：

$$E_p = \frac{1}{2}\gamma H^2 K_p + 2cH\sqrt{K_p} \tag{4-12}$$

土压力的合力作用点通过梯形 *abcd* 的形心。

【例 4-1】　已知某挡土墙高 8m，墙背垂直、光滑，填土表面水平。墙后填土为中砂，重度 $\gamma = 16\text{kN/m}^3$，饱和重度为 $\gamma_{sat} = 20\text{kN/m}^3$，$\varphi = 30°$。试计算总静止土压力 E_0，总主动土压力 E_a；当地下水位升至离墙顶 6m 时，计算所受的总主动土压力 E_a 与水压力 E_w。

【解】　(1) 静止土压力

因墙后填土为中砂，取 $K_0 = 0.4$，则总静止土压力：

$$E_0 = \frac{1}{2}\gamma H^2 K_0 = \frac{1}{2} \times 16 \times 8^2 \times 0.4 = 205\text{kN/m}$$

合力作用点在距离墙底 8/3 = 2.67m 处，见图 4-8（*a*）。

(2) 总主动土压力

因墙背垂直、光滑、填土水平，适用于朗肯土压力理论，即：

$$E_a = \frac{1}{2}\gamma H^2 K_a = \frac{1}{2} \times 16 \times 8^2 \times \tan^2\left(45° - \frac{30°}{2}\right) = 171\text{kN/m}$$

合力作用点在距离墙底 8/3 = 2.67m 处，见图 4-8（*b*）。

(3) 地下水位上升以后主动土压力

土压力分水上和水下两部分计算：

水上部分：$\gamma = 16\text{kN/m}^3$

$$E_{a1} = \frac{1}{2} \times 16 \times 6^2 \tan^2\left(45° - \frac{30°}{2}\right) = 96\text{kN/m}$$

水下部分采用浮重度：$\gamma' = \gamma_{sat} - 10 = 10\text{kN/m}^3$

$$E_{a2} = 16 \times 6 \times \tan^2\left(45° - \frac{30°}{2}\right) \times 2 + \frac{1}{2} \times 10 \times 2^2 \tan^2\left(45° - \frac{30°}{2}\right) = 71\text{kN/m}$$

总主动土压力 $E_a = E_{a1} + E_{a2} = 96 + 71 = 167\text{kN/m}$

作用点为 E_{a1}、E_{a2}的合力作用点，见图 4-8（*c*）。

(4) 水压力

$$E_w = \frac{1}{2}\gamma_w (H - H_1)^2 = \frac{1}{2} \times 10 \times 2^2 = 20\text{kN/m}$$

合力作用点距墙底面 1/3 水位处，即 2/3 = 0.67m 处，见图 4-8（*d*）。

【例 4-2】　如图 4-9（*a*），一挡土墙，墙背垂直，墙高 6m，墙后填土表面水平，填土为黏性土，重度 $\gamma = 19\text{kN/m}^3$，内摩擦角 $\varphi = 20°$，$c = 19\text{kPa}$。试计算作用在挡土墙上主动土压力和被动土压力，并绘出土压力分布图。

【解】

(1) 主动土压力

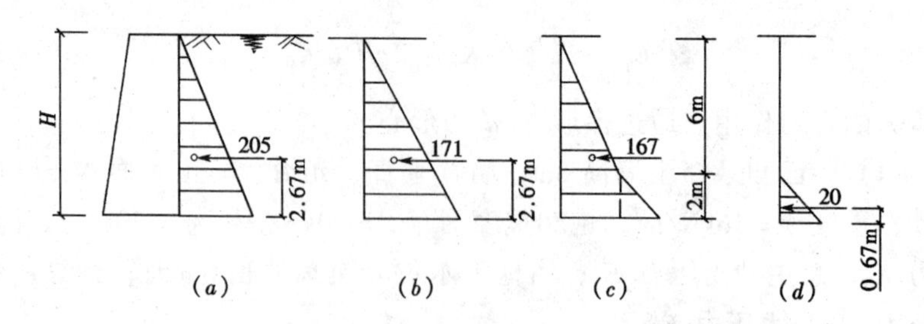

图 4-8　[例 4-1] 附图（单位：kPa）

由题意可知墙背光滑、垂直，填土表面水平，符合朗肯假定，主动土压力为：

$$
\begin{aligned}
E_a &= \frac{1}{2}\gamma H^2 K_a - 2cH\sqrt{K_a} + \frac{2c^2}{\gamma} \\
&= \frac{1}{2}\times 19\times 6^2\times \tan^2\left(45^\circ - \frac{20^\circ}{2}\right) - 2\times 19\times 6\times \tan\left(45^\circ - \frac{20^\circ}{2}\right) + \frac{2\times 19^2}{19} \\
&= 167.58 - 159.6 + 38 \\
&= 45.98\text{kN/m}
\end{aligned}
$$

临界深度 z_0 为：

$$
z_0 = \frac{2c}{\gamma\sqrt{K_a}} = \frac{2\times 19}{19\times\sqrt{0.49}} = 2.86\text{m}
$$

墙底部土压力强度为：

$$
p_a = \gamma HK_a - 2c\sqrt{K_a} = 19\times 6\times 0.49 - 2\times 19\times 0.7 = 29.26\text{kN/m}
$$

主动土压力合力作用点距离墙底 $\frac{H - z_0}{3} = \frac{6 - 2.86}{3} = 1.05\text{m}$ 处，见图 4-9（b）。

（3）被动土压力

$$
\begin{aligned}
E_p &= \frac{1}{2}\gamma H^2 K_p + 2cH\sqrt{K_p} \\
&= \frac{1}{2}\times 19\times 6^2\times \tan^2\left(45^\circ + \frac{20^\circ}{2}\right) + 2\times 19\times \tan\left(45^\circ + \frac{20^\circ}{2}\right) \\
&= 697.68 + 326.04 \\
&= 1023.72\text{kN/m}
\end{aligned}
$$

墙顶处土压力强度为：

$$
p_{p1} = 2c\sqrt{K_p} = 2\times 19\times 1.43 = 54.34\text{kN/m}
$$

墙底处土压力强度为：

$$
\begin{aligned}
p_{p2} &= \gamma HK_p + 2c\sqrt{K_p} \\
&= 19\times 6\times 2.04 + 54.34 = 232.56 + 54.34 = 286.90\text{kN/m}
\end{aligned}
$$

合力作用点距墙底 2.32m 处，见图 4-9（c）。

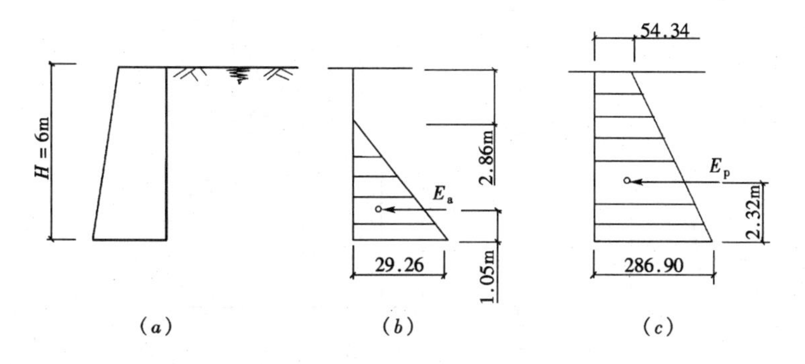

图 4-9 ［例 4-2］附图（单位：kpa）

三、几种常见情况的土压力

（一）填土表面有均布荷载

如图 4-10（a）所示，当墙后填土表面上作用均布荷载 q 时，通常是把均布荷载换算成当量土重，可把 q 看做假设的填土层，假设土层的性质与填土相同，当量土层厚度为：

$$h = \frac{q}{\gamma} \tag{4-13}$$

式中 γ——填土的重度。

作用在挡土墙墙背 AB 上的土压力为实际填土产生的土压力和由均布荷载产生的土压力之和。由均布荷载产生的在墙顶部 B 点的土压力强度为：

$$p_{aB} = \gamma h K_a = \gamma \frac{q}{\gamma} K_a = q K_a$$

墙底部 A 点的土压力强度为：

$$p_{aA} = \gamma(h + H) K_a = (q + \gamma H) K_a$$

墙上的总土压力为：

$$E_a = qHK_a + \frac{1}{2}\gamma H^2 K_a \tag{4-14}$$

土压力呈梯形分布，如图 4-10（a）中 $ABCD$，合力作用点通过梯形重心。

如图 4-10（b）所示，若填土表面和墙背都有倾角时，假设的当量土层厚度仍为 $h = q/\gamma$，此假设土层表面与墙背 AB 的延长线交于 B_1 点，把 AB_1 假想为墙背，计算主动土压力。由于填土表面和墙背都是倾斜的，假想墙高为 $h_1 + H$，根据 ΔBB_1A_1 的几何关系可得

$$h_1 = h \frac{\cos\beta\cos\varepsilon}{\cos(\varepsilon - \beta)} \tag{4-15}$$

（二）成层填土

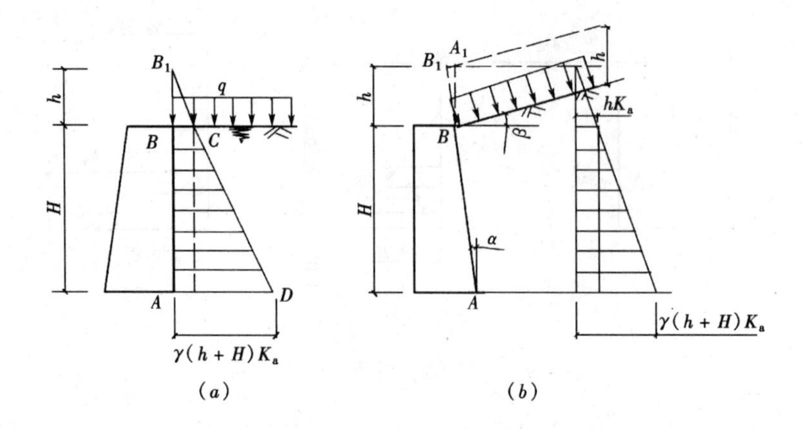

图 4-10 填土表面有均布荷载的土压力计算

如图 4-11，当墙后填土为几层不同性质的土层时，第一层的土压力计算方法不变。计算第二层土的土压力时，将第一层土按重度换算成与第二层土相同重度的当量土层，相当于把不同性质的土层化成相同的土层，其当量土层的厚度为：

$$h'_1 = h_1 \frac{\gamma_1}{\gamma_2} \tag{4-16}$$

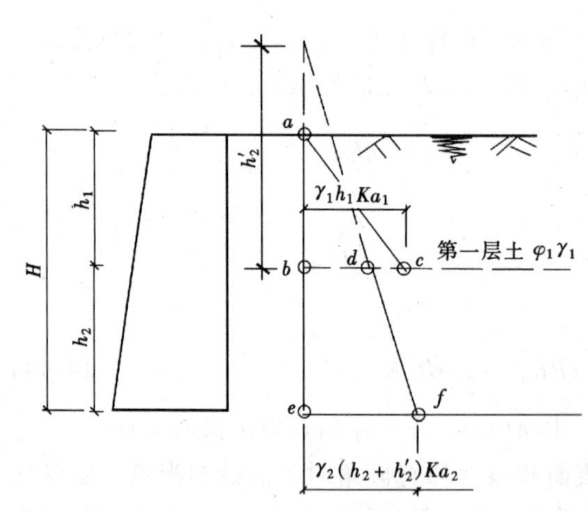

图 4-11 成层填土的土压力计算

然后，以 $(h'_1 + h_2)$ 为墙高计算土压力，但只使用在第二层土层厚度范围内。如图 4-11 中 *bdfe* 部分。需要注意的是，由于土的性质不同，各层土的主动土压力系数不同，土压力分布在两层土的交界面处不连续，交界处土压力将会有两个数值。

（三）填土中有地下水

如图 4-12 所示，挡土墙后的填土中有地下水时，将土压力和水压力分开计算，水下部分的土压力计算采用有效重度 γ'，土压力分布为 *aced*，同时静水压力分布为 *cfe*，按下式计算：

$$E_w = \frac{1}{2}\gamma_w h_2^2 \tag{4-17}$$

【例 4-3】 挡土墙高 6m，墙背垂直、光滑，墙后填土表面水平，填土物理性质指标为：$\gamma=19\text{kN/m}^3$，$c=0$，$\varphi=34°$，在填土表面作用均布荷载 $q=10\text{kPa}$。试计算作用在墙上的主动土压力 E_a 及其分布。

【解】 将表面均布荷载换算成当量土层，土层厚度为：

$$h=\frac{q}{r}=\frac{10}{19}=0.526\text{m}$$

相当于把墙背 AB 向上延伸 0.526m 到 A_1，以 A_1B 为墙背，墙高为 $H+h=6+0.526=6.526\text{m}$，如图 4-13 所示，墙顶面处由均布荷载产生的主动土压力强度为：

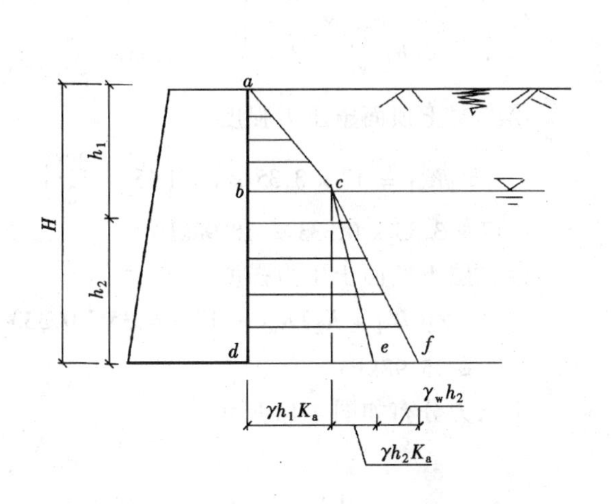

图 4-12 填土中有地下水的土压力计算

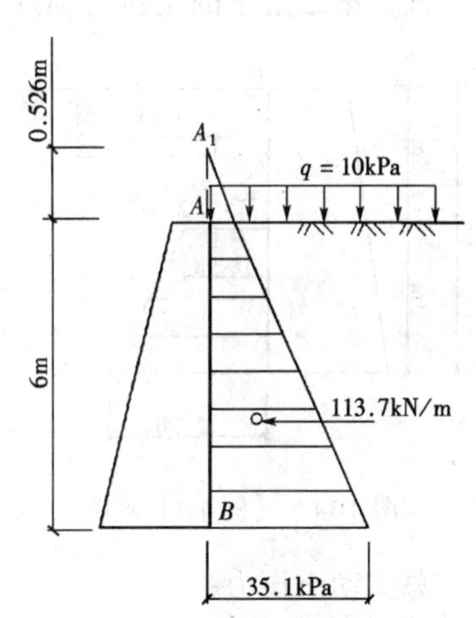

图 4-13 ［例 4-3］附图

$$p_{a1}=\gamma hK_a=qK_a=10\times\tan^2\left(45°-\frac{34°}{2}\right)=2.8\text{kPa}$$

墙底 B 处主动土压力强度为：

$$\begin{aligned}p_{a2}&=\gamma(h+H)K_a=(q+\gamma H)\tan^2\left(45°-\frac{34°}{2}\right)\\&=(10+19\times6)\tan^2\left(45°-\frac{34°}{2}\right)\\&=35.1\text{kPa}\end{aligned}$$

总主动土压力为：

$$p_a=\frac{1}{2}(p_{a1}+p_{a2})H=\frac{1}{2}(2.8+35.1)\times6=113.7\text{kPa}$$

合力作用点通过梯形的重心。

【例 4-4】 某挡土墙高 6m，墙背垂直，墙后填土分为两层，各层土的物理性质指标为：第一层土 $\gamma_1=19\text{kN/m}^3, c_1=10\text{kPa}, \varphi_1=16°$；第二层土 $\gamma_2=17\text{kN/m}^3$，$c_2=0$，$\varphi_2=30°$。试计算主动土压力 E_a，并绘出土压力分布图。

【解】 混凝土墙可认为墙背是光滑的，已知条件符合朗肯理论。第一层填土为黏性土，墙顶土压力为零。第一层土的土压力系数为：

$$K_{a1} = \tan^2\left(45° - \frac{16°}{2}\right) = 0.753^2 = 0.568$$

临界深度：

$$z_0 = \frac{2c}{\gamma\sqrt{K_{a1}}} = \frac{2 \times 10}{19 \times 0.753} = 1.4\text{m}$$

第一层土底部的土压力强度：

$$p_{a1} = \gamma_1 h_1 K_{a1} - 2c\sqrt{K_{a1}} = 19 \times 3 \times 0.568 - 2 \times 10 \times 0.753 = 17.32\text{kPa}$$

计算第二层土的土压力强度，第一层土的当量土层厚度：

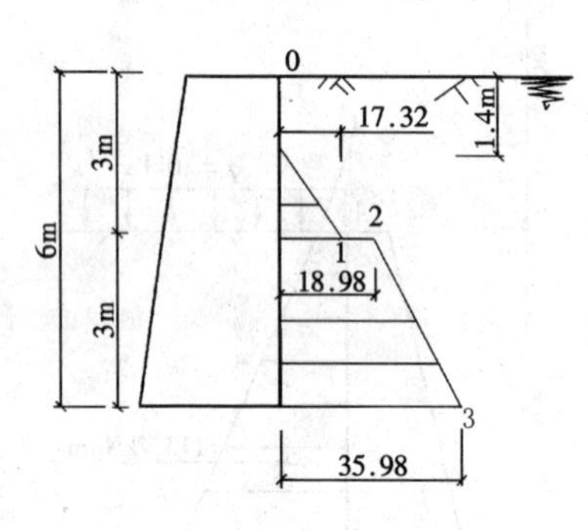

图 4-14　［例 4-4］附图

$$h'_1 = h_1\frac{\gamma_1}{\gamma_2} = 3 \times \frac{19}{17} = 3.35\text{m}$$

第二层土顶面土压力强度：

$$p_{a2} = \gamma_1 h'_1 K_{a2} = 17 \times 3.35 \times \tan^2\left(45° - \frac{30°}{2}\right)$$
$$= 17 \times 3.35 \times 0.333 = 18.98\text{kPa}$$

第二层土底面土压力强度：

$$p_{a3} = \gamma_2(h'_1 + h_2)K_{a2} = 17 \times 6.35 \times 0.333$$
$$= 35.98\text{kPa}$$

土压力分布如图 4-14 所示。

总主动土压力：

$$E_a = E_{a1} + E_{a2} + E_{a3} = \frac{1}{2} \times 17.32 \times (3 - 1.4) + \frac{1}{2} \times (18.98 + 35.98) \times 3$$
$$= 96.3\text{kN/m}$$

第四节　库伦土压力理论

库伦于 1776 年提出的库伦土压力理论，是根据墙后土体处于极限平衡状态并行成一滑动楔体时，由楔体的静力平衡条件得出的。其基本假设为：(1) 墙后填土为理想的散粒体，因此库伦土压力理论只适用于无黏性土；(2) 滑动破坏面为一平面。

一、主动土压力

一般挡土墙的计算均属于平面问题，当挡土墙向前移动或转动而使墙后的填土沿某一破裂面 BC 破坏时，形成一个滑动的楔体△ABC。考虑整个滑动楔体△ABC 在各力作用下达到极限平衡状态，而不考虑楔体本身的压缩变形，求得楔体作用在 AB 上的推力，即为主动土压力，用 p_a 表示，如图 4-15 所示。

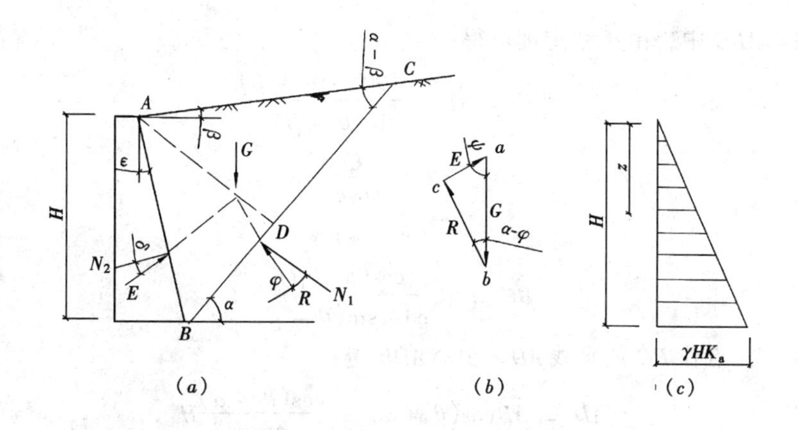

图 4-15　库伦主动土压力计算图

（a）土楔△ABC 上的作用力；（b）力矢三角形；（c）主动土压力分布图

1. 作用在土楔体△ABC 上的力

（1）取滑动楔体△ABC 为隔离体，其自重 $G=\gamma\triangle ABC$，γ 为填土的自重，滑动面 BC 的位置确定后，自重 G 的大小为已知，方向向下。

（2）墙背 AB 给滑动楔体的支撑力为 E，与其大小相等、方向相反的力即为要计算的土压力。E 的方向与墙背法线成 δ 角。因为土体下滑时，墙给予土体的阻力的方向向上，因此，E 在法线 N_2 的下侧。

（3）在滑动面 BC 上作用的反力 R，大小未知，其方向与 BC 面的法线 N_1 之间的夹角等于土的内摩擦角 φ，并位于法线 N_1 的下方。

（4）滑动楔体在自重 G、挡土墙支撑力 E 及填土滑动面上的反力 R 三个力作用下处于平衡状态，因此，可得一封闭的力矢三角形△abc，如图 4-15（b）所示。

2. 计算公式

（1）在力的三角形△abc 中，由正弦定理得：

$$\frac{a}{\sin A}=\frac{b}{\sin B}=\frac{c}{\sin C}$$

将力三角形中各边及角的数值代入上式，得

$$\frac{E}{\sin(\theta-\varphi)}=\frac{G}{\sin(\psi+\theta-\varphi)}$$

即

$$E=\frac{G\sin(\theta-\varphi)}{\sin(\psi+\theta-\varphi)}$$

式中　$\psi=90^\circ-\alpha-\delta$。

（2）楔体△ABC 的自重

$$G=\triangle ABC\cdot\gamma=\frac{1}{2}BC\cdot AD$$

在△ABC 中，由正弦定理可得：

$$BC = AB\frac{\sin(90° - \alpha + \beta)}{\sin(\theta - \beta)}$$

$$AB = \frac{H}{\cos\alpha}$$

故得

$$BC = H\frac{\cos(\alpha - \beta)}{\cos\alpha\sin(\theta - \beta)}$$

通过 A 点作 BC 的垂线 AD，由△ADB 得：

$$AD = AB\cos(\theta - \alpha) = \frac{\cos(\theta - \alpha)}{\cos\alpha}H$$

将 BC、AD 代入自重表达式，得：

$$G = \frac{\gamma H^2\cos(\alpha - \beta)\cos(\theta - \alpha\alpha)}{2\cos^2\alpha\sin(\theta - \beta)}$$

(3) 将 G 的表达式代入 E 的表达式

$$E = \frac{1}{2}\gamma H^2\frac{\cos(\theta - \beta)\cos(\theta - \alpha)\sin(\theta - \varphi)}{\cos^2\alpha\sin(\theta - \beta)\sin(\theta - \varphi + \psi)} \tag{4-18}$$

式（4-18）中，γ、H、α、β、φ 和 δ 都是已知的，而确定滑裂面 BC 与水平角的倾角 θ 是任意的，因此，当假定不同的滑裂面时，可以求得不同的土压力值，E 值是 θ 的函数，E 的最大值才是真正的主动土压力。为了求得真正的土压力，可用微分学中求极值的方法求 E 的极大值，可令：

$$\frac{\mathrm{d}E}{\mathrm{d}\alpha} = 0$$

从而求得使 E 为极大值时填土的破坏角 θ_{cr}，这就是真正滑动面的倾角。将 θ_{cr} 代入式（4-18），整理后可得：

$$E_a = \frac{1}{2}\gamma H^2\frac{\cos^2(\varphi - \alpha)}{\cos^2\alpha\cos(\delta + \alpha)\left[1 + \sqrt{\dfrac{\sin(\delta + \varphi)\sin(\varphi - \beta)}{\cos(\delta + \alpha)\cos(\alpha - \beta)}}\right]^2} \tag{4-19}$$

令

$$K_a = \frac{\cos^2(\varphi - \alpha)}{\cos^2\alpha\cos(\delta + \alpha)\left[1 + \sqrt{\dfrac{\sin(\delta + \varphi)\sin(\varphi - \beta)}{\cos(\delta + \alpha)\cos(\alpha - \beta)}}\right]^2} \tag{4-20}$$

则

$$E_a = \frac{1}{2}\gamma H^2 K_a \tag{4-21}$$

式中 K_a——主动土压力系数，按式（4-20）或查规范中相应的图表确定；

H——挡土墙的高度，m；

γ——墙后填土的重度，kN/m³；

φ——墙后填土的内摩擦角，°；

α——墙背的倾斜角，°；

β——墙后填土面的倾角，°；

δ——土对挡土墙背的摩擦角，°；查表 4-2 确定。

此式与朗肯土压力公式形式相同，只是土压力系数 K_a 的表达式不同，当式(4-19)中 $\alpha=0$、$\beta=0$、$\delta=0$ 时，即符合朗肯假设条件时，公式（4-19）可化简为：

$$E_a = \frac{1}{2}\gamma H^2 \tan^2\left(45° - \frac{\varphi}{2}\right)$$

可见，在上述条件下库伦公式与朗肯公式相同。

由公式（4-20）可知：土压力 E_a 与 H^2 成正比，为求得任意深度 z 处土压力强度 p_a，将 E_a 对 z 求导数，得：

$$p_a = \frac{dE_a}{dz} = \frac{d}{dz}\left(\frac{1}{2}\gamma z^2 K_a\right) = \gamma z K_a$$

由此式可知库伦主动土压力沿深度亦呈三角形分布，见图 4-15（c）。需要注意，该图所表示的只是土压力强度的大小，不表明土压力方向，其方向与墙背法线成 δ 角。

二、被动土压力

如图 4-16，在挡土墙由外力作用下发生向填土方向的移动或转动时，使得墙后填土产生沿着某一个破裂面 BC 破坏，形成△ABC 滑动楔形体，该土体沿着 AB、BC 两个面向上有被挤出的趋势，并处于极限平衡状态。此时土楔 ABC 在其自重 G、反力 R 和 E 的作用下平衡，R 和 E 的方向都分别在 BC 和 AB 面法线的上方。按求主动土压力的计算原理，可求得被动土压力的库伦公式为：

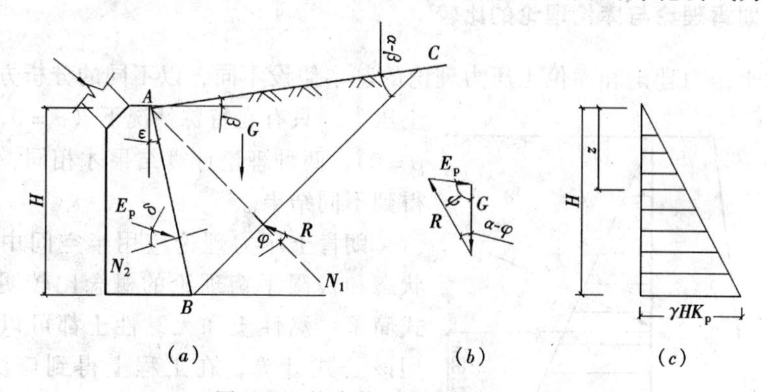

图 4-16 按库伦理论求被动土压力

（a）土楔 ABC 上的作用力；（b）力矢三角形；（c）被动土压力的分布图

$$E_p = \frac{\gamma H^2}{2} \frac{\cos^2(\varphi + \alpha)}{\cos^2\alpha\cos(\delta - \alpha)\left[1 - \sqrt{\frac{\sin(\varphi + \delta)\sin(\varphi + \beta)}{\cos(\alpha - \delta)\cos(\alpha - \beta)}}\right]^2} \tag{4-22}$$

令

$$K_p = \frac{\cos^2(\varphi + \alpha)}{\cos^2\alpha\cos(\alpha - \delta)\left[1 - \sqrt{\frac{\sin(\varphi + \delta)\sin(\varphi + \beta)}{\cos(\alpha - \delta)\cos(\alpha - \beta)}}\right]^2}$$

则

$$E_p = \frac{1}{2}\gamma H^2 K_p \tag{4-23}$$

式中 K_p——被动土压力系数；

其余符号同前。

公式（4-23）与朗肯被动土压力公式相同，只是土压力系数表达式不同，同样公式表明被动土压力的大小与 H^2 成正比。

当墙背垂直（$\alpha=0$）、光滑（$\delta=0$）、墙后填土水平（$\beta=0$），即符合朗肯理论的假设时，公式（4-22）简化成公式：

$$E_p = \frac{1}{2}\gamma H^2 \tan^2\left(45° + \frac{\varphi}{2}\right)$$

可见，在上述条件下，库伦被动土压力公式也与朗肯公式相同。

【例 4-5】 已知挡土墙高 $H=4$m，墙背垂直，填土水平，墙与填土摩擦角 $\delta=20°$，墙后填以中砂，其物理性质指标为：$\gamma=18\text{kN/m}^3$，$\varphi=30°$。求作用在挡土墙上的主动土压力。

【解】 采用库伦土压力理论计算，已知：$\delta=20°$，$\varphi=30°$，$\alpha=\beta=0$，由公式或查表得：$K_a=0.31$。

故

$$E_a = \frac{1}{2} \times 18 \times 4^2 \times 0.31 = 44.64\text{kN/m}$$

合力作用点在距墙底 4/3 = 1.33m 处。

三、朗肯理论与库伦理论的比较

朗肯土压力理论和库伦土压力理论的基本假设不同，以不同的分析方法计算土压力，只有在特殊情况下（$\alpha=0$，$\delta=0$，$\beta=0$），两种理论计算结果才相同，否则将得到不同结果。

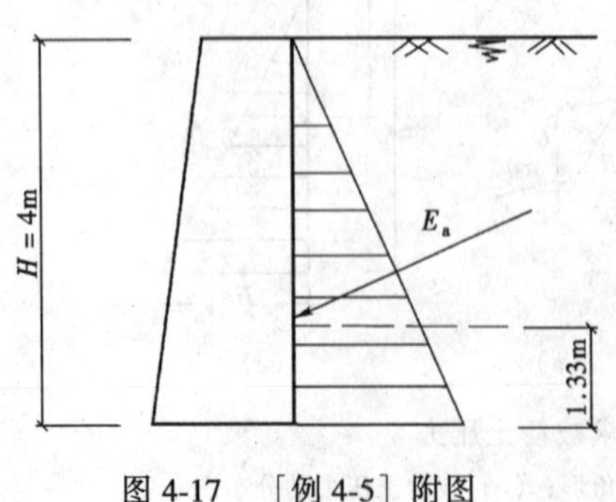

图 4-17 ［例 4-5］附图

朗肯土压力理论应用半空间中的应力状态和极限平衡理论的概念比较明确，公式简单，黏性土和无黏性土都可以直接利用该公式计算，在工程上得到广泛利用。但是由于假设条件的原因，在使用上受到限制，并且该理论忽略了墙背与填土之间摩擦的影响，使计算的主动土压力偏大，而计算的被动土压力偏小。

库伦土压力理论根据墙后土楔体的静力平衡条件得出的土压力计算公式，考虑了墙背与土之间的摩擦力，并可使用在墙背倾斜、填土面倾斜的情况，但由于该理论假设填土是无黏性土，因此不能直接利用公式计算黏性土的土压力。库伦理论假设墙后填土破坏时，破裂面是一平面，而实际上是一曲面，实践证明，在计算主动土压力时，只有当墙背的倾斜度不大，墙背与填土间的摩擦角较小时，破裂面才接近一个平面，因此，计算结果与曲线滑动面计算结果有较大的出入。

第五节 挡土墙的设计

一、挡土墙的类型

挡土墙的类型很多，下面仅介绍几种常用挡土墙的形式和特点。

1. 重力式挡土墙

如图 4-18（a）所示，这种形式的挡土墙依靠挡土墙自身的重量保持墙体的稳定，墙体必须做成厚而重的实体，墙身断面较大，一般多用毛石、砖、素混凝土等材料构筑而成。挡土墙的前缘称为墙趾，后缘称为墙踵，重力式挡土墙墙背可以呈垂直、俯斜和仰斜的形式，如图 4-19。此种挡土墙具有结构简单、施工方便、能够就地取材等优点，是工程中利用较广的一种挡土墙形式。

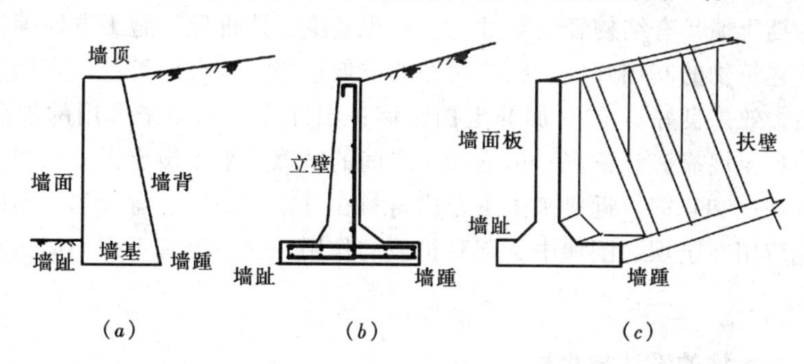

图 4-18 挡土墙的形式

（a）重力式挡土墙；（b）悬臂式挡土墙；（c）扶壁式挡土墙

2. 悬臂式挡土墙

如图 4-18（b）所示，这种形式的挡土墙采用钢筋混凝土材料建成。挡土墙的截面尺寸较小，重量较轻，墙身的稳定是靠墙踵板上土重来保持，墙身内配钢筋来承担拉力。悬臂式挡土墙的优点是充分利用了钢筋混凝土的受力特性，可适用于墙比较高，地基土质较差以及工程比较重要时。如市政工程、厂矿贮库中多

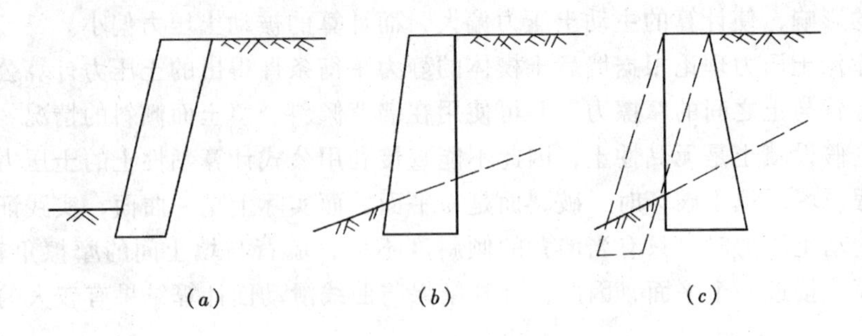

图 4-19 重力式挡土墙墙背倾斜形式
(a) 垂直；(b) 俯斜；(c) 仰斜

采用悬臂式挡土墙。

3. 扶壁式挡土墙

如图 4-18 (c) 所示，当挡土墙较高时，为了增强悬臂式挡土墙中立壁的抗弯性能，以保持挡土墙的整体性，沿墙的长度方向每隔一定距离设置一道扶壁，称为扶壁式挡土墙。

4. 其他形式的挡土墙

除了以上三种常见的挡土墙之外，近十几年来国内外在发展挡土结构方面，又提出了多种结构形式。例如：(1) 锚杆式挡土墙：这是一种新型的挡土结构物，它由预制的钢筋混凝土立柱、墙面板、钢拉杆和锚定板在现场拼装而成。这种形式的挡土墙具有结构轻、柔性大、工程量少、造价低、施工方便等优点，常用在临近建筑物的基础开挖、铁路两旁的护坡、路基、桥台等处。在国内多项工程中应用，效果良好。(2) 加筋土挡土墙：国外近十几年来采用的加筋土挡土墙，这种挡土墙靠镀锌铁皮、扁钢和土之间的摩擦力来平衡土压力，因此，需要大量镀锌铁皮和扁钢。近年来土工合成材料在日本、法国、意大利、德国等地也被广泛地应用在土坝、围堰中，起到护坡的作用。国内也有不少类似工程的成功经验。

二、挡土墙的设计与验算

挡土墙设计时应首先综合考虑各种因素，本着力求使设计的挡土墙既安全又经济合理的原则来选择挡土墙的形式。选型应注意挡土墙的用途、高度及重要性、当地的地形及地质条件、尽可能就地取材等问题。

挡土墙的设计一般采用试算法确定其截面，即先根据挡土墙的工程地质条件、墙体材料、填土性质和施工条件等，凭经验初步拟定截面尺寸，然后进行挡土墙的验算，如不满足要求，则调整截面尺寸或采用其他措施，直至达到设计要求为止。

挡土墙的计算通常包括下列内容：

(1) 稳定性验算，包括抗倾覆和抗滑移稳定验算；

(2) 地基的承载力验算；

(3) 墙身强度验算。

对挡土墙进行计算，首要的问题是确定作用在挡土墙上有哪些力，其中的关键是确定作用在挡土墙上的土压力的性质、大小、方向与作用点。在力的作用下要求挡土墙不产生滑移和倾覆而保持稳定状态。作用在挡土墙上的力主要有土压力、墙体自重、基底反力，这是作用在挡土墙上的基本荷载，如果墙背后的排水条件不好，有积水时，还应考虑静水压力的作用；如果在挡土墙的填土表面上有堆放物或建筑物等，还应考虑附加荷载；在地震区还需计算地震力的附加作用力。

1. 倾覆稳定性验算

如图 4-20，分解的土压力对墙趾 o 点的倾覆力矩为 $E_{ax}h_f$，抗倾覆力矩为 $(G_{x0}+E_{az}x_f)$，当抗倾覆力矩大于倾覆力矩时，挡土墙才是稳定的。抗倾覆力矩与倾覆力矩之比称为抗倾覆安全系数 K_t，应符合下列条件：

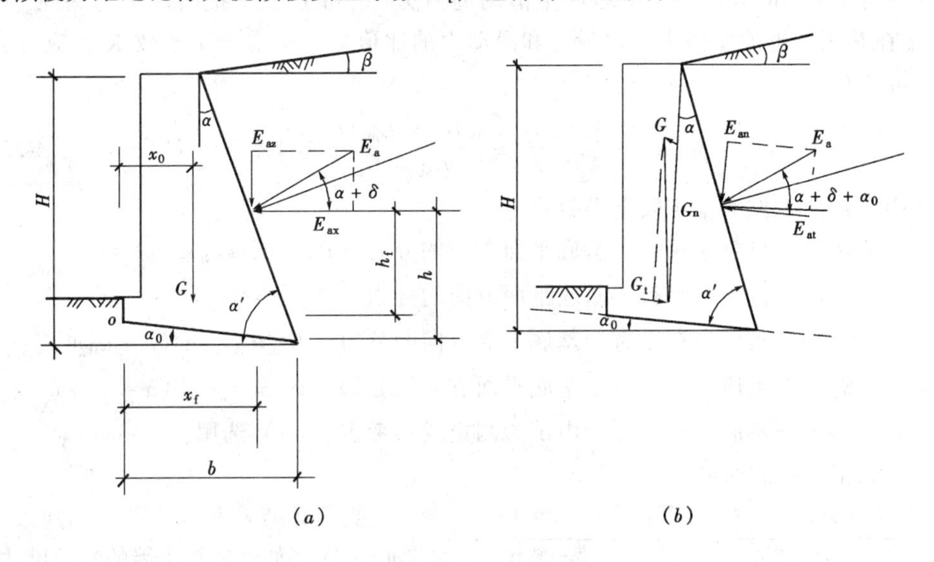

图 4-20　稳定性验算图

(a) 倾覆稳定验算；(b) 滑动稳定验算

$$K_t=\frac{\text{抗倾覆力矩}}{\text{倾覆力矩}}=\frac{Gx_0+E_{az}x_f}{E_{ax}h_f}\geqslant 1.6 \tag{4-24}$$

式中　K_t——抗倾覆安全系数；

E_{ax}——主动土压力的水平分力，kN/m；$E_{ax}=E_a\cos(\delta+\alpha)$；

E_{az}——主动土压力的垂直分力，kN/m；$E_{az}=E_a\sin(\delta+\alpha)$；

G——挡土墙每延米自重，kN/m；

x_f——土压力作用点距离 o 点的水平距离 m，$x_f = b - h\tan\alpha$；

x_0——挡土墙重心距离墙趾的水平距离，m；

h_f——土压力作用点距离 o 点的高度，m，$h_f = h - b\tan\alpha_0$；

h——土压力作用点距离墙踵的高度，m；

b——基底的水平投影宽度，m；

α_0——挡土墙的基底倾角，°。

当验算结果不满足上式时，一般应采取诸如改变挡土墙的断面尺寸以增加墙体自重、伸长墙趾增加力臂长度、将墙背做成仰斜式减小土压力等措施，来增加抗倾覆力矩、减小倾覆力矩。

2. 滑动稳定性验算

如图 4-20，作用在挡土墙上的土压力 E_a 可分解成平行于基底平面方向的分力 E_{at}和垂直于基底平面方向的分力 E_{an}，挡土墙自重 G 也相应分解成这两个方向的分力 G_t 和 G_n，使挡土墙产生滑动的力为 E_{at}和 G_t，抵抗滑动的力为 E_{an}和 G_n 在基底产生的摩擦力。抗滑力和滑动力的比值称为抗滑安全系数 K_s，应符合下列条件：

$$K_s = \frac{\text{抗滑力}}{\text{滑动力}} = \frac{(G_n + E_{an})\mu}{E_{at} - G_t} \geqslant 1.3 \tag{4-25}$$

式中 K_s——抗滑稳定安全系数；

G_n——自重在垂直于基底平面方向的分力，$G_n = G\cos\alpha_0$；

G_t——自重在平行于基底平面方向的分力，$G_t = G\sin\alpha_0$；

E_{an}——土压力在垂直于基底平面方向的分力，$E_{an} = E_a\sin(\alpha + \alpha_0 + \delta)$；

E_{at}——土压力在平行于基底平面方向的分力，$E_{at} = E_a\cos(\alpha + \alpha_0 + \delta)$；

μ——基底摩擦系数，由试验测定或参考表（4-1）选用；

其他符号意义同前。

挡土墙基底对地基的摩擦系数　　表 4-1

土的类别		摩擦系数
黏性土	可塑	0.25~0.30
	硬塑	0.30~0.35
	坚硬	0.35~0.45
粉　土	$s_r \leqslant 0.5$	0.30~0.40
中砂、粗砂、砾砂		0.40~0.50
碎 石 土		0.40~0.60
软 质 岩 石		0.40~0.60
表面粗糙的硬质岩石		0.65~0.75

当验算结果不满足式(4-25)时，一般应采取诸如修改挡土墙的断面尺寸，加大自重 G、墙基底铺砂石垫层提高摩擦系数 μ 值、墙底做逆坡、在墙踵后加拖板等措施来增大抗滑力。

3. 地基承载力验算

挡土墙地基承载力的验算与一般偏心受压基础验算方法相同，详见第六章有关内容。

【例 4-7】 已知某挡土墙墙高 $H=6\text{m}$，墙背倾斜 $\alpha=10°$，填土面倾斜 $\beta=10°$，墙背与填土摩擦角 $\delta=20°$，墙后填土为中砂，其 $\varphi=30°$，$\gamma=18.5\text{kN/m}^3$，地基土承载力特征值 $f_a=180\text{kPa}$，试设计挡土墙的尺寸。

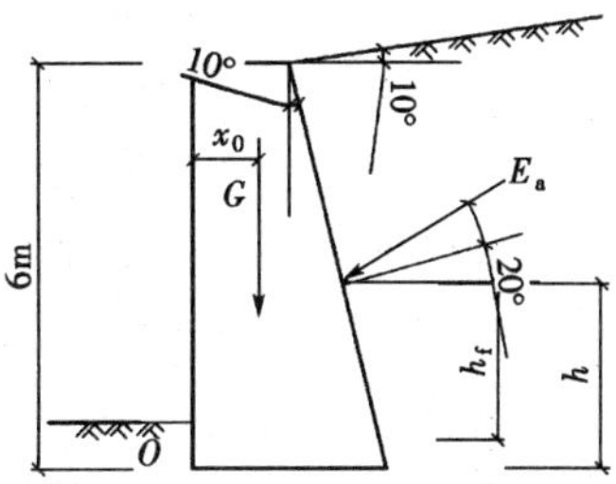

图 4-21 ［例 4-7］附图

【解】 (1) 用库伦理论计算作用在墙上的主动土压力

已知：$\varphi=30°$，$\alpha=10°$，$\beta=10°$，$\delta=20°$，

由公式计算或查图得 $K_a=0.46$。

主动土压力

$$E_a=\frac{1}{2}\gamma H^2 K_a$$

$$=\frac{1}{2}\times 18.5\times 6^2\times 0.46=153\text{kN/m}$$

土压力的垂直分力

$$E_{az}=E_a\sin(\delta+\alpha)=153\sin(20°+10°)$$

$$=76.5\text{kN/m}$$

土压力的水平分力

$$E_{az}=E_a\cos(\delta+\alpha)=153\cos(20°+10°)$$

$$=132.5\text{kN/m}$$

(2) 挡土墙断面尺寸的选择

根据经验初步确定墙的断面尺寸时，重力式挡土墙的顶宽约为 $1/12\times H$，底宽约为 $(1/2\sim1/3)\ H$，设顶宽 $b_1=0.5\text{m}$，可初步确定底宽 $B=3\text{m}$。

墙体自重为

$$G=\frac{1}{2}(b_1+B)H\gamma_G=\frac{1}{2}(0.5+3)\times 6\times 24=252=252\text{kN/m}$$

(3) 滑动稳定性验算

查表 4-1 得，基底摩擦系数 $\mu=0.4$，由公式求得抗滑稳定安全系数：

$$K_a=\frac{(G+E_{ay})\mu}{E_{ax}}=\frac{(252+76.5)\times 0.4}{132.5}=0.99<1.3$$

其结果不满足抗滑稳定性要求，应修改断面尺寸，取顶宽 $b_1=1\text{m}$，底宽 $B=4\text{m}$，再进行上述验算，此时墙体自重为：

$$G=\frac{1}{2}(b_1+B)\times H\gamma_G=\frac{1}{2}(1+4)\times 6\times 24=360\text{kN/m}$$

$$K_s=\frac{(360+76.5)\times 0.4}{132.5}=1.318>1.30$$

满足抗滑稳定要求。

(4) 倾覆稳定性验算

求出自重 G 的重心距离墙趾 o 点的距离 $x_0 = 2.17\text{m}$，土压力水平分力的力臂 $h_f = H/3 = 2\text{m}$，土压力垂直分力力臂为 $x_f = 3.65\text{m}$，求得抗倾覆安全系数为：

$$K_t = \frac{Gx_0 + E_{az}x_f}{E_{ax}h_f} = \frac{359 \times 2.17 + 76.5 \times 3.65}{132.5 \times 2} = 3.99 > 1.6$$

抗倾覆验算满足要求，且安全系数较大，可见一般挡土墙抗倾覆稳定性验算容易满足要求。

(5) 地基承载力验算

作用在基础底面上总的垂直力

$$N = G + E_{ay} = 359 + 76.5 = 435.5\text{kN/m}$$

合力作用点距离 o 点的距离

$$c = \frac{Gx_0 + E_{az}x_f - E_{ax}h_f}{N} = \frac{359 \times 2.17 + 76.5 \times 3.65 - 132.5 \times 2}{435.5} = 1.82\text{m}$$

偏心距 $$e = \frac{B}{2} - c = \frac{4}{2} - 1.82 = 0.18 < \frac{B}{6}$$

基底压力

$$p_{\substack{\max \\ \min}} = \frac{N}{A}\left[1 \pm \frac{6e}{B}\right] = \frac{435.5}{4 \times 1}\left[1 \pm \frac{6 \times 0.18}{4}\right] = \begin{matrix}138.28 \\ 79.48\end{matrix}\text{kPa}$$

$$\frac{1}{2}(p_{\max} + p_{\min}) = \frac{1}{2}(138.28 + 79.48) = 108.88 < f_a = 180\text{kPa}$$

$$p_{\max} = 138.28 < 1.2f_a = 1.2 \times 180 = 216\text{kPa}$$

地基承载力验算满足要求。

墙体强度验算省略。

三、挡土墙的构造要求

1. 墙背的倾斜形式

一般的重力式挡土墙按墙背倾斜方向可分为仰斜、直立和俯斜三种形式，如图 4-19 所示，对于墙背不同倾斜方向的挡土墙，若用相同的计算方法和计算指标进行计算，其主动土压力以仰斜为最小，直立居中，俯斜最大。因此就墙背所受的土压力而言，仰斜墙背较为合理。但选择墙背形式还应根据使用要求、地形地貌和施工条件等情况综合考虑而定。

2. 墙面坡度的选择

当墙前地面较陡时，墙面坡度可取 1:0.05 ~ 1:0.2，亦可采用直立的墙面。墙前地形较为平坦时，对于中、高挡土墙，墙面坡度可较缓，但不宜缓于1:0.4。仰斜墙背坡度愈缓，主动土压力愈小，但为了避免施工困难，仰斜墙背坡度一般不宜缓于 1:0.25，墙面坡应尽量与墙背坡平行。

3. 基底逆坡坡度

为了增加墙身的抗滑稳定性，可将基底做成逆坡，但是基底逆坡过大，可能使墙身连同基底下的土体一起滑动，因此一般土质地基的基底逆坡不宜大于0.1:1,对岩石地基一般不宜大于0.2:1。

4. 墙顶宽度

重力式挡土墙自身尺寸较大，若无特殊要求，一般块石挡土墙顶宽不应小于0.5m，混凝土挡土墙最小可为0.2~0.4m。

5. 墙后填土的选择

根据挡土墙稳定验算及提高稳定性措施的分析，希望作用在墙上的土压力数值越小越好，因为土压力小有利于挡土墙的稳定性，可以减小挡土墙的断面尺寸，节省工程量和降低造价。主动土压力的大小主要与墙后填土的性质（γ、φ、c）有关，因此应合理的选择墙后的填土。

(1) 回填土应尽量选择透水性较大的土，如砂土、砾石、碎石等，这类土的抗剪强度稳定，易于排水；

(2) 可用的回填土为黏土、粉质黏土，含水量应接近最优含水量，易压实；

(3) 不能利用的回填土为软黏土、成块的硬黏土、膨胀土、耕植土和淤泥土。因为这类土性质不稳定，交错的膨胀与收缩可在挡土墙上产生较大的侧压力，对挡土墙的稳定产生不利的影响。

填土压实质量是挡土墙施工中的关键问题，填土时应注意分层夯实。

6. 墙后排水措施

挡土墙建成使用期间，往往由于挡土墙后的排水条件不好，大量的雨水渗入墙后填土中。结果造成填土的抗剪强度降低，导致填土的土压力增大，有时还会受到水的渗流或静水压力的影响，对挡土墙的稳定产生不利的作用。因此设计挡土墙时必须考虑排水问题。

为了防止大量的水渗入墙后，在山坡处的挡土墙应在坡下设置截水沟，拦截地表水；同时在墙后填土表面宜铺筑夯实的黏土层，防止地表水渗入墙后，对渗入墙后填土中的水，应使其顺利排出，通常在墙体上适当的部位设置泄水孔。孔眼尺寸一般为直径 50~100mm 的圆孔或 50mm×100mm、100mm×100mm、150mm×200mm 的方孔，孔眼间距为 2~3m，当墙的高度较低，在12m 以内时，可在墙底部设置泄水孔，如图 4-22（a）所示，当墙高超过 12m 时，应在墙体不同的高度处设置两排泄水孔，如图 4-22（b）所示。一般泄水孔应高于墙前水位，以免倒灌。在泄水孔的入口处应用易渗水的粗粒材料（卵石、碎石等）作滤水层，在最低泄水孔下部应铺设黏土夯实层，防止墙后积水渗入地基，同时应将墙前回填土夯实，或做散水及排水沟，避免墙前水渗入地基。

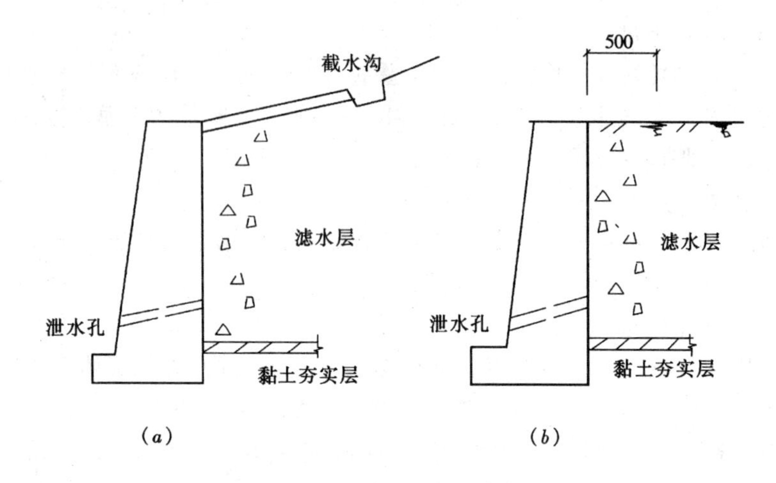

图 4-22 挡土墙排水措施

(a) 方案 1；(b) 方案 2

第六节 地基破坏形式和地基承载力

一、地基变形的三个阶段

对地基进行静载荷试验时，在局部荷载作用下，一般可以得到如图 4-23 (a) 所示的荷载 p 和沉降 s 的关系曲线。从荷载开始施加并逐渐增加直至地基发生破坏，地基的变形大致经过三个阶段。

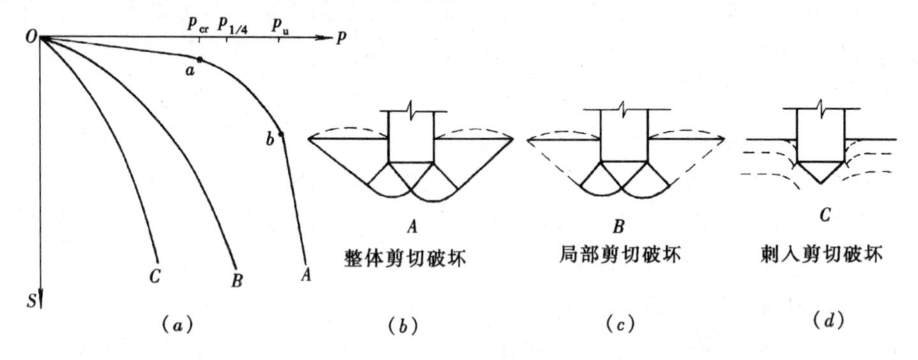

图 4-23 载荷试验时的 p-s 曲线及地基中塑性区的发展

(1) 线性变形阶段 (压密阶段 oa 段)

在 p-s 曲线的 oa 部分，由于荷载较小，荷载与变形呈直线变化，地基的变形主要是土中孔隙体积的减小，土粒的竖向位移产生的压密变形，所以也称压密阶段。此时土中各点的剪应力均小于土的抗剪强度，土体处于弹性平衡状态，在这一阶段内可以借用弹性力学解地基中的应力与应变问题。

（2）塑性变形阶段（剪切阶段 *ab* 段）

在 *p-s* 曲线的 *ab* 部分，由于荷载增大，当荷载增大到超过 *a* 点的压力时，地基中的变形不再线性变化。此时地基中局部范围内的剪应力达到土的抗剪强度，发生剪切破坏，地基土产生剪切破坏的范围称为塑性区。随着荷载的增加，塑性变形区首先从基础的边缘开始，继而向深度和宽度方向发展，直至在地基中形成连续的滑动面。

（3）完全破坏阶段（*b* 段以后）

相应于 *p-s* 曲线的 *bc* 段，此时塑性区已发展到形成连续的滑动面，当荷载超过 *b* 点以后，荷载增加很少，基础就会急剧下沉，同时，在基础周围的地面产生隆起现象，地基完全丧失稳定，发生整体剪切破坏。

相应于上述地基变形的三个阶段，在 *p-s* 曲线上有两个转折点，可得到两个荷载：

临塑荷载：即处于线性变形阶段到塑性变形阶段时的荷载，在 *p-s* 曲线上相应于 *a* 点的荷载，用符号 p_{cr}表示。

极限荷载：即处于塑性变形阶段到完全破坏阶段时的荷载，在 *p-s* 曲线上相应于 *b* 点的荷载，用符号 p_u 表示。

临界荷载：塑性变形区开展深度为基础宽度的 1/4 时所对应的荷载称为临界荷载，用符号 $p_{1/4}$表示。

二、地基破坏形式

大量的试验研究表明，在荷载作用下，建筑物地基的破坏通常是由于承载力不足而引起的剪切破坏，其形式可分为整体剪切破坏、局部剪切破坏和冲剪破坏三种。

整体剪切破坏的特征是：当基底荷载较小时，基底压力与沉降基本上呈直线关系，属于线性变形阶段。当荷载增加到某一数值时，基础边沿处的土开始发生剪切破坏，随着荷载的增加，剪切破坏区逐渐扩大，此时压力与沉降之间呈曲线关系，属于弹塑性变形阶段。假设基础上的荷载继续增加，剪切破坏区不断增加，最终，在地基中形成连续的滑动面，地基发生整体剪切破坏。此时，基础急剧下沉或向一侧倾倒，基础四周的地面同时产生隆起，如图 4-23（*b*）所示。

刺入剪切破坏（冲剪破坏）是由于基础下部软弱土的压缩变形使基础连续下沉，如果荷载继续增加到某一数值，基础可能向下像“切入”土中一样，基础侧面附近的土体因垂直剪切而破坏。此时，地基中没有出现明显的连续滑动面，基础四周不隆起，也没有大的倾斜，如图 4-23（*d*）所示。

局部剪切破坏是介于整体剪切破坏和冲剪破坏之间的一种破坏形式，剪切破坏也是从基础边缘开始，但滑动面不会发展到地面，二是限制在地基内部某一区域，基础四周地面也有隆起现象，但不会有明显的倾斜和倒塌，如图 4-23（c）所示。

地基究竟发生哪种形式的破坏，与土的压缩性有关。一般对于密实砂土和坚硬黏土，将出现整体剪切破坏；而对于压缩性较大的松砂和软黏土，将会出现局部剪切或冲剪破坏。此外，破坏形式还与基础埋置深度、加荷速率等因素有关，当基础埋置深度较浅、荷载为缓慢施加时，将趋向于发生整体剪切破坏；假如基础埋置深度较大，荷载是快速施加或是冲击荷载，则趋于发生局部剪切破坏或冲剪破坏。

三、地基的临塑荷载

如图 4-24，若在地表作用一均布条形荷载 p_0，它在地表以下任一点处产生的大、小主应力可按下式计算：

$$\sigma_{\frac{1}{3}} = \frac{p_0}{\pi}(\beta_0 \pm \sin\beta_0) \tag{4-26}$$

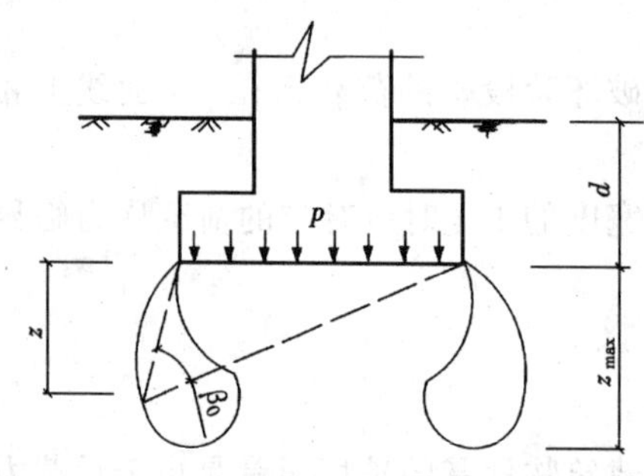

图 4-24　均布条形荷载作用下地基中的主应力

一般基础都有一定的埋置深度，基础地基中的任意一点应力除了由基底的附加应力产生之外，还有土的自重应力。为了简化计算，假设各向的土自重应力相等。因此，地基中任一点的最大和最小主应力为：

$$\sigma_{\frac{1}{3}} = \frac{p - \gamma_0 d}{\pi}(\beta_0 \pm \sin\beta_0) + \gamma_0 d + \gamma z \tag{4-27}$$

当该点达到极限平衡状态时，该点的大、小主应力应满足极限平衡条件：

$$\frac{1}{2}(\sigma_1 - \sigma_3) = \left[c \times \cot\varphi + \frac{1}{2}(\sigma_1 + \sigma_3)\right]\sin\varphi$$

将式（4-27）代入上式，经过整理后得：

$$z = \frac{p - \gamma_0 d}{\pi\gamma}\left(\frac{\sin\beta_0}{\sin\varphi} - \beta_0\right) - \frac{c}{\gamma\tan\varphi} - \frac{\gamma_0}{\gamma}d \tag{4-28}$$

以上为塑性区的边界方程，它表示塑性区边界上任意一点的 z 与 β_0 之间的关系。若已知基础的埋置深度 d、荷载 p 以及土的 γ、c、φ，则由式（4-28）可绘出塑性区的边界线，如图 4-25 所示。

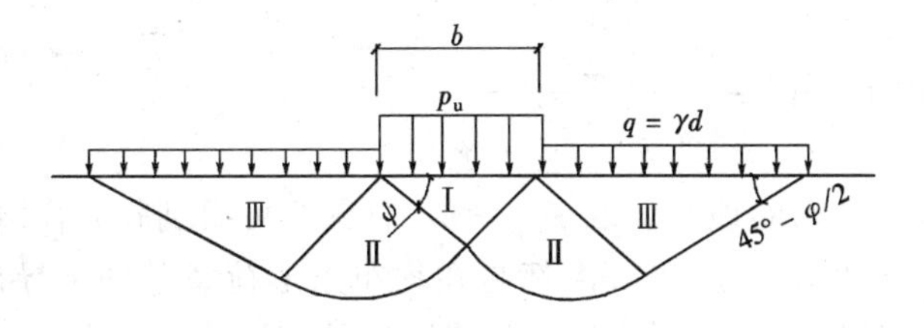

图 4-25　条形基础底面边缘的塑性区

塑性区的最大深度 z_{max}，可由 $\frac{dz}{d\beta_0}=0$ 的条件求得。

$$\frac{dz}{d\beta_0}=\frac{p-\gamma_0 d}{\pi\gamma}\left(\frac{\cos\beta_0}{\sin\varphi}-1\right)=0$$

则有

$$\cos\beta_0=\sin\varphi$$

即

$$\beta_0=\frac{\pi}{2}-\varphi \tag{4-29}$$

将式（4-29）代入（4-28）得到 z_{max}的表达式为：

$$z_{max}=\frac{p-\gamma_0 d}{\pi\gamma}\left[\cot\varphi-\left(\frac{\pi}{2}-\varphi\right)\right]-\frac{c}{\gamma\tan\varphi}-\frac{\gamma_0}{\gamma}d \tag{4-30}$$

随着荷载的增加，塑性区随之发展，该区的最大深度也随之增大。若 $z_{max}=0$，表示地基中将要出现但尚未出现塑性区，相应的荷载 p 即为临塑荷载 p_{cr}，其表达式为：

$$p_{cr}=\frac{\pi(\gamma_0 d+c\cdot\cot\varphi)}{\cot\varphi+\varphi-\frac{\pi}{2}}+\gamma_0 d=cN_c+\gamma_0 dN_q \tag{4-31}$$

式中，N_c、N_q 为承载力系数，$N_c=\frac{\pi\cot\varphi}{\cot\varphi+\varphi-\frac{\pi}{2}}$，$N_q=\frac{\cot\varphi+\varphi+\frac{\pi}{2}}{\cot\varphi+\varphi-\frac{\pi}{2}}$。

一般来说，地基中塑性区有所发展，只要不超出一定范围，就不至于影响到建筑物的安全和使用，因此用临塑荷载作为浅基础的地基承载力无疑是偏于保守的。由于塑性区的发展与建筑物的性质、荷载的性质以及土的特性等因素有关，塑性区究竟容许发展多大范围，还有待于进一步的探讨与研究。经验认为，在中心垂直荷载作用下，塑性区的最大深度可以控制在基础宽度的 1/4，相应的荷载用 $p_{1/4}$表示。在公式（4-30）中，令 $z_{max}=b/4$，得到临界荷载的公式：

$$p_{1/4}=\frac{\pi\left(\gamma_0 d+c\cdot\cot\varphi+\frac{1}{4}\gamma b\right)}{\cot\varphi-\frac{\pi}{2}+\varphi}+\gamma_0 d=cN_c+\gamma_0 dN_q+\gamma bN_\gamma \tag{4-32}$$

式中，N_c、N_q 同前，$N_\gamma = \dfrac{\frac{1}{4}\pi}{\cot\varphi - \frac{\pi}{2} + \varphi}$。

对于偏心荷载作用的地基，取 $z_{max} = b/3$，同样可得到临界荷载 $p_{1/3}$公式。

应该指出，上述 p_{cr}、$p_{1/4}$、$p_{1/3}$都是在均布条形荷载条件下导出的，对矩形或圆形基础，上述公式有一定误差，但其结果偏于安全。此外，$p_{1/4}$、$p_{1/3}$公式的推导中用线性变形体的弹性理论求解土中应力，与实际地基中已出现塑性区的非线性地基也有出入。

四、地基的极限荷载

作用在地基上的荷载较小时，地基处于压密状态，随着荷载的增加，地基中产生局部剪切破坏的塑性区也越来越大。当荷载达到极限值时，地基中的塑性区已发展为连续的滑动面，地基丧失稳定而滑动破坏。地基的极限荷载就是地基在外荷载作用下产生的应力达到极限平衡时的荷载。

1920 年 L. 普朗德尔（Prandtl）根据塑性理论，研究了刚性冲模压入无质量的半无限刚塑性介质时，介质达到破坏时的滑动面形状和极限压应力公式，人们把它的解应用到地基极限承载力的问题上。之后，不少学者在这方面进行了许多研究工作，根据不同的假设条件，得出各种不同的极限承载力近似计算方法。例如，K. 太沙基（Terzaghi，1943）、G.G. 梅耶霍夫（Meyerhof，1951）、J.B. 汉森（Hansen）、A.S. 魏锡克（Vesi′c）等人在普朗德尔的基础上作了修正和发展。在不同的条件下，极限荷载的确定方法有多种形式和方法，限于篇幅，下面仅介绍太沙基和魏锡克地基承载力理论。

1. 太沙基承载力理论

由于地基的基底往往是粗糙的，太沙基在推导均质地基上的条形基础且受均布荷载作用的极限承载力时，认为基础底面粗糙，并作了如下假设：

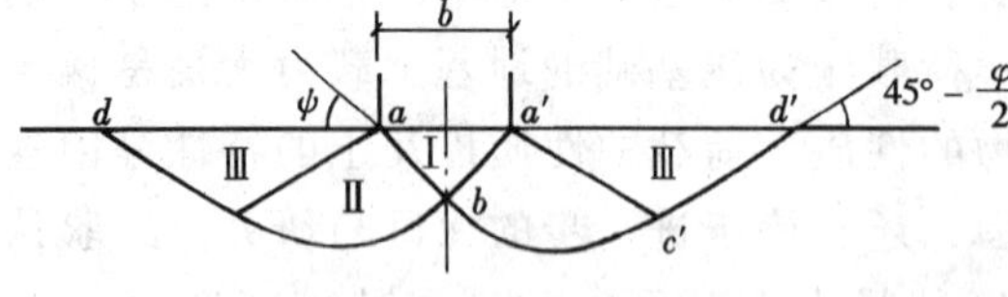

图 4-26　太沙基承载力理论假设的滑动面

（1）基础达到整体剪切破坏时，将出现连续的滑动面。由于基底与土之间存在摩擦，所以基底下一部分土体将随着基础一起移动而处于弹性平衡状态，该部分土体称为弹性楔体，如图 4-26 所示的Ⅰ区。

（2）滑动区域由径向剪切区Ⅱ和朗肯被动区Ⅲ所组成。其中滑动区域Ⅱ的边界为对数螺旋曲线，其曲线方程为：

$$r = r_0\exp(\theta\tan\varphi) \tag{4-33}$$

r_0 为起始半径。朗肯被动区Ⅲ的边界为直线，它与水平面的夹角为（45° −

$\varphi/2$)。

(3) 不考虑基底以上基础两侧土体抗剪强度的影响，用连续均布超载 $q = r_0 d$ 来代替。

在均布荷载作用下地基处于极限平衡状态时，以弹性楔体为脱离体，分析其受力状态，在弹性楔体上受到下列荷载作用：弹性楔体的自重、基础底面上的极限荷载、弹性楔体两边界面上的黏聚力、弹性楔体两边界面上的被动土压力。由竖直方向的静力平衡条件，可得：

$$p_u = \frac{1}{2}\gamma b N_r + q N_q + c N_c \tag{4-34}$$

式中 N_c、N_q、N_r——承载力系数，仅与土的内摩擦角有关，可查表 4-2；

c——地基土的黏聚力，kPa；

γ——地基土的重度（水下采用有效重度），kN/m^3；

q——基础底面以上两侧的超载，$q = \gamma_0 d$，kPa；

b——基底宽度，m；

d——基础埋深，m。

太沙基承载力系数 表 4-2

φ	0°	5°	10°	15°	20°	25°	30°	35°	40°	45°
N_r	0	0.51	1.20	1.80	4.00	11.0	21.8	45.4	125	326
N_q	1.0	1.64	2.69	4.45	7.42	12.7	22.5	41.4	81.3	173.3
N_c	5.71	7.32	9.58	12.9	17.6	25.1	37.2	57.7	95.7	172.2

上述公式是在整体剪切破坏的条件下推导得到的，适用于压缩性较小的土。对于疏松或压缩性较大的土，可能发生局部剪切破坏。对于这种情况，根据应力应变关系资料，太沙基建议采用降低土的抗剪强度指标的方法对承载力公式进行修正，即令抗剪强度指标降低为：

$$\bar{c} = \frac{2}{3}c$$

$$\tan\bar{\varphi} = \frac{2}{3}\tan\varphi$$

此时极限承载力公式为：

$$p_u = \bar{c}N'_c + \gamma_0 d N'_q + \frac{1}{2}\gamma b N'_r \tag{4-35}$$

式中，N'_c、N'_q、N'_r 是相应于局部剪切破坏情况的承载力系数，根据降低后的内摩擦角仍由表 4-2 查得。

上述公式只适用于条形基础，对于方形和圆形基础的情况，太沙基建议按以下公式计算：

对于边长为 b 的正方形基础：

$$p_u = 1.2cN_c + \gamma_0 dN_q + 0.4\gamma bN_r \tag{4-36}$$

对于直径为 b 的圆形基础：

$$p_u = 1.2cN_c + \gamma_0 dN_q + 0.6\gamma bN_r \tag{4-37}$$

对于矩形基础（$b\times l$）可以按 b/l 值，在条形基础（$b/l=0$）和方形基础（$b/l=1$）的承载力之间以插入法求得。

以上两式适用于发生整体剪切破坏的坚硬黏土和密实砂土的情况。对于发生局部剪切破坏的松砂和软土，上两式中的承载力系数改用 N'_c、N'_q、N'_r。

为了保证地基不会因荷载过大产生剪切破坏而失稳，作用在建筑物基础底面的压力必须小于地基的承载力。如何恰当选择安全系数，对保证地基稳定性和基础设计的经济合理有着十分重要的意义。

安全系数的选择与许多因素有关，如建筑场地的岩土条件、地质勘察的详细程度、抗剪强度的试验和整理方法、建筑物的安全等级等。由于影响因素多，加之各承载力理论有不同程度的差别，实践中，太沙基公式的安全系数可取 2～3。

2. 魏锡克极限承载力理论

魏锡克在普朗德尔理论基础上，考虑了土的自重后，得出了条形基础在中心荷载作用下的极限承载力公式：

$$p_u = cN_c + qN_q + \frac{1}{2}\gamma bN_r \tag{4-38}$$

式中 c——地基土的黏聚力，kPa；

γ——地基土的重度（水下采用有效重度），kN/m^3；

q——基础底面以上两侧的超载，$q=\gamma_0 d$，kPa；

b——基底宽度，m；

d——基础埋深，m；

N_c、N_q、N_r——承载力系数，可查表 4-3 或由下列公式确定。

$$N_q = \exp(\pi\tan\varphi)\tan^2\left(45° + \frac{\varphi}{2}\right) \tag{4-39}$$

$$N_c = (N_q - 1)\cot\varphi \tag{4-40}$$

$$N_r = 2(N_q + 1)\tan\varphi \tag{4-41}$$

承载力系数表　　表 4-3

φ	N_c	N_q	N_r	N_q/N_c	$\tan\varphi$	φ	N_c	N_q	N_r	N_q/N_c	$\tan\varphi$
0	5.14	1.00	0.00	0.20	0.00	3	5.90	1.31	0.24	0.22	0.05
1	5.38	1.09	0.07	0.20	0.02	4	6.19	1.43	0.34	0.23	0.07
2	5.63	1.20	0.15	0.21	0.03	5	6.49	1.57	0.45	0.24	0.09

续表

φ	N_c	N_q	N_r	N_q/N_c	$\tan\varphi$	φ	N_c	N_q	N_r	N_q/N_c	$\tan\varphi$
6	6.81	1.72	0.57	0.25	0.11	29	27.86	16.44	19.34	0.59	0.55
7	7.16	1.88	0.71	0.26	0.12	30	30.14	18.40	22.40	0.61	0.58
8	7.53	2.06	0.86	0.27	0.14	31	32.67	20.63	25.99	0.63	0.60
9	7.92	2.25	1.03	0.28	0.16	32	35.49	23.18	30.22	0.65	0.62
10	8.35	2.47	1.22	0.30	0.18	33	38.64	26.09	35.19	0.68	0.65
11	8.80	2.71	1.44	0.31	0.19	34	42.16	29.44	41.06	0.70	0.67
12	9.28	2.97	1.60	0.32	0.21	35	46.12	33.30	48.03	0.72	0.70
13	9.81	3.26	1.97	0.33	0.23	36	50.59	37.75	56.31	0.75	0.73
14	10.37	3.59	2.29	0.35	0.25	37	55.63	42.92	66.19	0.77	0.75
15	10.98	3.94	2.65	0.36	0.27	38	61.35	48.93	78.03	0.80	0.78
16	11.63	4.34	3.06	0.37	0.29	39	67.87	55.96	92.25	0.82	0.81
17	12.34	4.77	3.53	0.39	0.31	40	75.31	64.20	109.41	0.85	0.84
18	13.10	5.26	4.07	0.40	0.32	41	83.86	73.90	130.22	0.88	0.87
19	13.93	5.80	4.68	0.42	0.34	42	93.71	85.38	155.55	0.91	0.90
20	14.83	6.40	5.39	0.43	0.36	43	105.11	99.02	186.54	0.94	0.93
21	15.82	7.07	6.20	0.45	0.38	44	118.37	115.31	224.64	0.97	0.97
22	16.88	7.82	7.13	0.46	0.40	45	133.88	134.88	271.76	1.01	1.00
23	18.05	8.66	8.20	0.48	0.42	46	152.10	158.51	330.35	1.04	1.04
24	19.32	9.60	9.44	0.50	0.45	47	173.64	187.21	403.67	1.08	1.07
25	20.72	10.66	10.88	0.51	0.47	48	199.26	222.31	496.01	1.12	1.11
26	22.25	11.85	12.54	0.53	0.49	49	229.93	265.51	613.16	1.15	1.15
27	23.94	13.20	14.74	0.55	0.51	50	266.89	319.07	762.89	1.20	1.19
28	25.80	14.72	16.72	0.57	0.53						

魏锡克考虑了基础形状、偏心和倾斜荷载以及覆盖层抗剪强度的影响，按下述要求对其公式进行了修正：

（1）基础形状的影响

公式（4-38）适用于条形基础，对于方形和圆形基础，常采用基础形状系数加以修正，修正后的极限承载力公式为：

$$p_u = cN_cS_c + qN_qS_q + \frac{1}{2}\gamma bN_rS_r \tag{4-42}$$

式中　S_c、S_q、S_r——基础形状系数，按下列公式确定：

矩形基础：

$$S_c = 1 + \frac{bN_q}{lN_c}$$

$$S_q = 1 + \frac{b}{l}\tan\varphi \qquad (4\text{-}43)$$

$$S_r = 1 - 0.4\frac{b}{l}$$

式中 b——基础宽度；

l——基础长度。

圆形和方形基础：

$$S_c = 1 + \frac{N_q}{N_c}$$

$$S_q = 1 + \tan\varphi \qquad (4\text{-}44)$$

$$S_r = 0.6$$

（2）偏心和倾斜荷载的影响

偏心荷载作用时，如为条形基础，用有效宽度 $b' = b - 2e$（e 为偏心距）来代替原来的宽度 b；如为矩形基础，则用有效面积 $A' = b'l'$ 代替原来面积 A，其中，$b' = b - 2e_b$、$l' = l - 2e_l$，e_b、e_l 分别是荷载在短边和长边方向的偏心距。

对于倾斜荷载，用荷载倾斜因数对承载力公式进行修正。如果偏心和倾斜同时存在，则极限承载力按下式确定：

$$p_u = cN_cS_ci_c + qN_qS_qi_q + \frac{1}{2}\gamma bN_rS_ri_r \qquad (4\text{-}45)$$

式中 i_c、i_q、i_γ——荷载倾斜系数，由下列公式确定：

$$i_c = \begin{cases} 1 - \dfrac{mH}{b'l'cN_c} & \varphi = 0 \\ i_c = i_q - \dfrac{1 - i_q}{N_c\tan\varphi} & \varphi > 0 \end{cases} \qquad (4\text{-}46)$$

$$i_q = \left(1 - \frac{H}{Q + b'l'c\cot\varphi}\right)^m \qquad (4\text{-}47)$$

$$i_r = \left(1 - \frac{H}{Q + b'l'c\cot\varphi}\right)^{m+1} \qquad (4\text{-}48)$$

式中 Q、H——倾斜荷载在基底上的垂直分力和水平分力，kN；

l'、b'——基础的有效长度和宽度，m；

m——系数，由以下公式确定：

当荷载在短边方向倾斜时

$$m_b = \frac{2 + (b/l)}{1 + (b/l)}$$

当荷载在长边方向时

$$m_l = \frac{2 + (l/b)}{1 + (l/b)}$$

对于条形基础

$$m = 2$$

（3）基础两侧覆盖层抗剪强度的影响

若考虑基础两侧覆盖层抗剪强度的影响这一因素，承载力应该有所提高，极限承载力的表达式为：

$$p_u = cN_cS_ci_cd_c + qN_qS_qi_qd_q + \frac{1}{2}\gamma bN_rS_ri_rd_r \tag{4-49}$$

式中　d_c、d_q、d_γ——基础埋深修正系数，按下列公式确定：

$$d_q = \begin{cases} 1 + 2\tan\varphi(1 - \sin\varphi)^2 \dfrac{d}{b} \\ 1 + 2\tan\varphi(1 - \sin\varphi)^2 \tan^{-1}(d/b) \end{cases} \tag{4-50}$$

$$d_c = \begin{cases} 1 + 0.4\dfrac{d}{b} \\ 1 + 0.4\tan^{-1}(d/b) \\ d_q - \dfrac{1 - d_q}{N_c\tan\varphi} \end{cases} \tag{4-51}$$

$$d_r = 1 \tag{4-52}$$

魏锡克极限承载力公式考虑以上因素后，可以解决一系列工程问题。除此之外，魏锡克还提出了在极限承载力公式中列入压缩影响系数，以考虑局部剪切破坏或冲剪破坏时土压缩变形的影响。

第七节　土坡稳定分析

一、影响土坡稳定的因素

影响土坡稳定的因素有很多，具体有以下几个方面：

1. 土坡的坡角 β，坡角 β 越小愈稳定，但不一定经济；

2. 土坡的坡高 H，在其他条件相同时，坡高 H 越小越安全；

3. 土的性质，土的重度 γ、抗剪强度指标 φ、c 值大的土坡，安全性高。由于地震和地下水位上升及暴雨等原因，使 φ 值降低或产生孔隙水压力时，可能使原来处于稳定状态的边坡丧失稳定而滑动；

4. 地下水的渗透力，当边坡中有渗透压力且渗透力的方向与可能产生的滑坡方向一致时，边坡处于不安全状态。

二、土坡稳定分析

本节主要介绍简单土坡稳定分析。所谓简单土坡，是指土质均匀、坡顶和坡底都是水平的并伸至无穷远处且坡度不变、没有地下水影响的土坡。对于简单土坡，可简化计算方法。

1. 无黏性土坡稳定性分析

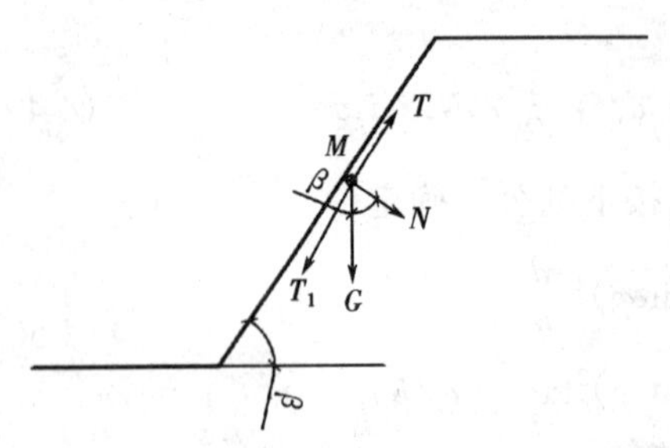

图 4-27　无黏性土坡稳定性分析

由于无黏性土颗粒之间没有黏聚力，只有摩擦力，只要坡面不滑动，土坡就可以保持稳定状态。其稳定平衡条件可由图 4-27 所示的力系来分析。

设坡面上的土颗粒自重为 G，则在法向和切向的分力分别为：

$$N = G\cos\beta$$

$$T = G\sin\beta$$

分力 T 是使土体向下滑动的力，阻止下滑的力是由垂直于坡面的法向分力 N 引起的摩擦力：

$$T' = N\tan\varphi$$

稳定安全系数为：

$$K = \frac{T'}{T} = \frac{G\cos\beta\tan\varphi}{G\sin\beta} = \frac{\tan\varphi}{\tan\beta} \tag{4-53}$$

由上式可见，当坡角 β 与土的内摩擦角 φ 相等时，土坡的稳定安全系数 $K=1$，此时的抗滑力等于滑动力，土坡处于极限平衡状态。由此可知，土坡稳定的极限坡角等于砂土的内摩擦角，称之为自然休止角。同时还可以看出，无黏性土土坡稳定性只与坡角有关，与坡高无关，只要 $\beta<\varphi$（$K>1$），土坡就处于稳定状态，但是为了保证土坡有足够的稳定性，对基坑开挖 K 值可采用 1.1～1.5。

2. 黏性土坡稳定性分析

黏性土坡稳定分析方法有很多，这里只介绍 A.W. 毕肖普（Bishop，1955）条分法。

条分法是一种试算法，先将土坡剖面按比例画出，如图 4-28（a）所示，任选一圆心 o，以 oa 为半径作圆弧，此圆弧 ab 为假定的滑动面，将滑动面以上土体分成任意个宽度相等的土条。取第 i 条作为脱离体，如图 4-28（b）所示。

作用在土条上的力有：土条的自重 G_i，土条上的荷载 Q_i，滑动面 ef 上的法向反力 N_i 和切向反力 T_i，以及竖直面上的法向力 E_{1i}、E_{2i} 和切向力 F_{1i}、F_{2i}。这一力系是超静定的，为了简化计算，假定 E_{1i} 和 F_{1i} 的合力等于 E_{2i} 和 F_{2i} 的合力且作用方向在同一直线上。这样，由土条的静力平衡条件可得：

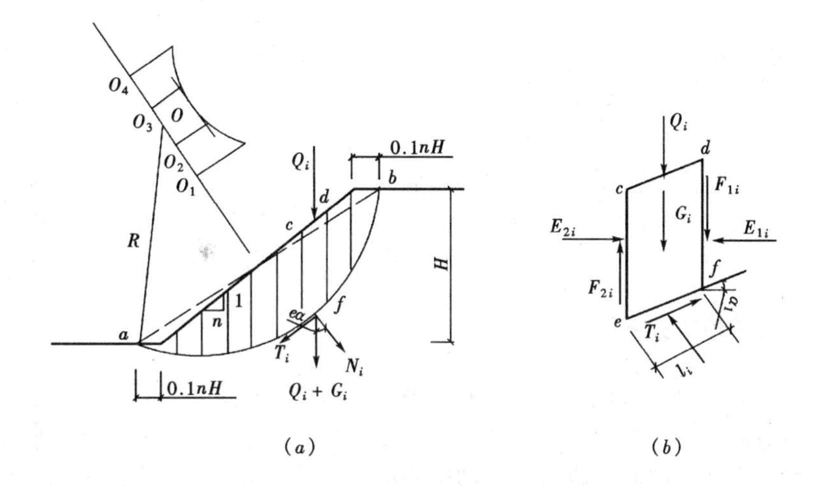

图 4-28　黏性土土坡稳定分析

(a) 土坡剖面；(b) 作用在土条上的力

$$N_i = (G_i + Q_i)\cos\alpha_i \tag{4-54}$$

$$T_i = (G_i + Q_i)\sin\alpha_i \tag{4-55}$$

作用在 ef 面上的正应力及剪应力分别等于：

$$\sigma_i = \frac{N_i}{l_i} = \frac{1}{l_i}(G_i + Q_i)\cos\alpha_i \tag{4-56}$$

$$\tau_i = \frac{T_i}{l_i} = \frac{1}{l_i}(G_i + Q_i)\sin\alpha_i \tag{4-57}$$

作用在滑动面 ab 上的总剪切力等于各土条剪切力之和，即

$$T = \Sigma T_i = \Sigma(G_i + Q_i)\sin\alpha_i \tag{4-58}$$

按总应力法，土条 ef 上的抗剪力表示为：

$$S_i = (c_i + \sigma_i\tan\varphi_i)l_i = c_il_i + (G_i + Q_i)\cos\alpha_i\tan\varphi_i \tag{4-59}$$

假设采用有效应力法，取 $\sigma'_i = \sigma_i - u_i$，则抗剪力表示为：

$$S_i = (c'_i + \sigma'_i\tan\varphi'_i)l_i = c'_il_i + [(G_i + Q_i)\cos\alpha_i - u_il_i]\tan\varphi'_i \tag{4-60}$$

这样，就可以进行有渗流作用时的土坡稳定分析，沿着整个滑动面上的抗剪力为：

$$S = \Sigma(c'_il_i + \sigma'_i\tan\varphi'_i)l_i = \Sigma\{c'_il_i + [(G_i + Q_i)\cos\alpha_i - u_il_i]\tan\varphi'_i\} \tag{4-61}$$

抗剪力与剪切力的比值称之为稳定安全系数 K，即

$$K = \frac{S}{T} = \frac{\Sigma\{c'_il_i + [(G_i + Q_i)\cos\alpha_i - u_il_i]\tan\varphi'_i\}}{\Sigma(G_i + Q_i)\sin\alpha_i} \tag{4-62}$$

如果考虑 E_i、F_i 的影响，可以提高分析的精度，计算要更复杂一些，在此

不作叙述。

由于试算的滑动圆心是任意选定的，所选定的滑动面不一定是真正的或最危险的滑动面。为了求得最危险的滑动面，必须采用试算法，即选择多个滑动面的圆心，按上述方法分别计算相应的稳定安全系数，与最小安全系数相对应的滑动面就是最危险的滑动面。若最小安全系数大于1时，土坡是稳定的，工程上一般要求 K 值大于1.1～1.5。这种试算的方法工作量很大，可借助于计算机进行计算。

三、地基稳定分析

地基稳定性问题包括因地基承载力不足而失稳、经常作用有水平荷载的建筑物基础的倾覆和滑动失稳以及边坡失稳。地基的稳定性可采用圆弧滑动面法进行验算，最危险的滑动面上诸力对滑动中心所产生的抗滑力矩与滑动力矩应符合下列要求：

$$\frac{M_R}{M_S} \geqslant 1.2 \tag{4-63}$$

式中 M_R——抗滑力矩；

M_S——滑动力矩。

这里仅就建造在坡顶的建筑物的稳定性作简单介绍。对位于稳定土坡坡顶的建筑物，当垂直于坡顶边缘线的基础底面边长小于或等于3m时，如图4-29所示，其基础底面外边缘线至坡顶的水平距离应符合下列要求，且不得小于2.5m。

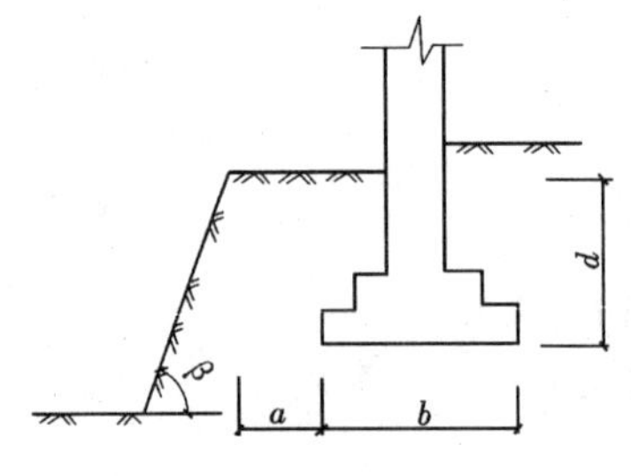

图4-29 基础底面外边缘线至坡顶的水平距离

对于条形基础

$$a \geqslant 3.5b - \frac{d}{\tan\beta} \tag{4-64}$$

对于矩形基础

$$a \geqslant 2.5b - \frac{d}{\tan\beta} \tag{4-65}$$

式中 a——基础底面外边缘线至坡顶的水平距离；

b——垂直于坡顶边缘线的基础底面边长；

d——基础埋置深度；

β——边坡坡角。

当基础底面外边缘线至坡顶的水平距离不满足以上两式的要求时，可根据基底平均压力按公式（4-63）确定基础距坡顶边缘的距离和基础埋深。

当边坡坡角大于45°、坡高大于8m时，应按公式（4-63）验算坡体稳定性。

思　考　题

4-1　什么是临塑荷载、临界荷载和极限荷载？

4-2　提高挡土墙后的填土质量，可使填土的抗剪强度增大，你认为主动土压力会发生什么变化，为什么？

4-3　地基的破坏形式有哪几种？它们各自与土的性质和基础特点有何关系？

4-4　地基变形经过哪几个阶段，各阶段有什么特点？

4-5　朗肯土压力理论有什么适用条件？

4-6　库伦理论在什么条件下与朗肯理论相同？

4-7　挡土墙设计中需要验算什么内容，各有什么要求？

4-8　对挡土墙的墙后填土有什么要求？

4-9　当地下水位升降或发生地震时，对土压力有何影响？

4-10　若重力式挡土墙抗滑稳定性不满足时，应采取哪些工程措施？

习　　题

4-1　某挡土墙高 5m，墙背垂直、光滑，墙后填土面水平，填土的重度 $\gamma = 19kN/m^3$，$c = 10kPa$，$\varphi = 30°$，试确定主动土压力的大小和作用点的位置，并绘出主动土压力沿墙高的分布图。

4-2　某挡土墙高 6m，墙背垂直、光滑、填土面水平，填土分两层，第一层为砂土，厚 2m，$\gamma_1 = 18kN/m^3$，$c_1 = 0$，$\varphi_1 = 30°$，第二层为黏性土，厚 4m，$\gamma_2 = 19kN/m^3$，$c_2 = 10kPa$，$\varphi_2 = 20°$。试求主动土压力大小，并绘出主动土压力沿墙高的分布图。

4-3　某挡土墙高 4m，墙背倾斜角 $\alpha = 20°$，填土面倾角 $\beta = 10°$，填土的重度 $\gamma = 20kN/m^3$，$c = 0$，$\varphi = 30°$，填土与墙背的摩擦角 $\delta = 15°$。试用库伦土压力理论计算主动土压力的大小、作用点的位置和方向，并绘出主动土压力沿墙高的分布图。

4-4　某挡土墙高 5m，墙背垂直、光滑，墙后填土面水平，作用有连续均布荷载 $q = 20kPa$，填土的物理力学指标：$\gamma = 18kN/m^3$，$c = 12kPa$，$\varphi = 20°$。试计算主动土压力的大小。

4-5　挡土墙高 6m，墙背垂直、光滑，墙后填土面水平，填土的重度 $\gamma = 18kN/m^3$，$c = 0$，$\varphi = 30°$。试求：(1) 墙后无地下水时的总主动土压力；(2) 当地下水位离墙底 2m 时，作用在挡土墙上的总压力（包括土压力和水压力）。(地下水位以下填土的饱和重度 $\gamma_{sat} = 19kN/m^3$)

4-6　某条形基础，宽 $b = 2.5m$，基础埋深 $d = 2m$，基础持力层土的重度 $\gamma = 17.5kN/m^3$，$c = 12kPa$，$\varphi = 15°$。试按太沙基承载力理论计算地基极限承载力。

第五章 岩土工程勘察

学习要点

岩土工程勘察是岩土工程的基础工作，也是建筑工程的重要工作之一，与建筑物的安全和正常使用有着密切的关系。通过本章的学习，要求读者根据建筑物、拟建场地和地基的具体情况，提出勘察任务的具体要求，获得工程地质勘察报告书后能正确的分析和使用，并结合以后章节的内容选择地基持力层，确定地基承载力，为地基基础方案的确定、地基基础的设计和施工提供可靠的依据。此外，读者应掌握地基土现场鉴别方法，了解勘察方法和勘察资料的整理等内容。

第一节 概　述

建筑场地的岩土工程勘察是建筑工程中的一个重要环节，是分析拟建工程可行性所必须的，是在设计和施工之前必须完成的一项基本建设程序。

设计建筑物（或构筑物）必须充分了解建筑场地和地基的状况，岩土工程勘察的目的在于以各种勘察手段和方法查明与评价建筑场地和地基的工程地质条件和水文地质条件，为建筑场地的选择、地基基础的设计和施工提供所需的基本资料，有时，勘察还可用来分析工程事故。

在工程实践中，如果不进行现场勘察就直接设计重要的建筑物，那么，这种设计是值得怀疑的，这就有可能造成严重的工程事故。虽然小型建筑物的设计经常不进行场地勘察，但不应推荐这种做法。常见的事故是贪快求省，勘察不详或分析结论有误，以致延误建设进度，浪费大量资金，甚至遗留后患。相邻建筑物的地基情况只能作为参考，却不能保证拟建场地是适宜建筑的。特别是在城市市区内，由于大量修建建筑物，回填土地基增多，大多没有质量保证，可导致地下情况在近距离内可能有明显变化。近年来，我国各地高层建筑、超高层建筑大量出现，基础埋深也不断增加，加之地下空间的利用、人防设置的要求、地铁的修建等，都要求开挖深基坑，因此深基坑工程日益增多。从事设计和施工的工程技术人员务必重视建筑场地和地基的勘察工作，正确地向勘察单位提出勘察任务和要求，并能正确地分析和应用工程地质勘察报告。

岩土工程勘察应按有关规范的规定进行，根据《岩土工程勘察规范》的规定，考虑场地土和地基的条件及建筑物的安全等级，将岩土工程勘察等级分为三级。具体内容可见岩土工程勘察规范的有关条款。

工业与民用建筑工程的设计分为场址选择、初步设计和施工图设计三个阶段，工程建设的不同阶段对岩土工程勘察的详尽程度与岩土工程评价的内容有着不同的要求。为了提供各阶段所需的工程地质资料，岩土工程勘察也相应地分为：

（1）可行性研究勘察（选址勘察），应满足选择场址方案的要求；

（2）初步勘察，应满足初步设计和扩大初步设计的要求；

（3）详细勘察，应满足施工图设计的要求。

对于工程地质条件复杂或有特殊要求的重大建筑地基或基坑开挖后地质条件与原勘察资料不符并可能影响工程质量时，尚应配合设计、施工进行施工勘察，对于面积不大或有建筑经验的地区，可适当简化勘察阶段。

建筑物或构筑物的岩土工程勘察应在了解荷载大小、类型和分布、上部结构类型、变形要求等的基础上进行，主要工作内容应符合下列规定：

1. 查明场地与地基的稳定性、地层类别、厚度和坡度、持力层和下卧层的工程特性、应力历史和地下水条件等；

2. 提供满足设计、施工所需的岩土技术参数；

3. 提供地基承载力，预测地基变形及其均匀性；

4. 提出地基基础设计方案建议；

5. 对于地质条件复杂的地区，必须查明场地内有无危及建筑物安全的地质现象，判断其对场地和地基的危害程度。

第二节 岩土工程勘察的任务和内容

一、可行性研究勘察（选址勘察）

可行性研究勘察的目的是为了取得选择场址所需的主要岩土工程地质资料，对拟建场地的稳定性和适宜性做出工程地质评价和方案比较。

可行性研究勘察阶段的勘察工作的主要任务有以下几个方面：

1. 搜集和分析区域地质、地形地貌、地震、矿产和附近地区的工程地质资料及当地的建筑经验；

2. 通过现场调查、踏勘，了解场地的主要地层的成因、地质构造、岩石和土层的性质、不良地质现象及水文地质条件；

3. 对工程地质条件复杂，已有资料不能满足要求，但其他条件较好的倾向性选取的场地，可根据具体情况进行工程地质测绘及必要的勘察工作；

4. 选择场址时宜避开下列地区或地段：

(1) 不良地质现象发育且对场地稳定性有直接危害或潜在威胁的场地；

(2) 对建筑物抗震危险的地段；

(3) 洪水或地下水对建筑场地有严重不良影响的地段；

(4) 地下有未开采的有价值矿藏或未稳定的地下采空区。

可行性研究阶段的勘察工作主要侧重于搜集和分析区域地质、地形地貌、地震、矿产和附近地区的工程地质资料及当地的建筑经验，并在此基础上通过踏勘，了解场地的地层岩性、地质构造、岩石和土的性质、地下水情况以及不良地质现象等工程地质条件。

二、初步勘察

初步勘察的主要目的是为总平面图布置取得足够的地质资料，对主要建筑物的地基基础方案及不良地质现象防治方案提供地质资料。即要取得将受到建筑物影响的或将对建筑物产生影响的地层情况以及基岩的工程性质的基本资料。因此初步勘察的主要任务是查明地层构造、岩石和土层的物理力学性质、水文地质条件及冻结深度；查明场地不良地质现象的成因、类型、分布范围、危害程度及其发展趋势并作出评价，使主要建筑物布置避开不良地质现象发育的地段以确定总平面布置；对设计烈度为 7 度及 7 度以上的建筑物应判定场地和地基的地震效应。

勘探线、勘探点的布置原则是：勘探线应垂直地貌单元边界线、地质构造线及地层界线；勘探点一般按勘探线布置，在地貌和地层变化较大的地段予以加密；在地形平坦土层简单的地区可按方格网布置勘探点。

初步勘察阶段的勘探线、勘探点间距可根据岩土工程勘察等级按表 5-1 确定。勘探孔的深度取决于拟建建筑物的荷载大小、分布及地基土的特性。勘探孔分为一般性探孔和控制性探孔两类，其深度可根据岩土工程勘察等级和勘探孔类别按表 5-2 确定。

初步勘察勘探线、勘探点间距（m） **表 5-1**

岩土工程勘察等级	线　距	点　距
一　级	50 ~ 100	30 ~ 50
二　级	75 ~ 150	40 ~ 100
三　级	150 ~ 300	75 ~ 200

注：表中间距不适用于地球物理勘探。

控制性探孔宜占勘探孔总数的 1/5 ~ 1/3，且每个地貌单元或每幢重要建筑物均应有控制性勘探孔，孔深应根据地质条件增减，遇岩层及坚实土层可减小，遇软弱地层可增大。

初步勘察勘探孔深度（m）　表 5-2

勘探孔类别 / 岩土工程勘察等级	一般性勘探孔	控制性勘探孔
一　级	≥15	≥30
二　级	8～15	15～30
三　级	≤8	≤15

注：1. 勘探孔包括钻孔、探孔、铲孔及原位测试孔；
2. 进行波速测试、旁压试验、长期观测等钻孔除外。

取样及原位测试孔宜在平面上均匀分布，其数量可取勘探孔总数的 1/4～1/2，每层土均应采取土样或进行原位测试，其数量不得少于 6 个。

初步勘察时，应查明地下水类型、补给条件、实测地下水位及其变化，对水样进行腐蚀性评价。

三、详细勘察

详细勘察的目的是为施工图设计及施工（地基处理、基坑开挖、基坑支护）提供工程地质资料。因此，详细勘察应按不同建筑物或建筑群提出详细的岩土工程地质资料和岩土技术参数；对建筑物地基做出岩土工程分析和评价；对基础设计、地基处理、不良地质现象防治方案做出论证和建议；并应查明地下水的埋藏条件、侵蚀性、地层透水性和水位变化规律。

1. 勘察前应提供的资料

进行详细勘察之前，应提供下列有关资料，作为勘察单位勘探工作的依据。

（1）附有坐标和地形的建筑总平面布置图；

（2）各建筑物的地面整平标高、上部结构特点及地下设施情况等；

（3）拟采取的基础形式、尺寸、埋置深度、荷载及有特殊要求的设计、施工方案。

2. 勘察点的布置原则

安全等级为甲、乙级的建筑物应按主要柱列线或建筑物周边线布置；对于丙级建筑物可按建筑或建筑群的范围布置；对重大设备基础和高耸建筑物应单独布置勘探点；地质条件复杂的地区宜布置探井。

3. 勘探点的间距

根据岩土工程勘察等级按表 5-3 确定。

详细勘察勘探点间距（m）　表 5-3

岩土工程勘察等级	一　级	二　级	三　级
间　距	15～35	25～45	40～65

4. 勘探孔深度

勘探孔深度从基底算起，其值应符合下列规定：

(1) 对按承载力计算的地基，勘探孔深度应能控制地基主要受力层。当基础底面宽度 b 不大于 5m 且在地基压缩层深度范围内又无软弱土层时，条形基础孔深为 $3b$，单独基础孔深为 $1.5b$，但不应小于 5m。

(2) 大型设备基础孔深不宜小于 (2~3) b。

(3) 对需要验算变形的地基，控制性探孔深度应超过沉降计算深度，并应考虑相邻基础的影响，其深度可按表 5-4 确定。

详细勘察勘探点深度 **表 5-4**

基础底面宽度 b (m)	勘探孔深度 (m)		
	软土	一般黏性土、粉土及砂土	老堆积土、密实砂土及碎石土
$b \leq 5$	$3.5b$	$3.0b \sim 3.5b$	$3.0b$
$5 < b \leq 10$	$2.5b \sim 3.5b$	$2.0b \sim 3.0b$	$1.5b \sim 3.0b$
$10 < b \leq 20$	$2.0b \sim 2.5b$	$1.5b \sim 2.0b$	$1.0b \sim 1.5b$
$20 < b \leq 40$	$1.5b \sim 2.0b$	$1.2b \sim 1.5b$	$0.8b \sim 1.0b$
$b > 40$	$1.3b \sim 1.5b$	$1.0b \sim 1.2b$	$0.6b \sim 0.8b$

注：1. 表内数据适用于均质地基，当地基为多层土时可根据表列数值予以调整；
2. 圆形基础可采用直径 d 代替基础底面宽度 b。

(4) 当有大面积地面堆载或软弱下卧层时，应适当加大勘探孔深度。

5. 取样和进行原位测试的探孔（井）数量

取原状土样和原位测试的勘探孔称技术孔。一般情况下技术孔应占勘探孔总数的 1/2~2/3，安全等级为甲级的建筑物每幢不少于 3 个。取样和原位测试点的竖向间距，在地基主要受力层宜为 1~2m；对每个场地或每幢安全等级为甲级的建筑物，每一主要土层原状土试样不应少于 6 个，原位测试数据不应少于 6 组。对厚度大于 50cm 的夹层或透镜体应取样或测试。高层建筑尚应遵守高层建筑岩土工程勘察规程；特殊土应遵守相应规程。

四、施工勘察

施工勘察不是一个固定的勘察阶段，应根据工程需要而定。它是为配合设计、施工或解决施工有关的岩土工程问题而提供相应的岩土工程特性参数。当遇到下列情况之一时，应配合设计、施工进行施工勘察。

(1) 对安全等级为甲级、乙级建筑物应进行验槽；

(2) 基槽开挖后岩土条件与勘察资料不符时，进行补充勘察；

(3) 在地基处理或深基坑开挖施工中进行检验和监测；

(4) 地基中有溶洞、土洞时应查明并提出处理建议；

(5) 施工中出现边坡失稳危险时，查明原因，进行监测并提出处理建议。

五、施工验槽

由于岩土工程勘察报告是根据有限数量的勘探孔资料编制而成的，因此不可能完全反映出地基土层情况，所以基槽开挖清理完毕后应组织设计和施工人员共同进行验槽。认真细致的基槽检验对保证工程质量、防止工程事故是十分重要的。

验槽时，首先，根据坐标网或周围的地形地物，核对施工位置与勘测范围是否相符，建筑物方向是否与设计相符。凡是发现位置移动时，必须弄清地质情况后才能继续施工；然后，核对槽底标高和基槽尺寸是否符合设计要求，对于超挖和少挖部分应进行处理；其次，检验槽底持力层及下卧层土质是否与岩土工程勘察报告相符，及时发现地基勘探中未发现的问题，如局部存在的井、暗沟、土洞、过软或过硬土层等。

冬期施工验槽时应注意持力层是否受冻。因地基受冻后土质变硬，不宜判别土的软硬程度，且土体受冻后含水量增大，土的结构破坏，冻融时可产生融陷，降低其承载力。所以，冬期施工时基槽应及时覆盖，防止受冻。

雨期施工时应采取排水措施，及时排除槽内积水。若槽底在地下水位以下，验槽时应尽量避免扰动坑底的原状土结构。

六、地基土的现场鉴别

施工验槽时应对地基土进行现场鉴别，以便与勘察结果进行比较。

1. 土类的现场鉴别

土类的现场鉴别见表5-5～5-7。

2. 颜色鉴别

土的颜色主要取决于三类化学物质，即腐殖质、氧化铁和二氧化硅、碳酸钙、高岭土及氢氧化铝：含有腐殖质较多的土呈灰色或黑灰色；氧化铁使土呈红色、棕色或黄色；二氧化硅、碳酸钙、高岭土及氢氧化铝使土呈白色。

碎石类土和砂土的现场鉴别　　表5-5

土类		颗粒粗细	干时状态	湿时状态	湿时用手拍击
碎石土	卵石（碎石）	大于蚕豆大小的颗粒重量超过一半	颗粒完全分散	无黏着感	表面无变化
	砾石（角砾）	大于绿豆大小的颗粒重量超过一半	颗粒完全分散	无黏着感	表面无变化
砂	砾砂	大于绿豆大小的颗粒重量占1/4以上	颗粒完全分散	无黏着感	表面无变化
	粗砂	大于小米粒大小的颗粒重量超过一半	颗粒完全分散	无黏着感	表面无变化

续表

土类		颗粒粗细	干时状态	湿时状态	湿时用手拍击
土	中砂	大于砂糖粒大小的颗粒重量超过一半	颗粒基本分散，可能局部有胶结，一碰即散	无黏着感	表面偶有水印
	细砂	颗粒粗细类似粗玉米粉	颗粒基本分散，可能局部有胶结，一碰即散	偶有轻微黏着感	接近饱和时表面有水印
	粉砂	颗粒粗细类似白糖	颗粒部分分散，部分胶结，稍加压力即散	偶有轻微黏着感	接近饱和时表面有明显翻浆现象

粉土和黏性土的现场鉴别 **表 5-6**

土类	干时状态	干时手搓感觉	湿时状态	湿时用手拍击	湿时小刀切削
粉土	土块容易散开，手压土块即散成粉状	土质不均匀，能清楚看到砂粒，有面粉感	稍可塑，无滑腻感，黏着性弱	较难搓成细条，滚成的土球易裂开和散落	切面粗糙
粉质黏土	用锤击或手压土块可碎散	无均质感觉，可感觉到有砂粒	可塑，滑腻感弱，有黏着性	能搓成较粗短土条，能滚成小土球	切面平整，可感到有砂粒存在
黏土	坚硬，用锤可敲碎	极细的均质土块	可塑，滑腻，黏着性大	容易搓成细于 0.5mm 土条，易滚成小土球	切面有油脂光泽

新近沉积黏性土的现场鉴别 **表 5-7**

沉积环境	颜　　色	结构性	含有物质
河漫滩和山前洪积、冲积扇的表层； 古河道； 已堵塞的湖、塘、沟、谷； 河道泛滥区	颜色较深而暗，呈褐、暗黄或灰色，含有机质较多时带灰黑色	结构性差，用手扰动原状土时极易变软，塑性较低的土还有振动析水现象	完整剖面中无粒状结核体，可能含有圆形及亚圆形的钙质结核体或贝壳等，在城镇附近可含有砖屑、瓦片等物

同一种土中含有上述两种或三种物质时，土可以具有不同的颜色，因此，土的颜色是其物质构成和成因类别的外观特征。土的颜色还随湿度的变化而改变，湿度越大颜色越深；湿度小颜色则较浅。在描述土的颜色时，主色写在后，从色写在前。如黄褐色，则以褐色为主、黄色为辅。对有特殊气味的土应加以注明。

3. 土的湿度

土的湿度取决于土中的含水量及饱和程度，野外感性鉴别可参考表 5-8、5-9。

粉土和黏性土潮湿度的野外鉴别　　表 5-8

土的潮湿程度	鉴 别 方 法
稍　湿	经过扰动的土不易捏成团，易碎成粉状，放在手中不湿手，但感觉凉
很　湿	经过扰动的土能捏成各种形状，放在手中会湿手，在土面上滴水能慢慢渗入土中
饱　和	滴水不能渗入土中，可看出孔隙中的水发亮

砂类土潮湿度的野外鉴别　　表 5-9

湿　度	稍　湿	很　湿	饱　和
鉴别方法	呈松散状，手摸时可感到潮	可勉强成团	孔隙中的水可自然渗出

4. 密实度和黏性土的稠度

根据土颗粒的排列特征、挖掘难易程度及触探击数等综合判定黏性土密实度。详见第一章。黏性土的密实度往往与其稠度状态相关。通常，密实土多为可塑、硬塑或坚硬状态；中密土多为软塑或可塑状态。因此，在描述黏性土时，可用很硬、硬、中硬、较硬和很软来概括表示黏性土的密实度和稠度。黏性土稠度的野外鉴别方法可见表 5-10。

黏性土天然稠度的野外鉴别　　表 5-10

天然稠度状态	圆锥仪下沉深度（mm）	鉴 别 方 法
坚硬	<2	人工挖掘时很费力，取出的土样用手捏不动，加力不能使土样变形，只能碎裂
硬塑	2~3	人工挖掘时较费力，取出的土样用手捏时需较大的力土样才略有变形并碎裂
可塑	3~7	取出的土样可将手指按入其中，土样可塑成各种形状
软塑	7~10	取出的土样还能成形，可将手指很容易按入土中，土样可塑成各种形状
流塑	>10	挖掘很容易，取出的土样已不能成形，放在手中也不易成块

七、勘察任务书

勘察工作开始以前，由建设、设计及勘察等单位的有关人员到拟建场地进行初步调查，察看场地的地形、建筑物拟建位置与相邻建筑物的关系、收集场地有关资料，以减少勘察工作量。

拟定岩土工程勘察任务书时，应考虑地基、基础及上部结构的相互作用，并在初步调查研究场地工程地质资料的基础上下达岩土工程勘察任务书。任务书中应说明工程的意图、设计阶段、要求提交的勘察报告书的内容和现场、室内的测试项目以及勘察技术要求等。

初步设计阶段所进行的勘察，在勘察任务书中应说明工程的类别、规模、建筑面积及建筑物的特殊要求、主要建筑物的名称、最大荷载、最大高度、基础最大埋深和重要设备的有关资料等，并向勘察单位提供附有坐标的比例为 1:1000 ~ 1:2000 的地形图，图中应标明勘察范围。

施工图设计阶段所进行的勘察，在勘察任务书中应说明需要勘察的各建筑物的具体情况，如建筑物上部结构特点、层数、高度、跨度及地下设施情况、地面整平标高、采取的基础形式、尺寸和埋深及有特殊要求的地基基础设计和施工方案等，并提供经上级主管部门批准的附有坐标及地形的建筑总平面图（1:500 ~ 1:200）的地形图，或单幢建筑物平面布置图。

第三节 岩土工程勘察方法

一、工程地质测绘与调查

工程地质测绘与调查是指采用搜集资料、调查访问、地质测量、遥感解译等方法，查明场地的工程地质要素，并绘制相应的工程地质图件。

工程地质测绘是以标准的地形图或地质图作为底图，运用地质学的理论与方法，通过野外现场观察、量测和描绘与工程建设相关的各种地质要素与岩土工程材料，为初步评价场地的工程地质条件与场地的稳定性、工程地质分区、后期勘察工作的合理布置等提供依据。

工程地质测绘的基本方法是在地形图上布置一定数量的观测点或观测线，以便按点或线观测地质现象。观测点一般选择在不同地貌单元、不同地层的交接处及对工程有意义的地貌构造和可能出现不良地质现象的地段。观测线通常与岩层走向、构造线方向及地貌单元轴线相垂直，以便观测到较多的地质现象。观测到的地质现象应表示于地形图上。

在可行性研究勘察阶段进行工程地质测绘与调查时，应搜集、研究已有的地质资料，进行现场踏勘。在初步勘察阶段，当地质条件较复杂时，应继续进行工程地质测绘。详细勘察阶段仅在初步勘察的基础上，对某些专门地质问题作必要的补充。测绘与调查的范围应包括场地及其附近与研究内容有关的地段。

二、勘探方法

岩土工程勘察是用于查明地表下岩土体及地下水的基本特性与空间分布的技术手段。勘探方法包括井探（深一些）、槽探、洞探、钻探、触探和物探。

（一）井探、槽探与洞探

这种方法适用于：(1) 当钻探方法难以准确查明地下情况或缺乏钻探工具、土层中砖石较多、钻探有困难的地层、拟勘探的土层不深于3~4m、地下水位较深时，可采用探井、探槽等进行勘探；(2) 在湿陷性黄土地区，应按《湿陷性黄土地区建筑规范》(GBJ25—90) 的有关规定开挖一定数量的探井，以便采取I级土样供室内试验；(3) 在坝址、地下工程、大型边坡工程等勘察中，当需要详细调查深部岩层性质及其构造特征时，可采用竖井或平洞。这种方法直观、明了，可直接观察土层的天然结构，因而较可靠，但因数量有限而具有一定的局限性，仅适用于地下水位以上，且存在侧壁稳定性问题。

这种方法就是在建筑场地或地基内有代表性的地段挖探井或探槽，如图5-1所示。探井有圆形、正方形或长方形等形状。圆形探井直径约为1m左右，正方形、长方形探井的尺寸视土的软硬情况而定，较软的土层尺寸可以适当增大。探槽是垂直于岩层或地层走向挖的沟槽，用来了解地层或岩层分界线等。

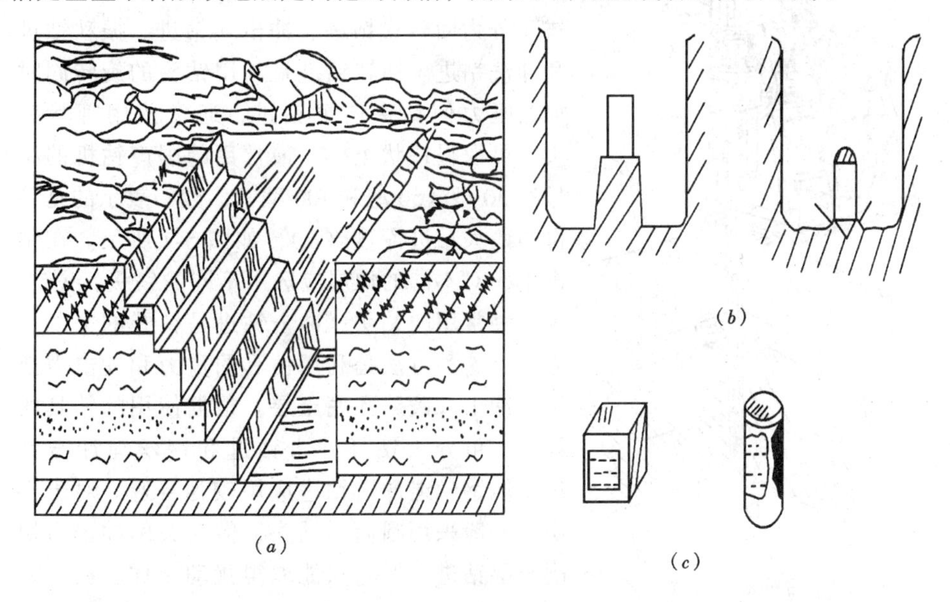

图5-1　坑探示意图

(a) 探井；(b) 在探井中取原状土样；(c) 原状土样

在挖探坑的过程中，除应记录探井的号数、位置、标高、尺寸、深度，描述岩土层的名称、颜色、粒度、湿度、厚度等，尚应以剖面图、展开图等反映井、槽、洞壁及底部的岩性、地层分界、构造特征、取样及原位试验位置，并辅以代表性部位的照片，在指定的深度取原状土样。取土样时，先在井底或井壁的指定深度处挖一土柱，见图5-1 (b)，土柱的直径需稍大于取土筒的直径。将土柱顶面削平，放上两端开口的金属筒并削去筒外多余的土，一面削土，一面将筒压入，直到筒内充满土样后切断土柱，削平筒两端的土体，盖上筒盖，用熔蜡密封后贴上标签，注明土样的上、下方向，如图 5-1（*c*）所示。

（二）钻探

钻探是用钻机在地层中钻孔，以鉴别和划分土层。若在钻孔中取土样则可鉴别和测定岩土的物理力学性质指标，并能测定出钻探期间地下水的埋藏深度及变化规律，土的某些性质也可直接在孔内进行原位测试得到。因此，钻探是目前常用的方法。

钻探分为机械钻探和人工钻探两种。

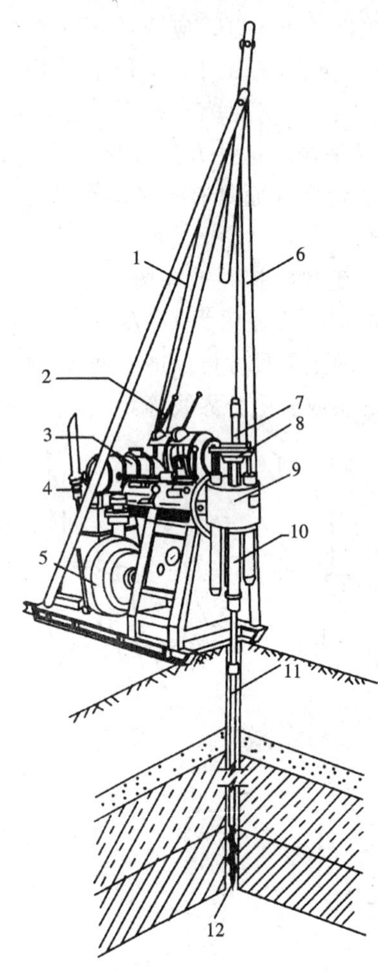

图 5-2　钻机钻进示意图

1—钢丝绳；2—卷扬机；3—柴油机；4—操纵把；5—转轮；6—钻架；7—钻杆；8—卡杆器；9—回转器；10—立轴；11—钻孔；12—螺旋钻头

对于大规模的深钻孔并采取原状土样，最常用的方法是使用机械钻探。按钻机的钻进方式又分为回转式钻进、冲击式钻进、振动钻进和冲洗钻进。回转钻进是利用钻头的旋转同时加上压力使钻头向下钻进，通常使用管状钻头，可取得柱状土样。最常用的国产钻机的型号有 30 型、50 型和 100 型等，数字表示的是钻机的最大钻进深度（m），如图 5-2 所示。在钻进中，对不同的地层应选用不同的钻头，图5-3为几种常用的钻头。冲击钻进是钻孔的又一种方式，这种方法是利用钻具的重力和冲击力使钻头冲击、破碎孔底土层。根据使用的钻具的不同，可分为钻杆冲击钻进和钢丝绳冲击钻进，但钢丝绳冲击钻进应用较为普遍。对于土层，一般采用圆筒形钻头，借钻头的冲击力切削土层钻进，但它只能取得扰动土样。振动钻进是将振动力通过连接杆及钻具传到圆形钻头周围土层中。依靠钻具和振动器的重量切削土层进行钻进。对粉土、黏性土及较小粒径的碎石层较适用，钻进速度较快。冲洗钻进是利用水的压力冲击孔底土层，破坏土层结构，土颗粒随水循环出孔外的钻进方法，它主要靠水压直接冲洗土层，因而不能采样观察和鉴别。

除用机械钻探外，还可采用人工钻探。最常用的是手摇麻花钻，钻进时，用人力将麻花钻旋入地下，取出土样鉴别土层情况，但取出的土样为扰动土样，钻进深度 5 ~ 10m。

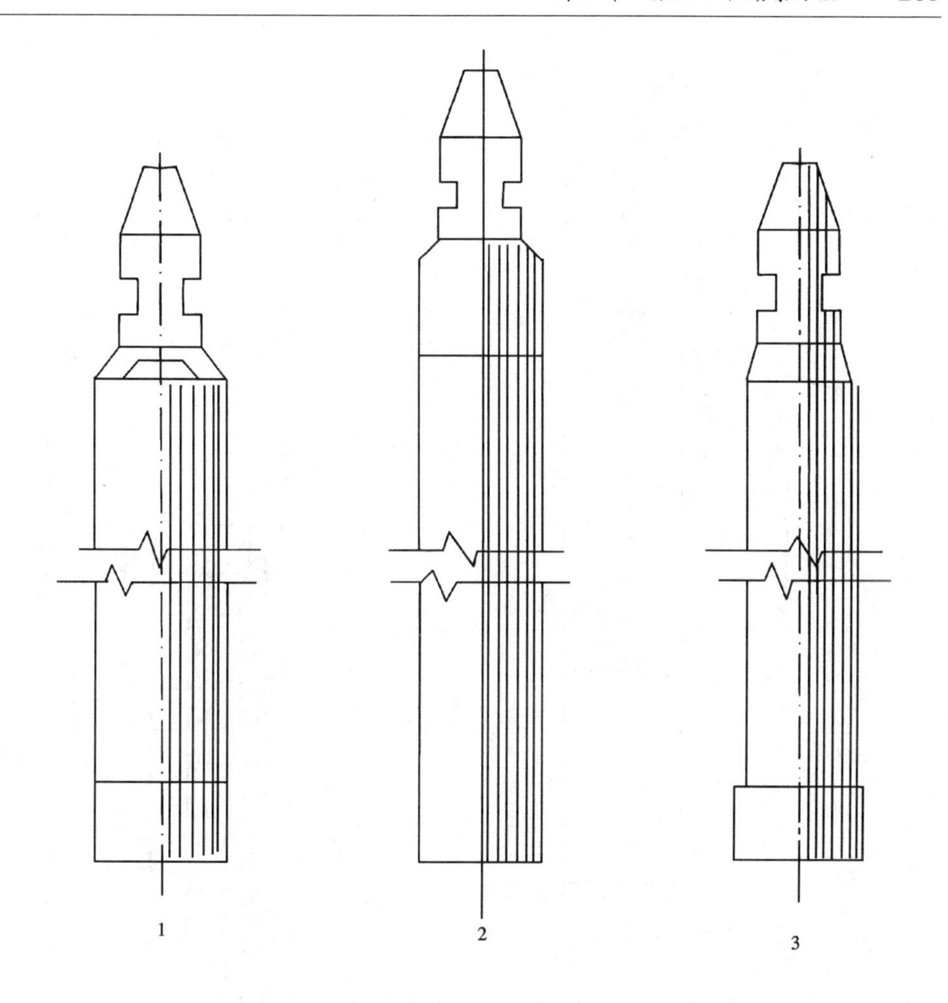

图 5-3　三种常用钻头
1—抽筒；2—钢砂钻头；3—硬合金钻头

人工钻探具有设备简单、使用方便的优点，可与钻探、轻便触探配合使用，对丙级建筑物地基可结合地区经验单独使用。

（三）触探

触探是通过触探杆施加静力或动力将金属探头贯入土中，根据贯入阻力的大小来探测土的工程性质。触探分为动力触探和静力触探两种。

1. 动力触探

动力触探是将一定质量的穿心锤，以一定的高度（落距）自由下落，将探头贯入土中一定深度，根据贯入土中的锤击数来判定土层的性质和承载力。动力触探分为圆锥动力触探和标准贯入试验，下面仅介绍标准贯入试验（SPT)。

标准试验设备由标准贯入器、触探杆、取土器和穿心锤组成，如图 5-4、5-5 所示。

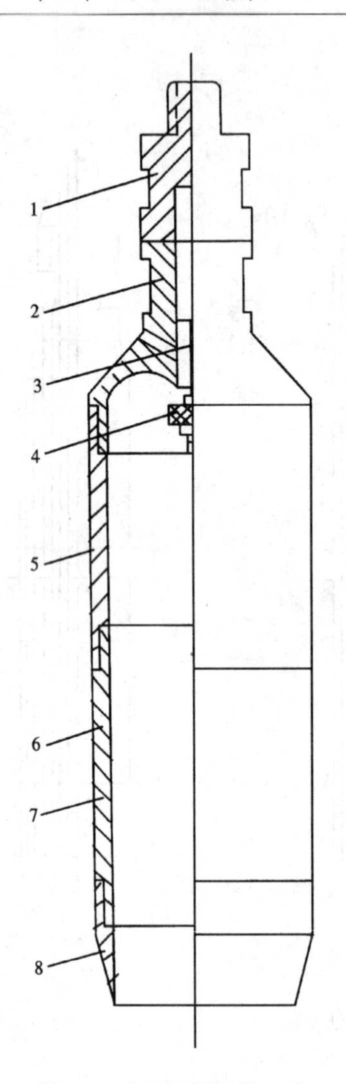

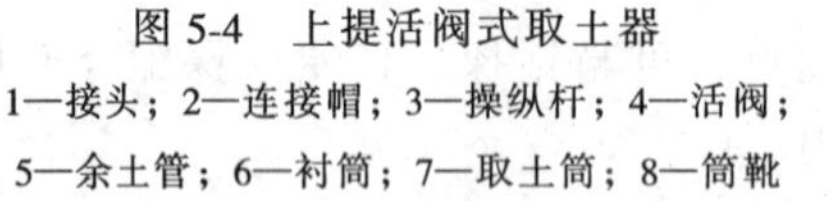
图 5-4　上提活阀式取土器

1—接头；2—连接帽；3—操纵杆；4—活阀；5—余土管；6—衬筒；7—取土筒；8—筒靴

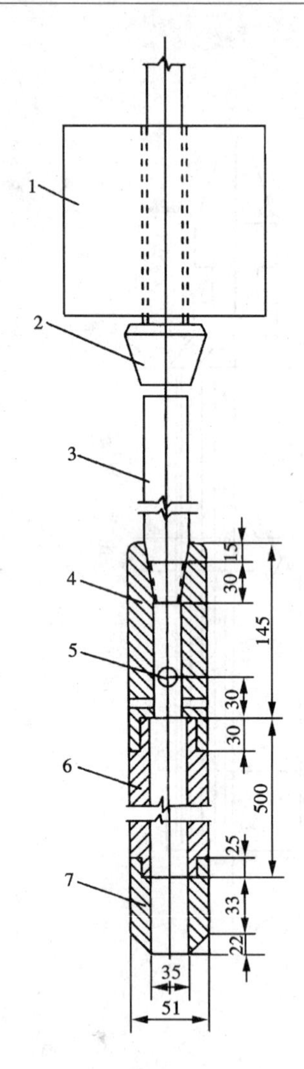

图 5-5　标准贯入试验设备（单位：mm）

1—穿心锤；2—锤垫；3—钻杆；4—贯入器头；5—出水孔；6—两个半圆形管合并而成的贯入器身；7—贯入器靴

标准贯入试验孔应采用回转钻进。钻至试验标高以上 150mm 处，清除孔底残土，防止涌砂或塌孔。锤击时，将质量为 63.5±0.5kg（140 磅）的穿心锤，以 760±2mm（30 英寸）的落距自由下落，将贯入器垂直打入土中 150mm，此时不计锤击数，以后开始记录每打入土层 100mm 的锤击数，累计打入 300mm 的为实测锤击数 N''。试验时，锤击速率应每分钟小于 30 击，当锤击数已达 50 击，而贯入深度未达 300mm 时，可记录实际贯入深度并终止试验。试验后拔出贯入器，取出土样进行鉴别描述，绘制标准贯入击数 N 与深度的关系曲线。

标准贯入试验中，随着钻杆长度的增加，杆侧土层的摩阻力和其他形式的能量消耗也增大了，因而使得锤击数 N''偏大。为此，当触探杆长度大于3m时，锤击数宜按下式修正：

$$N = \alpha N' \tag{5-1}$$

式中　N——标准贯入试验锤击数；

α——触探杆长度校正系数，按表5-11确定。

触探杆长度校正系数 α　　　**表5-11**

触探杆长度（m）	≥3	6	9	12	15	18	21
α	1.00	0.92	0.86	0.81	0.77	0.73	0.70

标准贯入试验应用较广，由标准贯入试验锤击数 N 可以确定地基承载力，估算单桩极限承载力，确定砂土密实度，判别粉土、黏性土的状态，确定土的强度参数、变形参数，判定地震时饱和砂土和粉土的液化势。

标准贯入试验主要适用于砂土、粉土及一般黏性土。

2. 静力触探

静力触探试验（CPT）是通过加压装置将连接在触探杆上的探头用静力以一定速率（1.2±0.3m/min）压入土中，利用探头内力传感器，通过电子量测仪器将贯入阻力记录下来，根据贯入阻力的大小判定土层性质。

静力触探能快速、连续地测定比贯入阻力、锥尖阻力、侧壁摩阻力和孔隙水压力，探测土层及其性质的变化。根据静力触探资料，利用地区经验关系，可以划分土层，估算土的强度、压缩性、承载力、单桩承载力，选择桩端持力层，判定土的液化势。

静力触探仪由加压系统、平衡系统和量测系统三部分组成。加压系统包括设备框架、触探杆、卡杆器等。压入方法有机械传动和液压传动两种，图5-6为液压式静力触探设备。

静力触探设备的核心是触探头，触探头分为单桥探头和双桥探头。

单桥探头所测到的是包括锥尖阻力和侧壁摩阻力在内的总贯入阻力 P（kN），通常用比贯入阻力 p_s（kPa）表示，即

$$p_s = \frac{P}{A} \tag{5-2}$$

式中　A——探头截面面积（m^2）。

双桥探头的结构比单桥探头复杂些，可以同时分别测出锥尖总阻力 Q_c（kN）和侧壁总摩阻力 Q_s（kN），通常以锥尖阻力 q_c（kPa）和侧壁摩阻力 f_s（kPa）表示。

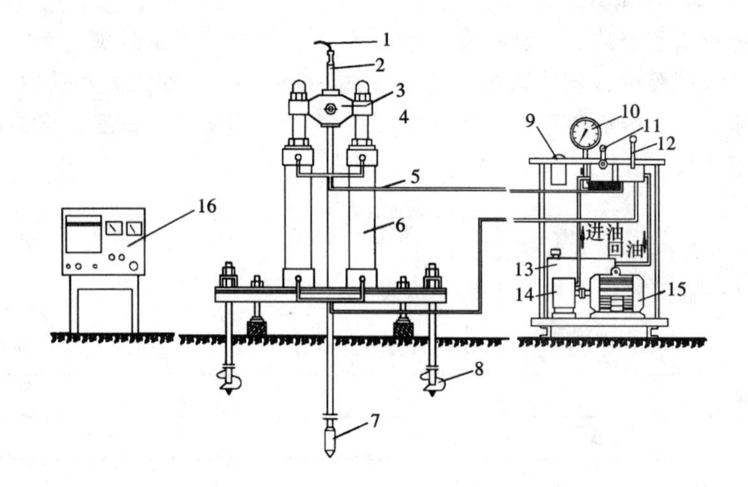

图 5-6　双缸液压式静力触探设备

1—电缆；2—触探杆；3—卡杆器；4—活塞杆；5—油管；6—油缸；7—触探头；8—地锚；9—开关；10—压力表；11—节流阀；12—换向阀；13—油箱；14—油泵；15—电机；16—记录器

$$q_c = \frac{Q_c}{A} \tag{5-3}$$

$$f_s = \frac{Q_s}{F_s} \tag{5-4}$$

式中　F_s——外套筒的总表面积（m^2）。

根据锥尖阻力和侧壁摩阻力可计算同一深度处的摩阻比 R_s。

$$R_s = \frac{f_s}{q_c} \times 100\% \tag{5-5}$$

为了直观反映勘探深度范围内土层的性质，可绘制比贯入阻力 p_s 与深度 z 曲线、侧壁摩阻力 f_s 与深度 z 曲线、侧壁摩阻力 f_s 与锥尖阻力之比与深度 z 的关系曲线等，图 5-7 给出了用双桥探头测得的有关曲线。静力触探适用于黏性土、粉土、软土、砂土和填土。

（四）物探

地球物理勘探（简称物探），是一种兼有勘探和测试双重功能的技术。在岩土工程勘察中可在下列方面采用地球物理勘探：

1. 作为钻探的先行手段，了解隐蔽的地质界线、界面或异常点；

2. 作为钻探的辅助手段，在钻孔之间增加地球物理勘探点，为钻探成果的内插、外推提供依据；

3. 作为原位测试手段，测定岩土体的波速、动弹性模量、特征周期、土对金属的腐蚀性等参数。

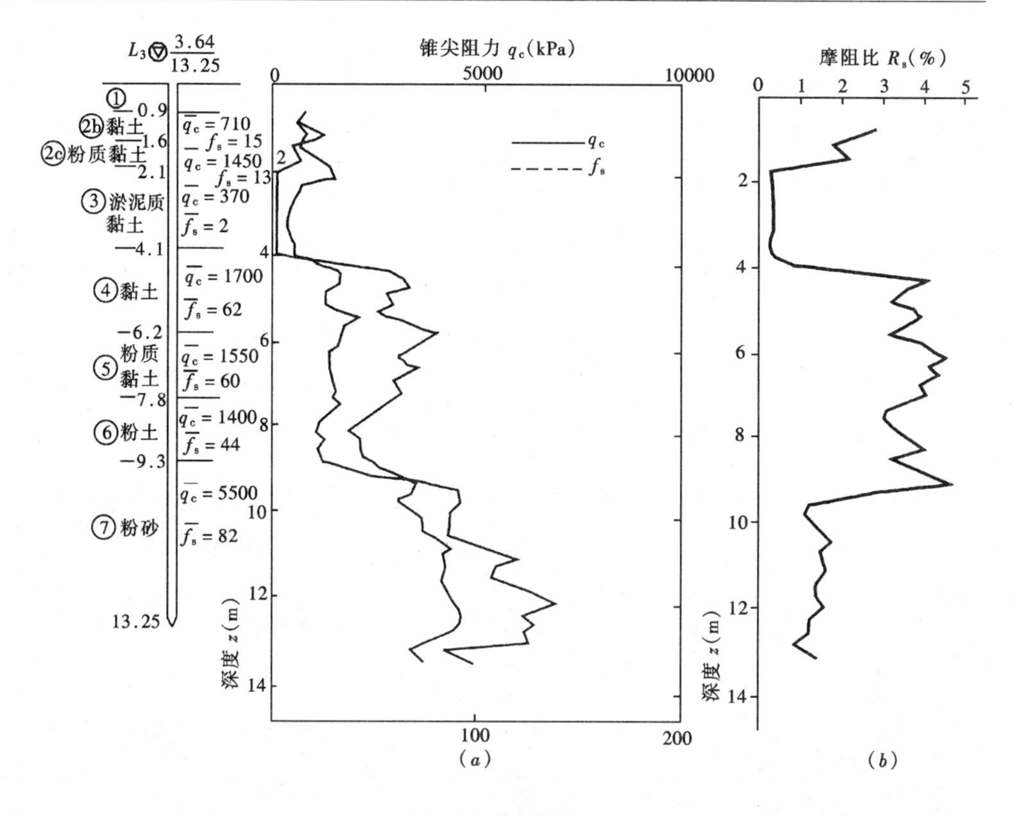

图 5-7　单孔触探图

(a) z-q_c 曲线和 z-f_s 曲线；(b) z-R_s 曲线

三、测试工作

测试是岩土工程勘察工作的重要内容，包括室内试验和现场原位测试。

(一) 室内试验

室内试验包括土工试验、岩石试验和水质分析三部分。

1. 土工试验包括含水量、密度、土粒相对密度、颗粒分析、土的相对密度、界限含水量、压缩-固结试验、剪切试验、渗透和击实试验等。

2. 岩石试验包括岩石成分和物理性质试验、抗压强度试验、抗剪强度试验和抗拉强度试验。

3. 水质分析试验的测试项目可参见《岩土工程勘察规范》(GB50021—2001) 的第 13.2.2 条，测试的目的是评价地下水对混凝土和钢材的腐蚀性。

(二) 现场原位测试

原位测试是在岩土体所在位置，基本保持岩土原来的结构湿度和应力状态，对岩土体进行的测试。

常用的原位测试方法有载荷试验、旁压试验、十字板剪切试验、现场直剪试验、波速测试地基土动力参数测试等。

关于原位测试各种方法的技术要求可见《岩土工程勘察规范》（GB50021—2001）中第9部分的内容及相应的条文说明。

第四节　水文地质条件

埋藏在地表下土层和岩石的孔隙、裂隙及溶隙(包括溶洞等)中的水称为地下水。它既是一种自然资源造福于人类,又可对地基的稳定性和施工带来不利影响。

一、地下水的类型

地下水在各种工程地质、水文地质条件下的聚集、运动的过程各不相同，因而在埋藏条件、分布规律、水动力特征、物理性质、化学成分等方面都具有不同的特点。

地下水按埋藏条件可分为:上层滞水、潜水和承压水三种类型,如图5-8所示。

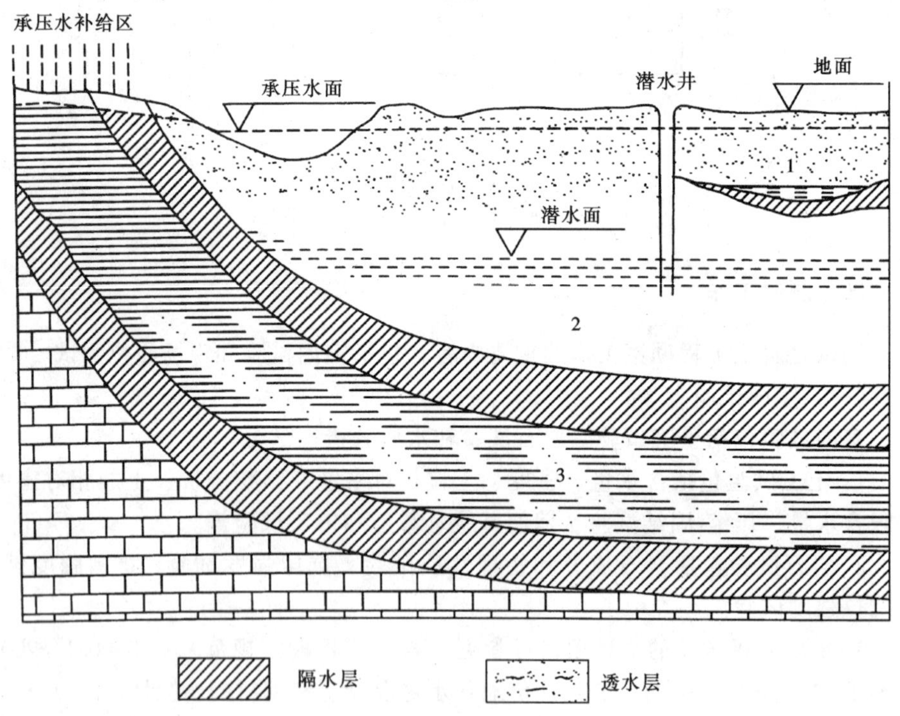

图5-8　地下水埋藏示意图

1—上层滞水；2—潜水；3—承压水

（1）上层滞水：是指埋藏在地表浅处，局部隔水层上，具有自由水面的重力水。上层滞水分布范围有限，补给区与分布区一致，水量随季节变化，上层滞水由于受大气降水及地表水补给，所以矿化度低，但因离地表近，易受污染，水量不大，且有强烈的季节性变化。

（2）潜水：是埋藏于地下第一个稳定隔水层之上，具有自由水面的重力水。自由水面称为潜水面，潜水面至地表的距离称为潜水的埋藏深度，潜水面至隔水底板的距离称为含水层的厚度。

大气降水及河水可直接补给潜水，因此，补给区与分布区是一致的。由于潜水层上部没有深层承压水易于遭受污染，作为供水水源时，必须考虑水源地有一定范围的保护区。潜水主要存在于第四纪松散沉积层中，在坚硬岩石的裂隙及溶洞中也常含有丰富的潜水。

（3）承压水：是充满于两个稳定隔水层之间含水层中承受静压力的重力水。凿井凿至含水层时，由于含水层中的地下水承受着静水压力，使井中的水位逐渐上升，至某一高度便稳定下来，这一水位高程称承压水位，自含水层顶板至承压水位之间的距离称承压水头。

二、地下水对工程的影响

评价地下水对工程的影响，应根据工程的特点、气候条件等，分析地下水位、水质及动态变化对岩土体及建筑物的力学作用和物理、化学作用。

地下水对岩土体及建筑物的力学作用的评价主要有：地下水的浮力作用、地下水及动水力对边坡稳定的不利影响、地下水位变化对工程的危害、产生潜蚀、流砂、涌土的可能性、土的渗透性、地下水的补给条件、降水对基坑稳定性的影响等。

地下水对岩土体及建筑物的物理、化学作用的评价主要有：对地下水位以下的工程结构应评价地下水对混凝土和金属材料的腐蚀性；对软质岩石、湿馅性土、膨胀土及盐渍土等应评价地下水的动态变化；在季节性冻土地区应评价道路冻融、翻浆，并考虑冻胀对桩基及承台的上抬作用。

三、土的渗透性

水通过土中孔隙流动称为渗流，水流通过土中孔隙的难易程度的性质称为土的渗透性。土孔隙中的水与土相互作用，必然导致土中应力状态的改变、变形和强度特性的变化，从而影响地基的变形与稳定，因而需要研究土的渗透性。

水在土中渗流速度一般可按达西(Darcy)直线渗透定律计算，如图 5-9 所示，公式如下：

$$v = ki \tag{5-6}$$

式中 v——水在土中的渗透速度（Discharge velocity），mm/s 或 m/d；

i——水力梯度，$i = \dfrac{H_1 - H_2}{L}$，即土中 A_1 和 A_2 两点的水头差（$H_1 - H_2$）与两点间的流线长度（L）之比；

k——土的渗透系数，mm/s 或 m/d。

实验证明：在砂土中水的流动符合达西定律，如图 5-10 中 a 线，而在黏性土中只有当水力梯度达到某一梯度时，才出现渗透，如图 5-10 中 b 线，这一梯度称为起始水力梯度（I_1）。将曲线简化为线性关系，以 I'_1 作为计算起始梯度，则用于黏性土的达西定律公式如下：

$$v = k(i - i'_1) \tag{5-7}$$

土的渗透系数变化范围参见表 5-12。

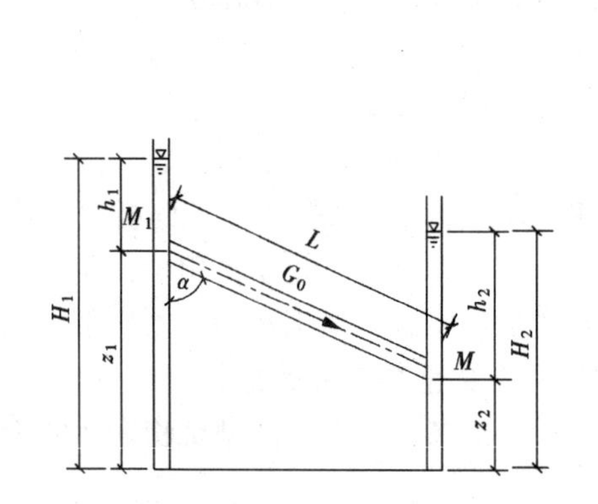

图 5-9 水的渗流示意图

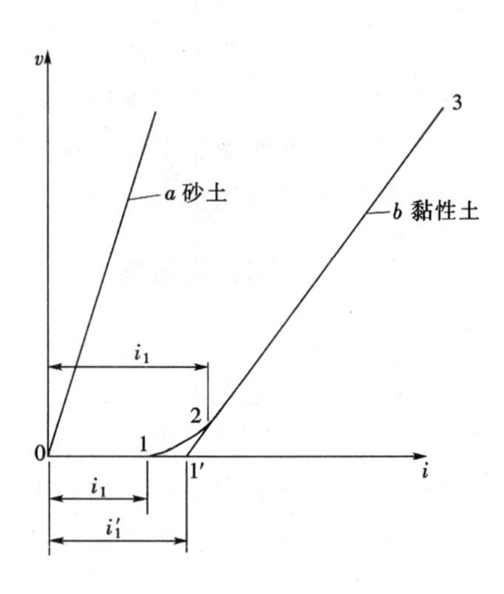

图 5-10 渗透速度与水力梯度的关系

土的渗透系数范围值 **表 5-12**

土的类别	渗透系数 k（cm/s）	土的类别	渗透系数 k（cm/s）
砾石、粗砂	$10^{2} \sim 10^{-1}$	粉土	$10^{-4} \sim 10^{-6}$
中砂	$10^{-1} \sim 10^{-2}$	粉质黏土	$10^{-6} \sim 10^{-7}$
细砂、粉砂	$10^{-2} \sim 10^{-4}$	黏土	$< 10^{-7}$

四、渗流力与流砂现象

水在土体中渗流将引起土体内部应力状态的改变。由于水头差的存在可导致土体内部细颗粒被带走而引起流砂现象等或在渗透力作用下可能导致土坡或地基滑动破坏，影响整体稳定性。

现以有效应力原理说明土体中渗流力的效应。图 5-11（a）所示为土体在水位差作用下由上向下渗流的情况。此时，在土层表面 1-1 面上的孔隙水压力与静水压力相同，仍为 $\gamma_w H$，而在 2-2 面上的孔隙水压力因渗流产生水头损失而减少了 h，因而 2-2 面上的孔隙水压力为：

$$u = \gamma_w L = \gamma_w (H + L - h) \tag{5-8}$$

2-2 平面上的总应力仍保持不变，为：

$$\sigma = \gamma_w H + \gamma_{sat} L \tag{5-9}$$

根据有效应力原理，2-2 平面上的有效应力为：

$$\sigma' = \sigma - u = \gamma' L + \gamma_w h \tag{5-10}$$

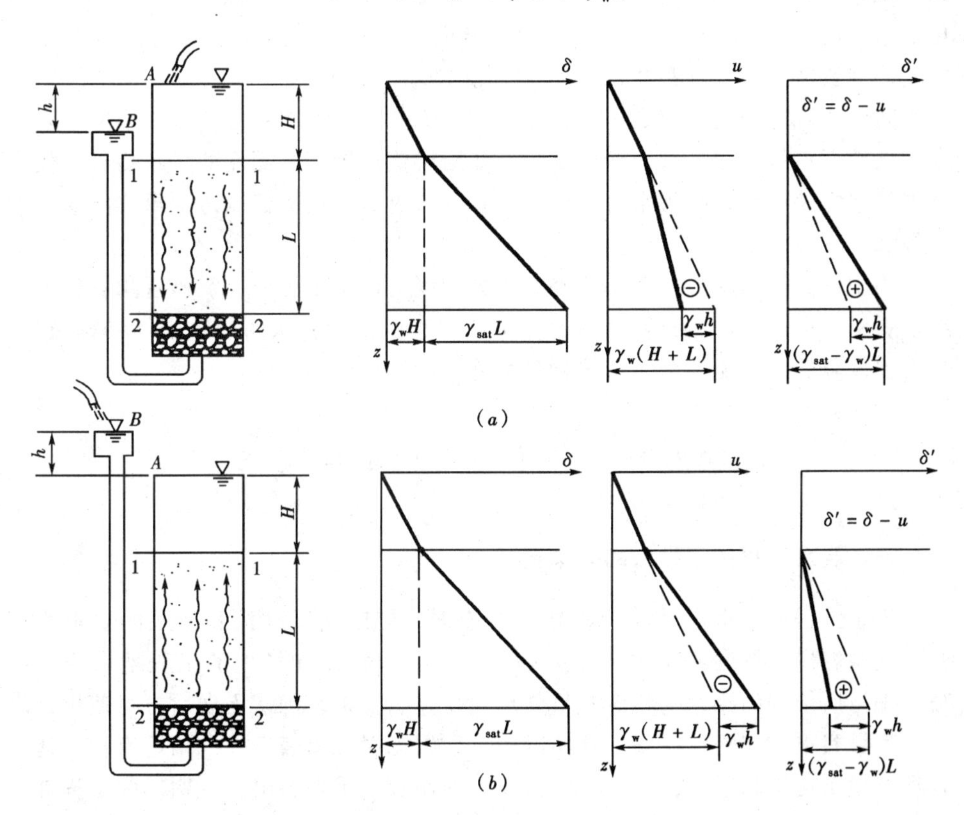

图 5-11　饱和土中竖向渗流时的孔隙水压力和有效应力

（a）向下渗流；（b）向上渗流

自下而上渗流的情况如图 5-11（b）所示。此时 2-2 平面上的总应力保持不变，而孔隙水压力变为：

$$u = \gamma_w L = \gamma_w (H + L + h) \tag{5-11}$$

于是2-2平面上的有效应力为：

$$\sigma' = \sigma - u = \gamma' L - \gamma_w h \quad (5\text{-}12)$$

与自上而下渗流情况相比，孔隙水压力增加了 $\gamma_w h$，而有效应力减少了 $\gamma_w h$。若不断增加向上渗流的水位差 h，直到2-2平面上的孔隙水压力与总应力相等，即有效应力为零，则由式（5-12）得到：

$$\gamma' = \gamma_w \frac{h}{L} = \gamma_w i \quad (5\text{-}13)$$

上式即为流土的临界条件，由此可得到渗流力为：

$$G_{Dcr} = \gamma' = \gamma_w i_{cr} \quad (5\text{-}13a)$$

此时土中有效应力消失，土粒悬浮于水中，砂土因抗剪强度的丧失而出现液化现象。这种渗透液化现象称为流砂。出现流砂时的水力梯度 i_{cr}称为临界水力梯度，一般情况下，i_{cr}在0.8~1.2之间。

防治流砂的原则主要是：（1）减少或消除基坑内外的水位差，如采取井点降水降低地下水位；（2）增加渗流路径，如沿坑壁设置一定深度的防水板桩，使土体内的水力梯度小于临界水力梯度；（3）在渗流出口处覆盖以透水重物与渗流力平衡。

当土中渗流的水力梯度小于临界水力梯度时，虽不会引发流砂现象，但土中细小颗粒将可能穿过粗颗粒之间的孔隙被渗流水带走，从而导致土体结构破坏、抗剪强度降低、压缩性增大，这种作用称为潜蚀。

第五节 岩土工程勘察报告

一、岩土工程勘察报告的基本要求

岩土工程勘察报告是设计和施工的依据，应以满足设计和施工的要求为原则，其内容应根据勘察阶段、任务书要求、工程特点和场地的工程地质条件编写。编写所依据的原始资料应进行整理、检查、分析，确认无误后方可使用，岩土工程勘察报告应资料完整、真实准确、数据无误、图表清晰、结论有据、建议合理、便于使用和适宜长期保存，并应因地制宜，重点突出，有明确的工程针对性。

二、岩土工程勘察报告的基本内容

岩土工程勘察报告书应用简洁明了的文字和图表编写，并应包括如下内容：

（1）勘察目的、任务要求和依据的技术标准；

（2）拟建工程概况；

(3) 勘察方法和勘察工作布置；

(4) 场地位置、地形地貌、地质构造、地震基本烈度和场地土类型等；

(5) 场地的土层分布、岩土性质指标、岩土的强度参数、变形参数及地基承载力的建议值；

(6) 地下水埋藏情况、类型、水位及变化和土层的冻结深度；

(7) 土和水对建筑材料的腐蚀性；

(8) 可能影响工程稳定性的不良地质作用的描述和对工程危害程度的评价；

(9) 场地稳定性和适宜性的评价。

岩土工程勘察报告应对岩土利用、整治和改造的方案进行分析论证并提出建议；对工程施工和使用期间可能发生的岩土工程问题进行预测，提出监控和预防措施的建议。

成果报告应附下列图件：

(1) 勘探点平面布置图及场地位置示意图；

(2) 工程地质柱状图；

(3) 工程地质剖面图；

(4) 原位测试成果图表；

(5) 室内试验成果图表。

三、勘察报告书的阅读和使用

为了充分发挥勘察报告在设计和施工中的作用，必须重视勘察报告的阅读和使用。首先应熟悉勘察报告的主要内容，了解勘察结论和计算指标的可靠程度，判断报告书中建议的适用性，正确地使用勘察报告。

通过阅读勘察报告，熟悉场地各土层的分布和性质，初步选定适合上部结构要求的地层作为持力层，经方案比较最后做出决定。合理确定地基承载力是选择持力层的关键，而持力层承载力有多种影响因素，单纯依靠某种方法确定承载力未必十分合理，必要时可通过多种手段，并结合实践经验适当予以增减。

由于勘察工作不够详细，或地基土的特殊性不明，或勘探方法本身的局限性，或人为和仪器设备的影响，使得勘察报告不能十分准确反映场地的主要特性，从而造成勘察报告成果的失真而影响报告的可靠性。因此，在阅读勘察报告时应注意发现问题，并对有疑问的关键问题进一步查清，避免出错。

四、勘察报告实例

某中学新建砖混结构四层教学楼，勘察阶段为详细勘察阶段，该工程勘察报告摘录如下：

（一）文字部分

1. 勘察的任务、要求及工作概况

根据工程地质勘察任务书及设计提供资料，该中学拟建教学楼为四层砖混结构，墙底竖向荷载为160kN/m，场地整平标高5.5m，要求按施工设计阶段进行勘察。

勘察工作历时13天，总进尺60m，共布置了6个钻孔，其中技术孔3个，鉴别孔3个，取原状土样20件，并在鉴别孔中人工填土部位做了轻便触探试验。

2. 场地及土层描述

拟建场地地形平坦，地面原始标高5.26~5.5m，平均5.38m，略低于场地整平标高，钻探揭露，场地土层自上而下分为三层：

①Q^{ml}黏性素填土：黄褐色，很湿~饱和，可塑，含砖头瓦片等，层厚2~2.5m，层底显现0.1~0.3m的淤泥薄层；

②Q_4^{Ql}黏土：灰褐色，饱和，可塑，含氧化铁、云母等，层厚3~4.2m；

③Q_4^{m}粉质黏土：黄灰~灰色，饱和，软塑~流塑，含云母、贝壳，下部有粉砂夹层。

各土层承载力和指标统计值见表5-13。

各土层承载力和指标统计值 **表5-13**

土层编号	土类	土样数	指标平均值（标准值）											承载力
			w (%)	γ (kN/m³)	d_s	S_r (%)	e	w_L (%)	w_p (%)	I_p	I_L	a_{1-2} (MPa⁻¹)	E_{s1-2} (MPa)	f_0 (kPa)
①	素填土	6	28.6	19.1	2.72	94	0.83	31.4	18	13.4	0.80	0.45	3.73	106.9
②	黏土	7	37.5	18.3	2.76	97	1.07	43.9	23.7	20.2	0.69	0.65	2.91	126.2
③	粉质黏土	7	31.2	18.7	2.71	96	0.90	30.4	18	12.4	1.07	0.33	5.96	124.4

3. 地下水情况

钻探期间静止地下水位标高4.03m，深度1.26~1.5m，根据附近场地原有水质分析结果，地下水无腐蚀性。当地冻结深度0.6~0.8m。

4. 结论与建议

（1）地基承载力，根据钻探结果，各层土承载力标准值如下：

黏性素填土：$f_k=\psi_f\times f_0=0.87\times106.9\approx90$kPa；

黏土：$f_k=\psi_f\times f_0=0.91\times126.2\approx110$kPa；

粉质黏土：$f_k=\psi_f\times f_0=0.913\times124.4\approx110$kPa。

（2）由于该建筑物层数不多，荷载不大，加之地下水位较高，建议采用天然地基浅基础，并尽量减少基础埋深。可以黏性素填土或黏土层作为地基持力层。

（3）由于黏土层压缩性较高，所以宜采用钢筋混凝土基础，并应适当加强上部结构的整体刚度，必要时可设沉降缝。

（4）施工期间应注意做好排水工作，防止基坑底土体扰动，开槽后应进行基坑验槽。

（二）图表部分

1. 勘探点平面布置图

该工程勘探点平面布置如图 5-12 所示。由于是院内扩建工程，所以未标注地形等高线和坐标网。

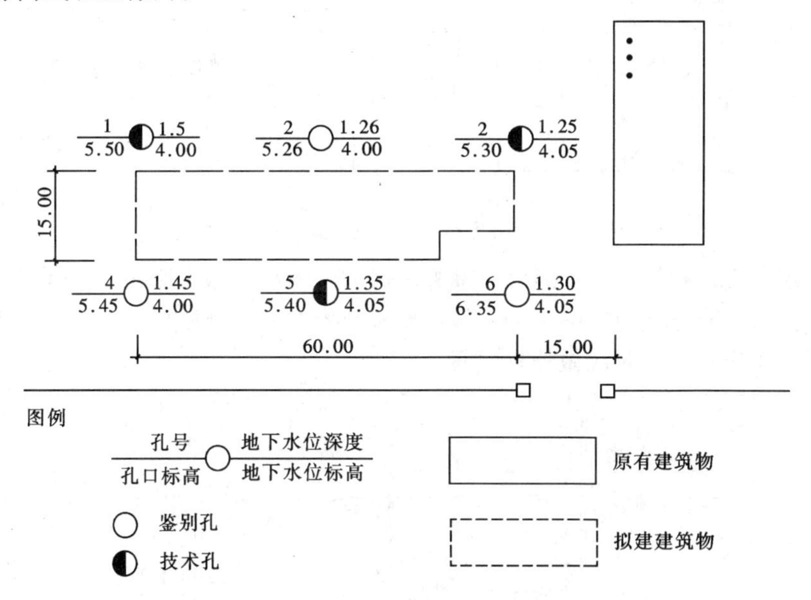

图 5-12 钻孔平面布置图

2. 钻孔柱状图

钻孔柱状图是根据现场钻探记录和室内试验结果整理出来的，原则上每个钻孔应绘制一张图，图 5-13 为 1 号钻孔柱状图，要求按比例绘制钻孔剖面图，自上而下标明各土层的名称、地质年代、成因类型、埋藏深度、土层厚度、取原样位置、地下水位和触探记录等。

3. 地质剖面图

为同时反映土层沿水平及竖向的分布情况，可绘制地质剖面图。通过若干个位于同一剖面上的钻孔柱状图，将相同层次分界线相连，即可得出这一剖面的地质剖面图。图 5-14 是根据 1 号、2 号和 3 号钻孔柱状图绘制出来的。两个钻孔之

图层编号	成因年代	孔口标高 5.50	岩土名称	土层厚度 (m)	底层深度 (m)	底图标高 (m)	地下水位 (m)	土层描述
①	Q^{ml}		黏土性素填土	2.0	2.0	3.5	1.5~4.0	黏性素填土 黄褐色,很湿~饱和 可塑,含砖头、瓦片、植物根等
②	Q_4^{Ql}		黏土	4.2	6.2	-0.7		黏土 灰色,饱和,可塑 含氧化铁、云母
③	Q_4^{m}		粉质黏土	2.8	9.0	-3.5		粉质黏土下部夹粉砂薄层 黄色~灰色,饱和 软塑~流塑,含云母、贝壳

图 5-13　钻孔柱状图

间的土层分界是根据土层出露情况推测绘出的，因此，当土层比较复杂、钻孔间距又较大时，有可能与实际不符。阅读勘察报告时应充分注意这一点，施工时应加强验槽工作，必要时应做补充勘察。

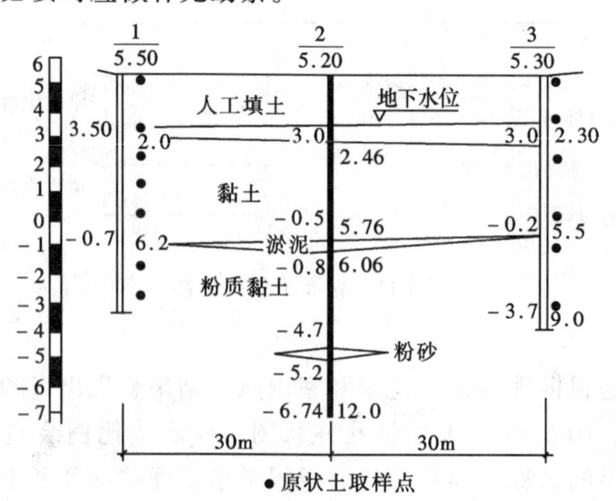

图 5-14　1-1′地质剖面图

图中数字：钻孔以左为地层层底标高，钻孔以右为层底深度（m）

4. 试验成果

岩土工程勘察报告中应提供室内土工试验成果总表，见表 5-14。土的剪切试验、压缩试验及现场原位测试等见有关章节，这里从略。

试验成果汇总表 **表 5-14**

钻孔号	土样号	取土深度(m)	w (%)	γ (kN/m³)	d_s	S_r (%)	e	w_L (%)	w_P (%)	I_P	I_L	φ (°)	c (kPa)	a_{1-2} (MPa⁻¹)	E_{s1-2} (MPa)	土类
①	1-1	0.5	26.3	19.1	2.72	89	0.8	31.2	18.1	13.1	0.63			0.44	3.9	填土
	1-2	1.5	30.0	19.2	2.72	97	0.84	33.7	18.2	15.5	0.76			0.43	4.1	
	1-3	3.0	36.3	18.8	2.74	99	1.00	41.9	22.5	19.4	0.71			0.58	3.3	黏土
	1-4	4.0	37.5	18.4	2.76	98	1.06	43.6	23.4	20.2	0.70			0.68	2.9	
	1-5	5.0	36.5	18.5	2.76	97	1.04	43.7	24.0	19.7	0.63			0.60	3.2	
	1-6	6.0	30.8	19.0	2.72	96	0.87	29.9	17.9	12.0	1.03			0.27	6.7	粉质黏土
	1-7	7.0	31.3	18.1	2.72	88	0.97	31.0	18.1	12.9	1.02			0.37	5.1	
③	3-1	1.0	28.2	18.9	2.73	91	0.85	33.4	18.2	15.2	0.66			0.45	3.7	填土
	3-2	2.0	29.1	19.6	2.72	99	0.80	30.1	18.0	12.1	0.92			0.43	4.0	
	3-3	3.5	38.9	17.9	2.76	94	1.14	47.6	25.5	22.1	0.61			0.58	3.2	黏土
	3-4	4.5	37.8	18.4	2.75	98	1.06	44.2	23.7	20.5	0.69			0.78	2.5	
	3-5	6.5	30.2	19.0	2.71	95	0.86	29.1	17.4	11.7	1.09			0.20	9.3	粉质黏土
	3-6	7.5	30.5	18.5	2.71	91	0.91	30.0	18.0	12.0	1.04			0.30	6.1	
⑤	5-1	1.0	28.9	19.1	2.71	94	0.83	29.0	17.3	11.7	0.99			0.47	3.5	填土
	5-2	2.0	28.9	18.9	2.72	92	0.86	30.9	18.1	12.8	0.84			0.50	3.2	
	5-3	4.0	38.7	18.3	2.74	98	1.08	43.9	23.6	20.3	0.74			0.50	2.9	黏土
	5-4	5.0	37.1	18.0	2.74	93	1.09	42.1	22.6	19.5	0.74			0.84	2.4	
	5-5	7.0	34.3	18.6	2.71	97	0.96	32.3	18.2	14.1	1.14			0.44	4.3	粉质黏土
	5-6	9.0	31.2	18.9	2.71	96	0.88	30.2	18.0	12.2	1.08			0.35	5.1	
	5-7	11.0	29.8	18.9	2.71	94	0.86	29.7	17.8	11.9	1.01			0.35	5.1	

五、勘察报告的阅读与使用

阅读勘察报告的目的在于掌握场地的工程地质条件，以便正确地加以利用。因此，必须重视勘察报告的阅读和使用。阅读的步骤和重点如下：

1. 全面仔细地阅读勘察报告的内容，了解勘察结论和计算指标的可靠程度，进而判断报告的建议对该项工程的适用性，防止只注重个别数据和结论的做法；

2. 根据工程特点和要求，核对钻孔布置、钻探深度、取样数量等是否符合有关规范的要求；

3. 复核土工试验是否合理，地基基础设计和施工所需数据是否齐全，是否满足设计和施工的要求；

4. 核对地下水的埋藏条件、水质、水位及地下水位的变化规律；

5.认真分析和研究勘察报告的结论与建议，结合工程的具体情况，初步选择适合上部结构特点和要求的土层作为持力层，做出地基基础设计与施工的最佳方案。

思考题

5-1　为什么要进行岩土工程勘察？勘察分为哪几个阶段？包括哪些内容？

5-2　为什么要进行地基验槽工作？怎样进行验槽？

5-3　岩土工程勘察方法有哪几种？试比较它们的优缺点和适用条件？

5-4　何谓标准贯入试验？何谓轻便触探试验？二者有何不同？

5-5　何谓技术孔？何谓鉴别孔？二者有何区别？

5-6　何谓流砂现象？如何防治？

5-7　地下水有哪几种？它们有何不同？

5-8　岩土工程勘察报告书分为哪几部分？建筑场地工程地质评价包括哪些内容？

习题

5-1　某四层砖混住宅楼，高12m，场地平整标高为10.6m，面积为$8.24\times29.9m^2$，房间开间为3.3m，采用横墙承重，墙底竖向荷载为110kN/m，附近地质资料表明，场地土层分布自上而下依次为：①粉质黏土，硬塑～可塑；②淤泥，厚度变化较大；③砂层，中密。地下水埋藏较浅。拟采用天然地基上条形基础，勘察按详勘进行。根据上述情况，要求提出该建筑场地的勘察任务书，并在任务书中说明钻孔的布置、技术孔和鉴别孔的数量和钻进深度、采取原状土试样的数量和深度、各层土需要进行的土工试验项目等。

第六章 浅基础设计

学习要点

基础设计是建筑结构设计的重要内容之一，与建筑物的安全和正常使用有着密切的关系。本章介绍了不同建筑物安全等级条件下的地基基础的设计原则，重点讨论了天然地基上浅基础的类型、基础埋置深度的选择、地基承载力特征值的确定、基础底面尺寸的确定、钢筋混凝土扩展基础的设计和柱下条形基础的设计，简要介绍了地基基础与上部结构共同作用的概念和减轻不均匀沉降的措施。

要求熟悉地基基础的设计原则；熟悉基础选型、基础埋置深度的选择；掌握地基承载力特征值的确定，基础底面积的确定，地基持力层和软弱下卧层的承载力验算；掌握钢筋混凝土墙下条形基础、独立基础的设计和柱下条形基础的设计；了解地基基础与上部结构共同作用的概念；熟悉减轻不均匀沉降的措施。

第一节 概 述

地基基础设计是建筑结构设计的重要内容之一，与建筑物的安全和正常使用有密切关系。设计时必须根据上部结构的使用要求、建筑物的安全等级、上部结构类型特点、工程地质条件、水文地质条件以及施工条件、造价和环境保护等各种条件，合理选择地基基础方案，因地制宜，精心设计，以确保建筑物的安全和正常使用。力求做到使基础工程安全可靠、经济合理、技术先进和施工方便。

一、地基基础设计的基本原则

由于地基基础是隐蔽工程，不论地基和基础哪一方面出现问题，既不容易发现也难于修复，轻者会影响使用，严重者还会导致建筑物破坏甚至酿成灾害。因此，地基基础的设计应引起高度重视。我国现行《建筑地基基础设计规范》（GB50007—2002）中，根据地基的复杂程度、建筑物规模和功能以及由于地基问题可能造成建筑物破坏或影响正常使用的程度将地基基础设计分为三个设计等级，见表6-1。为了保证建筑物的安全与正常使用，根据建筑物地基基础设计等级和长期荷载作用下地基变形对上部结构的影响程度，设计时应根据具体情况，按照如下原则进行地基基础的设计：

1. 所有建筑物的地基均应满足地基承载力计算的有关规定；

2. 设计等级为甲级、乙级的建筑物均应按变形设计；

3. 表6-1所列范围内设计等级为丙级的建筑物可不做变形验算，如有下列情况之一时，仍应做变形验算：

地基基础设计等级　　表6-1

设计等级	建　筑　类　型
甲级	重要的工业与民用建筑物；30层以上的高层建筑；体形复杂，层数相差10层的高低层连成一体的建筑物；大面积的多层地下建筑物；对地基变形有特殊要求的建筑物；复杂地质条件下的坡上建筑物；对原有工程影响较大的新建建筑物；场地和地基条件复杂的一般建筑物；位于复杂地质条件及软土地区的二层及二层以上地下室的基坑工程
乙级	除甲级、丙级以外的工业与民用建筑物
丙级	场地和地基条件简单、荷载分布均匀的七层及七层以下民用建筑及一般工业建筑物；次要的轻型建筑物

可不做地基变形计算的设计等级为丙级的建筑物范围　　表6-2

地基主要受力层情况	地基承载力特征值 f_{ak}（kPa）			$60 \leqslant f_{ak} < 80$	$80 \leqslant f_{ak} < 100$	$100 \leqslant f_{ak} < 130$	$130 \leqslant f_{ak} < 160$	$160 \leqslant f_{ak} < 200$	$200 \leqslant f_{ak} < 300$
	各土层坡度（%）			≤5	≤5	≤5	≤5	≤5	≤5
建筑类型	砌体承重结构、框架结构（层数）			≤5	≤5	≤5	≤6	≤6	≤7
	单层排架结构（6m）柱距	单跨	吊车额定起重量（t）	5~10	10~15	15~20	20~30	30~50	50~100
			厂房跨度（m）	≤12	≤18	≤24	≤30	≤30	≤30
		多跨	吊车额定起重量（t）	3~5	5~10	10~15	15~20	20~30	30~75
			厂房跨度（m）	≤12	≤18	≤24	≤30	≤30	≤30
	烟囱	高度（m）		≤30	≤40	≤50	≤75		≤100
	水塔	高度（m）		≤15	≤20	≤30	≤30		≤30
		容积（m^3）		≤50	50~100	100~200	200~300	300~500	500~1000

注：1. 地基主要受力层系指条形基础底面下深度为 $3b$（b 为基础底面宽度），独立基础下为 $1.5b$，且厚度均不小于5m的范围（二层以下一般的民用建筑除外）；

2. 地基主要受力层中如有承载力标准值小于130kPa的土层时，表中砌体承重结构的设计，应符合规范中第7章的有关要求；

3. 表中砌体承重结构和框架结构均指民用建筑，对于工业建筑可按厂房高度、荷载情况折合成与其相当的民用建筑层数；

4. 表中吊车额定起重量、烟囱高度和水塔容积的数值系指最大值。

（1）地基承载力特征值小于130kPa，且体形复杂的建筑物；

（2）在地基上及其附近有地面堆载或相邻基础荷载差异较大，可能引起地基产生过大的不均匀沉降时；

（3）软弱地基上的建筑物存在偏心荷载时；

（4）相邻建筑距离过近，可能发生倾斜时；

（5）地基内有厚度较大或厚薄不均的填土，其固结未完成时；

4. 对经常受水平荷载作用的高层建筑、高耸结构和挡土墙等，尚应验算其稳定性；

5. 基坑工程应进行稳定性验算；

6. 当地下水埋藏较浅，地下室或地下构筑物存在上浮问题时，尚应进行抗浮验算。

二、地基基础的设计方法

地基基础的设计同上部结构一样，采用以概率理论为基础的极限状态设计方法。根据《建筑地基基础设计规范》（GB50007—2002），为了保证建筑物的安全使用，地基基础必须满足下列要求：

（1）承载力要求。必须保证地基在抵抗剪切破坏和防止丧失稳定方面应具有足够的安全度，可表示为：

$$p_k \leqslant f_a \tag{6-1}$$

式中　p_k——基础底面的平均压力值，kPa，计算时采用荷载效应标准组合；

f_a——修正后的地基承载力特征值，kPa。

（2）正常使用要求。必须保证地基基础变形值小于地基的允许变形值，可表示为：

$$s \leqslant [s] \tag{6-2}$$

式中　s——建筑物地基的变形值；

$[s]$——建筑物地基的变形允许值。

三、地基基础设计的一般步骤

天然地基上浅基础设计的内容和一般步骤是：

（1）分析拟建场地地质勘察资料，掌握其工程地质条件和水文地质条件；

（2）选择基础类型和平面布置方案；

（3）确定地基持力层和基础埋置深度；

（4）确定地基承载力；

(5) 按地基承载力确定基础底面尺寸；

(6) 进行必要的地基稳定性和特征变形验算；

(7) 进行基础的结构设计和构造设计；

(8) 绘制基础施工图，并提出设计说明。

第二节 浅基础的类型

基础的作用就是在承受建筑物荷载的同时，把建筑物的荷载安全可靠地传递给地基，保证地基不发生强度破坏或产生过大的变形，并充分发挥地基的承载能力。所以基础的类型必须根据建筑物的特点和工程地质条件等情况进行选择。常用基础按不同的分类方法有以下几种分类形式：

一、按基础刚度分类

若按基础使用材料性能进行分类可分为刚性基础和柔性基础。

1. 刚性基础

刚性基础是指用抗压性能较好，而抗拉、抗剪性能较差的材料建造的基础，如图 6-1 所示，常用材料有砖、三合土、灰土、混凝土、毛石、毛石混凝土等。刚性基础受荷后基础不允许挠曲变形和开裂。所以，设计时必须规定基础材料强度及质量、限制台阶宽高比、控制建筑物层高和一定的地基承载力，而无需进行繁杂的内力分析和截面强度计算。因此，此类基础的相对高度一般都比较大，几乎不会发生弯曲变形，所以习惯上把此类基础称为刚性基础。

刚性基础多用于墙下条形基础和荷载不大的柱下独立基础。刚性基础可用于六层和六层以下（三合土基础不宜超过四层）的民用建筑和砌体承重的厂房。刚性基础的台阶宽高比要求一般可表示为：

$$\frac{b_i}{H_i} \leqslant \tan\alpha \tag{6-3}$$

式中 b_i——刚性基础任一台阶的宽度，mm；

H_i——相应 b_i 的台阶高度，mm；

$\tan\alpha$——刚性基础台阶宽高比的允许值，可按表 6-3 选用。

砖基础是应用最广的一种刚性基础，各部分的尺寸应符合砖的模数。一般做成台阶式，俗称“大放脚”，其砌筑方式有两种，一种是“二皮一收”，另一种是“二一间隔收”，但需保证底层和顶层为二皮砖，即 120mm 高。上述两种砌法本质上都应符合式（6-3）的宽高比要求。

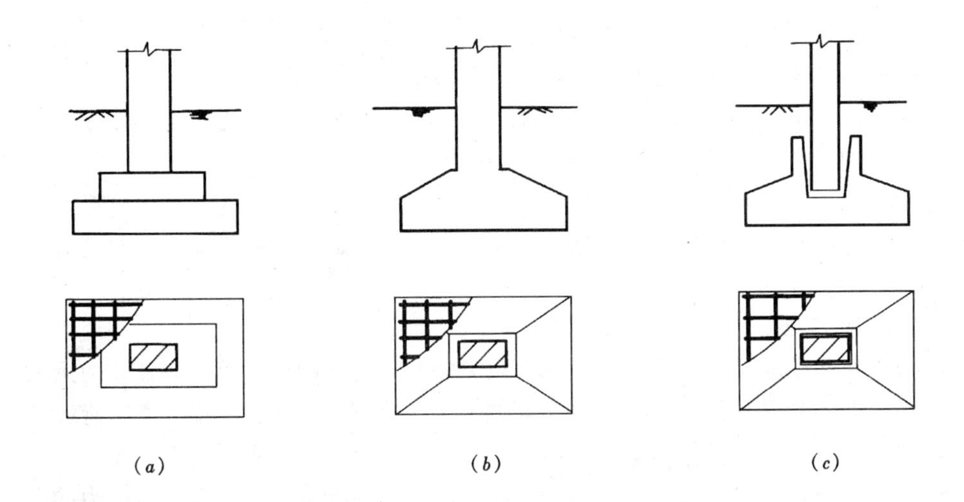

图 6-1 钢筋混凝土基础柱下单独基础

(a) 阶梯形；(b) 锥形；(c) 杯形

刚性基础台阶宽高比的允许值 **表 6-3**

基础材料	质量情况	台阶宽高比的允许值		
		$p_k \leqslant 100$	$100 < p_k \leqslant 200$	$200 < P_k \leqslant 300$
混凝土基础	C15 混凝土	1:1.00	1:1.00	1:1.25
毛石混凝土基础	C15 混凝土	1:1.00	1:1.25	1:1.50
砖基础	砖不低于 MU10、砂浆不低于 M5	1:1.50	1:1.50	1:1.50
毛石基础	砂浆不低于 M5	1:1.25	1:1.50	
灰土基础	体积比 3:7 或 2:8 的灰土，其最小干密度： 粉　土　15.5kN/m^3 粉质黏土　15.0 kN/m^3 黏　土　14.5kN/m^3	1:1.25	1:1.50	
三合土基础	体积比为 1:2:4～1:3:6（石灰:砂:骨料） 每层越虚铺 220mm，夯至 150mm	1:1.50	1:2.00	

注：1. p_k 为荷载效应标准组合时基底平均压力值（kPa）；

2. 阶梯形毛石基础的每级伸出宽度，不宜大于 200mm；

3. 当基础由不同材料叠合组成时，应对接触部分作抗压验算；

4. 基础底面处的平均压力值超过 300kPa 的混凝土基础，尚应进行抗剪验算。

为了保证砖基础的砌筑质量，常常在砖基础底面以下先做垫层。垫层一般可选用灰土、三合土或混凝土等材料。垫层每边伸出基础底面100mm，厚度一般为100mm。设计时，垫层不作为基础结构部分考虑。因此，垫层的宽度和高度都不计入基础的底宽和埋深之内。

刚性基础有构造简单、造价低、易于就地取材等优点，但为了满足宽高比的要求，相应的基础埋深较大，往往给施工带来不便。此外，刚性基础还存在着用料多，自重大等缺点。

2. 柔性基础

当刚性基础的尺寸不能满足地基承载力和基础埋深的要求时，则需要使用柔性基础，即钢筋混凝土基础。这种基础的抗弯和抗剪性能好，可在竖向荷载较大、地基承载力不高以及承受水平力和力矩荷载等情况下使用。由于这类基础的高度不受台阶宽高比的限制，可用扩大基础底面积的方法来满足地基承载力的要求，但不必增加基础的埋置深度，所以能得到合适的基础埋深。

二、按基础构造分类

基础的构造形式很多，一般常用的基础，按其构造可分为独立基础、条形基础、筏板基础、箱形基础以及壳体基础等。

1. 独立基础

独立基础也称“单独基础”，是最常用的柱下基础。现浇钢筋混凝土柱下常采用现浇钢筋混凝土独立基础，基础截面可做成台阶形，如图6-1（*a*）所示，或锥形，如图6-1（*b*）所示。预制柱下一般采用杯口形基础，如图6-1（*c*）所示。对于轴心受压柱下独立基础的底面形式一般为方形，偏心受压柱下独立基础的底面形式一般为矩形。

2. 条形基础

条形基础是墙下最常用的一种基础形式，当柱下独立基础不能满足要求时，也可使用条形基础。因此按上部结构形式，把条形基础分为墙下条形基础和柱下条形基础。

（1）墙下条形基础

墙下条形基础有刚性条形基础和钢筋混凝土条形基础两种。墙下刚性条形基础在砌体结构基础中得到广泛应用，材料及构造按照刚性基础设计要求。当上部墙体荷重较大而土质较差时，可采用墙下钢筋混凝土条形基础。墙下钢筋混凝土条形基础一般做成不带肋，如图6-2（*a*）所示，或带肋，如图6-2（*b*）所示的两种。当基础长度方向的墙上荷载及地基土的压缩性不均匀时，常使用带肋的墙下钢筋混凝土条形基础，以增强基础的整体性能，减小不均匀沉降。

（2）柱下钢筋混凝土条形基础

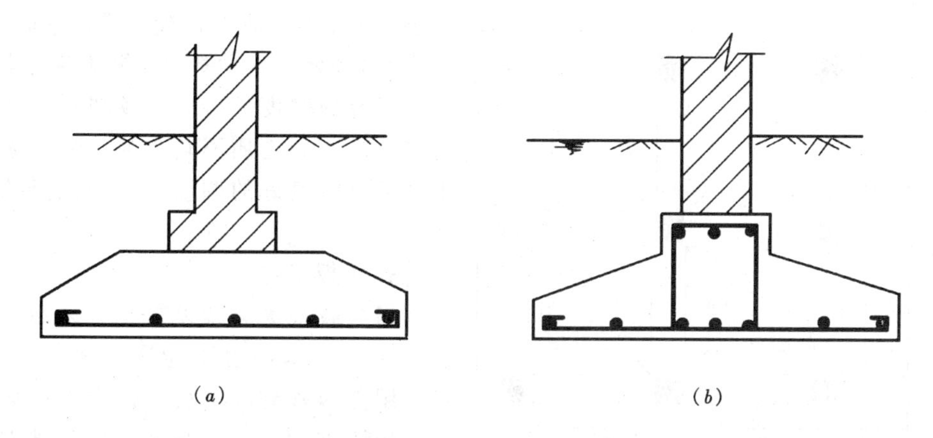

图 6-2　墙下钢筋混凝土条形基础
（a）不带肋；（b）带肋

当地基软弱、承载力较低且荷载较大时，若采用柱下独立基础，为满足地基承载力要求，基础底面积可能很大而使基础边缘互相接近甚至重叠；为增加基础的整体性并方便施工，可做成柱下钢筋混凝土条形基础，如图 6-3 所示。若仅是相邻两柱相连，又称作联合基础或双柱联合基础。

(3) 十字交叉钢筋混凝土条形基础

当荷载很大，采用柱下钢筋混凝土条形基础不能满足地基基础设计要求时，

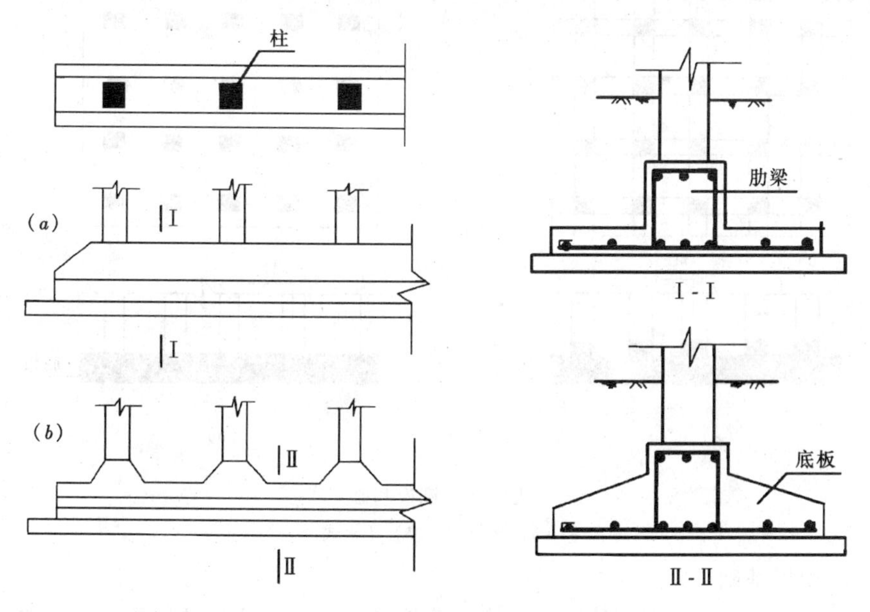

图 6-3　柱下条形基础
（a）等截面；（b）柱位处加腋

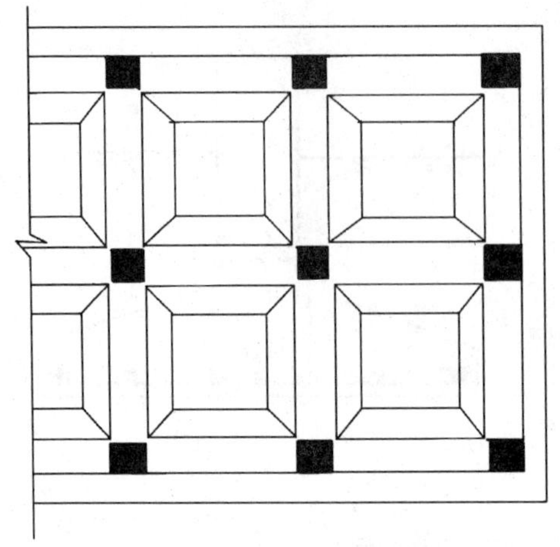

图 6-4 十字交叉钢筋混凝土条形基础

可采用十字交叉钢筋混凝土条形基础，如图 6-4 所示。这种基础在纵横两向均具有一定的刚度，当地基较弱且在两方向的荷载和土质不均匀时，交叉条形基础具有良好的调整不均匀沉降的能力。

3．筏板基础

当荷载很大且地基较弱，采用十字交叉条形基础也不能满足要求时，可采用筏板基础。筏板基础类似一块倒置的楼盖，比十字交叉条形基础有更大的整体刚度，有利于调整地基的不均匀沉降。筏板基础分为平板式和梁板式二种，分别如图 6-5（*a*）、（*b*）所示。平板式筏板基础是一块等厚度（0.5～2.5m）的钢筋混凝土平板，其厚度的确定比较困难，目前常根据经验确定。梁板式筏板的板厚虽然比平板小很多，由于梁的作用，其刚度较大，能承受较大的弯矩。筏板基础不仅可用于框架、框剪、剪力墙结构，也可用于砌体结构。

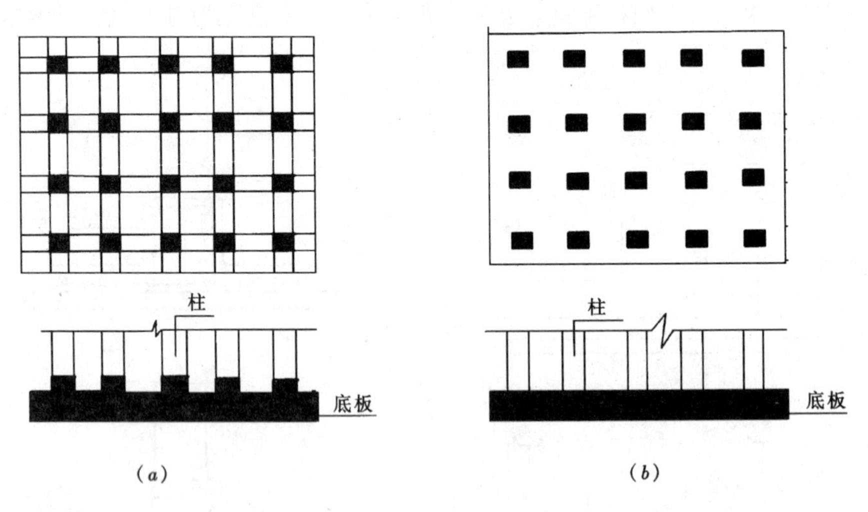

图 6-5 筏板基础

（*a*）平板式；（*b*）梁板式

4．箱形基础

为了使基础具有更大的刚度，高层建筑考虑建筑功能与结构受力等需要，可以采用箱形基础。这种基础是由钢筋混凝土底板、顶板和纵横交错的内外隔墙组成的，如图 6-6 所示，具有比筏板更大的空间刚度和抵抗不均匀沉降的能力。此外，箱形基础的抗震性能好，且基础顶板与底板之间的空间可作为地下室使用。但是，箱形基础的材料用量大、造价高、施工技术复杂，尤其是进行深基坑开挖时，需要考虑可能遇到的各种问题，因此，选型时应进行方案比较后谨慎选择。

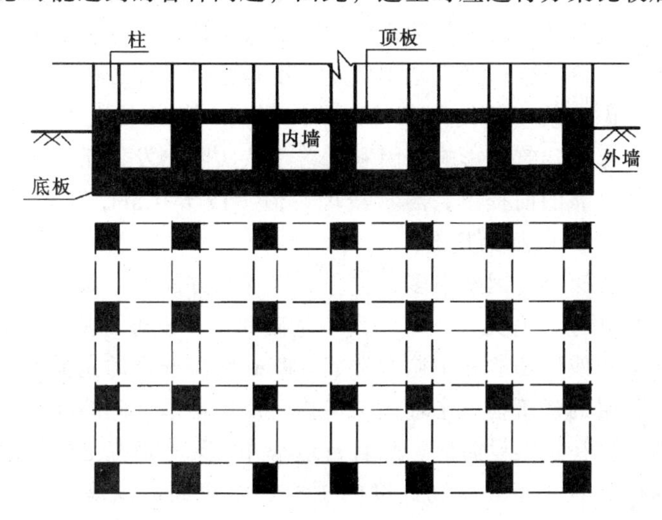

图 6-6　箱形基础

5. 壳体基础

为使材料性能得到充分发挥，可以使用结构内力主要是轴向压力的壳体基础。此类基础可用于一般工业与民用建筑柱基和筒形构筑物（如烟囱、水塔、料仓、中小型高炉等）基础。常用形式有正圆锥壳 、M 形组合壳、内球外锥组合壳等几种，如图 6-7 所示。这种基础可比一般钢筋混凝土基础减少混凝土用量 50%左右，节约钢筋 30%以上，具有良好的经济效益。但由于壳体基础施工技术难度较大、难以进行机械化施工，故目前主要用于筒形构筑物的基础。

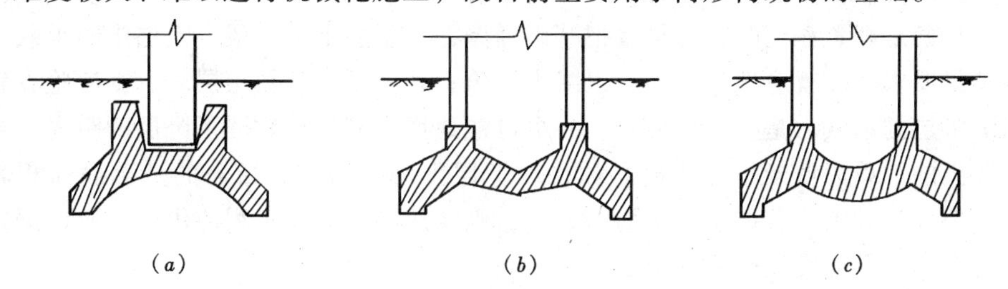

图 6-7　壳体基础

(*a*) 正圆锥壳；(*b*) M 形组合壳；(*c*) 内球外锥组合壳

第三节 基础埋置深度的选择

基础埋置深度一般是指基础底面至设计地面的垂直距离。选择基础埋置深度也即选择合适的地基持力层。它关系到地基的可靠性、基础施工难易程度、工期的长短和工程造价等。合理确定基础埋置深度是基础设计工作中的重要环节，确定时必须综合考虑建筑物的使用条件、结构形式、荷载的大小和性质、地质条件、气候条件、邻近建筑的影响等因素，善于从实际出发，抓住决定性因素。原则上在保证安全可靠的前提下，尽量浅埋，但不浅于 0.5m，基础顶面应低于设计地面 100mm 以上，以避免基础外露。

影响基础埋置深度的因素很多，主要有以下几方面：

1. 建筑物的用途、有无地下室、设备基础和地下设施、基础的形式和构造

某些建筑物的使用功能和用途常常成为基础埋深选择的先决条件。例如，设置地下室或设备层的建筑物、半埋式结构物、使用箱形基础的高层建筑等都需要较大的基础埋深。在抗震设防区，除岩石地基外，天然地基上的箱形基础和筏板基础其埋置深度不宜小于建筑物高度的 1/15；桩箱或桩筏基础的埋置深度（不计桩长）不宜小于建筑物高度的 1/18～1/20，位于岩石地基上的高层建筑，其基础埋置深度应满足抗滑要求。

2. 作用在地基上的荷载的性质与大小

荷载的性质与大小不同，对地基土的要求也不同，因而会影响基础埋置深度的选择。对某一持力层而言，荷载比较小时能满足要求，荷载大时就可能不满足要求。荷载的性质对基础埋置深度的影响也很明显。对于承受水平荷载的基础，必须有足够的埋置深度，以防止发生倾覆及滑移；对于承受上拔荷载的基础，基础应有足够的埋深，以保证基础的稳定性；对于承受振动荷载的基础，不宜将基础放置在可液化的土层上。

3. 工程地质条件及水文地质条件

在确定埋置深度时，应尽量把基础埋置在好土层上。一般当上层土的承载力能满足要求时，就应选择浅埋，以减少造价；若其下有软弱土层时，则应验算软弱下卧层的承载力是否满足要求，并尽可能地增大基底至软弱下卧层的距离。当上层土的承载力低于下层土时，如果取下层土为持力层，所需的基础底面积较小，但埋深较大；若取上层土为持力层，则情况相反。在工程应用中，应根据实际情况，进行方案比较后确定。

选择基础埋深时还应注意地下水的埋藏条件和动态。对于天然地基上浅基础设计，应尽量考虑将基础置于地下水位以上，以免地下水对基坑开挖施工质量的影响。若基础必须埋置在地下水位以下时，应考虑基坑排水、坑壁支护等措施，

以及地下水是否对基础材料有腐蚀作用，并采取相应措施，防止地基土在施工时受到扰动。

对埋藏有承压含水层的地基，如图6-8所示，确定基础埋深时，必须控制基坑开挖深度，防止基坑底土被承压水冲破，引起突涌或流砂现象。一般要求基底至承压含水层顶面之间保留的土层厚度 h_0 为：

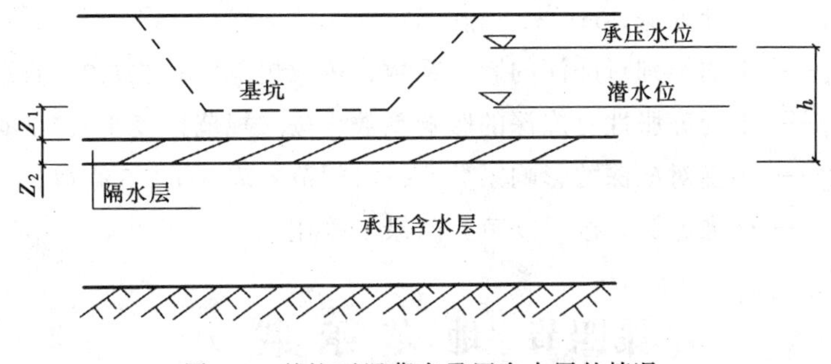

图6-8　基坑下埋藏有承压含水层的情况

$$K\gamma_0 h_0 > \gamma_w h \tag{6-4}$$

式中　h——承压水位高度（从承压含水层顶算起），m；

γ_0——h_0 范围内土的加权平均重度，水位以下的土取饱和重度，kN/m^3；

K——系数，一般取1.0，对宽基坑宜取0.7。

4. 相邻建筑物基础埋深的影响

当存在相邻建筑物时，新建建筑物的基础埋深不宜大于原有的建筑物基础。当埋深大于原有建筑物基础时，两基础间应保持一定净距，其数值应根据原有建筑荷载大小、基础形式和土质情况确定。当上述条件不能满足时，应分段施工，设置临时加固支撑等，或加固原有建筑物基础。

5. 地基土冻胀和融陷的影响

地下一定范围内，土层温度随大气温度而变化。季节性冻土是冬季冻结、天暖融解的土层，在我国北方地区分布较广。若产生冻胀，基础就有可能被上抬；土层融解时，土体软化，强度降低，地基产生融陷。地基土的冻胀与融陷通常是不均匀的，因此，容易引起建筑物开裂损坏。

季节性冻土的冻胀性与融陷性是相互关联的，其冻结深度主要取决于当地的气象条件。气温越低，低温持续时间越长，冻结深度就越大。冻结深度内的土是否冻胀以及冻胀的严重程度，取决于土的种类、含水量和地下水位的情况。根据冻胀对建筑物危害的程度，将地基土的冻胀性划分为不冻胀、弱冻胀、冻胀和强冻胀四类（《建筑地基基础设计规范》(GB50007—2002)，附录G)。

粗颗粒土（细砂、中砂、粗砂、砾砂等）因不含弱结合水，没有水分迁移现象，为不冻胀土，选择埋置深度时，可不考虑冻深的影响。

对于冻胀土中的基础，当建筑基础底面之下允许有一定厚度的冻土层，可用下式确定基础的最小埋深：

$$d_{min} = z_d - h_{max} \tag{6-5}$$

式中 h_{max}——基础底面下允许残留冻土层的最大厚度，m，按《规范》附录 G.0.2 查取；

z_d——设计冻深，m；$z_d = z_0 \psi_{zs} \psi_{zw} \psi_{ze}$；

ψ_{zs}——土的类别对冻深的影响系数，按《规范》表 5.1.7-1 查取；

ψ_{zw}——土的冻胀性对冻深的影响系数，按《规范》表 5.1.7-2 查取；

ψ_{ze}——环境对冻深的影响系数，按《规范》表 5.1.7-3 查取；

z_0——标准冻深，按《规范》附录 F 采用。

第四节 地 基 承 载 力

根据地基基础设计的基本原则，必须保证在基底压力作用下，地基不发生剪切破坏和丧失稳定性，并具有足够的安全度。因此，要求对各级建筑物均应进行地基承载力计算。

地基承载力的确定在地基基础设计中是一个非常重要而又十分复杂的问题，它与土的物理、力学性质指标有关，而且还与基础形式、底面尺寸、埋深、建筑类型、结构特点和施工等因素有关。确定地基承载力的方法可归纳为三类：

一、按地基土的强度理论确定地基承载力

根据地基承载力理论可知，按土的抗剪强度指标 c、φ 计算的地基临塑荷载 p_{cr}、极限荷载 p_u 以及临界荷载 $p_{1/4}$（或 $p_{1/3}$）等，均可用来衡量地基承载能力。

当偏心距 e 小于或等于 0.033 倍基础底面宽度时，我国《建筑地基基础设计规范》(GB50007—2002) 推荐以临界荷载 $p_{1/4}$为理论基础的理论计算公式为：

$$f_a = M_b \gamma b + M_d \gamma_m d + M_c c_k \tag{6-6}$$

式中 f_a——由土的抗剪强度指标确定的地基承载力特征值；

M_b、M_d、M_c——承载力系数，查表 6-4；

c_k——基底下一倍短边宽深度内土的黏聚力标准值；

γ_m——基础底面以上土的加权平均重度，地下水位以下取有效重度；

γ——基础底面以下土的重度，地下水位以下取有效重度；

b——基础底面宽度，大于 6m 时按 6m 考虑；对于砂土，小于 3m 时按 3m 考虑；

d——基础埋置深度，m，一般自室外地面标高算起。在填方整平地区，可自填土地面标高算起，但填土在上部结构施工后完成时，应从天然地面标高算起。对于地下室，如采用箱形基础或筏形基础时，基础埋置深度自室外地面标高算起；当采用独立基础或条形基础时，应从室内地面标高算起。

承载力系数表　　表 6-4

φ_k	M_b	M_d	M_c	φ_k	M_b	M_d	M_c
0	0.00	1.00	3.14	22	0.61	3.44	6.04
2	0.03	1.12	3.32	24	0.80	3.87	6.45
4	0.06	1.25	3.51	26	1.10	4.37	6.90
6	0.10	1.39	3.71	28	1.40	4.93	7.40
8	0.14	1.55	3.93	30	1.90	5.59	7.95
10	0.18	1.73	4.17	32	2.60	6.35	8.55
12	0.23	1.94	4.42	34	3.40	7.21	9.22
14	0.29	2.17	4.69	36	4.20	8.25	9.97
16	0.36	2.43	5.00	38	5.00	9.44	10.80
18	0.43	2.72	5.31	40	5.80	10.84	11.73
20	0.51	3.06	5.66				

注：φ_k——基底下一倍短边宽深度内土的内摩擦角。

二、按现场载荷试验结果确定地基承载力

现场载荷试验确定地基承载力是最可靠的方法。在现场通过一定的载荷板对扰动较小的地基直接施加荷载，所得的成果一般能反映相当于 1～2 倍载荷板宽度的深度以内的土体的平均性质。对地基进行载荷试验，整理试验记录可以得到如图 6-9 所示的荷载 p 与沉降 s 的关系曲线，由此来确定地基承载力特征值：

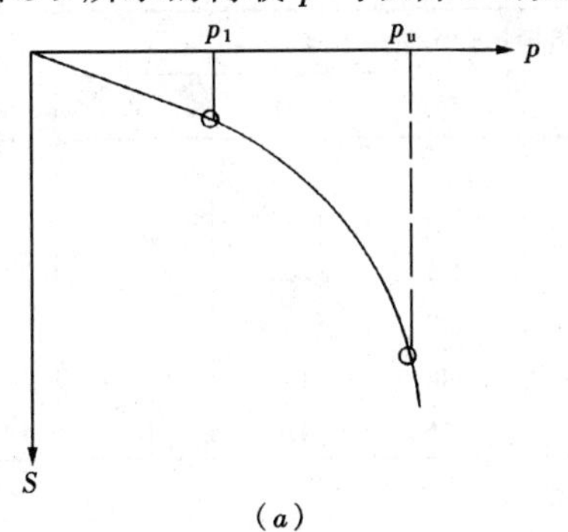

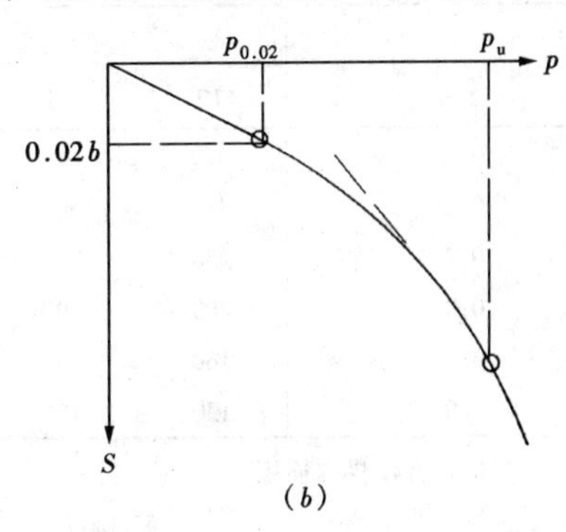

图 6-9　按载荷试验结果确定地基承载力基本值

（a）低压缩性土；（b）高压缩性土

对于密实砂土、硬塑黏土等低压缩性土，其 p-s 曲线通常有比较明显的起始直线段和极限值，曲线呈“陡降型”，如图 6-9（a）所示，《规范》规定，取图中比例界限所对应的荷载 p_1 作为承载力特征值。

当极限荷载小于对应比例界限的荷载值的 2 倍时，取极限荷载值的一半作为承载力特征值。

对于有一定强度的中、高压缩性土，如松砂、填土、可塑黏土等，其 p-s 曲线无明显转折点，但曲线的斜率随荷载的增大而逐渐增大，最后稳定在某个最大值，即呈渐进破坏的“缓变型”如图 6-9（b）所示，当加载板面积为 0.25 ~ 0.50m^2，可取 $s/b=0.01\sim0.015$ 所对应的荷载，但其值不大于最大加载值的一半。

同一土层参加统计的试验点数不应少于三点，当试验实测值的极差（即最大值减最小值）不超过平均值的 30%时，取此平均值作为地基承载力特征值 f_{ak}。

三、按提供的承载力表格确定

根据建国以来大量工程实践经验、原位试验和室内土工试验数据，对于基础宽度小于 3m 以及埋深小于等于 0.5m 的情况，给出了一套确定地基承载力的方法。

1. 承载力基本值 f_0

土的物理力学指标与其承载力之间存在着相关性，通过室内试验经回归分析并结合经验修正后，给出承载力表，使用时按土的性质指标的平均值查取，但表中没有反映试样数量及试验结果的离散程度。使用时还应通过统计分析对承载力进行修正。粉土、黏性土、沿海地区淤泥质土、红黏土、素填土的承载力基本值，见表 6-5 ~ 6-9 查得。

粉土承载力基本值 f_0（kPa）　　　表 6-5

第一指标：孔隙比 e	第二指标：含水量 w（%）						
	10	15	20	25	30	35	40
0.5	410	390	(365)				
0.6	310	300	280	(270)			
0.7	250	240	225	215	(205)		
0.8	200	190	180	170	(165)		
0.9	160	150	145	140	130	(125)	
1.0	130	125	120	115	110	105	(100)

注：1. 有括号者仅供内插用；

2. 折算系数 ξ 为 0；

3. 有湖、塘、沟、谷与河漫滩地段，新近沉积的粉土，其工程性质一般较差，应根据当地经验取值。

黏性土承载力基本值 f_0（kPa）　　表 6-6

第一指标：孔隙比 e	第二指标：液性指数 I_L					
	0	0.25	0.50	0.75	1.00	1.20
0.5	475	450	390	(360)		
0.6	400	360	325	295	(265)	
0.7	325	295	265	240	210	
0.8	275	240	220	200	170	170
0.9	230	210	190	170	135	135
1.0	200	180	160	135	115	105
1.1		160	135	115	105	

注：1. 有括号者仅供内插用；

2. 折算系数 ξ 为 0.1；

3. 在湖、塘、沟、谷与河漫滩地段新近沉积的黏性土，其工程性能一般较差。第四纪晚更新世（Q_3）及其以前沉积的老黏性土，其工程性能通常较好。这些土均应根据当地实践经验取值。

沿海地区淤泥和淤泥质土承载力基本值 f_0（kPa）　　表 6-7

天然含水量 w（%）	36	40	45	50	55	65	75
f_0（kPa）	100	90	80	70	60	50	40

注：对于内陆淤泥和淤泥质土，可参照使用。

红黏土承载力基本值 f_0（kPa）　　表 6-8

土的名称	第二指标：$I_r = \frac{w_L}{w_P}$	第一指标：含水比 $a_w = \frac{w}{w_L}$					
		0.5	0.6	0.7	0.8	0.9	1.0
红黏土	≤1.7	380	270	210	180	150	140
	≥2.3	280	200	160	130	110	100
次生红黏土		250	190	150	130	110	100

注：1. 本表仅适用于定义范围内的红黏土；

2. 折算系数 ξ 为 0.4。

素填土承载力基本值 f_0（kPa）　　表 6-9

压缩模量 E_{s1-2}（MPa）	7	5	4	3	2
f_0（kPa）	160	135	115	85	65

注：1. 本表只适用于堆填时间超过 10 年的黏性土，以及超过 5 年的粉土；

2. 压实填土地基的承载力另行确定。

2. 承载力特征值 f_{ak}

按上述表中查得的承载力基本值乘以回归修正系数 ψ_f，即得承载力特征值：

$$f_{ak} = \psi_f f_0 \tag{6-7}$$

回归修正系数 ψ_f 按下式计算

$$\psi_f = 1 - \left(\frac{2.884}{\sqrt{n}} + \frac{7.918}{n^2}\right)\delta \tag{6-8}$$

式中 n——据以查表的土性指标参加统计的样本数；

δ——变异系数。

若按上式计算所得的 $\psi_f < 0.75$ 时，应分析变异系数 δ 过大的原因，如土体分层是否合理、试验有无误差等，并应同时增加样本数量。

变异系数 δ 按下列方法计算：

$$\delta = \frac{\sigma}{\mu} \tag{6-9}$$

$$\mu = \frac{\sum_{i=1}^{n} \mu_i}{n} \tag{6-10}$$

$$\sigma = \sqrt{\frac{\sum_{i=1}^{n} \mu_i^2 - n\mu^2}{n-1}} \tag{6-11}$$

式中 μ——据以查表的某一土性指标的试验平均值：

σ——标准差。

若用两个土性指标查表来确定地基承载力基本值时，采用由这两个指标变异系数折算后的综合变异系数：

$$\delta = \delta_1 + \xi\delta_2 \tag{6-12}$$

式中 δ_1——第一指标变异系数；

δ_2——第二指标变异系数；

ξ——第二指标的折算系数。

对于岩石，可根据野外鉴别结果，按表 6-10 查得其承载力标准值。

砂土、黏性土、素填土可按标准贯入试验锤击数 N 或轻便触探试验锤击数 N_{10}分别查表 6-11、6-12、6-13 和 6-14 确定地基承载力特征值，现场试验锤击数应进行修正：

$$N(N_{10}) = \mu - 1.645\sigma \tag{6-13}$$

式中 μ、σ——现场试验锤击数的平均值和标准差。

岩石承载力特征值 f_{ak}（kPa） 表 6-10

岩石类别 \ 风化程度	强风化	中等风化	微风化
硬质岩石	500～1000	1500～2500	≥4000
软质岩石	200～500	700～1200	1500～2000

注：1. 表中取值适用于骨架颗粒空隙全部由中砂、粗砂或硬塑、坚硬状态的黏性土或稍湿的粉土所充填；

2. 当粗颗粒为中等风化或强风化时，可按其风化程度适当降低承载力，当颗粒间呈半胶结状时，可适当提高承载力。

砂土承载力特征值 f_{ak}（kPa） 表 6-11

土类 \ N	10	15	30	50
中、粗砂	180	250	340	500
粉、细砂	140	180	250	340

黏性土承载力特征值 f_{ak}（kPa） 表 6-12

N	3	5	7	9	11	13	15	17	19	21	23
f_{ak}（kPa）	105	145	190	235	280	325	370	430	515	600	680

黏性土承载力特征值 f_{ak}（kPa） 表 6-13

N_{10}	15	20	25	30
f_{ak}（kPa）	105	145	190	230

素填土承载力特征值 f_{ak}（kPa） 表 6-14

N_{10}	10	20	30	40
f_{ak}（kPa）	85	115	135	160

注：本表只适用于黏性土与粉土组成的素填土。

3. 修正后的地基承载力特征值

除岩石地基外，所有表格都是针对基础宽度 $b \leqslant 3$m、埋置深度 $d \leqslant 0.5$m 的情况制定的。当基础宽度大于 3m 或埋深大于 0.5m 时，按下式确定修正后的地基承载力特征值；

$$f_a = f_{ak} + \eta_b \gamma (b - 3) + \eta_d \gamma_m (d - 0.5) \tag{6-14}$$

式中 f_a——修正后的地基承载力特征值，kPa；

f_{ak}——地基承载力特征值，kPa；

η_b、η_d——分别为基础宽度和埋深的地基承载力修正系数，按基底下土的类别查表 6-15；

γ——基础底面以下土的重度，地下水位以下取有效重度，kN/m^3；

γ_m——基础底面以上土的加权平均重度，地下水位以下部分取有效重度，kN/m^3；

b——基础底面宽度，$b<3m$ 时按 3m 计，$b>6m$ 时按 6m 计，m；

d——基础埋置深度，$d<0.5m$ 时按 0.5m 计，m。一般自室外地面标高算起；在填方整平地区，可自填土地面标高算起，但填土在上部结构施工完成后，应以天然地面标高算起。对于地下室，如采用箱形基础或筏板时，基础埋置深度自室外地面标高算起，在其他情况下，应从室内地面标高算起。

承载力修正系数 **表 6-15**

土的类别		η_b	η_d
淤泥和淤泥质土		0	1.0
人工填土 e 或 I_L 大于等于 0.85 的黏性土		0	1.0
红黏土	含水比 $a_w>0.8$	0	1.2
	含水比 $a_w\leqslant0.8$	0.15	1.4
大面积压实填土	压实系数大于 0.95、黏粒含量 $\rho_c\geqslant10\%$ 的粉土	0	1.5
	最大干密度大于 $2.1t/m^3$ 的级配砂石	0	2.0
粉土	黏粒含量 $\rho_c\geqslant10\%$ 的粉土	0.3	1.5
	黏粒含量 $\rho_c<10\%$ 的粉土	0.5	2.0
e 或 I_L 均小于等于 0.85 的黏性土		0.3	1.6
粉砂、细砂（不包括很湿与饱和时的稍密状态）		2.0	3.0
中砂、粗砂、砾砂和碎石土		3.0	4.4

注：1. 强风化和全风化的岩石，可参照所风化成的相应土类取值，其他状态下的岩石不修正；

2. 地基承载力特征值按本规范附录 D 深层平板载荷试验确定时 η_d 取 0。

【例 6-1】 某工程进行工程地质勘察、原位测试以及原状土的土工试验得到如下资料，试根据此资料确定各层土的承载力基本值、特征值。

（1）杂填土，厚度 0～1.0m，$\gamma=18kN/m^3$；

（2）粉质黏土，厚度 1.0～5.2m，$\gamma=18.5kN/m^3$，$e=0.919$，$I_L=0.94$，$\psi_f=0.98$

（3）淤泥质粉质黏土，厚度 5.2～9.0m，$\gamma=17.8kN/m^3$，$w=43.5\%$，$\psi_f=0.97$

（4）粉砂，厚度 9.0～16m，$\gamma=18.9kN/m^3$，$N=12$；

【解】　确定地基承载力基本值、特征值

(1) 杂填土不宜直接作持力层。

(2) 粉质黏土，由 $e=0.919$，$I_L=0.94$，查表6-6，得 $f_0=139\text{kPa}$

$\psi_f=0.988$，$f_{ak}=\psi_f f_0=0.988\times139=136\text{kPa}$。

(3) 淤泥质粉质黏土，由 $w=43.5\%$，查表6-7，得 $f_0=83\text{kPa}$

$\psi_f=0.97$，$f_{ak}=\psi_f f_0=0.97\times83=80\text{kPa}$。

(4) 粉砂，$N=12$，查表6-11，直接得到 $f_{ak}=156\text{kPa}$。

【例6-2】　在［例6-1］的地基上，试求以下基础持力层修正的地基承载力特征值。

(1) 当基础底面为 $2.6\text{m}\times4.0\text{m}$ 的独立基础，埋深 $d=1.0\text{m}$；

(2) 当基础底面为 $9.5\text{m}\times36\text{m}$ 的箱形基础，埋深 $d=3.5\text{m}$。

【解】　(1) 独立基础下粉质黏土的 f_a

基础宽度 $b=2.6\text{m}<3\text{m}$，按3m考虑；埋深 $d=1.0\text{m}$，$e=0.94>0.85$，查表6-15得：$\eta_b=0$，$\eta_d=1.0$。由［例6-1］可知 $\gamma=18\text{kN/m}^3$，$\gamma_m=18.5\ \text{kN/m}^3$，则

$$\begin{aligned}f_a&=f_{ak}+\eta_b\gamma(b-3)+\eta_d\gamma_m(d-0.5)\\&=136+0\times18.5\times(3-3)+1.0\times18\times(1.0-0.5)=145\text{kPa}\end{aligned}$$

(2) 箱形基础下粉质黏土的 f_a

基础宽度 $b=9.5\text{m}>6\text{m}$，按6m考虑；埋深 $d=3.5\text{m}$，$e=0.94>0.85$，$\eta_b=0$，$\eta_d=1.0$。由［例6-1］可知 $\gamma=18.5\text{kN/m}^3$。$\gamma_m=(18\times1.0+18.5\times2.5)/3.5=18.4\ \text{kN/m}^3$，则

$$\begin{aligned}f_a&=f_{ak}+\eta_b\gamma(b-3)+\eta_d\gamma_m(d-0.5)\\&=136+0\times18.5\times(6-3)+1.0\times18.4\times(3.5-0.5)=191.2\text{kPa}\end{aligned}$$

第五节　基础底面尺寸的确定

在进行基础设计时，一般先确定基础埋深，后确定基础底面尺寸。选择底面尺寸首先应满足地基承载力要求，包括持力层和软弱下卧层的承载力验算。另外，对部分建（构）筑物，还需考虑地基变形的影响，验算建（构）筑物的变形特征值，并对基础底面尺寸作必要的调整。

一、按地基持力层的承载力计算基底尺寸

1. 轴心荷载作用下的基础

基础上仅作用竖向荷载，且荷载通过基础底面形心时，基础在轴心荷载作用下，假定基底反力均匀分布，如图6-10。设计要求基底的平均压力不超过持力层

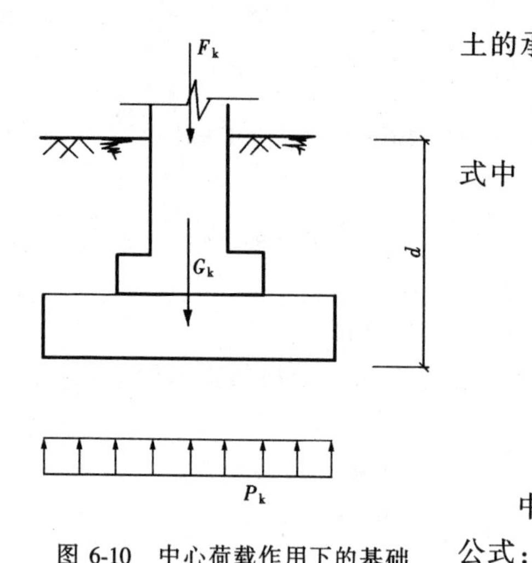

图 6-10 中心荷载作用下的基础

土的承载力特征值，即：

$$P_k = \frac{F_k + G_k}{A} \leqslant f_a \tag{6-15}$$

式中 P_k——相应于荷载效应标准组合时，基础底面处的平均压力；

f_a——修正后的地基承载力特征值；

F_k——相应于荷载效应标准组合时，上部结构传至基础顶面的竖向力；

G_k——基础自重和基础上的土重。

中心荷载作用下的基础底面积 A 的计算公式：

$$A \geqslant \frac{F_k}{f_a - \gamma_G \cdot d} \tag{6-16}$$

式中 γ_G——基础及回填土的平均重度，一般取 20kN/m^3；

d——基础埋深，m。

对于单独基础，按上式计算出 A 后，先选定 b 或 l，确定出 l 和 b 的比值，再计算另一边长，一般取 l/b 为 1.0～2.0。

对于条形基础，F_k 为沿长度方向 1m 范围内上部结构传至基础顶面标高处的竖向力值（kN/m），则条形基础的宽度为：

$$b \geqslant \frac{F_k}{f_a - \gamma_G \cdot d} \tag{6-17}$$

在按以上两式计算 A 或 b 时，需要先确定地基承载力特征值 f_a，但 f_a 值又与基础底面尺寸 b 有关，因此，可能要通过反复试算才能确定。计算时，由于基础埋深已经确定，可先对地基承载力只进行深度修正；然后按计算所得的 $A = b \times l$，考虑是否需要进行宽度修正。

2. 偏心荷载作用下的基础

当传至基础顶面的荷载除了轴心荷载外，还有弯矩 M 或水平力 V 作用时，基底反力假定呈梯形分布，如图 6-11 除应符合公式（6-15）要求外，尚应符合下列要求，即：

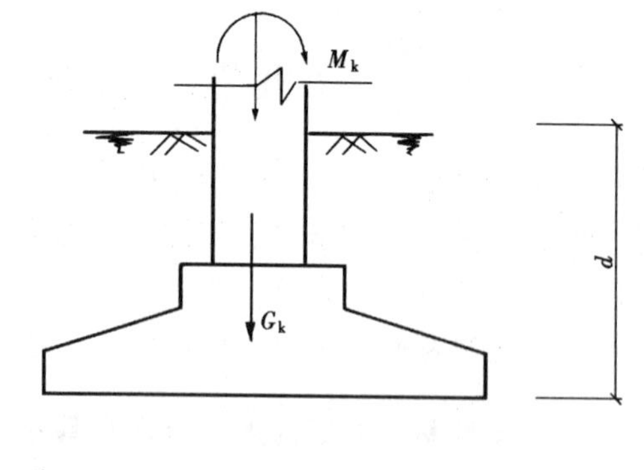

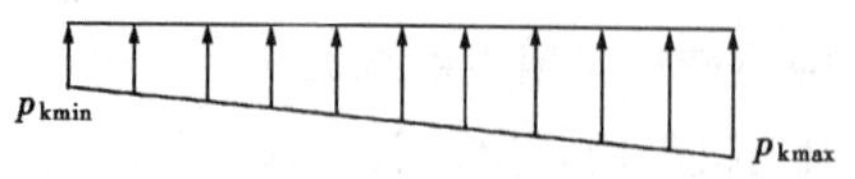

图 6-11 偏心荷载作用下的基础

$$P_{\text{kmax}} \leqslant 1.2 f_{\text{a}} \tag{6-18}$$

其中

$$P_{\text{kmax}} = \frac{F_{\text{k}} + G_{\text{k}}}{A} + \frac{M_{\text{k}}}{W} \tag{6-19}$$

式中 M_{k}——相应与荷载效应标准组合时，作用于基础底面的力矩值；

P_{kmax}——相应与荷载效应标准组合时，基础底面边缘的最大压力值；

W——基础底面的截面抵抗矩。

根据上述按承载力计算的要求，在计算偏心荷载作用下的基础底面尺寸时，通常可按下述试算法进行：

(1) 先按轴心荷载作用下的公式，计算基础底面积 A_0；

(2) 考虑偏心影响，加大 A_0。一般可根据偏心距的大小增大，使 $A = (1.1 \sim 1.2) A_0$。对矩形底面的基础，按 A 初步选择相应的基础底面长度 l 和宽度 b；

(3) 计算偏心荷载作用下的 P_{kmax}、P_{kmin}，验算是否满足要求。如不满足要求，可调整基底尺寸再验算，如此反复，直至底面尺寸合适为止。

对于常用的矩形或条形基础，式 (6-19) 可改写为：

$$P_{\text{kmax}} = P_{\text{k}}\left(1 + \frac{6e}{l}\right) \leqslant 1.2 f_{\text{a}} \tag{6-20}$$

为了保证基础不至于过分倾斜，通常要求偏心距 e 应满足下列条件：

$$e = \frac{M_{\text{k}}}{F_{\text{k}} + G_{\text{k}}} \leqslant \frac{l}{6} \tag{6-21}$$

一般认为，在中、高压缩性土上的基础，或有吊车的厂房柱基础，e 不宜大于 $l/6$，对于低压缩性地基上的基础，当考虑短暂作用的偏心荷载时 e 应控制在 $l/4$ 以内。

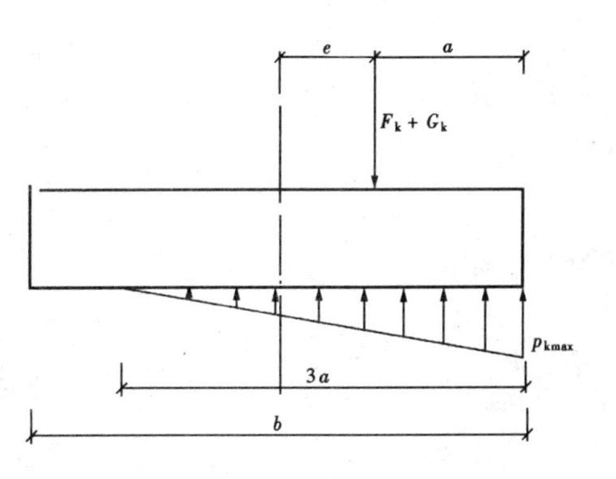

图 6-12 偏心荷载 ($e > b/6$) 下基底压力计算示意

当偏心距 $e > l/6$ 时，如图 6-12，基础底面边缘的最大压力值应按下式计算：

$$P_{\text{kmax}} = \frac{2(F_{\text{k}} + G_{\text{k}})}{3ba} \tag{6-22}$$

式中 l——力矩作用方向的基础底面边长；

a——合力作用点至基础底面最大压力边缘的距离。

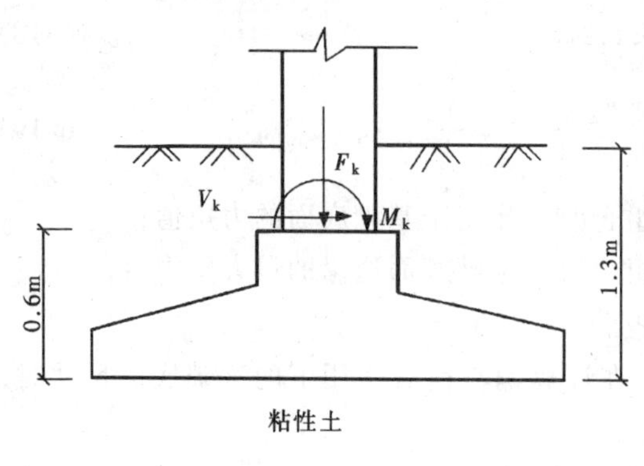

图 6-13　［例 6-3］附图

【例 6-3】　一工业厂房柱截面 350mm×400mm，作用在柱底的荷载为：$F_k = 700kN$，$M_k = 80kN \cdot m$，$V_k = 15kN$。土层为黏性土，其中：$\gamma = 17.5kN/m^3$，$e = 0.7$，$I_L = 0.78$，$f_{ak} = 226kPa$，其他参数见图 6-13，试根据持力层地基承载力确定基础底面尺寸。

【解】　1. 求地基承载力特征值 f_a

由 $e = 0.7$，$I_L = 0.78$ 查表 6-15 得：$\eta_b = 0.3$，$\eta_d = 1.6$。则 f_a（先不考虑对基础宽度进行修正）为：

$$f_a = f_k + \eta_d \gamma_m (d - 0.5) = 226 + 1.6 \times 17.5 \times (1.0 - 0.5) = 240kPa$$

2. 初步选择基底尺寸

$$由公式\ A_0 = \frac{F_k}{f_a - \gamma_G \cdot d} = \frac{700}{240 - 20 \times 1.3} = 3.27m^2$$

由于偏心不大，基础底面积按 20%增大，即：

$$A = 1.2A_0 = 1.2 \times 3.27 = 3.92m^2$$

初步选择基础底面积 $A = l \times b = 2.5 \times 1.6 = 4m^2$，由于 $b < 3m$ 不需再对 f_a 进行修正。

3. 验算持力层地基承载力

基础和回填土重　$G_k = \gamma_G dA = 20 \times 1.3 \times 4 = 104kN$

偏心距　$$e = \frac{M_k}{F_k + G_k} = \frac{80 + 15 \times 0.6}{700 + 104} = 0.11m < b/6 = 0.27m$$

基底压力　$$p_k = \frac{F_k + G_k}{A} = \frac{700 + 104}{4} = 201kPa < f_a$$

$$p_{kmax} = \frac{F_k + G_k}{A}\left(1 + \frac{6e}{l}\right) = \frac{700 + 104}{4} \times \left(1 + \frac{6 \times 0.11}{2.5}\right)$$

$$= 254kPa \leqslant 1.2f_a = 288kPa$$

最后，确定该柱基础底面 $b = 1.6m$，$l = 2.5m$。

【例 6-4】　柱下独立基础因受相邻建筑限制，只能设计成梯形底面，如图 6-14 所示。持力层修正后的地基承载力特征值 $f_a = 205kPa$，试进行地基承载力验算。

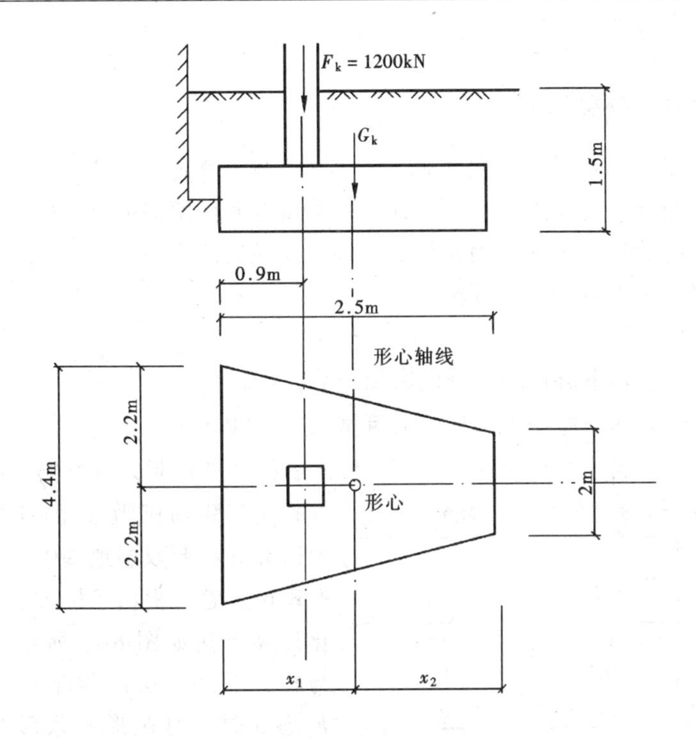

图 6-14 ［例 6-4］附图

【解】 底面积 $A = \dfrac{(2+4.4)\times 2.5}{2} = 8\text{m}^2$

形心至基础外边缘的距离分别为 x_1、x_2：

$$x_1 = \frac{(2.0\times 2.5)\times\left(\frac{1}{2}\times 2.5\right)+\left(\frac{1}{2}\times 1.2\times 2.5\right)\times\left(\frac{1}{3}\times 2.5\right)\times 2}{8} = 1.09\text{m}$$

$$x_2 = 2.5 - 1.09 = 1.41\text{m}$$

基础底面对形心轴线的惯性矩 $I = \dfrac{2.0^2 + 4\times 2.0\times 4.4 + 4.4^2}{36\times(2.0+4.4)}\times 2.5^3 = 3.97\text{m}^4$

竖向荷载偏心引起的弯矩 $M_k = (x_1 - 0.9)\times 1200 = 228\text{kN}\cdot\text{m}$

基础及回填土重 $G_k = \gamma_G dA = 20\times 1.5\times 8 = 240\text{kN}$

基底平均压力 $p_k = \dfrac{F_k + G_k}{A} = \dfrac{1200+240}{8} = 180\text{kPa} < f_a = 205\text{kPa}$

基底最大压力 $p_{kmax} = p_k + \dfrac{M_k}{I}x_1 = 180 + \dfrac{228}{3.97}\times 1.09 = 243\text{kPa} < 1.2f_a$

基底最小压力 $p_{kmin} = p_k - \dfrac{M_k}{I}x_2 = 180 - \dfrac{228}{3.97}\times 1.41 = 99\text{kPa} > 0$

基底尺寸满足持力层承载力要求。

二、软弱下卧层的验算

当地基受力层范围内存在软弱下卧层（承载力显著低于持力层的高压缩性土层）时，按前述持力层土的承载力计算得出基础底面所需的尺寸后，还必须对软弱下卧层进行验算，要求作用在软弱下卧层顶面处的附加应力与自重应力之和不超过它的修正后的承载力特征值，即

$$\sigma_z + \sigma_{cz} \leqslant f_{az} \tag{6-23}$$

式中　σ_z——软弱下卧层顶面处的附加应力，kPa；

σ_{cz}——软弱下卧层顶面处土的自重应力，kPa；

f_{az}——软弱下卧层顶面处经深度修正后的地基承载力特征值，kPa。

地基压力扩散角 θ　　表 6-16

E_{s1}/E_{s2}	z/b	
	0.25	0.50
3	6°	23°
5	10°	25°
10	20°	30°

关于附加压力 σ_z 的计算，通过试验研究并参照双层地基中附加应力分布的理论解答，提出了按扩散角原理的简化计算方法如图 6-15 所示；当持力层与软弱下卧土层的压缩模量比值 $E_{s1}/E_{s2} \geqslant 3$ 时，对矩形和条形基础，假设基底处的附加压力向下传递时按某一角度 θ 向外扩散分布于较大面积上，根据基底与软弱下卧层顶面处扩散面积上的

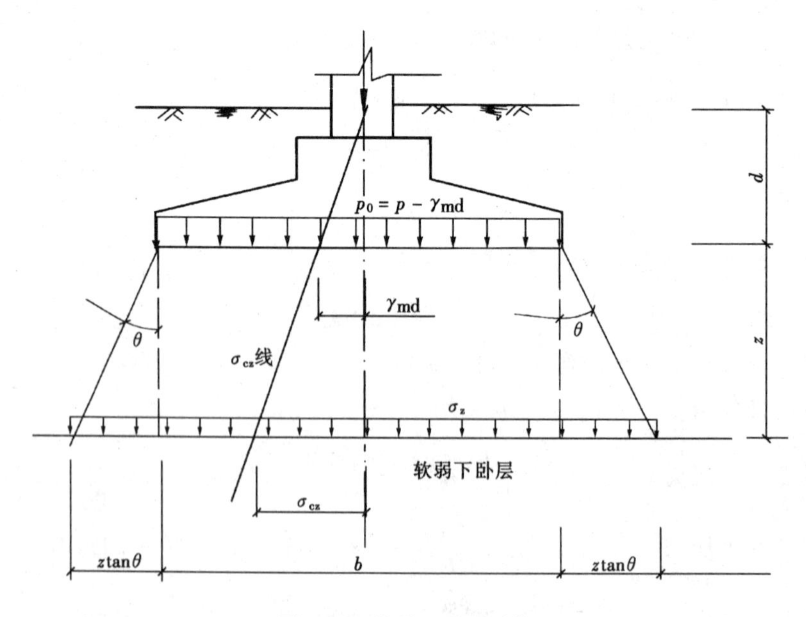

图 6-15　软弱下卧层验算

附加压力相等的条件，可得：

矩形基础 $$\sigma_z = \frac{lb(p_k - \gamma_m d)}{(l + 2z\tan\theta)(b + 2z\tan\theta)} \tag{6-24}$$

条形基础 $$\sigma_z = \frac{b(p_k - \gamma_m d)}{b + 2z\tan\theta} \tag{6-25}$$

式中 b——条形和矩形基础底面宽度，m；

l——矩形基础底面长度，m；

z——基础底面至软弱下卧层顶面的距离，m；

θ——地基压力扩散角，可按表 6-16 采用；

试验研究表明：基底压力增加到一定数值后，传至软弱下卧层顶的压力将随之迅速增加，即 θ 角迅速减小，直到持力层冲剪破坏时的 θ 值为最小（相当于冲切锥体斜面的倾角，一般不超过 30°）。由此可见，如果满足软弱下卧层验算要求，实际上也就保证了上覆持力层将不发生冲剪破坏。如果软弱下卧层验算不满足要求，应考虑增大基础底面积，或改变基础埋深，甚至改用地基处理或深基础设计的地基基础方案。

【例 6-5】 柱基础荷载设计值 $F_k = 1200\text{kN}$，$M_k = 140\text{kN}\cdot\text{m}$；如图 6-16 所示基础底面尺寸 $b \times l = 2.8\text{m} \times 3.6\text{m}$。第一层土为杂填土：$\gamma = 16.5\text{kN/m}^3$；第二层土为粉质黏土：$\gamma_{sat} = 19\text{kN/m}^3$，$e = 0.8$，$I_L = 0.82$，$f_{ak} = 136\text{kPa}$，$E_{s1} = 7.5\text{MPa}$；第三层土为淤泥质粉土：$f_{ak} = 85\text{kPa}$，$E_{s2} = 2.5\text{MPa}$。试验算基底面积是否满足地基承载力要求。

【解】 1. 持力层承载力验算

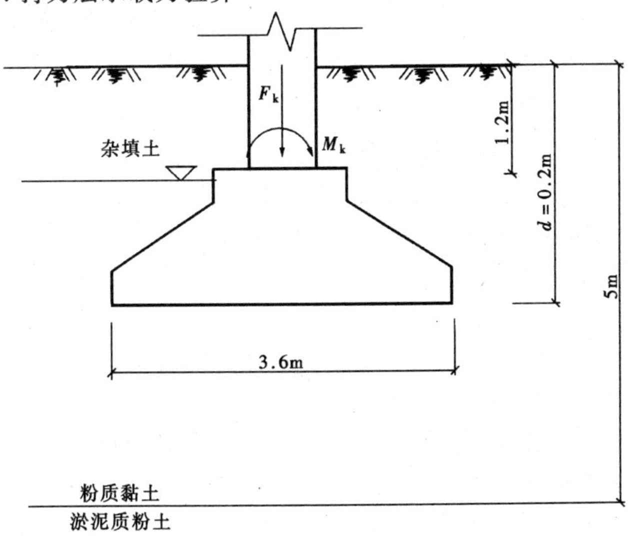

图 6-16 ［例 6-5］附图

埋深范围内土的加权平均重度 $\gamma_{m1}=\dfrac{16.5\times1.2+(19-10)\times0.8}{2.0}$

$=13.5kN/m^3$

由粉质黏土 $e=0.8$，$I_L=0.82$，查表得：$\eta_b=0.3$，$\eta_d=1.6$

修正后持力层承载力特征值 $f_a=135+0+1.6\times13.5\times(2-0.5)=167kPa$

基础及回填土重（0.8m在地下水中） $G_k=(20\times1.2+10\times0.8)\times3.6\times2.8=323kN$

$$e=\frac{M_k}{F_k+G_k}=\frac{140}{1200+323}=0.1m$$

持力层承载力验算：

$$p_k=\frac{F_k+G_k}{A}=\frac{1200+323}{3.6\times2.8}=151kPa<f_a$$

$$p_{max}=p_k\left(1+\frac{6e}{l}\right)=151\times\left(1+\frac{6\times0.1}{3.6}\right)=151\times(1+0.167)$$

$$=176kPa<1.2f_a=200kPa$$

$$p_{min}=151\times(1-0.167)=126kPa>0$$

持力层满足承载力要求

2. 软弱下卧层承载力验算

软弱下卧层顶面处自重压力 $\sigma_{cz}=16.5\times1.2+(19-10)\times3.8=54kPa$

软弱下卧层顶面以上土的加权平均重度 $\gamma_{m2}=54/5=10.8kPa$

由淤泥质黏土查表得，$\eta_d=1.0$，故：$f_{az}=85+1.0\times10.8\times(5-0.5)=134kPa$

由 $E_{s1}/E_{s2}=7.5/2.5=3$，以及 $z/b=3/2.8=1.07>0.5$，查表得：地基压力扩散角 $\theta=23°$软弱下卧层顶面处的附加压力：

$$\sigma_z=\frac{lb(p_k-\gamma_{m1}d)}{(l+2z\tan\theta)(b+2z\tan\theta)}$$

$$=\frac{3.6\times2.8\times(151-13.5\times2.0)}{(3.6+2\times3\times\tan23°)(2.8+2\times3\times\tan23°)}=38kPa$$

验算：$\sigma_z+\sigma_{cz}=54+38=92kPa<f_{az}=134kPa$

软弱下卧层满足承载力要求。

第六节 地基变形验算

按地基承载力选定了适当的基础底面尺寸，一般已可保证建筑物在防止地基剪切破坏方面具有足够的安全度，但是，在荷载作用下，地基土总要产生压缩变形，使建筑物产生沉降。由于不同建筑物的结构类型、整体刚度、使用要求的差异，对地基变形的敏感程度和变形要求也不同。因此，对于各类建筑物，如何控制对其不利的沉降形式，使之不会导致建筑物开裂、不会影响建筑物的正常使用甚至破坏，也是地基基础设计必须予以充分考虑的一个基本问题。

在常规设计中，一般根据结构类型、整体刚度、体型大小、荷载分布、基础形式以及土的工程地质特性，计算地基沉降的某一特征值 s，要求其不超过相应的允许值 $[s]$，即要求满足下列条件：

$$s \leqslant [s] \tag{6-26}$$

式中　s——地基变形计算值；

$[s]$——地基变形允许值，查表 6-17。

上式中的地基特征变形计算值 s，对应于荷载效应准永久组合时的附加压力，按前面学过的方法计算后求得。地基变形允许值 $[s]$ 涉及的因素很多，它与对地基不均匀沉降反应的敏感性、结构强度贮备、建筑物的具体使用要求等条件有关。我国《建筑地基基础设计规范》（GB50007—2002）综合分析了国内外各类建筑物的有关资料，提出了表 6-17 所示的地基变形允许值供设计时采用。对表中未包括的其他建筑物的地基变形允许值，可根据上部结构对地基特征变形的适应能力和使用要求自行确定。

地基特征变形一般分为：

（1）沉降量：基础某点的沉降值；

（2）沉降差：相邻柱基中点的沉降量之差；

（3）倾斜：基础倾斜方向两端点的沉降差与其距离的比值；

建筑物的地基变形允许值　　　　**表 6-17**

变形特征	地基土类别	
	中、低压缩性土	高压缩性土
砌体承重结构基础的局部倾斜	0.002	0.003
工业与民用建筑相邻柱基的沉降差		
（1）框架结构	$0.002l$	$0.003l$
（2）砌体墙填充的边排柱	$0.007l$	$0.001l$
（3）当基础不均匀沉降时不产生附加应力的结构	$0.005l$	$0.005l$
单层排架结构（柱距为 6m）柱基的沉降量（mm）	(120)	200
桥式吊车轨面的倾斜(按不调整轨道考虑)		
纵向	0.004	
横向	0.003	
多层和高层建筑的整体倾斜　$H_g \leqslant 24$	0.004	
$24 < H_g \leqslant 60$	0.003	
$60 < H_g \leqslant 100$	0.0025	
$H_g > 100$	0.002	

续表

变形特征	地基土类别	
	中、低压缩性土	高压缩性土
体型简单的高层建筑基础的平均沉降量（mm）	200	
高耸结构基础的倾斜 $H_g \leqslant 20$	0.008	
$20 < H_g \leqslant 50$	0.006	
$50 < H_g \leqslant 100$	0.005	
$100 < H_g \leqslant 150$	0.004	
$150 < H_g \leqslant 200$	0.003	
$200 < H_g \leqslant 250$	0.002	
高耸结构基础的沉降量 $H_g \leqslant 100$	400	
$100 < H_g \leqslant 200$	300	
$200 < H_g \leqslant 250$	200	

注：1. 本表数值为建筑物地基实际最终变形允许值；

2. 有括号者仅适用于中压缩性土；

3. l 为相邻柱基的中心距离（mm）；H_g 为自室外地面起算的建筑物高度（m）；

4. 倾斜指基础倾斜方向两端点的沉降差与其距离的比值；

5. 局部倾斜指砌体承重结构沿纵向 6～10m 内基础两点的沉降差与其距离的比值。

（4）局部倾斜：砌体承重结构沿纵向 6～10m 内基础两点的沉降差与其距离的比值。

由于地基不均匀、建筑物荷载差异大或体形复杂等因素引起的地基变形，对于砌体承重结构应由局部倾斜控制；对于框架结构和单层排架结构，应由相邻柱基的沉降差控制；对于多层或高层建筑和高耸结构应由倾斜控制。

对于高耸结构以及长高比很小的高层建筑，其地基的主要特征变形是建筑物的整体倾斜。高耸结构的重心高，基础倾斜使重心侧向移动引起的偏心力矩荷载，不仅使基底边缘压力 p_{kmax} 增加而影响倾覆稳定性，还会导致高烟囱等筒体的结构附加弯矩。因此，高耸结构基础的倾斜容许值随结构高度的增加而递减。

高层建筑横向整体倾斜容许值主要取决于对人们视觉的影响，倾斜值达到明显可见的程度时大致为 1/250（0.004），而结构损坏则大致当倾斜值达到 1/150 时才开始。

对于有吊车的工业厂房，还应验算桥式吊车轨面沿纵向或横向的倾斜，以免因倾斜而导致吊车自动滑行或卡轨。

由于沉降计算方法误差较大，理论计算结果常和实际产生的沉降有出入，因此，对于重要的、新型的、体形复杂的房屋和结构物或使用上对不均匀沉降有严格要求的房屋和结构物，还要进行系统的沉降观测。详见第二章第八节。

第七节　浅基础设计

一、刚性基础

由于刚性基础通常由砖石、素混凝土、三合土和灰土等材料建造的，这些材料具有抗压强度高而抗拉、抗剪强度低的特点，所以，在进行刚性基础设计时基础主要承受压应力，并保证基础内产生的拉应力和剪应力都不超过材料强度。具体设计中主要通过对基础的外伸宽度与基础高度的比值进行验算来实现。同时，基础宽度还应满足地基承载力的要求。

1. 刚性基础的构造要求

在设计刚性基础时应按其材料特点满足相应的构造要求。

（1）砖基础　砖强度等级应不低于 MU7.5，砂浆强度等级应不低于 M2.5，在地下水位以下或地基土比较潮湿时，应采用水泥砂浆砌筑。基础底面以下一般先做 100mm 厚的灰土垫层或混凝土垫层，混凝土强度等级为 C7.5 或 C10。

（2）毛石基础　采用未加工或仅稍作修整的未风化的硬质岩石，每级高度一般不小于 200mm。当毛石形状不规则时，其高度不应小于 150mm，基础底面以下一般先做 100mm 厚的灰土垫层或混凝土垫层，混凝土强度等级为 C7.5 或 C10。

（3）三合土基础　由石灰、砂和骨料（矿渣、碎砖或碎石）加适量的水充分搅拌均匀后，铺在基槽内分层夯实而成。三合土的配方比（体积比）为 1:2:4 或 1:3:6，在基槽内每层虚铺 220mm，夯实至 150mm。

（4）灰土基础　由熟化后的石灰和黏土按比例拌合并夯实而成。常用的配合比（体积比）有 3:7 和 2:8，铺在基槽内分层夯实，每层虚铺 220 ~ 250mm 夯实至 150mm。其最小干密度要求：粉土 $1.55t/m^3$，粉质黏土 $1.5t/m^3$，黏土 $1.45t/m^3$。

（5）混凝土和毛石混凝土基础　混凝土基础一般用 C10 以上的素混凝土做成。毛石混凝土基础是在混凝土基础中加入 25% ~ 30%（体积比）的毛石形成，且用于砌筑的石块直径不宜大于 300mm。

2. 刚性基础的设计步骤

（1）初步选定基础高度 H

混凝土基础的高度不宜小于 200mm；三合土基础和灰土基础的高度应为 150mm 的倍数。砖基础的高度应符合砖的模数，在设计基础剖面时，大放脚的每皮宽度和高度均应满足要求。

（2）基础宽度 b 的确定

根据地基承载力要求初步确定基础宽度，按下列公式验算基础的宽度：

$$b \leqslant b_0 + 2H\tan\alpha \tag{6-27}$$

式中 b——基础宽度；

b_0——基础顶面的砌体宽度；

H——基础高度；

$\tan\alpha$——基础台阶宽高比的允许值（表 6-3），α 称为刚性角。

【例 6-6】 某承重砖墙混凝土基础的埋深为 1.5m，上部结构传来的压力 $F_k=200kN/m$。持力层为粉质黏土，天然重度 $\gamma=17.5kN/m^3$，孔隙比 $e=0.843$，液性指数 $I_L=0.76$，承载力特征值 $f_{ak}=150kPa$，地下水位在基础底面以下。试设计此基础。

【解】 （1）修正后的地基承载力特征值

按基础宽度 b 小于 3m 考虑，不作宽度修正。根据土的孔隙比和液性指数查表得 $\eta_d=1.6$，则：

$$f_a=f_{ak}+\eta_d\gamma_m(d-0.5)=150+1.6\times17.5\times(1.5-0.5)=178kPa$$

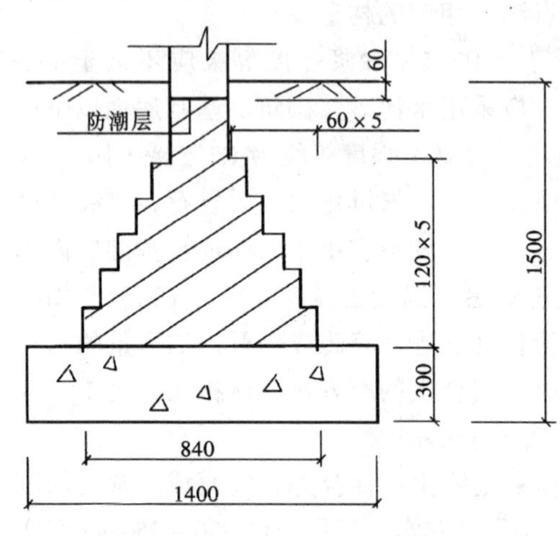

图 6-17 ［例 6-6 图］附图

（2）确定基础宽度

$$b\geqslant\frac{F_K}{f-\gamma_G d}=\frac{200}{178-20\times1.5}=1.35m$$

初步选定基础宽度为 1.40m。

（3）基础剖面设计

选定基础高度 $H=300mm$。大放脚采用标准砖砌筑，每皮宽度 $b_1=60mm$，$h_1=120mm$，共砌五皮，大放脚的底面宽度 $b_0=240+2\times5\times60=840mm$，如图 6-17。

（4）按台阶的宽高比要求验算基础的宽度

基础采用 C10 混凝土砌筑，基底的平均压力为：

$$P_k=\frac{F_k+G_k}{A}=\frac{200+20\times1.4\times1.5}{1.4\times1.0}=172.8kPa$$

查表 6-3 得到台阶的允许宽高比 $\tan\alpha=1.0$，则：

$$b\leqslant b_0+2H\tan\alpha=0.84+2\times0.3\times1.0=1.44m$$

取基础宽度为 1.40m 满足设计要求。

二、墙下钢筋混凝土基础设计

1. 墙下钢筋混凝土条形基础的构造要求

墙下钢筋混凝土条形基础按外形不同可分为无肋板式条形基础和有肋板式条

形基础两种。

墙下钢筋混凝土条形基础一般采用阶梯形、锥形和矩形断面。锥形基础的边缘高度一般不宜小于 200mm，也不宜大于 500mm；阶梯形基础的每阶高度宜为 300 ~ 500mm；基础高度小于 250mm 时，也可做成矩形的等厚度板。

通常在底板下宜设 C10 素混凝土垫层。垫层厚度一般为 100mm，两边伸出基础底板一般为 100mm。

底板受力钢筋直径不宜小于 10mm，间距不大于 100 ~ 200mm；底板纵向分布钢筋直径不宜小于 8mm，间距不大于 300mm，每延米分布钢筋的面积应不小于受力钢筋面积的 1/10；当基础宽 $b \geqslant 2.5$m 时，底板受力钢筋的长度可取宽度的 0.9 倍，并交错布置。钢筋的保护层，当设垫层时不宜小于 40mm；无垫层时不宜小于 70mm。

混凝土强度等级不应低于 C20。

当地基软弱时，为了减小不均匀沉降的影响，基础断面可采用带肋梁的底板，肋梁的纵向钢筋和箍筋按经验确定或按弹性地基梁计算。

其他构造要求详见《建筑地基基础设计规范》(GB50007—2002)。

2. 墙下钢筋混凝土条形基础的底板厚度和配筋计算

中心荷载作用下钢筋混凝土条形基础在均布线荷载 F (kN/m)作用下的受力分析可简化为如图 6-18 所示。它的受力情况如同一受 P_j 作用的倒置悬臂梁。P_j 是指由上部结构荷载 F 在基底产生的净反力（不包括基础自重和基础台阶上回填土重所引起的反力）若取沿墙长度方向 $l = 1$m 分析，则：

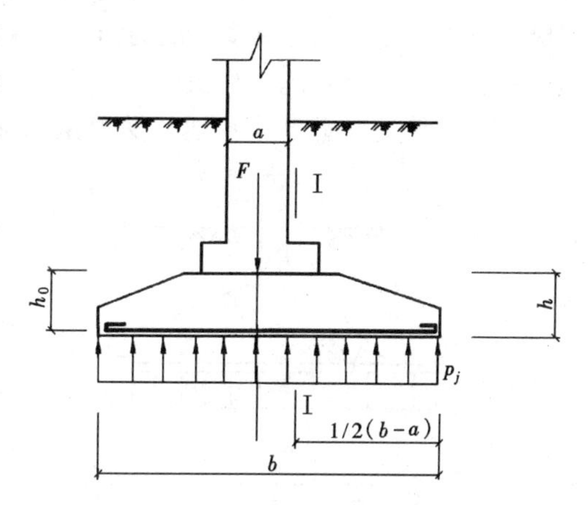

图 6-18　中心荷载作用下的条形基础

$$P_j = \frac{F}{b \cdot l} = \frac{F}{b} \tag{6-28}$$

式中　P_j——地基净反力，kPa；

F——上部结构传至基础顶面的荷载，kN/m；

b——墙下钢筋混凝土条形基础宽度，m。

在 P_j 作用下，将在基础底板内产生弯矩 M 和剪力 V，其值在图 6-18 中 Ⅰ-Ⅰ 截面（悬臂板根部）最大。

$$V = \frac{1}{2} P_j (b - a) \tag{6-29}$$

$$M = \frac{1}{8} P_j (b - a)^2 \tag{6-30}$$

式中　V——基础底板根部的剪力值，kN/m；

M——基础底板根部的弯矩值，kN·m；

a——砖墙厚度。

为了防止因 V、M 作用而使基础底板发生冲切破坏和弯曲破坏，基础底板应有足够的厚度和配筋。

三、柱下独立基础

1. 构造要求

矩形独立基础底面的长边与短边的比值 l/b，一般取 1～1.5。阶梯形基础每阶高度一般为 300～500mm。阶数可根据基础的高度 H 设置，当 $H<500$mm 时，宜分为一级；当 500mm$\leqslant H \leqslant$900mm 时，宜分为二级；当 $H>900$mm 时，宜分为三级。锥形基础的边缘高度一般为 200～500mm，锥形坡度角一般取 25°，顶部每边宜沿柱边放出 50mm。

柱下钢筋混凝土单独基础的受力钢筋应双向配置。当基础宽度大于或等于2.5m 时，底板受力钢筋的长度可取边长或宽度的 0.9 倍，并交错布置。对于现浇柱基础，如基础不与柱同时现浇，则应设置插筋，插筋在柱内的纵向钢筋连接宜优先采用焊接或机械连接，插筋的直径、种类、根数及其间距应与柱内的纵向钢筋相同，插筋的下端宜做成直钩放在基础底板钢筋网上。

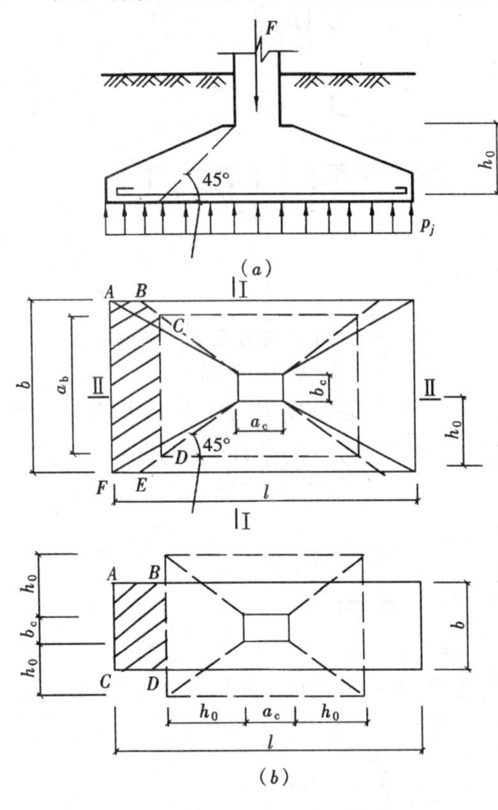

图 6-19　中心受压柱基础

(a) 当 $b>b_c+2h_0$；(b) 当 $b\leqslant b_c+2h_0$

2. 高度和配筋计算

(1) 截面的抗冲切验算与高度的确定

在柱中心荷载作用下，如果基础高度不足，则将沿着柱周边（或阶梯高度变化处）产生冲切破坏，形成 45°斜裂面的角锥体，如图 6-19 所示。因此，由冲切破坏锥体以外的地基净反力所产生的冲切力应小于冲切面处混凝土的抗冲切能力。对于矩形基础，柱短边 b_c 侧冲切破坏较柱长边 a_c 侧危险，所以，只需根据短边一侧冲切破坏条件来确定基础高度，即要求：

$$F_l \leqslant 0.7\beta_{hp} f_t a_m h_0 \tag{6-31}$$

$$a_m = (a_t + a_b)/2 \tag{6-32}$$

$$F_l = p_j A_l \tag{6-33}$$

式中　β_{hp}——受冲切截面高度影响系数，当 $h \leqslant 800$mm 时，β_{hp}取 1.0，当 $h \geqslant 2000$mm 时，β_{hp}取 0.9，其间按线性内插法取值；

f_t——混凝土抗拉强度设计值，kPa；

a_m——冲切破坏锥体最不利一侧计算长度；

h_0——冲切破坏锥体的有效高度；

a_t——冲切破坏锥体最不利一侧斜截面的上边长，当计算柱与基础交接处的受冲切承载力时，取柱宽；当计算基础变阶处的受冲切承载力时，取上阶宽；

a_b——冲切破坏锥体最不利一侧斜截面在基础底面积范围内的下边长，当冲切破坏锥体的底面落在基础底面以内，计算柱与基础交接处的受冲切承载力时，取柱宽加两倍基础有效高度；当计算基础变阶处的受冲切承载力时，取上阶宽加两倍该处的基础有效高度。当冲切破坏锥体的底面在 b 方向落在基础底面以外，即 $b_c + 2h_0 \geqslant b$ 时，$a_b = b$；

p_j——荷载效应基本组合时的地基土单位面积净反力，对偏心受压基础可取基础边沿处的最大地基土单位面积净反力；

A_l——冲切验算时取用的部分基底面积，图 6-19（a）中的阴影面积 $ABCDEF$，或图 6-19（b）中的阴影面积 $ABCD$；

F_l——相应于荷载效应基本组合时作用在 A_l 上的地基土净反力设计值。

当基础剖面为阶梯形时，除可能在柱子周边开始沿 45°斜面拉裂形成冲切角锥体外，还可以从变阶处开始沿 45°斜面拉裂。因此，还应验算变阶处的有效高度 h_{01}。验算方法与上述基本相同，仅需将上述公式中的 b_c 和 a_c 分别换成变阶处台阶尺寸 b_1 和 a_1 即可。

当初选的基础高度不满足抗冲切验算要求时，可适当增加基础高度后重新验算，直至满足要求为止。

（2）基础底板配筋

由于单独基础底板在 p_j 作用下，在两个方向均发生弯曲，所以两个方向都要配受力钢筋，钢筋面积按两个方向的最大弯矩分别计算：

Ⅰ-Ⅰ截面
$$M_{\text{I}} = \frac{p_j}{24}(l - a_c)^2(2b + b_c) \tag{6-34}$$

$$A_{s\text{I}} = \frac{M_{\text{I}}}{0.9h_0 f_y} \tag{6-35}$$

Ⅱ-Ⅱ截面
$$M_{\text{II}} = \frac{p_j}{24}(b - b_c)^2(2l + a_c) \tag{6-36}$$

$$A_{s\text{II}} = \frac{M_{\text{II}}}{0.9(h_0 - d)f_y} \tag{6-37}$$

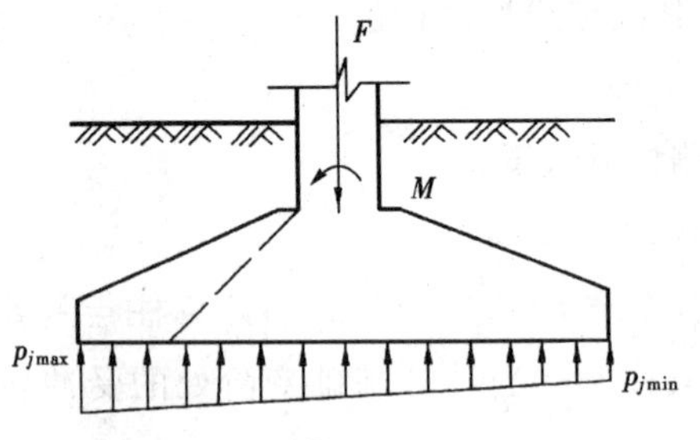

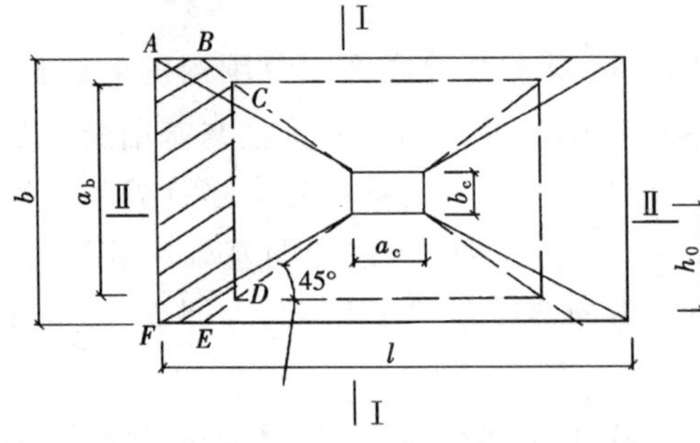

图 6-20 偏心受压柱基础

3. 偏心荷载作用

(1) 基础底板厚度

偏心受压基础底板厚度计算方法与中心受压相同。仅需将式(6-33)中的 p_j 以基底最大设计净反力 $p_{j\max}$ 代替即可(偏于安全),如图 6-20。

$$p_{j\max} = \frac{F}{lb}\left(1 + \frac{6e_{jo}}{l}\right) \tag{6-38}$$

式中 e_{jo}——净偏心距,$e_{jo} = M/F$。

(2) 基础底板配筋

偏心受压基础底板配筋计算与中心受压基本相同。只需将公式(6-34)至式(6-36)中的 p_j 换成偏心受压时柱边处(或变阶面处)基底设计反力 $p_{j\text{I}}$(或 $p_{j\text{II}}$)与 $p_{j\max}$ 的平均值,见图 6-20:($p_{j\max} + p_{j\text{I}}$)/2 或($p_{j\max} + p_{j\text{II}}$)/2。

【例 6-7】 设计[例 6-3]的框架柱下单独基础。

【解】 选用 C20 混凝土,查得,$f_t = 1.1\text{N/mm}^2$

选用 HPB235 钢筋,$f_y = 210\text{N/mm}^2$

已知 $a_c = 400\text{mm}$,$b_c = 300\text{mm}$,$b = 1.6\text{m}$,$l = 2.5\text{m}$。

(1) 计算基底净反力

偏心距 $e_{jo} = M/F = 89/700 = 0.127\text{m}$

基础最大和最小净反力

$$p_{j\max} = \frac{F}{lb}\left(1 + \frac{6e_{jo}}{l}\right) = \frac{700}{2.5 \times 1.6} \times \left(1 + \frac{6 \times 0.127}{2.5}\right) = 228\text{kPa}$$

$$p_{j\min} = \frac{F}{lb}\left(1 - \frac{6e_{jo}}{l}\right) = \frac{700}{2.5 \times 1.6} \times \left(1 - \frac{6 \times 0.127}{2.5}\right) = 122\text{kPa}$$

(2) 柱边基础截面抗冲切验算

初步选择基础高度 $h = 600\text{mm}$，$h_0 = 555\text{mm}$（有垫层）

$$b_c + 2h_0 = 0.3 + 2 \times 0.555 = 1.41\text{m} < b = 1.6\text{m}$$

因偏心受压，按公式验算时 p_j 取 $p_{j\max}$

冲切力 $F_l = p_{j\max}\left[\left(\frac{l}{2} - \frac{a_c}{2} - h_0\right)b - \left(\frac{b}{2} - \frac{b_c}{2} - h_0\right)^2\right]$

$$= 228 \times \left[\left(\frac{2.5}{2} - \frac{0.4}{2} - 0.555\right) \times 1.6 - \left(\frac{1.6}{2} - \frac{0.3}{2} - 0.555\right)^2\right]$$

$$= 178.5\text{kN}$$

抗冲切力 $\beta_{hp} = 1.0$

$$a_m = b_c + h_0 = 3000 + 555 = 855\text{mm}$$

$$0.7\beta_{hp}f_t a_m h_0 = 0.7 \times 1.0 \times 1.1 \times 10^3 \times 0.855 \times 0.555 = 365\text{kN} > 178.5\text{kN}$$

满足抗冲切要求

(3) 配筋计算

1) 基础长边方向

Ⅰ-Ⅰ截面（柱边）

柱边净反力

$$p_{j\text{I}} = p_{j\min} + \frac{l + a_c}{2l}(p_{j\max} - p_{j\min}) = 122 + \frac{2.5 + 0.4}{2 \times 2.5} \times (228 - 122) = 183\text{kPa}$$

悬臂部分净反力平均值

$$\frac{1}{2}(p_{j\max} + p_{j\text{I}}) = \frac{1}{2} \times (228 + 183) = 206\text{kPa}$$

弯矩

$$M_{\text{I}} = \frac{1}{24}\left(\frac{p_{j\max} + p_{j\text{I}}}{2}\right)(l - a_c)^2(2b + b_c)$$

$$= \frac{1}{24} \times 206 \times (2.5 - 0.4)^2 \times (2 \times 1.6 + 0.3)$$

$$= 132\text{kN} \cdot \text{m}$$

$$A_{s\text{I}} = \frac{M_{\text{I}}}{0.9f_y h_0} = \frac{132 \times 10^6}{0.9 \times 210 \times 555} = 1258\text{mm}^2$$

选用 ϕ14@120，$A_s = 1283\text{mm}^2$，如图 6-21 所示。

2) 基础短边方向

因该基础受单向偏心荷载作用，所以，在基础短边方向的基底反力可按均匀分布计算。

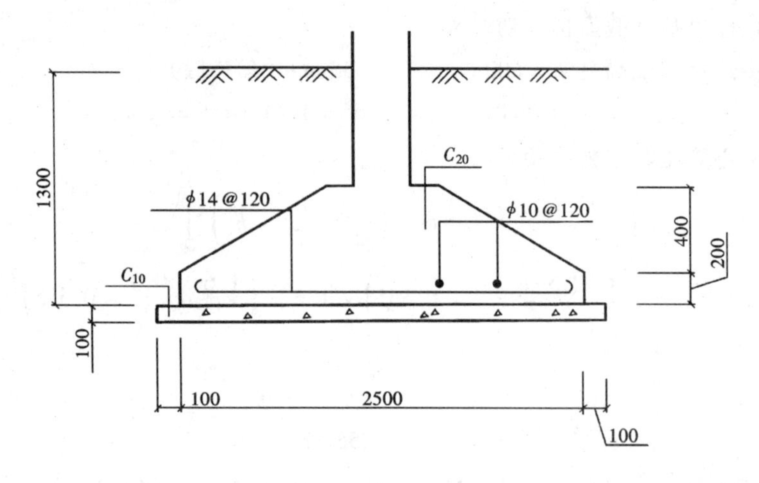

图 6-21　［例 6-7］附图

$$p_j = (p_{j\max} + p_{j\text{I}})/2 = (228 + 122)/2 = 175\text{kPa}$$

$$M_{\text{II}} = \frac{p_j}{24}(b - b_c)^2(2l + a_c)$$

$$= \frac{175}{24}(1.6 - 0.35)^2 \times (2 \times 2.5 + 0.4)$$

$$= 62\text{kN} \cdot \text{m}$$

$$A_{s\text{II}} = \frac{M_{\text{II}}}{0.9(h_0 - d)f_y} = \frac{62 \times 10^6}{0.9 \times (555 - 14) \times 210} = 606\text{mm}^2$$

实际配筋选用 ϕ10@120，$A_s = 654\text{mm}^2$，如图 6-21 所示。

第八节　柱下钢筋混凝土条形基础设计

一般情况下，柱下基础应首选独立基础。但是，若遇到柱荷载较大、地基承载力低或各柱荷载差异过大、地基土质变化较大等情况，采用独立基础无法满足设计要求时，可考虑采用柱下条形基础等基础形式。柱下条形基础在其纵、横两个方向均产生弯曲变形，故在这两个方向的截面内均存在剪力和弯矩。柱下条形基础的横向剪力与弯矩通常可考虑由翼板的抗剪、抗弯能力承担，其内力计算与墙下条形基础相同。柱下条形基础纵向的剪力和弯矩一般则由基础梁承担，基础梁的纵向内力通常可采用简化法或弹性地基梁法计算。

一、构造要求

柱下条形基础由沿柱列轴线的肋梁以及从梁底沿其横向伸出的翼板组成。基础走向应结合柱网行列间距、荷载分布和地基情况适当选择。基础宽度受横向柱距和基础结构合理设计的限制，所以，相应于柱荷载的大小，条形基础的地基承载力不能过低。在软土地区，基底下宜保留较厚的硬壳层或敷设一定厚度的砂石垫层。

在基础平面布置允许的情况下，条形基础梁的两端宜伸出边柱之外，伸出长度 l_0 宜为（1/4～1/3）l_1（边跨柱距），其作用在于调整底面形心位置，使基底压力分布较为均匀，并使各柱下弯矩与跨中弯矩趋于均衡以利于配筋。

条形基础的肋梁高度应综合考虑地基与上部结构对基础抗弯刚度的要求选择，一般宜为柱距的1/8～1/4，并经承载力验算确定。翼板厚度 h_f 也应由计算确定，一般不宜小于200mm；当 h_f = 200～250mm 时，宜取等厚度板，当 h_f > 250mm 时，宜用变厚度翼板，板顶坡面 $i \leqslant 1.3$，如图 6-22。

一般柱下条形基础沿梁纵向取等截面，当柱荷载较大时，可在柱两侧局部增高（加腋），当柱截面边长大于或等于肋宽时，可仅在柱位处将肋部加宽，现浇柱与条形基础梁的交接处平面尺寸不应小于图 6-22 中所示的要求。

基础梁内纵向受力钢筋宜优先选用 HRB335 钢筋，顶面和底面的纵向受力钢筋除满足计算要求外，顶部钢筋按计算配筋全部贯通，底部通长钢筋不应少于底部受力钢筋总面积的1/3，当基础梁高大于700mm 时，应在梁的两侧放置直径大于等于 ϕ10 的腰筋。

基础梁内的箍筋应做成封闭式，直径不小于8mm；当梁宽 $b \leqslant 350$mm 时用双

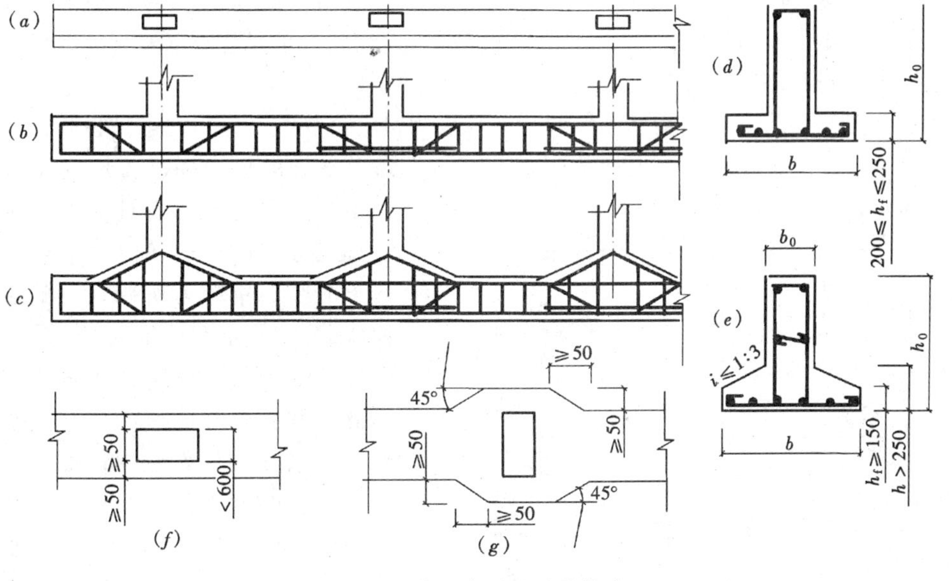

图 6-22 柱下条形基础的构造

(a) 平面图；(b)、(c) 纵剖面图；(d)、(e) 横剖面图；

(f)、(g) 现浇柱与条形基础梁交接处平面尺寸

肢箍，当 300mm < $b \leqslant$ 800mm 时用四肢箍，当 b > 800mm 时用六肢箍。底板钢筋直径不宜小于 8mm，间距宜为 100 ~ 200mm。

基础梁混凝土强度等级不应低于 C20。基础垫层、钢筋保护层厚度可参考常规浅基础中钢筋混凝土墙下条基和柱下独立基础的构造要求。

二、内力计算

在计算基础内力、确定截面尺寸、配置钢筋之前，应先按常规方法选定基础底面的长度 l 和宽度 b。基础长度可按主要荷载合力作用点与基底形心尽量靠近的原则，并结合端部伸出边柱以外的长度 l_0 确定。然后按地基持力层的承载力计算所需的宽度，需要时，还要验算软弱下卧层及基底变形。

当地基持力层比较均匀，上部结构刚度较好，荷载分布较均匀，且条形基础梁的高度不小于 1/6 柱距时，地基反力可按直线分布，条形基础梁的内力可按连续梁计算。当不满足上述条件时，宜按弹性地基梁计算。

假设基础具有足够的相对刚度，基底反力按直线分布，基础梁内力计算方法常用静定分析法和倒梁法。

静定分析法不考虑基础与上部结构的相互作用，因而在荷载和直线分布的基底反力作用下产生整体弯曲。计算时，先求出基底净反力，然后将柱子传下的荷载和基底净反力作用在基础梁上，按结构力学中静力平衡条件计算出控制截面上的弯矩 M 和剪力 V。与其他方法相比，静定分析法计算结果所得的基础不利截面上的弯矩绝对值较大。此法只宜用于上部为柔性结构且自身刚度较大的条形基础以及联合基础。

倒梁法认为上部结构是刚性的，各柱之间没有沉降差异，因而可把柱脚视为条形基础的铰支座，支座间不存在相对的竖向位移。计算时，将以直线分布的基底净反力和除去柱子的竖向集中力所剩余下的各种荷载（包括柱子传来的力矩）作为已知荷载，按倒置的普通连续梁，用结构力学中弯矩分配法或弯矩系数法计算控制截面上的弯矩 M 和剪力 V。如图 6-23 所示。这种计算模型，只考虑出现于柱间的局部弯曲，而略去基础全长发生的整体弯曲，因而所得的柱位处截面的正弯矩与柱间最

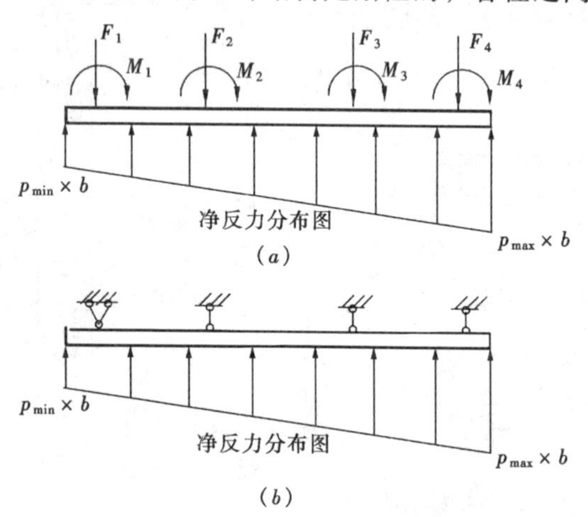

图 6-23　用倒梁法计算地基梁简图
（a）基底反力分布；（b）按连续梁求内力

大负弯矩绝对值相比较，比其他方法均衡，所以基础不利截面的弯矩最小。

倒梁法求得的支座反力可能会不等于原先用于计算基底净反力的柱子竖向荷载。这被认为是由于上部结构的整体刚度对基础整体弯曲的抑制作用，使柱荷载的分布均匀化而导致出现此结果。对多层多跨框架-条形基础-地基的相互作用分析表明，边柱增荷可达百分之几十，内柱则普遍卸荷。对此，实践中有采用所谓“基底反力局部调整法”对不平衡力进行调整。即：将各柱脚支座处的不平衡力均匀分布在本支座两侧各 1/3 跨度范围内，继续用弯矩分配法或弯矩系数法计算调整荷载引起的内力和支座反力，并重复计算不平衡力，直至满足要求为止。将逐次计算结果叠加，即得到最终的内力计算结果。

考虑到按倒梁法计算时，基础以及上部结构的刚度较好，由于架越作用较强，基础两端部的基底反力可能会比直线分布的反力有所增加。此时边跨跨中弯矩及第一内支座的弯矩值宜乘以 1.2 的系数。值得注意的是，当荷载较大、土的压缩性较高或基础埋深较浅时，随着端部基底下塑性区的开展，架越作用将减弱、消失，甚至出现基底反力从端部向内转移的相反现象。

柱下条形基础除了进行抗弯、抗剪验算外，当存在扭矩时，尚应进行抗扭验算；当条形基础的混凝土强度等级小于柱的混凝土强度等级时，尚应验算柱下条形基础梁顶面的局部受压承载力。

三、十字交叉条形基础

当上部结构传来的荷载较大，持力层承载力较低，利用单向柱下条形基础不能满足要求时，可采用十字交叉条形基础，如图 6-24（*a*）所示。柱下十字交叉

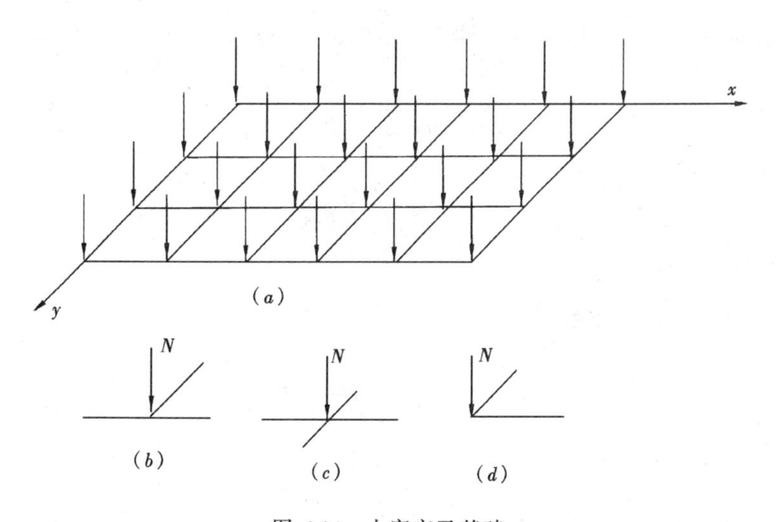

图 6-24　十字交叉基础

（*a*）平面分布；（*b*）边柱节点；（*c*）内柱节点；（*d*）角柱节点

条形基础是由柱网下的两组条形基础组成的空间结构，柱网的集中荷载与弯矩作用在两组条形基础的交叉点上。十字交叉条形基础的内力计算比较复杂，设计中一般采用简化方法，即将柱荷载按一定原则分配到纵、横两个方向的条形基础上，然后分别按单向条形基础进行计算与配筋。

1. 节点荷载的初步分配

节点荷载一般按照下列原则进行分配：①满足静力平衡条件，各节点分配在纵、横基础梁上的荷载之和应等于作用在该节点上的荷载。②满足变形协调条件，纵、横基础梁在节点上的位移相等。结点的荷载按此原则进行如下分配：

(1) 边柱节点，如图 6-24 (b)

$$F_x = \frac{4b_x s_x}{4b_x s_x + b_y s_y} F \tag{6-38}$$

$$F_y = \frac{b_y s_y}{4b_x s_x + b_y s_y} F \tag{6-39}$$

式中 b_x、b_y——x、y 方向的基础梁底面宽度；

s_x、s_y——x、y 方向的基础梁特征长度：

$$s_x = \sqrt[4]{\frac{4EI_x}{k_s b_x}} \quad s_y = \sqrt[4]{\frac{4EI_y}{k_s b_y}}$$

k_s——基床系数；

E——基础材料的弹性模量；

I_x、I_y——x、y 方向的基础梁截面惯性矩。

当边跨悬臂时，可取悬臂长度 $l_y=(0.6\sim0.7)\,s_y$，而荷载分配为：

$$F_x = \frac{\alpha b_x s_x}{\alpha b_x s_x + b_y s_y} F \tag{6-40}$$

$$F_y = \frac{b_y s_y}{\alpha b_x s_x + b_y s_y} F \tag{6-41}$$

式中，α 值可查表 6-18。

(2) 内柱节点，如图 6-24 (c)

$$F_x = \frac{b_x s_x}{b_x s_x + b_y s_y} F \tag{6-42}$$

$$F_y = \frac{b_y s_y}{b_x s_x + b_y s_y} F \tag{6-43}$$

(3) 角柱节点，如图 6-24 (d)

一般与内柱节点公式相同。当角柱节点由一个方向伸出悬臂时，可取悬臂长度 $l_y=(0.6\sim0.7)s_y$，而荷载分配为：

$$F_x=\frac{\beta b_x s_x}{\beta b_x s_x+b_y s_y}F \tag{6-44}$$

$$F_y=\frac{b_y s_y}{\beta b_x s_x+b_y s_y}F \tag{6-45}$$

式中，β 值可查表 6-18。

计算系数 α、β 值　　**表 6-18**

l/s	0.60	0.62	0.64	0.65	0.66	0.67	0.68	0.69	0.70	0.71	0.73	0.75
α	1.43	1.41	1.38	1.36	1.35	1.34	1.32	1.31	1.30	1.29	1.26	1.24
β	2.80	2.84	2.91	2.94	2.97	3.00	3.03	3.05	3.08	3.10	3.18	3.23

2. 节点荷载的调整

（1）计算调整前的地基平均反力

$$p=\frac{\Sigma F}{\Sigma A+\Sigma\Delta A} \tag{6-46}$$

式中　ΣF——交梁基础上竖向荷载的总和；

ΣA——交梁基础总面积；

$\Sigma\Delta A$——交梁基础节点处重叠面积之和。

（2）地基反力增量

$$\Delta p=\frac{\Sigma\Delta A}{\Sigma A}P \tag{6-47}$$

（3）x、y 方向分配的荷载增量

$$\Delta F_x=\frac{F_x}{F}\Delta A\Delta P \tag{6-48}$$

$$\Delta F_y=\frac{F_y}{F}\Delta A\Delta P \tag{6-49}$$

（4）调整后的分配荷载

$$F_{x1}=F_x+\Delta F_x \tag{6-50}$$

$$F_{y1}=F_y+\Delta F_y \tag{6-51}$$

第九节 筏板基础与箱形基础

一、筏板基础

筏板基础形式有平板式、梁板式等。筏板基础的设计一般包括基础梁设计和板的设计两部分，筏板上基础梁的设计计算方法同柱下条形基础。这里仅简要介绍筏板的设计计算内容和筏板基础的构造要求。

1. 地基承载力验算

筏板基础地基承载力的验算公式与常规浅基础相同，即

$$p_{k} \leqslant f_{a}$$

$$p_{kmax} \leqslant 1.2 f_{a}$$

2. 筏板的内力计算

筏板的内力计算一般根据上部结构刚度及筏板刚度的大小分别采用刚性法或基床系数法进行。由于基床系数法计算复杂，需参考相关书籍或运用计算机软件解决实际问题，下面仅介绍刚性法。

当上部结构整体刚度较大，筏板基础下的地基土层比较均匀，梁板式筏基梁的高跨比或平板式筏基的厚跨比不小于 1/6，且相邻柱荷载及柱间距的变化不超过 20%时，可不考虑整体弯曲而只考虑局部弯曲作用。若符合上述条件，筏板基础的内力可按刚性法计算，此时基础底面的地基净反力呈直线分布，可按下式计算：

$$p_{j\max} = \frac{\Sigma F}{A} + \frac{\Sigma F e_{y}}{W_{x}} + \frac{\Sigma F e_{x}}{W_{y}} \tag{6-52}$$

$$p_{j\min} = \frac{\Sigma F}{A} - \frac{\Sigma F e_{y}}{W_{x}} - \frac{\Sigma F e_{x}}{W_{y}} \tag{6-53}$$

式中 $p_{j\max}$、$p_{j\min}$——基底的最大和最小净反力；

ΣF——作用于筏板基础上的竖向荷载之和；

e_{x}、e_{y}——ΣF 在 x 方向和 y 方向上与基础形心的偏心矩；

A——筏板基础底面积；

W_{x}、W_{y}——筏板基础底面对 x 轴和 y 轴的截面抵抗矩。

利用刚性法计算时，计算出基底的地基净反力后，常用倒楼盖法和刚性板条法计算筏板内力。

(1) 倒楼盖法

倒楼盖法计算基础内力的步骤是将筏板作为楼盖，地基净反力作为荷载，底板按连续单向板或双向板计算。采用倒楼盖法计算基础内力时，在两端第一、二

开间内，应按计算增加10%～20%的配筋量且上、下均匀配置。

(2) 刚性板条法

框架体系下的筏板基础也可按刚性板条法计算筏板内力，其计算步骤参考相关资料。

与柱下条形基础一样，为满足抵抗整体弯曲的要求，除按规定梁板的主筋均应有一定数量通长配置外，边跨跨中弯矩以及第一内支座的弯矩值宜乘以1.2的系数进行配筋计算。

3. 构造要求

筏板基础有平板式、梁板式两类。其选型应根据工程地质、上部结构体系、柱距、荷载大小以及施工条件等因素确定。确定筏板基础底面形状和尺寸时宜考虑使上部结构荷载的合力点与基础底面的形心重合。如果荷载不对称，宜调整筏板的外伸长度，但伸出长度从轴线起不宜大于2000mm，且同时宜将肋梁挑至筏板边缘。无外伸肋梁的筏板，其伸出长度宜适当减小。如上述调整措施不能完全达到目的时，尚可采取调整筏板上填土等措施以改变合力点位置。

筏基底板除了计算正截面受弯承载力外，其厚度尚应满足受冲切承载力、受剪切承载力的要求。平板式筏基的厚度可按楼层层数乘以每层50mm设定，但不得小于200mm，肋梁式筏板的厚度尚不宜小于计算区段内最小板跨的1/20，一般取200～400mm。对于12层以上高层建筑的梁板式筏基，其底板厚度不应小于计算区段内最小板跨的1/14，且不应小于400mm，而肋的高度宜大于或等于柱距的1/6。

筏板配筋率一般在0.5%～1.0%为宜。受力钢筋最小直径不宜小于8mm，一般不小于12mm，间距100～200mm。分布钢筋直径取8～10mm，间距200～300mm。当板厚小于等于250mm时，可选取ϕ8@250；当板厚大于250mm时，可选取ϕ10@200。

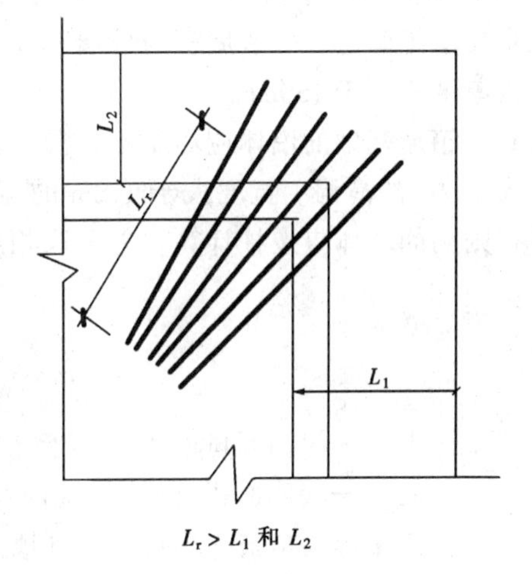

$L_r > L_1$ 和 L_2

图6-25　辐射状钢筋

基础筏板的钢筋配置量除应满足计算要求外，纵横两方向的支座处（指柱、肋梁和墙处的板底钢筋）尚应有一定配筋率的钢筋通长配置。对墙下筏板，纵向为0.15%，横向为0.10%；对柱下筏基，纵横向均为0.15%。跨中钢筋一般应按实际配筋率通长配置。对墙下筏板或无外伸肋梁的阳角外伸板角底面，应配置5～7根辐射状的附加钢筋，如图6-25所示。该附加钢筋的直径与板边缘的主筋相同，钢筋外伸间距不大于200mm，且内锚长度（从肋梁外边缘算起）应大于板的外伸长度，当外伸尺寸较大时，尚可考虑切除板角，以改善受力状况。

肋梁式筏板基础梁的构造要求同柱下条形基础。一般混凝土强度等级不低于C20，高层建筑筏板基础不应低于C30，对于地下水位以下的地下室筏板基础，尚应考虑混凝土的防渗等级，并进行抗裂验算。

其他构造要求详见《建筑地基基础设计规范》(GB50007—2002)。

二、箱形基础

箱形基础适用于软弱地基上的高层建筑、重型或对不均匀沉降有严格要求的建筑物。它是由底板、顶板、外墙板及一定数量纵横布置的内墙构成的整体刚度很大的箱式结构。在承受上部结构传来的荷载和不均匀地基反力引起的整体弯曲的同时，其顶板和底板还分别受到顶板荷载与地基反力引起的局部弯曲。箱形基础基本设计要求与构造要求如下：

采用箱形基础时，上部结构体型应力求简单、规则，平面布局尽量对称，基底平面形心应尽量与上部结构竖向荷载中心重合。当偏心较大时，可使基础底板四周伸出不等长的悬臂以调整底面的形心，偏心距不宜大于$0.1W/A$，式中，W为基底的抵抗矩，A为基底面积。

箱形基础的墙体宜与上部结构的内墙对正，并沿柱网轴线布置。箱基的墙体含量应有充分的保证，平均每平方米基础面积上墙体长度不得小于400mm或墙体水平截面积不得小于基础面积的1/10，其中纵墙配置不得小于墙体总配置量的60%，且有不少于三道纵墙贯通全长。

箱形基础的高度一般取建筑物高度的1/15，或箱形基础长度的1/18，并不小于3m。顶板、底板及墙身的厚度应根据受力情况、整体刚度、施工条件及防水要求等确定。一般底板与外墙厚度不小于250mm，内墙厚度不小于200mm，顶板厚度不小于150mm。

箱形基础的墙体应尽量不开洞或少开洞，并应尽量避免开偏洞或边洞、高度大于2m的高洞、宽度大于1.2m的宽洞。两相邻洞口最小净间距不宜小于1m，否则洞间墙体应按柱计算，并采取相应构造措施。墙体的开口系数应符合下式要求：

$$\alpha = \sqrt{\frac{A_0}{A_w}} \leqslant 0.4 \tag{6-54}$$

式中 A_0——门洞开口面积；

A_w——墙体面积（柱距与箱形基础全高的乘积）。

箱形基础的顶板、底板及内外墙一般采用双面双向分离式配筋。墙体中配筋的墙身竖向钢筋不宜小于$\phi12@200$，其他部位不宜小于$\phi10@200$。顶板底板配

筋不宜小于 ϕ14@200。在两片钢筋网之间应设置架立钢筋，架立钢筋间距不大于 800mm。

箱形基础的混凝土强度等级不应低于 C20，并宜采用防水混凝土，其抗渗等级不低于 P6。

当箱基埋置于地下水位以下时，要重视施工阶段的抗浮稳定性。一般采用井点降水法，使地下水位维持在基底以下以利施工。在箱基封完底、地下水位回升前，上部结构应有足够的重量，保证抗浮稳定系数不小于 1.2，否则应另拟抗浮措施。

箱形基础的具体设计计算可参考有关规范与资料。

第十节　减轻不均匀沉降损害的措施

一般地说，地基发生过大的变形将使建筑物损坏或影响其使用功能，特别是软弱地基引起的过量沉降以及软硬不均匀地基引起的不均匀沉降造成的危害，是建筑物设计中必须认真对待的问题。单纯从地基基础的角度出发，通常的解决办法有以下三种：(1) 采用柱下条形基础、筏基和箱基等；(2) 采用桩基或其他深基础；(3) 采用各种地基处理方法。但是，以上三种方法往往造价偏高。因此，我们可以考虑从地基、基础、上部结构相互作用的观点出发，选择合理的建筑、结构、施工方案和措施，降低对地基基础处理的要求和难度，同样可以达到减轻房屋不均匀沉降损害的目的。

一、建筑措施

1. 建筑物体型力求简单

建筑物体型系指其平面形状与立面轮廓。平面形状复杂的建筑物，在纵、横单元交叉处基础密集，地基中各单元荷载产生的附加应力互相重叠，使该处的局部沉降量增加。同时，此类建筑物整体刚度差，刚度不对称，当地基出现不均匀沉降时，容易产生扭曲应力，因而更容易使建筑物开裂。建筑物高低（或轻重）变化太大，地基各部分所受的荷载轻重不同，自然也容易出现过量的不均匀沉降。在选择建筑物体型时应力求做到：

(1) 平面形状简单，如用“一”字形建筑物；

(2) 立面体型变化不宜过大，砌体承重结构房屋高差不宜超过 1~2 层。

2. 控制建筑物长高比及合理布置纵、横墙

纵、横墙的连接和房屋的楼（屋）面共同形成了砌体承重结构的空间刚度。当砌体承重房屋长高比（建筑物长度或沉降单元长度与自基础底面算起的总高度之比）较小时，建筑物的整体刚度较大，能较好地防止不均匀沉降的危害。相

反，长高比大的建筑物整体刚度小，纵墙很容易因挠曲变形过大而开裂。

合理布置纵横墙是增强砌体承重结构房屋整体刚度的重要措施之一。一般地说，房屋的纵向刚度较弱，故地基不均匀沉降的损害主要表现为纵墙的挠曲破坏。内、外纵墙的中断、转折，都会削弱建筑物的纵向刚度。当遇地基不良时，应尽量使内、外纵墙都贯通；另外，缩小横墙的间距，也可有效地改善房屋的整体性，从而增强调整不均匀沉降的能力。

3. 设置沉降缝

当地基极不均匀且建筑物平面形状复杂或长度太长、高低悬殊等情况不可避免时，可在建筑物的适当部位设置沉降缝，以有效地减小不均匀沉降的危害。沉降缝是从屋面到基础把建筑物断开，将建筑物划分成若干个长高比较小、体形简单、整体刚度较好、结构类型相同、自成沉降体系的独立单元。沉降缝的位置宜设置在下列部位上：

（1）建筑物平面的转折部位；

（2）高度差异与荷载差异处；

（3）长高比过大的砌体承重结构或钢筋混凝土框架的适当部位；

（4）地基土压缩性差异显著处；

（5）建筑结构或基础类型不同处；

（6）分期建造房屋的交界处。

沉降缝要求有一定的宽度，以防止缝两侧单元发生互倾沉降时造成单元结构间的挤压破坏。一般沉降缝的宽度：二、三层房屋为50~80mm；四、五层房屋为80~120mm；六层及以上不小于120mm。沉降缝应按相应的构造要求处理，沉降缝可结合伸缩缝及在抗震区结合抗震缝设置。

4. 控制相邻建筑物的间距

由于地基附加应力的扩散作用，使相邻建筑物产生不均匀沉降，可能导致建筑物的开裂或互倾。为了避免相邻建筑物影响的损害，建筑物基础之间要有一定的净距。其值视地基的压缩性、产生影响建筑物的规模和重量以及被影响建筑物的刚度等因素而定。可查表6-19确定。

相邻建筑物基础间的净距（m） **表 6-19**

影响建筑的预估平均沉降量 s（mm）	受影响建筑的长高比	
	$2.0 \leqslant L/H_f < 3.0$	$3.0 \leqslant L/H_f < 5.0$
70~150	2~3	3~6
160~250	3~6	6~9
260~400	6~9	9~12
>400	9~12	≥12

注：1. 表中 L 为房屋长度或沉降缝分隔的单元长度（m）；H_f 为自基础底面算起的房屋高（m）；

2. 当被影响建筑的长高比为 $1.5 < L/H_f < 2.0$ 时，其间净距可适当缩小。

5. 调整建筑物的局部标高

由于沉降会改变建筑物原有标高，严重时将影响建筑物的正常使用，甚至导致管道等设备的破坏。设计时可采取下列措施调整建筑物的局部标高。

(1) 根据预估沉降，适当提高室内地坪和地下设施的标高；

(2) 将相互有联系的建筑物各部分（包括设备）中预估沉降较大者的标高适当提高；

(3) 建筑物与设备之间应留有足够的净空；

(4) 有管道穿过建筑物时，应留有足够尺寸的孔洞，或采用柔性管道接头。

二、结构措施

1. 减轻建筑物自重

基底压力中，建筑物自重（包括基础及回填土重）所占的比例很大。据统计，一般工业建筑约占 40% ~ 50%，一般民用建筑可高达 60% ~ 80%。因而，减小沉降量通常可以首先从减轻建筑物自重着手，措施如下：

(1) 减轻墙体重量　许多建筑物（特别是民用建筑物）的自重，大部分以墙体重量为主，例如，砌体承重结构房屋，墙体重量占结构总重量的一半以上。为了减少这部分重量，宜选择轻型高强墙体材料，如轻质高强混凝土墙板、各种空心砌块、多孔砖及其他轻质墙等，都能不同程度地达到减少自重的目的。

(2) 选用轻型结构　采用预应力钢筋混凝土结构、轻钢结构及各种轻型结构。

(3) 减少基础和回填土重量　首先是尽可能考虑采用浅埋基础（例如钢筋混凝土独立基础、条形基础、壳体基础等）；如果要求大量抬高室内地坪时，底层可考虑用架空层代替室内厚填土（整板基础时的效果更佳）。

2. 设置圈梁

对于砌体承重房屋，不均匀沉降的损害突出地表现为墙体的开裂。因此，实践中宜在基础顶面附近、门窗顶部楼（屋）面处设置圈梁，每道圈梁应尽量贯通外墙、承重内纵墙及主要内横墙，并在平面内形成闭合的网状系统。这是砌体承重结构防止出现裂缝和阻止裂缝开展的一项十分有效的措施。

3. 减小或调整基底附加压力

(1) 减小基底附加压力　除了采用本节“减轻建筑物自重”减小基底附加压力外，还可设置地下室（或半地下室、架空层），以挖除的土重去补偿（抵消）一部分甚至全部的建筑物重量，达到减小沉降的目的。

(2) 改变基底尺寸　按照沉降控制的要求，选择和调整基础底面尺寸，针对具体工程的不同情况考虑，尽量做到有效且经济合理。

4. 采用非敏感性结构

根据地基基础与上部结构共同作用的概念，上部结构的整体刚度很大时，能调整和改善地基的不均匀沉降。同样，地基的不均匀沉降，也能引起上部结构(敏感性结构）产生附加应力，但只要在设计中合理地增加上部结构的刚度和强度，地基不均匀沉降所产生的附加应力是完全可以承受的。

与刚性较好的敏感性结构相反，排架、三铰拱（架）等铰接结构，支座发生相对位移时不会引起上部结构中很大的附加应力，故可以避免不均匀沉降对主体结构的损害。但是，这类非敏感性结构形式通常只适用于单层工业厂房、仓库和某些公共建筑。必须注意，即使采用了这些结构，严重的不均匀沉降对于层盖系统、围护结构、吊车梁及各种纵、横连系构件等仍是有害的，因此，必须考虑采取相应的防范措施。

三、施工措施

合理安排施工程序、注意某些施工方法，也能收到减小或调整不均匀沉降的效果。

当拟建的相邻建筑物之间轻（低）重（高）悬殊时，一般应按先重后轻的次序施工；有时还需要在重建筑物竣工后歇一段时间，再建造轻的邻近建筑物。当高层建筑的主、裙楼下有地下室时，可在主、裙楼相交的裙楼一侧适当位置设置施工后浇带，同样以先主楼后裙楼的施工顺序，以减小不均匀沉降的影响。

在已建成的轻型建筑物和在建工程的周围外，都应避免长时间堆放大量集中的建筑材料或弃土，以免引起建筑物的附加沉降。

在淤泥及淤泥质土的地基上开挖基坑时，应尽可能地保持地基土的原状结构而不受到扰动。通常在开挖基槽时，可暂不挖到基底标高，保留约200mm的原状土，等施工基础垫层时临时开挖。如出现槽底已受到扰动，可先挖去扰动部分，再用砂、碎石等回填处理。

思　考　题

6-1　天然地基上浅基础的设计包括哪些内容？

6-2　常用浅基础形式有哪些？

6-3　如何确定浅基础的地基承载力？

6-4　什么是基础的埋置深度，当选择基础埋深时，应考虑哪些因素？

6-5　确定地基承载力的方法有哪些？

6-6　对于中小型建筑物来说，应如何选择地基基础的设计方案？

6-7　在什么情况下，应增加或减少基础埋深？

6-8　在什么情况下，应进行软弱下卧层验算？若不满足下卧层验算时，可能产生什么后果？应如何处理？

6-9　在偏心荷载作用下如何确定基础的底面尺寸？

6-10　为什么对软弱地基上的砌体结构和框架结构，要采取减少不均匀沉降危害的措施？

减少不均匀沉降的措施有哪些？

6-11　应如何考虑地基、基础的相互作用？

6-12　刚性基础的高度是如何确定的？

6-13　柱下钢筋混凝土独立基础的高度是根据什么确定的？

6-14　什么是基础压力、基底附加压力、基底净反力？

6-15　什么是框架结构相邻柱基础沉降差，规范中允许的沉降差是多少？

习　题

6-1　某砂土地基的标准贯入试验锤击数（平均值，已修正）$N=21$，试确定其承载力特征值。如基础宽度为2.0m，埋深为0.5m，土的重度为18kN/m^3，试确定该基础修正后的地基承载力特征值。

6-2　某黏性土层根据六个试件的土工试验资料，计算得各个试样的孔隙比为：$e_1=0.75$，$e_2=0.76$，$e_3=0.73$，$e_4=0.81$，$e_5=0.76$，$e_6=0.69$；液性指数 $I_{L1}=0.60$，$I_{L2}=0.65$，$I_{L3}=0.66$，$I_{L4}=0.59$，$I_{L5}=0.61$，$I_{L6}=0.64$。试求该土的承载力基本值、特征值，如基础埋深1.8m，基础底面以上土的重度 $\gamma_1=17.1\text{kN/m}^3$，基础宽度 $b=3.4\text{m}$，基础以下土的重度 $\gamma_2=17.84\text{kN/m}^3$，试求该基础修正后的承载力特征值。

6-3　某砖墙基础，采用素混凝土（C10）条形基础，基础顶面处的砌体宽度 $b_0=490\text{mm}$，传到基础顶面的荷载 $F=220\text{kN/m}$，地基承载力特征值为 $f_{ak}=144\text{kPa}$，试确定条形基础的宽度 b、最小埋置深度 d，并绘出基础剖面图。

6-4　某钢筋混凝土条形基础，如图6-26所示，地表下第一层土为杂填土 $\gamma_1=19\text{kN/m}^3$，厚度为0.6m；第二层土为褐黄色粉质黏土 $\gamma_2=18\text{kN/m}^3$，$\gamma_{2sat}=19.5\text{kN/m}^3$，$E_{s2}=9\text{MPa}$，$f_{ak2}=200\text{kPa}$，$\eta_{b2}=0.3$，$\eta_{d2}=1.6$，厚度为2.4m；第三层土为淤泥质黏土 $\gamma_3=18.5\text{kN/m}^3$，$E_{s3}=1.8\text{MPa}$，$f_{ak3}=60\text{kPa}$，$\eta_{b3}=0$，$\eta_{d3}=1.1$，厚度为8m。已知条形基础宽度 $b=1.65\text{m}$，上部结构传来荷载 $F=220\text{kN/m}$，试验算地基承载力。

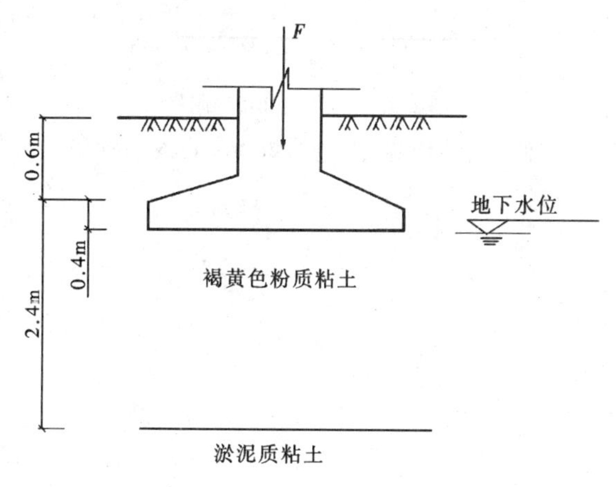

图6-26　［习题6-4］附图

6-5 某工业厂房柱基，采用钢筋混凝土独立基础，如图 6-27 所示，作用在基础顶部的荷载为 $F=185kN$，$M=112kN.m$，$V=20kN$。持力层为黏性土 $\gamma=18.5kN/m^3$，$f_{ak}=240kPa$，$\eta_b=0.3$，$\eta_d=1.6$，试确定基础底面尺寸。

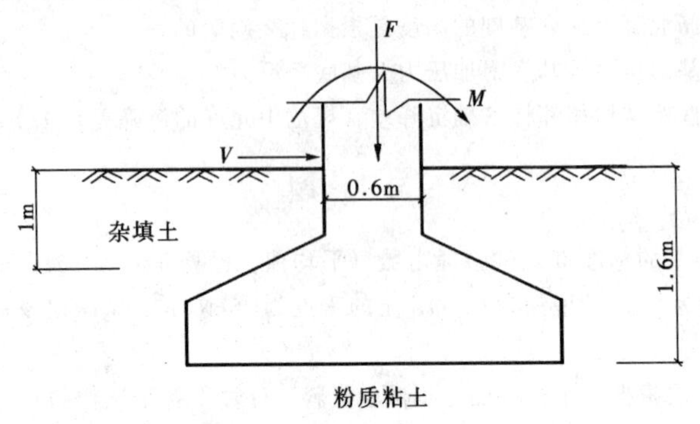

图 6-27 ［习题 6-5］附图

6-6 某柱基础采用钢筋混凝土独立基础，如图 6-28 所示，$F=2200kN$，第一层土为杂填土 $\gamma=18kN/m^3$，厚度为 1m；持力层土为粉质黏土 $\gamma_2=19kN/m^3$，$e=0.83$，$I_L=0.84$，$f_{ak}=250kPa$，基础埋深 $d=1.6m$，采用 C20 混凝土，HPB235 钢筋，试确定基础底面尺寸、基础高度并进行底板配筋。

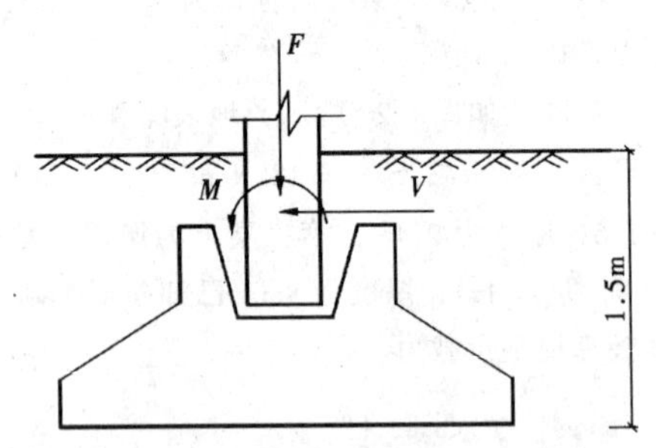

图 6-28 ［习题 6-6］附图

6-7 同［习题 6-6］，但上部结构荷载还有弯矩 $M=40kN\cdot m$ 作用。

第七章　桩　基　础

学　习　要　点

桩基础是一种发展迅速、应用广泛的基础形式，是岩土工程界非常感兴趣的研究对象，广泛应用于高层建筑、重型建筑和桥梁等工程中。通过本章的学习，要求读者掌握桩基础的类型，各种类型桩的适用条件，单桩、基桩、复合基桩的含义；要求能够按照现行规范确定桩的竖向承载力；熟悉桩的设置效应、单桩荷载传递的机理、承载力验算和桩基础设计的步骤和内容，并对灌注桩的施工质量应给予足够的重视。

第一节　概　　述

桩基础是最古老的基础形式之一，早在古代的建筑活动中就已有采用木桩来解决软土地基上的基础工程问题了。随着生产水平和科学技术的发展，高层建筑大量修建，基础工程的地位更加突出。在诸多基础类型中，桩基础以其适应性强、承载性能好、沉降小等一系列优点而被广泛采用。桩基础已经成为土质不良地区建造建筑物、特别是高层建筑和重型工业厂房及道路桥梁等所广泛采用的基础形式。

一、桩基础的优点

(1) 能以不同的构造形式和施工方法适应各种不同的地质条件、荷载性质和上部结构的要求；

(2) 承载力高、沉降量小；

(3) 便于机械化施工和工厂化生产，如预制桩、钢桩等；

(4) 效率高、工期短、造价较低；

(5) 有利于建筑物的抗震。

二、桩基础的适用性

对下列情况，可考虑采用桩基础方案：

(1) 不允许基础有过大沉降和不均匀沉降的高层建筑或其他重要的建筑物；

(2) 重型工业厂房和荷载很大的建筑物，如仓库、料仓等；

(3) 软弱地基或某些特殊地基土上的各类永久性建筑物；

(4) 水平力和力矩较大的高耸结构物，如烟囱、水塔等，或以桩承受水平力或上拔力的情况；

(5) 动力机器基础或以桩作为地震区建筑物的抗震措施。

三、桩基础的主要作用

通常，桩基础是由承台及承台下的多根桩所组成，随着大直径桩墩基础的应用，现在也出现了一柱一桩基础。桩的作用主要有：

(1) 将上部结构荷载传递到软弱土层或水流下面的坚实而稳定的土层之上，这类桩主要通过桩端阻力来承担上部荷载，故称为端承型桩（Column pile）；

(2) 将上部结构荷载传递到桩周及桩尖下的土层中，这类桩主要靠桩侧摩阻力来承担上部荷载，桩端阻力较小，故称为摩擦型桩（Friction pile）；

(3) 抵抗水平力和上拔力，如高压输电塔、架空索道的支座及各种高耸结构物的基础；

(4) 提高地基和基础的整体刚度（竖向或水平向）；

(5) 提高建筑物的抗震能力；

(6) 通过挤压和振动的共同作用挤密土层。

四、桩基础设计内容

桩基础设计包括以下内容：

(1) 掌握桩基础设计资料；

(2) 选择桩的类型、长度和截面尺寸；

(3) 确定桩的承载力；

(4) 确定桩的数量、间距和平面布置；

(5) 验算桩基础的承载力和沉降；

(6) 桩身结构设计；

(7) 承台设计；

(8) 绘制桩基础施工图，提出施工说明。

五、桩基础设计原则

行业标准《建筑桩基技术规范》（JGJ94—94）规定，建筑桩基设计采用以概率理论为基础的极限状态设计法（可靠性分析设计），并按极限状态设计表达式计算。桩基极限状态分为：

1. 承载能力极限状态

承载能力极限状态由下述三种状态之一确定：

(1) 桩基达到最大承载力，超出该最大承载力即发生破坏。以竖向受压桩为例，如图 7-1 所示。

桩的荷载与沉降关系曲线分为陡降型（A 曲线）和缓降型（B 曲线）两类。陡降型属“急进破坏”，缓降型属“渐进破坏”。前者一旦荷载超过极限承载力，沉降便急剧增大，即发生破坏；后者破坏特征不明显，该极限承载力并非真正的最大承载力，因为继续增加荷载，沉降仍能趋于稳定。这两类破坏形态的桩基其承载力失效的后果是不同的。

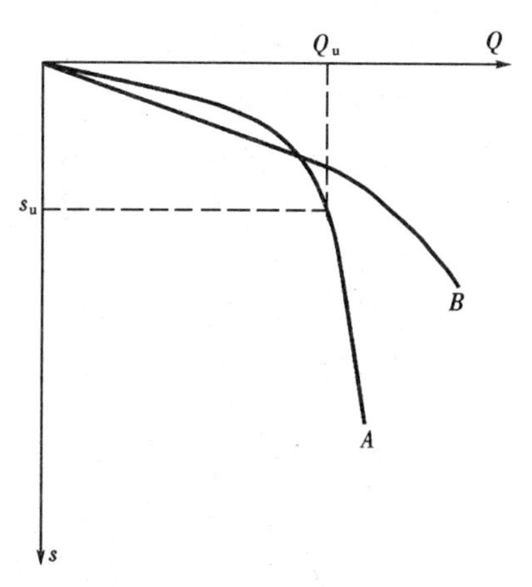

图 7-1　桩的荷载 Q 与沉降 s 曲线

(2) 桩基发生不适于继续承载的变形。为了充分发挥桩基承载能力，宜按结构物所能承受的最大变形确定其极限承载力。

(3) 桩基发生整体失稳。位于岸边、斜坡上的桩基、浅埋桩基、存在软弱下卧层的桩基，在竖向荷载作用下，有发生整体失稳的可能性，因此，其承载力极限状态由上述两种状态之一制约外，尚应验算桩基的整体稳定性。

2. 正常使用极限状态

正常使用极限状态指桩基达到建筑物正常使用所规定的变形限值或达到耐久性要求的某项限值，即：

(1) 桩基的变形。竖向荷载引起的沉降和水平荷载引起的水平变位可能导致建筑物标高的过大变化，差异沉降和水平位移使建筑物倾斜过大、开裂、装修受损、设备不能正常运转、人们心里不能承受等，从而影响建筑物的正常使用。

(2) 桩身和承台的耐久性

对于处于腐蚀介质环境中的桩身和承台，要进行混凝土的抗裂验算和钢桩的耐腐蚀验算，对于使用上需限制混凝土裂缝宽度的桩基应验算桩身和承台的裂缝宽度，目的是为了满足桩基的耐久性，保持建筑物的正常使用功能。

根据建筑物因桩基损坏所造成后果的严重性（危及人的生命、造成经济损失、产生的社会影响等），设计桩基时应按表 7-1 确定相应的安全等级。

建筑桩基安全等级　　**表 7-1**

安全等级	破坏后果	建筑物类型
一级	很严重	重要的工业与民用建筑物；对桩基变形有特殊要求的工业建筑物
二级	严　重	一般的工业与民用建筑物
三级	不严重	次要的建筑物

按极限状态设计桩基时须进行下列计算和验算：

1. 所有桩基均应进行承载能力极限状态计算，内容有：

（1）根据桩基使用功能和受力特征进行桩的竖向（抗压或抗拔）承载力和水平承载力计算，对复合基桩宜考虑由桩、土、承台相互作用产生的群桩效应；

（2）当桩端平面以下存在软弱下卧层时，应验算软弱下卧层的承载力；

（3）按《建筑抗震设计规范》（GB50011—2001）要求验算桩基抗震承载力；

（4）承台及桩身的承载力计算（包括对钢筋混凝土预制桩吊、运、锤击时的强度验算和软土、可液化土层中细长桩桩身的屈曲验算等）。

桩基承载能力极限状态计算应采用荷载作用效应的基本组合和地震作用效应组合。

2. 下列建筑桩基应进行变形验算：

（1）桩端持力层为软弱土的一、二级建筑桩基以及桩端持力层为黏性土、粉土或存在软弱下卧层的一级建筑桩基应验算沉降，并宜考虑上部结构与桩基的相互作用；

（2）承受较大水平荷载或对水平变位要求严格的一级建筑桩基应验算其水平变位。

此外，对不允许出现裂缝或需限制裂缝宽度的混凝土桩身和承台应进行抗裂或裂缝宽度验算。

验算桩基沉降时应采用荷载的长期效应组合，并不考虑风荷载和地震荷载；验算桩基的水平变位、抗裂和裂缝宽度时，根据使用要求和裂缝控制等级分别采用短期效应组合或短期效应组合考虑长期荷载影响。

第二节　桩的类型

桩基础一般由桩和承台组成，荷载通过承台传递给各桩，当承台与地面接触时，称为低承台桩基础。工业与民用建筑中，几乎都使用低承台桩基础，而且采用的是竖直桩，承台、桩、土将相互影响共同作用，使群桩的承载性状与一根孤立的单桩有很大的区别并趋于复杂。

一旦确定采用桩基后，合理地选择桩型是桩基设计中的重要环节。由于桩的截面尺寸远小于桩的长度，且桩周都与土接触，因而桩的长度和施工方法等都对桩的承载性状有很大的影响，因此桩的类型较多，分类方法也各有不同。

一、按施工方法分

桩的材料、构造形式和施工方法各方面都在不断改进，形成了许多种类型，概括地说桩可分为预制桩和灌注桩两大类。

1. 预制桩

预先在工厂或工地用各种材料制成一定形式和尺寸的桩，而后用适当的机具设备将其置入土中，按所用材料的不同，可分为钢筋混凝土预制桩、钢桩和木桩。沉桩的方式有锤击、振动、静力压入和旋入等。

(1) 钢筋混凝土预制桩

钢筋混凝土预制桩的截面形状、尺寸和长度在一定范围内按需要选择，其截面有方形、圆形、十字形等，普通实心方桩的截面边长一般为300~500mm，现场预制桩的长度一般为25~30m，工厂预制桩的长度一般不超过12m，否则分节预制，沉桩时在现场加长。

实心桩自重较大，纵向钢筋需根据桩在起吊运输和吊立过程中的弯曲应力确定，因此用钢量较大，为了减轻自重和节省材料，可采用钢筋混凝土空心管桩(预应力或非预应力)。国外使用的高强度预应力混凝土管桩的混凝土强度等级可达C80以上。钢筋混凝土空心管桩用离心法旋制，重量轻、省材料。

预制桩的优点是由于具有挤土效应，因而侧摩阻力、桩端阻力都较大，从而承载能力高；其缺点是造价高、噪声大、振动影响大，因而在市区的应用受到限制。

(2) 钢桩

常用的钢桩有开口或闭口的钢管桩以及H形钢桩（Steel H pile）等，钢管桩的直径为250~1200mm。钢桩的优点是承载力高、起吊运输方便、能承受巨大的锤击力、穿透坚硬土层的能力强；缺点是耗钢量大、成本高（约相当于钢筋混凝土桩的3~4倍），按我国国情，只能在极少数深厚软土层上的高重建筑物或海洋平台基础中使用。

(3) 木桩

这是最古老的预制桩，常用红松或杉木制成，长度约为4~6m，直径约为150~250mm，一般将梢端向下，以利提高承载力。

木桩的优点是重量轻，具有一定的弹性和韧性，制作简单，施工方便；缺点是在干湿交替的环境中易腐蚀，在海水中易被食木虫蛀蚀，且木材珍贵，所以一般只在可以就地取材的地区或战时抢修工程中应用。

2. 灌注桩

灌注桩是在现场采用机械或人工成孔，然后下放钢筋笼（也有不设钢筋的）和浇灌混凝土而成。在诸多桩的类型中，灌注桩发展最快，其特点是向大、长、扩底、嵌岩方向发展。桩径1m以上，桩长30m以上的大型灌注桩过去多用在桥梁工程中，现在被广泛应用于建筑工程中。桩身直径大者达4m，扩底直径达9m，其设计承载力，桩端支承于坚硬黏性土者高达40000kN，承于基岩者高达70000kN。大直径桩多用于高重建筑物，并多采用一柱一桩。20世纪80年代以来，随着高层建筑的迅速增多，大直径桩在我国建筑工程中得到很大发展。

灌注桩在我国已经形成多种成桩工艺、多种桩型，按其成桩过程对桩侧土的影响程度，可分为非挤土灌注桩、部分挤土灌注桩和挤土灌注桩三大类，每一类又包含多种成桩方法，现归纳如下：

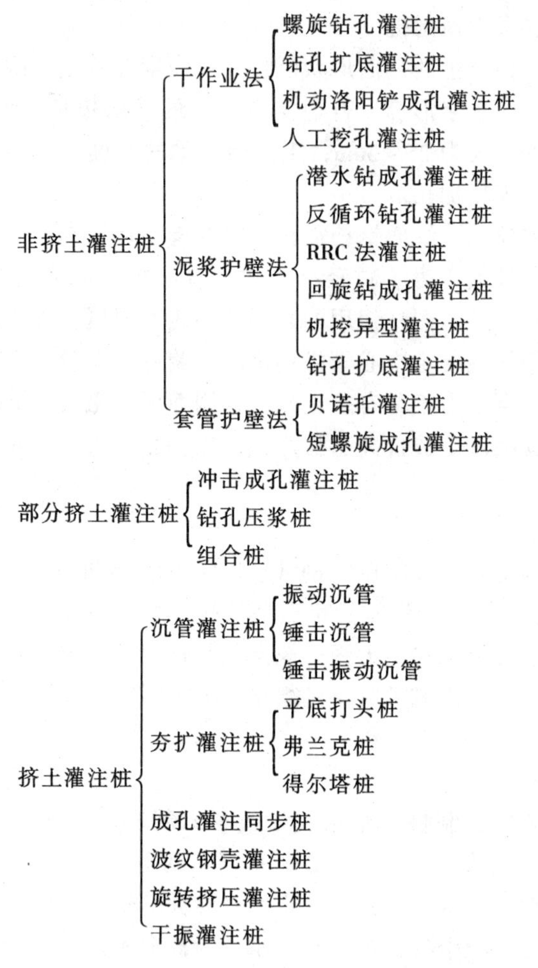

(1) 挤土灌注桩

挤土灌注桩的共同优点是：无需排浆和运输渣土，现场比较整洁，施工效率高，造价低。桩长一般不超过 20m。挤土灌注桩的种类较多，现仅介绍几种桩型。

1) 沉管灌注桩

沉管灌注桩是利用锤击或振动，将带有预制桩尖或活瓣桩尖的钢管沉入土中成孔，然后下放钢筋笼，灌注混凝土，边拔钢管边振动而成型，施工过程见图 7-2。沉管灌注桩的常用直径（桩尖直径）为 300～500mm，桩长在 20m 以内。这种桩施工设备简单，速度快，成本较低。但在淤泥及淤泥质土中沉管将产生超孔隙水压力，易产生缩径、断桩、混凝土离析等质量问题，对周围建筑物或构筑物将产生影响，沉管过程一般产生噪声和振动，因而在实际工程中的应用受到了限制。

2）夯扩灌注桩

夯扩灌注桩是利用设置于套管中的夯锤或芯管，将套管中混凝土夯挤或挤压出来，在桩底形成扩大头并使桩身混凝土密实和防止缩径、断桩。根据施工工艺的不同又分为弗朗基（Franki）桩（香港称为建新桩）、无桩靴夯扩灌注桩和复合载体夯扩桩等。

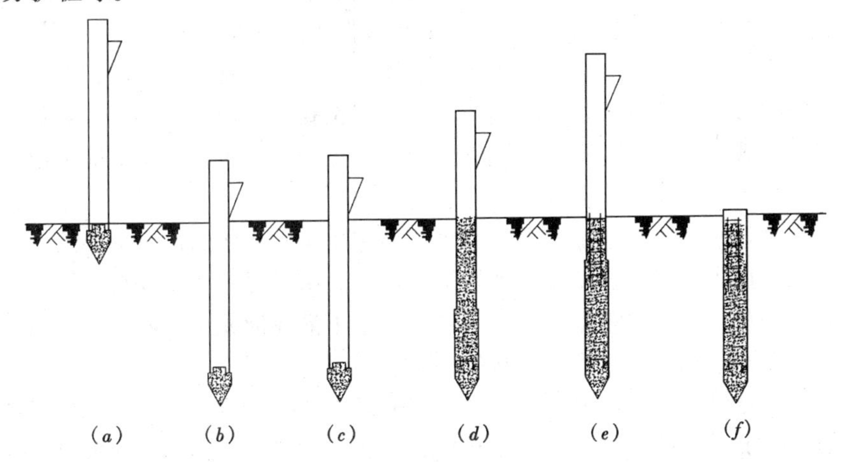

图 7-2 沉管灌注桩施工程序示意图
（a）打桩机就位；（b）沉管；（c）浇灌混凝土；（d）边拔管、边振动；（e）下钢筋笼，继续浇灌混凝土；（f）成桩

（2）部分挤土灌注桩

这种桩的特点是在成孔或浇筑过程中对桩周土产生部分挤土效应。使桩周非饱和土受到一定的挤密作用，桩侧摩阻力较非挤土灌注桩有所提高；对于饱和黏性土，桩周土的扰动较挤土桩小，对环境的影响也较小。下面简单介绍两种部分挤土桩。

1）钻孔压浆桩

钻孔压浆桩成桩的基本原理是：当螺旋钻头钻至设计深度时，将细石混凝土或砂浆由钻杆底部泵出，边压注边拔钻，直至地面。形成桩体后，将钢筋笼由其顶部的振动器振动沉入混凝土桩体中。

这种钻孔压浆桩的最大优点是：①无需采用泥浆或套管护壁，工艺简单，成桩效率高；②由钻杆中泵出的混凝土或砂浆具有一定的压力，桩侧土体受到一定的挤压，桩侧摩阻力有所提高；③不易出现缩径、断桩等现象，孔底无沉渣虚土。

这种压浆桩的成桩直径为 0.4～1.0m，最大钻进深度 20m。适用于各类黏性土、松散砂土，并不受地下水位限制。

2）组合桩

当灌注桩的桩端持力层为松散砂、粉土、粉质黏土时，为提高桩端阻力，可在成孔之后，在孔底打入一段钢筋混凝土预制桩，随后浇灌混凝土，形成组合桩，这种桩只适用于持力层埋藏较浅的情况。当沉管挤土桩穿过饱和软土层时，易缩孔，此时可在套管中加入预制桩段，形成组合桩。

(3) 非挤土灌注桩

非挤土灌注桩在施工时将孔中土排出到地面，然后清除孔底残渣，安放钢筋笼，浇灌混凝土而成桩。按施工工艺又分为干法作业、泥浆护壁和套管护壁三种。

干作业成孔灌注桩（包括人工挖孔灌注桩）的特点是：①无需护壁措施，不产生挤土效应，桩侧土受机械扰动小；②由于钻孔使孔周围土径向应力释放而产生变形，导致桩侧摩阻力有所降低；③孔底虚土处理是影响桩承载能力的主要因素；④适用于地下水位以上的黏性土、粉土层。

泥浆护壁非挤土灌注桩的基本原理是利用比重大于水的泥浆平衡地下水头和孔壁径向土压力，阻止孔壁变形和坍塌。同时，由于泥浆的黏度高，可将土渣浮起而排出孔外。泥浆护壁条件下，采用导管水下灌注混凝土，若操作不当，易造成断桩、夹泥、缩径、混凝土离析等缺陷。

泥浆护壁钻孔灌注桩的成孔工艺是：先钻桩身孔，后用专用扩孔器扩底，或钻扩合一。其扩底直径可达 0.9～4.2m，扩大率（扩底面积/桩身面积）最大为 3.2。但由于在砂、砾层中扩底易产生坍塌，所以扩底直径不宜太大。

二、按使用功能分类

桩在正常使用状态下，按抗力性能和工作机理进行分类。不同使用功能的桩基，有不同的构造要求和不同的计算内容。

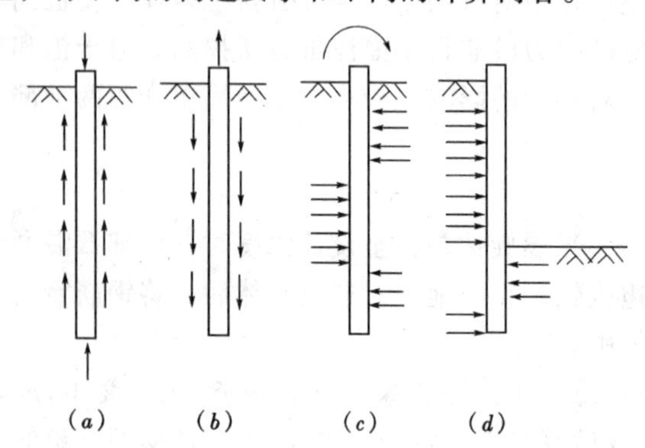

图 7-3 不同功能的桩
(*a*) 收压桩；(*b*) 抗拔桩；(*c*) 横向荷载主动桩；(*d*) 横向荷载被动桩

(1) 竖向抗压桩：主要承受竖向下压荷载的桩，如图 7-3 (*a*) 所示，应进行竖向承载力计算，必要时还需进行桩基沉降计算、软弱下卧层承载力验算及验算负摩阻力产生的下拉荷载。

(2) 竖向抗拔桩：主要承受竖向上拔荷载，如抗浮力桩基、输电塔桩基等，如图 7-3 (*b*) 所示，应进行桩身强度和抗裂计算及抗拔承载力验算。

(3) 水平受荷桩：主要承受水平荷载的桩，如图 7-3（*c*）、（*d*）所示，应进行桩身强度和抗裂计算及水平承载力和位移验算。

(4) 复合受荷桩：承受竖向、水平荷载均较大的桩，应按抗压（或抗拔）桩及水平受荷桩的要求进行验算。

三、按荷载传递方式分类

按承载性状，根据竖向荷载作用下，桩土相互作用的特点、桩侧摩阻力与桩端阻力的发挥程度和分担荷载比，将桩分为摩擦型桩和端承型桩两大类。

摩擦型桩是指在竖向极限荷载作用下，桩顶荷载全部或主要由桩侧摩阻力承担，根据桩侧阻力分担荷载的大小分为摩擦桩和端承摩擦桩。

摩擦桩是指在深厚的软土层中，无较坚硬的土层作为桩端持力层，或桩端持力层虽然较坚硬，但桩的长径比（L/d）很大，传递到桩端的轴向力很小，以至在极限荷载作用下，桩顶荷载绝大部分由桩侧阻力承担，桩端阻力很小可忽略不计的桩。

端承摩擦桩是指当桩的长径比不是很大，桩端持力层为较坚硬的黏性土、粉土或砂类土时，除桩侧阻力外，还有一定的桩端阻力，桩顶荷载由桩侧阻力和桩端阻力共同承担，但大部分荷载由桩侧阻力承担，这类桩所占的比例很大。

端承型桩是指在极限荷载作用下，桩顶荷载全部或主要由桩端承担，桩侧阻力相对桩端阻力而言较小，或可忽略不计的桩。根据桩端阻力发挥的程度和分担荷载的比例，可分为摩擦端承桩和端承桩。

摩擦端承桩是指桩端进入中密以上的砂土、碎石类土中或微风化岩层，桩顶极限荷载由桩侧阻力和桩端阻力共同承担，以桩端阻力为主的桩。

端承桩是指当桩的长径比较小（一般小于 10），桩身穿过软弱土层，桩端设置在密实砂层、碎石类土中或微风化岩层中，桩顶荷载绝大部分由桩端阻力承担，桩侧阻力很小可忽略不计的桩。

四、按设置效应分类

工程实践表明，随着桩的设置方法的不同，桩周土所受的排挤作用也大不相同。挤土效应对桩的承载能力、成桩质量控制和环境等有很大影响。因此根据成桩过程中的挤土效应将桩分为以下三类：

(1) 挤土桩

实心的预制桩、下端封闭的管桩、木桩及沉管灌注桩等，在贯入过程中将桩位处的土挤开，因而使桩周土的结构受到扰动而破坏，黏性土因而降低了抗剪强度（过一段时间强度可部分恢复）；松散的无黏性土则由于振动挤密而使抗剪强度提高。

(2) 部分挤土桩

开口钢管桩、H形钢和开口的预应力混凝土管桩等，置入土中时对桩周土稍有挤土作用，但土的强度和变形性质变化不大。

(3) 非挤土桩

钻孔桩、人工挖孔桩等在成桩过程中都将孔中土体清除出去，故桩对土没有排挤作用，桩周土反而产生松弛效应，因而，非挤土桩的桩侧摩阻力有所减小。

在饱和软土中设置挤土桩，若设计和施工不当，就会产生明显的挤土效应，导致未初凝的灌注桩桩身缩小乃至断裂、桩上涌和位移、地面隆起，从而降低桩的承载能力。有时还会损坏临近建筑物，施工后还可能因软土中孔隙水压力消散，土层再固结，使桩身产生负摩阻力，从而降低桩基承载力，增大桩基沉降量。

若挤土桩设计和施工得当，可收到良好的技术经济效果。在非饱和松散土中采用挤土桩，其承载力明显高于非挤土桩。

五、选择桩型时应考虑的因素

1. 建筑物的性质与荷载

对于重要建筑物和对不均匀沉降敏感的建筑物，要选择成桩质量稳定的桩型。

对于荷载较大的高重建筑物，首先考虑选择承载能力大的桩型，这可使桩距和桩数选择得合理。如在有坚硬持力层的地区宜优先选用大直径桩；在深厚软弱土层地区宜优先选用长摩擦桩。

对于地震区或承受动荷载的桩基，宜考虑选用既能满足竖向承载力又有利于提高水平承载力的桩型，并应考虑动荷载的影响。

2. 工程地质、水文地质条件

当持力层埋藏较浅时应首先采用端承桩；当埋藏较深时，则根据单桩承载力的要求，选择恰当的长径比。

土层中是否有古墓、土洞、孤石，基岩中是否有喀斯特溶洞、破碎带等，对于选择桩型和成桩方法都是重要的参考因素。

土层是否具有湿陷性、膨胀性。若为湿陷性黄土，可考虑采用挤土桩。

地下水位与地下水补给条件是选择施工方法的主要因素。成孔过程中是否产生涌砂等现象；对于饱和软黏土，采用挤土桩所引起的挤土效应应予以考虑。

土层是否具有可液化、震沉性质也应予以考虑。若有则应考虑负摩擦力和桩尖进入坚实土层的深度。

3. 施工环境

挤土桩施工过程引起的挤土和振动等效应，可导致相邻建筑物、地下设施等的损坏，必须加以考虑。

采用泥浆护壁成孔时，应有足够大的现场，若现场面积小，泥浆无法沉淀处理，则不能采用泥浆护壁法施工。

成桩设备进出场和成孔过程需要一定的空间，与相邻建筑物的净距也有一定的要求，选择成桩方法时必须加以考虑。

4. 材料供应与施工技术条件

各种桩型都要求相应的施工设备和施工技术，选择成桩方法时切莫盲目追求先进、忽视现实可能性。

5. 经济指标和施工工期

不同类型的桩各项经济指标各不相同，应综合核算各项经济指标，如单方混凝土所提供的承载力、单方混凝土的造价、材料消耗等。

施工工期是影响经济效益和社会效益的主要因素之一，因而选择桩型和成桩方法时要优先考虑施工工期。

第三节　单桩的工作特性

孤立的一根桩称为单桩，群桩中的一根桩称为基桩，群桩中考虑群桩效应的一根桩称为复合基桩。单桩工作性能的研究是桩基承载力和沉降分析的理论基础。在确定单桩竖向承载力之前，有必要了解竖向荷载是如何通过桩-土相互作用传递给地基的。浅基础和桩基础的作用都是将上部结构荷载传递给地基，但二者的构造尺寸和埋深条件截然不同，因而荷载传递的方式也不同，图 7-4 是浅基础和桩基础荷载传递方式对比示意图。浅基础是通过足够大的基础底面积将上部结构荷载传递给地基，而桩基是埋入土中的细长杆件，除了面积很小的端部，还有面积很大的侧表面都与土接触，上部结构荷载只有经过桩身才能到达桩端，所以就必将有一部分荷载经桩身传到周围土层中，而传递给桩端持力层的荷载只是其中的一部分，因而桩的荷载传递过程要比浅基础复杂得多。

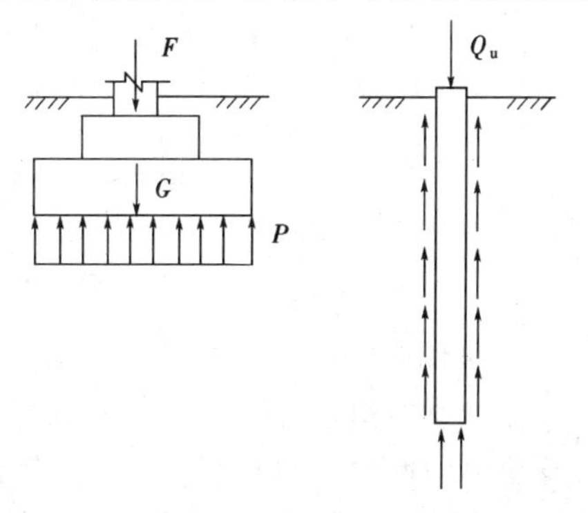

图 7-4　浅基础与桩的荷载传递的区别

一、荷载传递过程

1. 一般过程

当轴向荷载 Q 作用于桩顶时，桩身将发生弹性压缩 s_p，如图 7-5（b）所示，荷载通过桩身传到桩端，桩端下的土层也将发生压缩 s_s，这两部分之和就是桩顶总下沉量 s，即 $s = s_p + s_s$。但埋于土中的桩与一般受压杆件的边界条件不同，它周围与土紧密接触，当桩在轴向荷载 Q_{uk}作用下发生压缩时，由于桩身和桩周土的相互作用，在桩侧表面的土层产生了一种向上的摩阻力 q_{sk}，如图 7-5（c）所示，桩顶荷载在沿着桩身向下传递的过程中必须不断地克服这种摩阻力，所以桩身轴向力随着深度不断减少，如图 7-5（d）所示，最后传递到桩端，传递到桩端的轴向力 Q_{pk}就由桩端土承担了。所以桩顶轴向荷载 Q_{uk}等于桩侧总摩阻力 Q_{sk}与桩端总阻力 Q_{pk}之和。即 $Q_{uk}=Q_{sk}+Q_{pk}$。这就是轴向荷载沿桩身传递的大致过程。

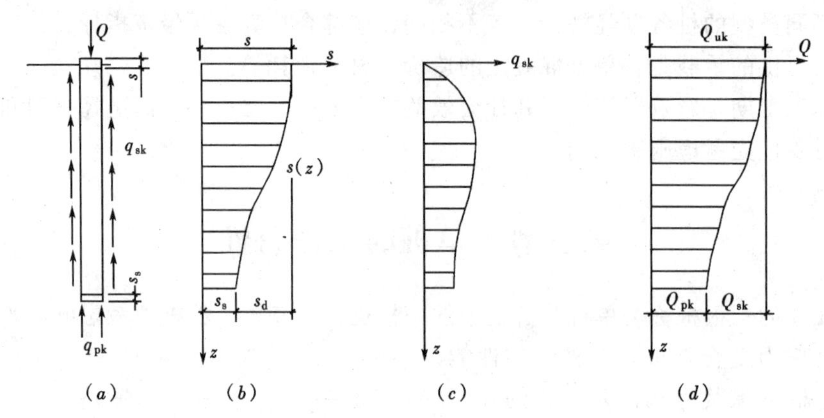

图 7-5 单桩轴向荷载传递示意图

（a）轴向受压桩；（b）桩身断面位移曲线；（c）桩侧摩阻力沿深度分布规律；（d）挣身轴向力沿深度的变化规律

2. 桩侧摩阻力的发生、变化与土层的关系

在受荷的初始阶段，桩身下沉与桩周土的向下位移是相协调的，此时，随着桩身位移的增大，侧摩阻力逐渐发挥出来，直到桩身位移量增大到一定数值，桩侧摩阻力达到极限值，这时若桩身进一步下沉，则在桩与周围土之间将产生相对滑动，侧摩阻力不再增大，甚至稍有降低，如图 7-5（c）。由于桩身压缩量的累积，桩身各断面的位移量是不相等的，在位移最大的顶部，摩阻力首先达到极限值，随着荷载的增加，下部桩身的侧摩阻力也逐渐增大到极限值，直到沿全部桩身的摩阻力都达到极限值。

3. 桩端阻力的发挥与侧摩阻力及持力层刚度的关系

桩端阻力的发生是在桩侧摩阻力发挥到一定程度时才开始的，此后，它随着荷载的增大而逐渐增大，当桩身侧摩阻力全部达到极限值以后，继续增加的荷载将全部由桩端阻力平衡，直到桩端持力层土体达到极限强度，桩就进入破坏阶段，这时作用于桩顶的荷载就是桩的极限荷载 Q_{uk}。

实测资料表明，桩侧摩阻力达到极限值所需的位移量仅与土质有关，而与桩的尺寸无关。在黏性土中，这个极限值约为5~7mm，在砂土中约为10mm。由此可见，桩只要产生微小沉降，桩侧摩阻力就足以充分发挥了。但为充分发挥桩端阻力所需的桩端下沉量却大得多。在给定的土质条件下，这个极限下沉量是桩径 d 的函数。当持力层为一般黏性土时约为 $0.25d$，硬黏土约为 $0.1d$，中密以上的砂土约为（0.08~0.1）d，一般桩径都在300mm以上，所以只有桩端下沉量达到30mm以上时，桩端阻力才能充分发挥。

对于密实砂土中的桩，由于桩土的相互作用，在地面以下一段（约为10~20倍桩径），摩阻力极限值随深度逐渐增加；深度更大时，桩侧摩阻力接近均匀分布，如图7-5（c），而在黏性土中的挤土桩，桩侧摩阻力沿深度呈抛物线形分布，桩身中段的侧摩阻力较大。

二、桩侧摩阻力与桩端阻力之间的分配

如图7-6所示，在较小荷载作用下时，桩端阻力很小，荷载主要靠桩侧摩阻力承担；随着荷载的增加，桩端阻力所占百分比逐渐提高，摩阻力所占百分比逐渐下降，但桩端阻力所占的比例很少超过50%，除非桩很短且桩端持力层很坚硬。

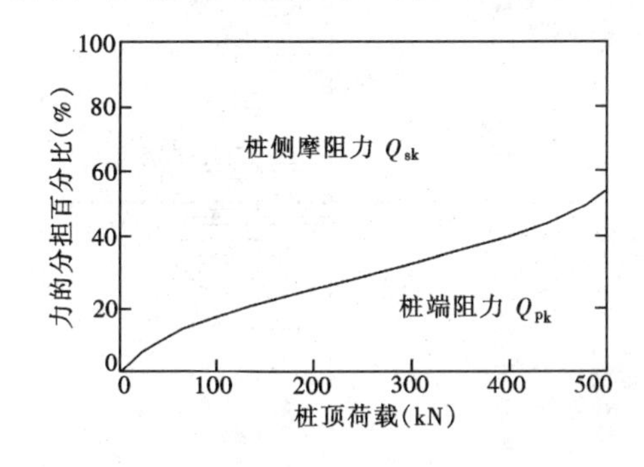

图7-6　桩侧摩阻力与荷载的关系

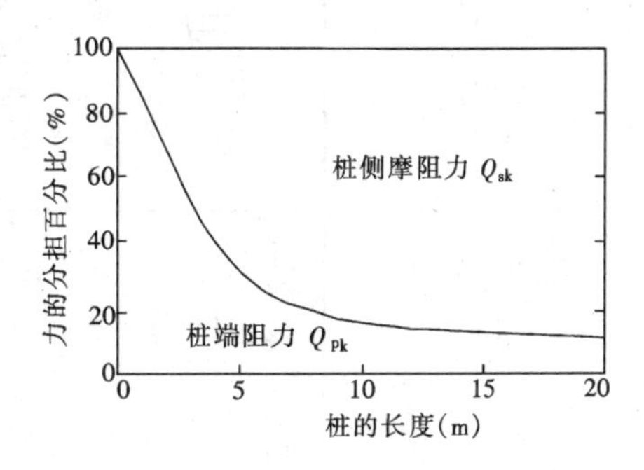

图7-7　桩侧摩阻力与桩长的关系

荷载的分配与桩的长度有关，如图7-7所示。一般来说，桩端阻力所占的百分比随桩的长度的增加而减少。当桩足够长时，侧摩阻力与桩端阻力的比例基本保持不变。

三、桩侧负摩阻力

桩在轴向荷载作用下桩身和桩端土将发生压缩，这时桩身各断面将发生相对周围土层的向下位移，于是桩周土产生作用于桩身侧面的向上的摩阻力，称为正摩阻力。若桩周土层由于某种原因而下沉，并且它的下沉量大于桩身的下沉量时，便在桩身侧面产生了向下的摩阻力，称为负摩阻力。由于负摩阻力的存在将使桩的实际承载能力降低，并使桩产生附加沉降。凡是能引起桩周土层发生相对

于桩而向下位移的因素都能引起负摩阻力。常见的情况主要有以下几种：(1) 桩穿过欠压密的软黏土层或新填土而支承于较坚硬（硬黏土、中密中砂、砾石层或岩层等）的土层时；(2) 在桩周围软土地基表面有大面积堆载或填土时；(3) 由于从软黏土层下部的透水层中抽水或其他原因，地下水位全面下降，因而引起桩周土层大面积固结下沉时；(4) 自重湿陷性黄土浸水后产生湿陷；(5) 打桩时使已设置的相邻桩抬升。

图 7-8 (*a*) 表示一根承受轴向荷载的桩，桩身穿过正在固结的土层而达到坚实土层。图 7-8 (*b*) 表示桩和土层在不同深度时的位移，桩身位移等于桩周土位移的点称为中性点 o_1，该点以上，土的位移大于桩的位移，为负摩阻力；该点以下，土的位移小于桩的位移，为正摩阻力。不难看出中性点又是桩身轴向力最大的点，如图 7-8 (*d*)。该点以上，由于负摩阻力的作用，桩身轴向力逐渐增大，而该点以下，由于正摩阻力的作用，桩身轴向力逐渐减小，所以也可根据这一规律来判断中性点的位置。

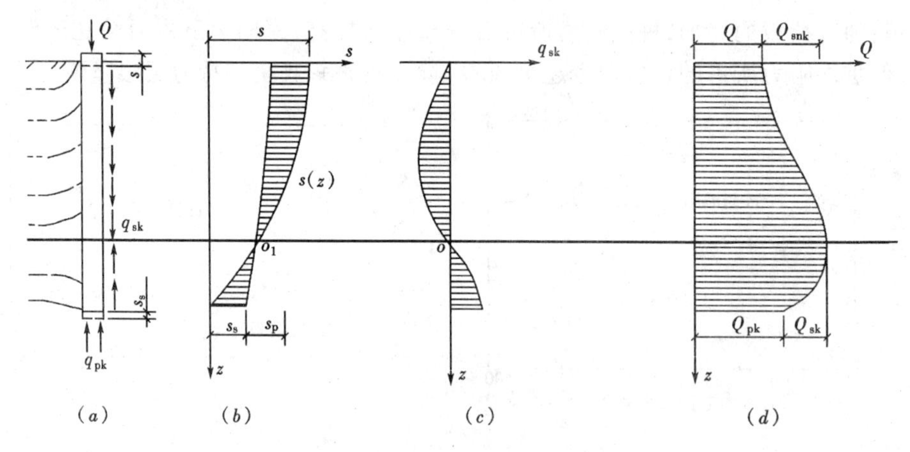

图 7-8　单桩负摩阻力传递示意图

(*a*) 轴向受压桩；(*b*) 桩身与桩周土位移曲线；

(*c*) 桩侧摩阻力沿深度分布规律；(*d*) 桩身轴向力沿深度的变化规律

中性点的位置与土的压缩性、桩的刚度及桩端持力层刚度等因素有关。但对于一定土质条件下的桩，中性点的位置是大致确定的。在桩受荷的初始阶段，由于土层处于固结过程中，中性点的位置处于变化状态，当土层沉降稳定时，中性点的位置也就逐渐固定了。

日本远藤等人对穿过深厚冲积层（粉质黏土及粉土）的四根钢管桩（包括端承桩与摩擦桩）所做的试验表明，在该土质条件下，中性点的深度都在 (0.73～0.78) l (l 为桩在固结土层内的长度) 这样一个狭小的范围内。

对于支承于坚硬基岩上的端承桩，桩端基本不下沉，所以土层的下沉量总是大于桩的下沉量，因此不存在中性点，沿整个桩身都作用着负摩阻力。

第四节　单桩竖向承载力特征值的确定

桩基之所以能承担一定的荷载是桩与土共同工作的结果。因此，单桩承载力取决于桩身材料的强度与变形；或取决于土的抵抗能力与变形。对于端承桩或长细比不大的桩，地基土的强度与变形常可以得到满足，所以其承载力取决于材料的强度，而摩擦桩则与其相反，其承载力常取决于土的强度与变形。

按材料强度确定桩基的承载力时，可视桩为一轴心受压杆件，且不考虑纵向压屈的影响。对于通过深厚的软土层而支承于基岩上的端承桩或承台以下存在可液化土层的桩则应考虑压屈影响。

按土的强度与变形确定单桩承载力的方法很多，下面仅介绍静载荷试验及经验公式。

一、静载荷试验

这种方法是按照一定的标准对桩分级施加竖向荷载，观测桩在各级荷载下的下沉量，然后根据下沉量与荷载的关系确定桩的承载力。

由于试验是在工程现场进行的，且桩的构造尺寸、入土深度、施工方法、地质条件和荷载性质等都最大限度地接近实际情况。所以，由此确定的桩的承载力是评价单桩承载力诸法中可靠性较高的一种方法。因此，对于重要工程或缺少工程经验的地区常要通过试桩来确定单桩承载力。此外，载荷试验还被作为检验其他方法正确性的一种标准。

考虑到施工过程中对桩周土的扰动，试验须待到土体强度充分恢复后方可进行。间隔天数视土质条件和施工方法而定。一般情况下，所需间隔时间为：预制桩在砂土中入土 7d 后；黏性土不得少于 15d；对于饱和黏性土不得少于 25d；灌注桩应在桩身混凝土强度达到设计要求后才能进行。

试验装置包括加荷系统与位移观测系统。加荷系统有压重法与锚桩法，如图 7-9 所示。压重法就是在枕木垛支承的荷载平台上堆放重物，下面通过一根大梁由千斤顶对试桩顶加荷，此法较笨重，现已较少采用。锚桩法常用本工程的桩群作为锚桩，或根据地质条件及锚桩深度布置 4 ~ 6 根锚桩。锚桩的深度应不小于试桩的深度，二者之间应有适当的距离，以减少对试桩的影响。

试桩的位移主要通过安装在基准梁上的百分表观测，为减少试桩和锚桩位移对基准梁的影响，要求支承基准梁的桩应与试、锚桩间保持适当的距离。

载荷试验时，每级加荷值约为预估极限荷载的 1/10 ~ 1/8，第一级荷载可适当增大。测读桩顶沉降的间隔时间为：每级加荷后，第 5、10、15min 时各测读

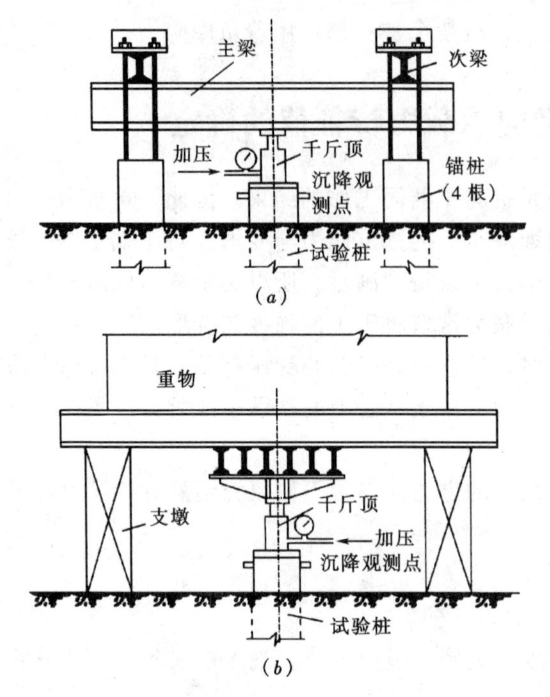

图7-9　单桩静载荷试验的加载装置

(a) 锚桩横梁反力装置；(b) 压重平台反力装置

一次，以后每隔15min读一次，累计1h后每隔半小时读一次。

在每级荷载作用下，桩的沉降量连续两次每小时内小于0.1mm时可视为沉降稳定。

当出现下列情况之一时可终止加载：

(1) 荷载-沉降 (Q-s) 曲线上有可判定极限承载力的陡降段，且桩顶总沉降超过40mm；

(2) 在该级荷载下桩的下沉增量超过前一级荷载下沉增量的2倍，且经24h尚未稳定；

(3) 25m长的非嵌岩桩，Q-s曲线呈缓变型时，桩顶总沉降量大于60～80mm。

在特殊条件下，可根据具体要求加载至桩顶总沉降大于100mm。

卸载的每级荷载为加载的两倍，卸载后隔15min测读一次，共两次，再隔半小时读一次，即可卸下一级荷载。全部卸荷后，隔3～4h再测读一次。

资料整理：

当Q-s曲线有明显陡降段时，取相应于陡降段起点的荷载作为单桩极限承载力。

当出现上述(2)情况时，取前一级荷载为单桩极限承载力。

当Q-s曲线呈缓变型时，取桩顶总沉降量为40mm所对应的荷载作为单桩极限承载力。

参加统计的试桩的极差不超过平均值的30%时，以平均值作为单桩极限承载力；否则宜增加试桩数量并分析离差过大的原因，结合工程具体情况确定极限承载力。

单桩竖向极限承载力除以安全系数2即为单桩竖向承载力特征值(设计值)R_a。

二、确定单桩竖向极限承载力特征值的规范方法

单桩竖向承载力是指单桩在竖向荷载作用下达到破坏或出现不适于继续承载的变形(承载能力极限状态)时所对应的荷载值。

1.《建筑桩基设计规范》(JGJ94—94)规定的对各级建筑桩基确定单桩竖向

承载力的方法

(1) 一级建筑桩基应采用现场静载荷试验，并结合静力触探、标准贯入试验等原位测试方法综合确定；

(2) 二级建筑桩基应根据静力触探、标准贯入、经验公式等估算，并参照地质条件相同的试桩资料综合确定。当缺乏可参照的试桩资料或地质条件复杂时，应由现场静载荷试验确定；

(3) 三级建筑桩基如无原位测试资料时，可利用经验公式估算。

《建筑地基基础设计规范》(GB 50007—2002) 第 8.5.5 条规定：

单桩竖向承载力特征值应通过单桩竖向静载荷试验确定。在同一条件下的试桩数量不宜少于总桩数的 1%，且不应少于 3 根。

当桩端持力层为密实砂卵石或其他承载力类似的土层时，对于单桩承载力很高的大直径端承型桩，可采用深层平板载荷试验确定桩端土的承载力特征值。

地基基础设计等级为丙级的建筑物（场地和地基条件简单，荷载分布均匀的七层及七层以下民用建筑及一般工业建筑物；次要的轻型建筑物)，可采用静力触探及标准贯入试验参数确定 R_a 值。

2. 经验公式

根据土的物理性质指标与承载力参数的经验关系，可建立单桩竖向极限承载力标准值的计算公式（《建筑桩基设计规范》JGJ 94—94)。

(1) 当桩径 $d < 0.8$m 时：

$$Q_{uk} = Q_{sk} + Q_{pk} = u_p \Sigma q_{sik} l_i + q_{pk} A_p \tag{7-1}$$

式中　Q_{uk}——单桩极限承载力标准值；

q_{sik}——桩侧第 i 层土极限摩阻力标准值，当无当地经验时，可按表 7-2 取值；

q_{pk}——极限桩端阻力标准值，当无当地经验时，可按表 7-3 取值；

A_p——桩端横截面积；

u_p——桩的周长度；

l_i——桩长范围内第 i 层岩土的厚度。

(2) 当桩径 $d \geqslant 0.8$m 时（大直径桩)：

大直径桩一般都呈渐进破坏，具有缓变型的 Q-s 曲线，因此，其极限端阻力随桩径的增大而减少，且以桩端持力层为无黏性土为甚。至于极限侧摩阻力本来与桩径无关，但大直径桩一般为钻、冲、挖孔灌注桩，成孔时，孔壁因应力解除而松弛，致使侧摩阻力的降幅随孔径的增大而增大，因而大直径桩的极限承载力标准值按下式计算：

$$Q_{uk} = Q_{sk} + Q_{pk} = u \Sigma \psi_{si} q_{sik} l_i + \psi_p q_{pk} A_p \tag{7-2}$$

式中 q_{sik}——桩侧第i层土极限摩阻力标准值，当无当地经验时，可按表7-2取值，对于扩底桩，不计桩端变截面部分的侧阻力；

q_{pk}——桩径为大于等于0.8m时的极限桩端阻力标准值，可采用深层载荷板试验确定，当不能进行深层载荷试验时，可采用当地经验值或按表7-4取值，对于干作业者（清底干净）可按表7-5取值，对于混凝土护壁的大直径挖孔桩，其设计桩径取护壁外直径；

ψ_{si}、ψ_{p}——大直径桩侧阻、端阻尺寸效应系数，按表7-6取值。

桩的极限侧阻力标准值 q_{sik}（kPa） 表7-2

土类	土的状态	混凝土预制桩	水下钻(冲)孔桩	沉管灌注桩	干作业钻孔桩
填土		20~28	18~26	15~22	18~26
淤泥		11~17	10~16	9~13	10~16
淤泥质土		20~28	18~26	15~22	18~26
黏性土	$I_L>1$	21~36	20~34	16~28	20~34
	$0.75<I_L\leqslant 1$	36~50	34~48	28~40	34~48
	$0.5<I_L\leqslant 0.75$	50~66	48~64	40~52	48~62
	$0.25<I_L\leqslant 0.5$	66~82	64~78	52~63	62~76
	$0<I_L\leqslant 0.25$	82~91	78~88	63~972	76~86
	$I_L\leqslant 0$	91~101	88~98	72~80	86~96
红黏土	$0.7<\alpha_w\leqslant 1$	13~32	12~30	10~25	12~30
	$0.5<\alpha_w\leqslant 0.7$	32~74	30~70	25~68	30~70
粉土	$e<0.9$	22~44	22~40	16~32	20~40
	$0.75<e\leqslant 0.9$	44~64	40~60	32~50	40~60
	$e\leqslant 0.75$	64~85	60~80	50~67	60~80
粉细砂	稍密	22~42	22~40	16~32	20~40
	中密	42~63	40~60	32~50	40~60
	密实	63~85	60~80	50~67	60~80
中砂	中密	54~74	50~72	42~58	50~70
	密实	74~95	72~90	58~75	70~90
粗砂	中密	74~95	74~95	58~75	70~90
	密实	95~116	95~116	75~92	90~110
砾砂	中密、密实	116~138	116~135	92~110	110~130

注：1. 对于尚未完成自重固结的填土和以生活垃圾为主的杂填土，不计算其侧阻力；

2. α_w为含水比，$\alpha_w=w/w_L$；

3. 对于预制桩，根据土层埋深h将q_{sia}乘以表7-3修正系数。

预制桩侧摩阻力修正系数 表7-3

土层埋深 h（m）	≤5	10	20	≥30
修正系数	0.8	1.0	1.1	1.2

桩的极限端阻力标准值 q_{pk}（kPa）　　表 7-4

土类	土的状态＼桩型	预制桩入土深度（m）				水下钻（冲）孔桩入土深度（m）			
		$h\leqslant 9$	$9<h\leqslant 16$	$16<h\leqslant 30$	$h>30$	5	10	15	$h>30$
黏性土	$0.75<I_L\leqslant 1$	210 ~ 840	630 ~ 1300	1100 ~ 1700	1300 ~ 1900	100 ~ 150	150 ~ 250	250 ~ 300	300 ~ 450
黏性土	$0.5<I_L\leqslant 0.75$	840 ~ 1700	1500 ~ 2100	1900 ~ 2500	2300 ~ 3200	200 ~ 300	350 ~ 450	450 ~ 550	550 ~ 750
黏性土	$0.25<I_L\leqslant 0.5$	1500 ~ 2300	2300 ~ 3000	2700 ~ 3600	3600 ~ 4400	400 ~ 500	700 ~ 800	800 ~ 900	900 ~ 1000
黏性土	$0<I_L\leqslant 0.25$	2500 ~ 3800	3800 ~ 5100	5100 ~ 5900	5900 ~ 6800	750 ~ 850	1000 ~ 1200	1200 ~ 1400	1400 ~ 1600
粉土	$0.75<e\leqslant 0.9$	840 ~ 1700	1300 ~ 2100	1900 ~ 2500	2500 ~ 3400	250 ~ 350	300 ~ 500	450 ~ 650	650 ~ 850
粉土	$e\leqslant 0.75$	1500 ~ 2300	2100 ~ 3000	2700 ~ 3600	3600 ~ 4400	550 ~ 800	650 ~ 900	750 ~ 1000	850 ~ 1000
粉砂	稍密	800 ~ 1600	1500 ~ 2100	1900 ~ 2500	2100 ~ 3000	200 ~ 400	350 ~ 500	450 ~ 600	600 ~ 700
粉砂	中密、密实	1400 ~ 2200	2100 ~ 3000	3000 ~ 3800	3800 ~ 4600	400 ~ 500	700 ~ 800	800 ~ 900	900 ~ 1100
细砂	中密、密实	2500 ~ 3800	3600 ~ 4800	4400 ~ 5700	5300 ~ 6500	550 ~ 650	900 ~ 1000	1000 ~ 1200	1200 ~ 1500
中砂	中密、密实	3600 ~ 5100	5100 ~ 6300	6300 ~ 7200	7000 ~ 8000	850 ~ 950	1300 ~ 1400	1600 ~ 1700	1700 ~ 1900
粗砂	中密、密实	5700 ~ 7400	7400 ~ 8400	8400 ~ 9500	9500 ~ 10300	1400 ~ 1500	2000 ~ 2200	2300 ~ 2400	2300 ~ 2500
砾砂	中密、密实	6300 ~ 10500				1500 ~ 2500			
角砾、圆砾	中密、密实	7400 ~ 11600				1800 ~ 2800			
碎石、卵石	中密、密实	8400 ~ 12700				2000 ~ 3000			

续表

土类	桩型 / 土的状态	沉管灌注桩入土深度（m）				干作业钻孔桩入土深度（m）		
		5	10	15	> 15	5	10	15
黏性土	$0.75 < I_L \leqslant 1$	400 ~ 600	600 ~ 750	750 ~ 1000	1000 ~ 1400	200 ~ 400	400 ~ 700	700 ~ 950
	$0.5 < I_L \leqslant 0.75$	670 ~ 1100	1200 ~ 1500	1500 ~ 1800	1800 ~ 2000	420 ~ 630	350 ~ 450	950 ~ 1200
	$0.25 < I_L \leqslant 0.5$	1300 ~ 2200	2300 ~ 2700	2700 ~ 3000	3000 ~ 3500	850 ~ 1100	740 ~ 950	1700 ~ 1900
	$0 < I_L \leqslant 0.25$	2500 ~ 2900	3500 ~ 3900	4000 ~ 4500	4200 ~ 5000	1600 ~ 1800	1500 ~ 1700	2600 ~ 2800
粉土	$0.75 < e \leqslant 0.9$	1200 ~ 1600	1600 ~ 1800	1800 ~ 2100	2100 ~ 2600	600 ~ 1000	2200 ~ 2400	1400 ~ 1600
	$e \leqslant 0.75$	1800 ~ 2200	2200 ~ 2500	2500 ~ 3000	3000 ~ 3500	1200 ~ 1700	1000 ~ 1400	1600 ~ 2100
粉砂	稍密	800 ~ 1300	1300 ~ 1800	1800 ~ 2000	2000 ~ 2400	500 ~ 900	1000 ~ 1400	1500 ~ 1700
	中密、密实	1300 ~ 1700	1800 ~ 2400	2400 ~ 2800	2800 ~ 3600	850 ~ 1000	1500 ~ 1700	1700 ~ 1900
细砂	中密、密实	1800 ~ 2200	3000 ~ 3400	3500 ~ 3900	4000 ~ 4900	1200 ~ 1400	1900 ~ 2100	2200 ~ 2400
中砂		2800 ~ 3200	4400 ~ 5000	5200 ~ 5500	5500 ~ 7000	1800 ~ 2000	2800 ~ 3000	3300 ~ 3500
粗砂		4500 ~ 5000	6700 ~ 7200	7700 ~ 8200	8400 ~ 9000	2900 ~ 3200	4200 ~ 4600	4900 ~ 5200
砾砂	中密、密实	5000 ~ 8400				3200 ~ 5300		
角砾、圆砾		5900 ~ 9200						
碎石、卵石		6700 ~ 10000						

注：1. 砂土和碎石类土中桩的极限端阻力取值要综合考虑土的密实度、桩端进入持力层的深度比 h_b/d，土愈密实，h_b/d 愈大，取值愈高；

2. 表中沉管灌注桩系指带预制桩尖沉管灌注桩。

干作业桩（清底干净，$d=0.8\text{m}$）极限端阻力标准值 q_{pk}（kPa）　表 7-5

土名称		状态		
黏性土		$0.25<I_L\leqslant0.75$	$0<I_L\leqslant0.25$	$I_L\leqslant0$
		800 ~ 1800	1800 ~ 2400	2400 ~ 3000
粉土		$0.75<e\leqslant0.9$	$e\leqslant0.75$	
		1000 ~ 1500	1500 ~ 2000	
砂类土、碎石类土		稍密	中密	密实
	粉砂	500 ~ 700	800 ~ 1100	1200 ~ 2000
	细砂	700 ~ 1100	1200 ~ 1800	2000 ~ 2500
	中砂	1000 ~ 2000	2200 ~ 3200	3500 ~ 5000
	粗砂	1200 ~ 2200	2500 ~ 3500	4000 ~ 5500
	砾砂	1400 ~ 2400	2600 ~ 4000	5000 ~ 7000
	圆砾、角砾	1600 ~ 3000	3200 ~ 5000	6000 ~ 9000
	卵石、碎石	2000 ~ 3000	3300 ~ 5000	7000 ~ 11000

注：1. q_{pk}取值宜考虑桩端持力层土的状态及桩进入持力层的深度效应，当进入持力层深度 h_b 为：$h_b\leqslant d_b$，$d_b<h_b<4d_b$，$h_b\geqslant4d_b$，q_{pk}可分别取较低值、中值、较高值；
2. 砂土密实度可根据标贯击数 N 判定，$N\leqslant10$ 为松散，$10<N\leqslant15$ 为稍密，$15<N\leqslant30$ 为中密，$N>30$ 为密实；
3. 当对沉降要求不严时，可适当提高 q_{pk}值。

大直径桩侧阻、端阻尺寸效应系数 ψ_{si}、ψ_p　表 7-6

土类别	黏性土、粉土	砂土、碎石类土
ψ_{si}	1	$\left(\frac{0.8}{d}\right)^{1/3}$
ψ_p	$\left(\frac{0.8}{d_b}\right)^{1/4}$	$\left(\frac{0.8}{d_b}\right)^{1/3}$

从表 7-6 中可以看出，桩身在黏性土、粉土中时，桩侧阻尺寸效应系数 ψ_{si}取 1，在砂土、碎石类土桩侧阻尺寸效应系数 ψ_{si}随桩身直径 d 增大而减小，桩端阻尺寸效应系数 ψ_p 则随桩端直径 d_b 增大而减小，但减小的幅度有所不同。

第五节　竖向荷载下的群桩

通常在一个承台下至少有两根以上的桩，这样的桩基称为群桩，群桩中的一根桩称为基桩。竖向荷载作用下的群桩，在承台、桩及桩间土的相互作用下，其基桩的承载和沉降性状与其他条件相同的单桩有着显著的差别，这种现象称为群桩效应（Pile group effect）。通常用群桩效率系数 η（群桩承载力与单桩承载力之和的比值）来评价。

一、群桩的工作状态

（一）端承型群桩

由端承型桩组成的群桩，如图 7-10 所示，通过承台均匀地分配给各桩的荷载，其大部或全部通过桩身传递到桩端。由于桩端持力层为坚硬的岩土，因而桩顶沉降不大，承台底土反力不大，承台分担荷载的作用一般不予考虑。由于通过桩侧摩阻力传递到土层中的应力很小，因此群桩中各桩的相互影响较小，其工作状态与孤立的单桩相近。因而端承型桩的承载力可近似取为各单桩承载力之和，群桩沉降等于单桩沉降，即群桩效应系数 η 可近似取为 1。因此，群桩理论主要是讨论摩擦群桩。当坚硬持力层下存在软弱下卧层时，则需验算单桩对软弱下卧层的冲剪、群桩对软弱下卧层的整体冲剪和群桩的沉降。

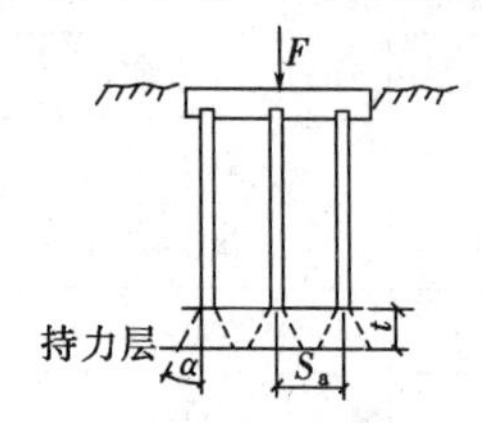

图 7-10　端承型群桩

（二）摩擦型群桩

由摩擦桩组成的群桩，在竖向荷载作用下，承台底土、桩间土、桩端下土都参与工作，形成承台、桩和土相互影响共同作用，因而摩擦群桩的工作状态更复杂。桩顶荷载主要通过桩侧摩阻力传递到桩周和桩端土层中，由于摩阻力的扩散作用，传递的荷载分布在桩端处一定范围内，使桩端处产生应力重叠现象。若群桩中的各桩受到的荷载与孤立的单桩相同，则桩群的沉降大于单桩的沉降，若要满足群桩的沉降与单桩的相同，则群桩中每根桩的承载力必然小于单桩承载力，即群桩效应系数可能小于 1，也可能大于 1，这就是群桩效应。

影响群桩承载力和沉降的因素较复杂，与土的性质、桩长、桩数、群桩的平面形状和大小等因素有关。主要表现在以下几个方面：

（1）桩距的影响

若桩距过小（$s_a/d<3$），桩间土竖向位移因相邻桩影响而增大，桩土相对位移随之减小，致使桩侧阻力不能充分发挥。只有桩距很大（一般 $s_a/d>6$）时群桩效应系数才可能大于 1，而这样大的桩距是不经济的。

（2）承台的影响

低承台群桩的承台限制了桩群上部的桩土间的相对位移，从而使整个群桩的侧摩阻力减小。刚性承台下的桩顶荷载分配一般是角桩最大，中心桩最小，边桩居中，而且桩数愈多，桩顶荷载分配的差异愈大。

（3）承台宽度与桩长之比的影响

当承台宽度与桩长之比较大时，承台底土反力形成的压力泡包围了整个桩群，桩间土及桩端下土因受竖向压缩而产生位移，导致桩侧土的剪应力松弛而使侧摩阻力降低。因而在桩基设计时应尽量采用少而长的桩。

(4) 土性质的影响

对于较松散的粉土和砂类土，在群桩受荷变形过程中，桩间土被挤密，强度提高，并对桩侧产生挤压力而使其侧摩阻力增大，特别是挤土群桩，其桩间土被明显挤密，致使桩侧和桩端阻力都得到较大幅度的提高。

二、群桩承台底土反力与承台分担荷载的作用

承台底土反力主要是由于桩端产生沉降，桩与桩间土产生相对位移而引起。桩身的弹性压缩也引起少量桩土相对位移而出现部分承台底土反力。承台底土反力的大小及分担荷载的作用与下列因素有关：

(1) 桩端持力层性质：若桩端持力层坚硬，桩的贯入变形较小，桩土相对位移也较小，则承台底土反力较小。

(2) 承台底土层性质：若承台底土为软弱土层等，尽管桩的贯入变形较大，但产生的土反力则不大；若承台底土为欠固结状态，则随着土的固结使土反力逐渐减小以致消失。

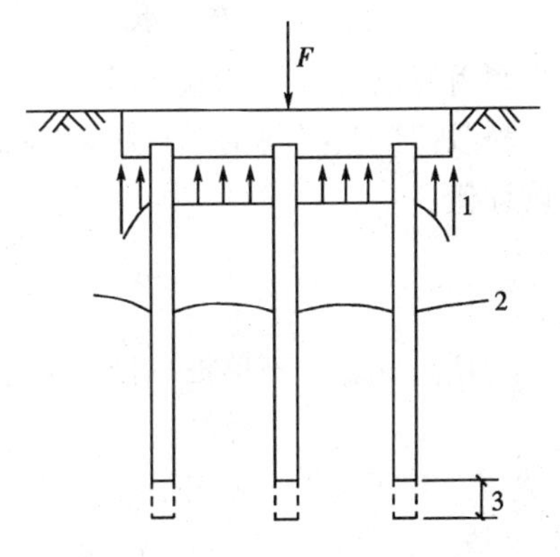

图 7-11　承台底土反力与桩间土变形

1—土反力；2—土变形；3—桩端贯入

(3) 桩的中心距：若桩的中心距较小，桩间土受邻桩影响而产生较大下沉，导致承台底土反力减小，如图 7-11 所示。

(4) 内、外承台面积比：桩群外部的承台底面土受桩的干涉作用远小于桩群内部，如图 7-11，若桩群外围承台底面积所占比例较大，则承台土反力及分担荷载作用增大。

(5) 沉桩挤土效应：对于饱和黏性土中的挤土桩，若桩距小、桩数多，则产生的超孔隙水压力和土体上涌量随之增大，承台浇筑后，孔隙水压力消散，土体再固结，致使土与承台底脱离，因而不存在承台底土阻力。

桩及桩间土共同承担上部荷载的桩称为复合基桩。设计复合基桩时应注意，承台分担荷载是以桩的下沉为前提，因而凡是能产生承台底与土脱离的情况下都不应考虑承台底土的贡献。

三、复合基桩竖向承载力设计值

根据承台-桩-土相互作用的理论分析和桩侧阻、端阻、承台底土阻力的大量实测结果及随有关因素变化的规律，《建筑桩基设计规范》(JGJ94—94) 引用了群桩效应系数，定义如下：

侧阻群桩效应系数：

$$\eta_s=\frac{群桩中基桩平均极限侧阻力}{单桩平均极限侧阻力}=\frac{q_{smn}}{q_{sml}}$$

端阻群桩效应系数：

$$\eta_p=\frac{群桩中基桩平均极限端阻力}{单桩平均极限端阻力}=\frac{q_{pmn}}{q_{pml}}$$

侧阻、端阻综合群桩效应系数：

$$\eta_{sp}=\frac{群桩中基桩平均极限承载力}{单桩极限承载力}=\frac{Q_{um}}{Q_u}$$

承台底土阻力群桩效应系数：

$$\eta_c=\frac{群桩承台底平均极限土阻力}{承台底土极限承载力标准值}=\frac{\sigma_{cm}}{f_{uk}}$$

利用规范给出的经验公式求得单桩总极限侧阻力（Q_{sk}）和端阻力（Q_{pk}），或按静载荷试验测得的单桩极限承载力（Q_{uk}）后，可按下式计算复合基桩承载力设计值：

$$R=\frac{\eta_s Q_{sk}}{\gamma_s}+\frac{\eta_p Q_{pk}}{\gamma_p}+\frac{\eta_c Q_{ck}}{\gamma_c} \tag{7-3}$$

式中 Q_{sk}、Q_{pk}——单桩总极限侧摩阻力和总极限端阻力标准值，按公式（7-1）计算；

Q_{ck}——相应于任一基桩的承台底地基土的总极限阻力标准值，$Q_{ck}=q_{ck}A_c/n$；

q_{ck}——承台底下等于承台半宽的深度（≤5m）范围内地基土的极限阻力标准值，可取现行《建筑地基基础设计规范》（GB 50007—2002）中相应的地基承载力特征值的2倍；

A_c——承台底地基土的净面积；

γ_s、γ_p、γ_c——桩的侧阻抗力分项系数、端阻抗力分项系数、承台底土抗力分项系数，按表7-8取值；

η_s、η_p——桩的侧阻群桩效应系数、端阻群桩效应系数，按表7-7取值；

η_c——承台底土阻力群桩效应系数，按下式计算：

$$\eta_c=\eta_c^i\frac{A_c^i}{A_c}+\eta_c^e\frac{A_c^e}{A_c} \tag{7-4}$$

式中 A_c^i、A_c^e——承台内区和外区的净面积，$A_c=A_c^i+A_c^e$，见图7-12；

η_c^i、η_c^e——承台内、外区土阻力群桩效应系数，按表7-9取值，当承台下存在高压缩性软弱土层时，η_c^i 按 $b_c/l\leqslant 0.2$ 一栏取值。

当根据静载荷试验确定单桩极限承载力标准值时，按下式计算基桩竖向承载力设计值：

$$R = \frac{\eta_{sp} Q_{uk}}{\gamma_{sp}} + \frac{\eta_c Q_{uk}}{\gamma_c} \tag{7-5}$$

式中　Q_{uk}——单桩竖向极限承载力标准值；

γ_{sp}——桩侧阻端阻综合抗力分项系数，按表7-8取值；

η_{sp}——群桩效应系数，按表7-7取值。

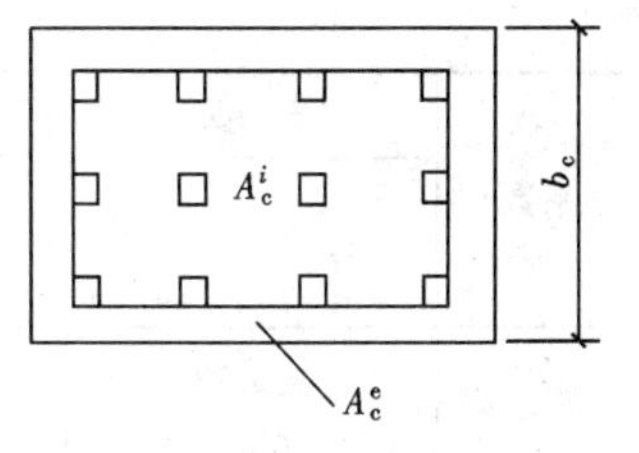

图7-12　承台内、外分区图

当承台底面以下存在可液化土、湿陷性黄土、高灵敏度土、欠固结土、新填土，或可能出现震陷、降水、沉桩过程中产生高孔隙水压力和土体隆起时，不考虑承台效应，即在上述各式中取 $\eta_c = 0$，而 η_s、η_p、η_{sp}取表7-7中 $b_c/l = 0.2$ 一栏的对应值。

对端承桩和桩数不超过3根的非端承桩，不考虑群桩效应，其基桩竖向承载力设计值按下式计算：

$$R = \frac{Q_{sk}}{\gamma_s} + \frac{Q_{pk}}{\gamma_p} \tag{7-6}$$

当根据静载荷试验确定单桩极限承载力标准值时，按下式计算基桩竖向承载力设计值：

$$R = \frac{Q_{uk}}{\gamma_{sp}} \tag{7-7}$$

上述二式中符号的意义同前。

侧阻、端阻群桩效应系数 η_s、η_p 及侧阻、端阻综合群桩效应系数 η_{sp}　　**表7-7**

系数	土类	黏性土				粉土、砂类土			
	b_c/l \ s_a/d	3	4	5	6	3	4	5	6
η_s	≤0.20	0.80	0.90	0.96	1.00	1.20	1.10	1.05	1.00
	0.40	0.80	0.90	0.96	1.00	1.20	1.10	1.05	1.00
	0.60	0.79	0.90	0.96	1.00	1.09	1.10	1.05	1.00
	0.80	0.73	0.85	0.94	1.00	0.93	0.97	1.03	1.00
	≥1.00	0.67	0.78	0.86	0.93	0.78	0.82	0.89	0.95
η_p	≤0.20	1.64	1.35	1.18	1.06	1.26	1.18	1.11	1.06
	0.40	1.68	1.40	1.23	1.11	1.32	1.25	1.20	1.15
	0.60	1.72	1.44	1.27	1.16	1.37	1.31	1.26	1.22
	0.80	1.75	1.48	1.31	1.20	1.41	1.36	1.32	1.28
	≥1.00	1.79	1.52	1.35	1.24	1.44	1.40	1.36	1.33

续表

系数	土类 b_c/l \ s_a/d	黏性土				粉土、砂类土			
		3	4	5	6	3	4	5	6
η_{sp}	≤0.20	0.93	0.97	0.99	1.01	1.21	1.11	1.06	1.01
	0.40	0.93	0.97	1.00	1.02	1.22	1.12	1.07	1.02
	0.60	0.93	0.93	1.01	1.02	1.13	1.13	1.08	1.03
	0.80	0.89	0.95	0.99	1.03	1.01	1.03	1.07	1.04
	≥1.00	0.84	0.89	0.94	0.97	0.88	0.91	0.96	1.00

注：1. b_c、l 分别为承台宽度和桩的入土长度，s_a 为桩的中心距；

2. $s_a/d>6$ 时，取 $\eta_s=\eta_p=\eta_{sp}=1$，两方向桩距不相等时取其平均值；

3. 当桩侧土为成层土时，η_s 可按主要土层或分别按各土层类别取值；

4. 对于孔隙比 $e>0.8$ 的非饱和黏性土和松散粉土、砂类土中的挤土桩，表列系数可提高5%，对于密实粉土、砂类土中的桩，表列系数宜降低5%。

桩的侧阻、端阻和承台底土的抗力分项系数　　表 7-8

桩型与工艺	$\gamma_s=\gamma_p=\gamma_{sp}$		γ_c
	静载荷试验法	经验参数法	
预制桩、钢管桩	1.60	1.65	1.70
大直径灌注桩（清底干净）	1.60	1.65	1.65
泥浆护壁钻（冲）孔灌注桩	1.62	1.67	1.65
干作业钻孔灌注桩（$d<0.8$m）	1.65	1.70	1.65
沉管灌注桩	1.70	1.75	1.70

注：1. 根据静力触探方法确定预制桩、钢桩承载力时，取 $\gamma_s=\gamma_p=\gamma_{sp}=1.60$；

2. 抗拔桩的侧阻抗力分项系数 γ_s 可取表列数值。

承台内、外区土阻力群桩效应系数　　表 7-9

b_c/l \ s_a/d	η_c^i				η_c^e			
	3	4	5	6	3	4	5	6
≤0.20	0.11	0.14	0.18	0.21				
0.40	0.15	0.20	0.25	0.30				
0.60	0.19	0.25	0.31	0.37	0.63	0.75	0.88	1.00
0.80	0.21	0.29	0.36	0.43				
≥1.00	0.24	0.32	0.40	0.48				

注：s_a——桩的中心距；d——桩身直径。

第六节　桩基础设计

桩基础设计的基本原则与其他形式的基础相同，也应做到安全可靠、经济合理。因此在设计桩基础之前必须掌握各种设计资料。包括上部结构的类型、平面布置、荷载大小及性质、构造和使用上的要求、岩土工程勘察报告、施工单位的设备和技术条件、材料供应情况、施工现场及周围的环境条件及当地的用桩经验等。

由于桩基础的特殊性，设计前必须掌握场地工程地质资料，并应满足如下要求：

（1）一般可按详细勘察阶段布孔，如遇有土层在水平方向变化较大时，应加密钻孔。对端承桩应注意持力层顶板的起伏变化规律；对摩擦桩应注意土层的不均匀性及软弱土层等。

（2）端承桩基的部分钻孔深度应钻至持力层顶板下 2～3m。若在预定深度内有软弱下卧层时应钻穿，并达到厚度不小于 2m 的密实土层。

（3）为选择良好的桩端持力层，宜通过静力触探连续测定土层不同深度的物理力学性质，并绘出带有柱状图的触探测试曲线。

桩基础设计一般按下列步骤进行：

一、桩的类型、桩长及截面尺寸的选择

桩型与工艺选择应根据建筑物结构类型、荷载性质、穿越的土层、桩端持力层种类、桩的使用功能、地下水位、施工设备、施工环境、施工经验、材料供应等选择合理、安全适用的桩型或成桩工艺。另外在确定桩型时宜尽量采用少而长的桩，不宜采用多而短的桩，这有利于充分发挥桩侧摩阻力及穿越地基主要受力层。

桩的长度主要取决于桩端持力层的选择及桩端进入持力层的最小深度。由于桩端持力层对桩的承载力及沉降有重要影响，所以桩端持力层的选择必须考虑上部结构对其承载力和沉降的要求。坚实土层和岩层最适合作为桩端持力层，当没有坚实土层存在时，可选择中等强度（$e<0.7$、$a\leqslant0.25\text{MPa}^{-1}$、$I_L\leqslant0.7$）的土层作为持力层，这主要是考虑在各类土层中沉桩的可能性及尽量提高桩端阻力的要求。

对于桩端全断面进入坚实土层的深度和桩端下坚实土层的厚度应有一定的要求。一般可以这样考虑：对于黏性土和粉土不宜小于 2 倍桩径；砂土不宜小于 1.5 倍桩径；碎石类土不宜小于 1 倍桩径。当桩端持力层下有软弱土层时，桩端下坚实土层的厚度一般不宜小于 4 倍桩径。这是因为桩端进入持力层过深反而会降低桩的承载力。当硬持力层较厚且施工条件许可时，桩端进入持力层的深度宜尽可能达到该土层桩端阻力的临界深度。所谓桩端阻力的临界深度是指桩端阻力随桩端进入持力层的深度而增加的一个界限深度值。当桩端进入持力层的深度超过该土层的临界深度后，桩端阻力不再增加或不再显著增加，这有利于充分发挥

桩的承载力。

为了减少建筑物的不均匀沉降，在建筑物的同一结构单元中应避免采用不同类型的桩，同一结构单元中的相邻桩的桩底标高应加以控制，对于非嵌岩端承型桩，桩底高差不宜超过相邻桩的中心距；对处于同一土层中的摩擦型桩，则不宜超过桩长的1/10。

桩的截面尺寸可从楼层数和荷载大小来确定，10层以下的可采用直径500mm以下的灌注桩和边长为400mm以下的预制桩；10~20层的可采用直径800~1000mm的灌注桩和边长为450~500mm的预制桩；20~30层的可采用直径1000~1200mm的灌注桩和边长为500mm及其以上的预制桩；30~40层的可采用直径1200mm的灌注桩和边长为500~550mm的预应力管桩等。

在确定桩的类型和几何尺寸后，应初步确定承台底面标高，以便计算复合基桩承载力。一般情况下，确定承台埋深时应考虑结构要求和方便施工。季节性冻土地基上的承台埋深应根据地基土的冻胀性考虑是否需要采取相应的防冻措施。具体请参考上一章中有关确定基础埋深一节。

二、确定单桩承载力

按本章第四节的方法确定。

三、桩的数量及布置

1. 桩数的确定

桩的数量可初步按单桩承载力设计值 R 确定如下：

(1) 中心受压时，桩数为：

$$n=\frac{F_k+G_k}{R} \tag{7-8}$$

式中 F_k——相应于荷载效应标准组合时，作用于桩基承台上的竖向力；

G_k——承台及承台上覆土自重标准值；

R——单桩承载力设计值。

由于此时承台的几何尺寸尚未确定，G 为未知数，故可先不考虑 G，求出桩数后，再将桩数乘以增大系数 ψ_G，一般取 $\psi_G=1.05\sim1.10$。

(2) 偏心受压时，桩数为：

$$n=\psi_n\frac{F_k+G_k}{R}=\psi_n\psi_G\frac{F_k}{R} \tag{7-9}$$

式中 ψ_n——考虑偏心荷载的增大系数，一般取 $\psi_n=1.0\sim1.2$。

用式(7-8)、式(7-9)确定的桩数是预估的，可按该桩数进行布桩，然后进行桩基验算，如不满足应重新估算，如有必要，还要通过桩基软弱下卧层承载力和沉降验算才能最终确定桩数。

2. 桩的间距

桩的间距是指桩的中心距，用 s_a 表示。为避免桩基施工时引起的松弛效应和挤土效应对相邻桩或基础的不利影响，以及群桩效应对桩基承载力的不利影响，布桩时应根据土类和成桩工艺及排列确定桩的最小中心距。通常，穿越饱和软土的挤土桩要求桩的中心距最大，部分挤土桩或穿越非饱和土的挤土桩次之，非挤土桩最小。一般采用 3～4 倍桩径（d）。间距太大会增加承台的体积和材料而不经济；桩距太小则会使摩擦型桩之间发生相互影响，地基中的应力重叠而使桩的承载力降低、沉降量增大，且给施工造成困难。桩的最小中心距应符合表7-10的规定。对于大面积的群桩，尤其是挤土桩，桩的最小中心距宜按表列数值适当增大。非挤土桩的间距，当采用间隔钻（挖）者可适当缩小间距。

扩底灌注桩为保证桩身侧摩阻力得到充分发挥，且避免扩大端相串，除应符合表 7-10 中的要求外，尚应符合表 7-11 的规定。表中 d_b 为扩底直径。

桩的最小中心距　　表 7-10

土类与成桩工艺		排数不少于 3 排且桩数不少于 9 根的摩擦型桩	其他情况
非挤土和小量挤土灌注桩		$3.0d$	$2.5d$
挤土灌注桩	穿越非饱和土	$3.5d$	$3.0d$
	穿越饱和软土	$4.0d$	$3.5d$
挤土预制桩		$3.0d$	$3.0d$
打入式敞口管桩和 H 形钢桩		$3.5d$	$3.0d$

3. 桩的平面布置

在确定桩数、桩距后，可进行布桩，桩在平面上布置分为行列式和梅花式，也可采用不等距排列，如图 7-13 所示。经验证明桩的合理布置对发挥桩的承载力，减少建筑物的沉降，特别是不均匀沉降是至关重要的。因此，桩的布置原则是：

（1）力求使群桩横截面的中心应与长期荷载重心重合或接近，当上部结构的荷载有几种不同组合时，承台底面上的荷载合力作用点将发生变化，此时，可使桩群横截面形心位于合力作用点变化范围内，并应尽量接近最不利的合力作用点位置。

灌注桩扩底端最小中心距　　表 7-11

成桩方法	最小中心距
钻、挖孔灌注桩	$1.5d_b$ 或 d_b+1m（当 $d_b>2m$ 时）
沉管扩底灌注桩	$2.0d_b$

（2）应使桩群在承受水平力和弯矩较大方向有较大的抵抗矩，以增强桩群

的抗弯刚度，亦即桩应尽量布置在承台外围。

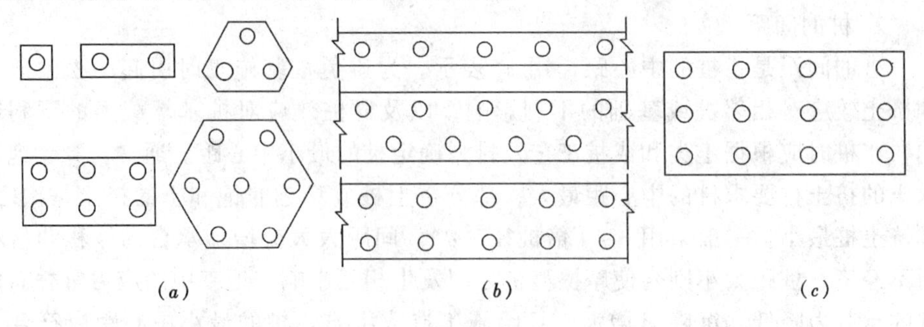

图 7-13　桩的平面布置示例

（a）柱下桩基，等桩距排列；（b）墙下桩基，等桩距排列；

（c）柱下桩基，不等桩距排列

(3) 在有门洞的墙下布桩时，应将桩布置在门洞的两侧；对于箱桩基础宜将桩布置于墙下；对于带肋梁的筏桩基础宜将桩布置于梁下；对于大直径桩宜采用一柱一桩，其目的是为了减少板中的弯矩。

四、桩基承载力和沉降验算

(一) 桩顶作用效应

桩顶作用效应分为荷载效应和地震作用效应，相应的作用效应分为荷载作用效应基本组合和地震作用效应组合。

1. 荷载效应计算

对于一般建筑物和受水平力较小的高大建筑物桩径相同的群桩基础，按下列公式计算群桩中复合基桩或基桩的桩顶荷载效应，如图 7-14。

轴心荷载下的竖向力

$$Q_{k}=\frac{F_{k}+G_{k}}{n} \tag{7-10}$$

偏心荷载下的竖向力

$$Q_{ik}=\frac{F_{k}+G_{k}}{n}+\frac{M_{xk}y_{i}}{\Sigma y_{i}^{2}}+\frac{M_{yk}x_{i}}{\Sigma x_{i}^{2}} \tag{7-11}$$

偏心荷载下的最大竖向力

$$Q_{kmax}=\frac{F_{k}+G_{k}}{n}+\frac{M_{xk}y_{max}}{\Sigma y_{i}^{2}}+\frac{M_{yk}x_{max}}{\Sigma x_{i}^{2}} \tag{7-12}$$

水平力

$$H_{ik}=\frac{H_{k}}{n} \tag{7-13}$$

式中　F_k、H_k——相应于荷载效应标准组合时，作用于承台顶面、底面的竖向力和水平力；

G_k——承台及其上的土自重标准值；

Q_k——相应于荷载效应标准组合轴心荷载作用下任一单桩的竖向力；

M_x、M_y——相应于荷载效应标准组合作用于承台底面通过桩群形心的 x、y 轴的力矩；

Q_{ik}、H_{ik}——相应于荷载效应标准组合时偏心荷载作用下第 i 根桩的竖向力和水平力；

Q_{kmax}——作用于复合基桩或基桩的桩顶最大竖向力设计值；

x_i、y_i——第 i 根桩至桩群形心的 y、x 轴线的距离；

x_{max}、y_{max}——受力最大的桩至桩群形心的 y、x 轴线的距离；

n——桩基中的桩数。

2. 地震作用效应计算

对于主要承受竖向荷载的低承台桩基础，当同时满足下列条件时，在抗震设防区桩顶作用效应可不考虑地震作用。

(1) 按《建筑抗震设计规范》(50011—2001) 规定可不进行天然地基和基础抗震承载力计算的建筑物；

(2) 不位于斜坡地带或地震可能导致滑移、地裂地段的建筑物；

(3) 桩端及桩身周围无液化土层；

(4) 承台周围无液化土、淤泥和淤泥质土。

(二) 桩基竖向承载力验算

桩基中的复合基桩或基桩的竖向承载力验算应符合下述要求：

1. 荷载效应基本组合

轴心竖向力作用下：

$$\gamma_{saf} Q \leqslant R \tag{7-14}$$

偏心竖向力作用下，除满足式 (7-14) 外，尚应满足下式要求：

$$\gamma_{saf} Q_{max} \leqslant 1.2R \tag{7-15}$$

式中　Q、Q_{max}——桩顶竖向力、最大竖向力设计值；

γ_{saf}——建筑桩基重要性系数，对于建筑桩基安全等级为一、二、三级时，分别取 $\gamma_{saf}=1.1$、1.0、0.9；对柱下单桩按提高一级考虑，对柱下单桩的一级建筑桩基取 $\gamma_{saf}=1.2$。

2. 地震效应组合

对于抗震设防区必须进行抗震验算的桩基，可按下列公式验算其竖向承载力。

轴心竖向力作用下：

$$Q \leqslant 1.25R \tag{7-16}$$

偏心竖向力作用下，除满足式（7-16）外，尚应满足下式要求：

$$Q_{\max} \leqslant 1.5R \tag{7-17}$$

（三）桩基软弱下卧层承载力验算

群桩地基承载力和沉降验算常将桩与桩间土看成一个等效的实体深基础，基础的底面即为桩端平面。桩端下持力层的破坏分为整体剪切破坏和单桩剪切破坏，如图 7-14 所示。

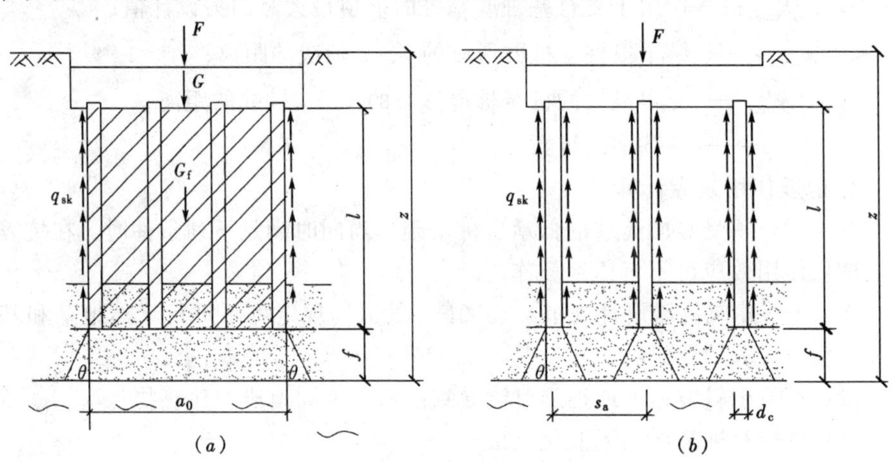

图 7-14 桩基软弱下卧层承载力验算计算图

（a）整体剪切破坏；（b）单桩剪切破坏

对于桩距 $s_a \leqslant 6d$ 的群桩基础，一般可按整体剪切破坏考虑，等效深基础的底面积按外围桩的边缘确定。对矩形群桩基础，若考虑等效基础自重 G_f 近似等于 $\gamma_0 z a_0 b_0$，则等效基础底面的附加压力为：

$$p_0 = \frac{F_k + G_k - 2(a_0 + b_0) \cdot \Sigma q_{sik} l_i}{a_0 b_0} \tag{7-18}$$

式中 F_k——相应于荷载效应标准组合时，作用于承台上的竖向力；

G_k——承台及其上的土自重标准值；

a_0、b_0——等效实体深基础底面的长、短边长。

作用在软弱下卧层顶面的附加应力可按第六章的相关公式计算，即：

$$\sigma_z = \frac{p_0 a_0 b_0}{(\alpha_0 + 2t\tan\theta)(b_0 + 2t\tan\theta)} = \frac{F_k + G_k - 2(a_0 + b_0)\Sigma q_{sik} l_i}{(a_0 + 2t\tan\theta)(b_0 + 2t\tan\theta)} \tag{7-19}$$

式中 θ——桩端持力层压力扩散角，按表 6-17 取值。

对于桩距 $s_a > 6d$ 且持力层厚度 $t >$ （$s_a - d_e$）$\cdot \cot\theta/2$ 的群桩基础，以及单桩基础，按类似上述方法可以导得冲剪情况下的附加应力表达式：

$$\sigma_z = \frac{4(Q_k - u\Sigma q_{sik} l_i)}{\pi(d_e + 2t\tan\theta)^2} \tag{7-20}$$

式中　Q_k——相应于荷载效应标准组合轴心荷载作用下任一单桩的竖向力；

d_e——桩端等代直径，圆形桩 $d_e = d$；方形桩 $d_e = 1.13b$，按表 6-17 确定 θ 时，取 $b = d_e$；桩端下软弱下卧层承载力验算应满足下式要求：

$$\sigma_z + \gamma_0 z \leqslant q_{uk}^w / \gamma_q \tag{7-21}$$

式中　σ_z——作用于软弱下卧层顶面的附加应力；

q_{uk}^w——软弱下卧层土经深度修正后的地基极限承载力标准值；

γ_q——地基承载力抗力分项系数，$\gamma_q = 1.65$。

（四）桩基沉降验算

一般桩基础仅按承载力进行计算，但对于建筑物对桩基沉降有特殊要求时的摩擦型群桩基础，还应作沉降验算。群桩基础的沉降与桩距、桩长、桩数、荷载大小及土的物理力学性质等有关。《建筑桩基设计规范》（JGJ94—94）推荐按实体深基础假设，采用等效作用分层总和法计算，假设桩端平面为实体深基础的底面，承台投影面积为等效实体深基础的底面积，忽略由桩自重产生的附加应力，等效基底附加压力 p_0 可按式（7-18）计算，最后引入桩基沉降系数 ψ_e 对计算结果进行修正。

五、桩身结构设计

1. 钢筋混凝土预制桩

钢筋混凝土预制桩的截面边长不应小于 200mm；预应力钢筋混凝土预制桩的截面边长不应小于 350mm；预应力钢筋混凝土离心管桩的外径不宜小于 300mm。

预制桩的混凝土强度等级不宜低于 C30，采用静压法沉桩时可适当降低，但不宜低于 C20。预应力钢筋混凝土桩的混凝土强度等级不宜低于 C40。

桩身配筋首先满足工作条件下的桩身承载力要求或抗裂要求，还应按吊运、沉桩时的受力条件计算确定。最小配筋率一般不宜小于 0.8%，采用静压法沉桩时，其最小配筋率不宜小于 0.4%。纵向受力钢筋直径不宜小于 ϕ14。纵向主筋的混凝土保护层厚度不宜小于 30mm。箍筋直径 6～8mm，间距不大于 200mm，为了抵抗锤击力和穿过坚硬土层的需要，桩顶 2～3d（d 为桩身直径）长度范围内箍筋应适当加密。锤击沉桩时，桩顶应放置三层钢筋网。桩尖处主筋焊在一根圆钢（直径 22～28mm）上或在桩尖处包以钢板加强。

2. 灌注桩

（1）符合下列条件的灌注桩，其桩身可按构造要求配筋：

$$\gamma_{saf} Q \leqslant f_c A_p \psi_c \tag{7-22}$$

式中　f_c——混凝土轴心抗压强度设计值，按现行《混凝土结构设计规范》(GB 50010—2002）取值；

ψ_c——工作条件系数，混凝土预制桩 $\psi_c=0.75$；灌注桩 $\psi_c=0.6\sim0.7$，水下灌注桩或长桩用低值；

A_p——桩身截面积。

桩顶水平力应符合下式规定：

$$\gamma_{saf}H_1 \leqslant \alpha_h d^2\left(1+\frac{0.5N_G}{\gamma_m f_t A_p}\right)\sqrt[5]{1.5d^2+0.5d} \tag{7-23}$$

式中　H_1——桩顶水平力设计值；

α_h——综合系数，按《建筑桩基设计规范》（JGJ 94—94）中表 4.1-1 采用；

d——桩身设计直径；

N_G——按基本组合计算的桩顶永久荷载产生的轴向力设计值；

f_t——混凝土轴心抗拉强度设计值；

γ_m——桩身截面模量的塑性系数，圆形截面 $\gamma_m=2.0$，矩形截面 $\gamma_m=1.75$。

符合式（7-22）、（7-23）要求的灌注桩，桩身素混凝土强度已满足承载力要求，故可按构造配筋，要求如下：

①一级建筑桩基应配置桩顶与承台连接钢筋笼，其主筋采用 6～10 根 $\phi12\sim\phi14$，配筋率不小于 0.2%，锚入承台 30 倍钢筋直径，伸入桩身长度不小于 $10d$，且不小于承台下软弱土层底深度；

②二级建筑桩基根据桩径大小配置 4～8 根 $\phi10\sim\phi12$ 的桩顶与承台连接钢筋，锚入承台 30 倍钢筋直径，伸入桩身长度不小于 $5d$，对于沉管灌注桩，配筋长度不应小于承台下软弱土层底深度；

③三级建筑桩基可不配构造钢筋。

（2）不符合式（7-22）、（7-23）要求的灌注桩应按计算及下列规定配筋：

①配筋率：当桩身直径为 300～1200mm 时，截面配筋率一般可取 0.65%～0.20%（小桩取高值，大直径取低值）；对受水平荷载大的桩、抗拔桩和嵌岩桩，其配筋率应根据计算确定；

②配筋长度：端承桩宜沿桩身通长配筋；承受水平荷载的摩擦型桩，配筋长度宜采用 $4.0/\alpha$（α 水平变形系数）；对承受负摩阻力或位于坡地、岸边的桩应通长配筋，专用抗拔桩应通长配筋；

③对承受水平力的桩，主筋不宜少于 $8\phi10$，对于抗拔桩，主筋不应少于 $6\phi10$。纵向主筋应沿桩身周边均匀布置，其净距不应小于 60mm，并尽量减少钢

筋接头；

④箍筋采用 $\phi6\sim\phi8$@200～300，宜采用螺旋式箍筋，受水平力较大的桩和抗震桩，桩顶3～5d长度范围内箍筋应适当加密；当钢筋笼长度超过4m时，应每隔2m左右设一道 $\phi12\sim\phi18$ 焊接加劲箍筋。

(3) 灌注桩桩身混凝土强度等级及保护层：

混凝土强度等级不得低于C15，水下灌注混凝土时不得低于C20。预制桩尖不得低于C30。灌注桩混凝土保护层不应小于35mm，水下灌注桩不得小于50mm。

(4) 扩底灌注桩扩底尺寸宜遵守下列规定：

①当持力层承载力低于桩身混凝土受压承载力时，可采用扩底，如图7-15所示，扩底端直径与桩身直径比 D/d 应根据承载力要求及扩底端侧面和桩端持力层土质确定，最大不超过3.0；

②扩底桩扩底侧面斜率应根据实际成孔支护条件确定，a/h_c 一般取1/3～1/2；砂土取1/3，粉土、黏性土取约1/2；

③扩底桩扩底面一般呈锅底形，矢高 h_b 取0.10～0.15D。

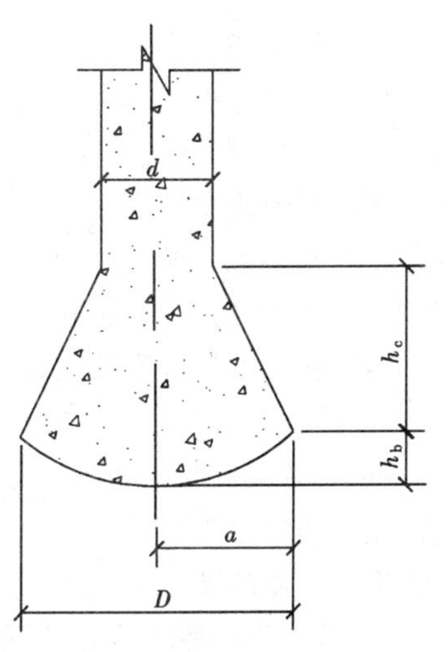

图7-15　扩底构造

六、承台设计

桩基承台可分为柱下承台、条形承台（梁式承台）以及筏板承台和箱形承台等。承台设计包括选择承台的材料及强度等级、几何形状及尺寸、承台结构计算。

1. 构造要求

(1) 承台的构造尺寸除满足抗冲切、抗剪切、抗弯和上部结构要求外，尚应符合构造要求。

1) 承台最小宽度不应小于500mm，承台边缘至边桩中心的距离不宜小于桩的直径或边长，且边缘挑出部分不应小于150mm，这主要是为了满足桩顶嵌固及抗冲切的需要。条形承台边缘挑出部分不应小于75mm，这主要是考虑到墙体与承台梁共同工作可增加承台梁的整体刚度，并不致产生桩顶对承台梁的冲切破坏。

2) 条形承台和柱下独立承台的厚度不应小于300mm，这主要是为了满足承台的基本刚度、桩与承台的连接等构造要求。

3) 筏基、箱基承台板应满足整体刚度、施工条件及防水要求。桩布置在梁下或基础梁下的情况，承台板的厚度不宜小于250mm，板厚与计算区段最小跨度之比不宜小于1/20。

(2) 承台混凝土强度等级不宜小于C15，采用Ⅱ级钢筋时不宜低于C20；承台底面钢筋保护层厚度不宜小于70mm，有垫层时可适当减小，垫层厚度宜为100mm，强度等级宜为C7.5。

(3) 承台配筋除满足计算外，尚应符合下列规定。

1) 承台梁的纵向主筋直径不宜小于ϕ12，架立筋不宜小于ϕ10，箍筋直径不小于ϕ6；

2) 柱下独立承台的受力钢筋水泥应通长配置。矩形承台板配筋宜按双向配置，钢筋直径不小于ϕ10，间距100~200mm。三桩承台配筋应按三向板带均匀配置，最里面的三根钢筋相交围成的三角形应位于柱截面范围内；

3) 筏板承台板的构造钢筋可采用ϕ10~ϕ12，间距150~200mm，当采用倒楼盖法按局部受弯作用并考虑整体弯矩影响计算内力时，纵横两方向的支座钢筋尚应有1/3~1/2贯通全跨配置，且配筋率不小于0.15%，跨中钢筋应按计算配筋并全部贯通。

4) 箱形承台顶、底板配筋应综合考虑整体弯曲钢筋的配置部位，以充分发挥各截面钢筋的作用。当仅按局部受弯作用计算内力时，考虑整体弯曲的影响，纵横向支座钢筋尚应有1/3~1/2贯通全跨配置，且配筋率分别不小于0.15%、0.10%，跨中钢筋应全部贯通。

(4) 桩与承台的连接宜符合下列要求：

1) 桩顶嵌入承台的长度，对大直径桩不宜小于100mm；中等直径桩不宜小于50mm；这使桩与承台形成介于铰接与刚接之间的连接方式，可传递剪力，也可传递一部分弯矩。这有利于降低固端弯矩，提高水平承载力，若嵌入过大势必降低承台有效高度，不利于承台抗弯、抗冲切和抗剪；

2) 桩中主筋伸入承台的锚固长度不宜小于30倍主筋直径，抗拔桩不应小于40倍主筋直径。

(5) 承台之间的连接宜符合下列要求：

1) 柱下单桩承台宜在桩顶两个互相垂直方向设置联系梁。当桩柱直径之比较大（一般大于2）且柱底剪力和弯矩较小时可不设联系梁；

2) 两桩承台宜在短向设置联系梁，当短向的柱底剪力和弯矩较小时可不设联系梁；

3) 有抗震要求的柱下独立承台，宜在两个主轴方向设置联系梁；

4) 联系梁顶面宜与承台顶位于同一标高，联系梁宽度不小于250mm，高度可取承台中心距的1/15~1/10。

5) 联系梁的主筋应按计算要求确定，联系梁内上、下纵向钢筋直径不应小于12mm且不应少于2根，并应按受拉要求锚入承台。

6）承台埋深应不小于600mm，在季节性冻土及膨胀土地区应遵照相应规范执行。

2. 承台结构计算

各种承台均应按现行《混凝土结构设计规范》（GB 50010—2002）进行受弯、受冲切、受剪切和局部承压计算。

（1）受弯计算

柱下多桩矩形承台弯矩计算截面取在柱边和承台高度变化处（杯口外侧和台阶边缘），可按下式计算：

$$M_x = \Sigma N_i y_i$$
$$M_y = \Sigma N_i x_i \quad (7\text{-}24)$$

式中　M_x、M_y——垂直x轴和y轴方向计算截面处的弯矩设计值；

x_i、y_i——垂直y轴和x轴方向自桩轴线到相应计算截面的距离，如图7-16；

N_i——扣除承台和承台上土自重设计值后第i根桩竖向净反力设计值；当不考虑承台效应时，则为第i根桩竖向总反力设计值。

三桩三角形承台弯矩计算截面取在柱边（图7-17），按下式计算：

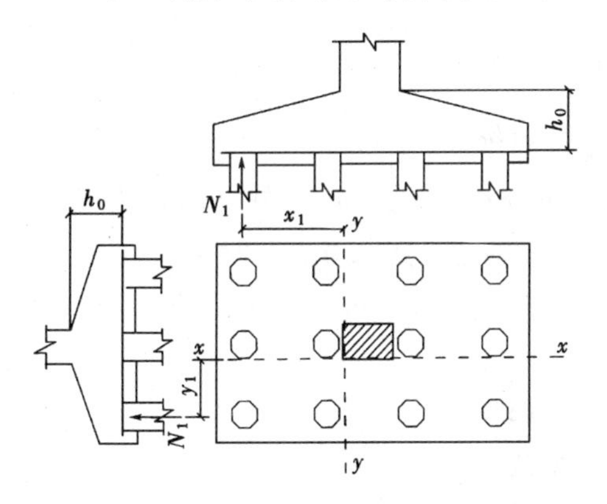

图7-16　矩形承台计算示意图

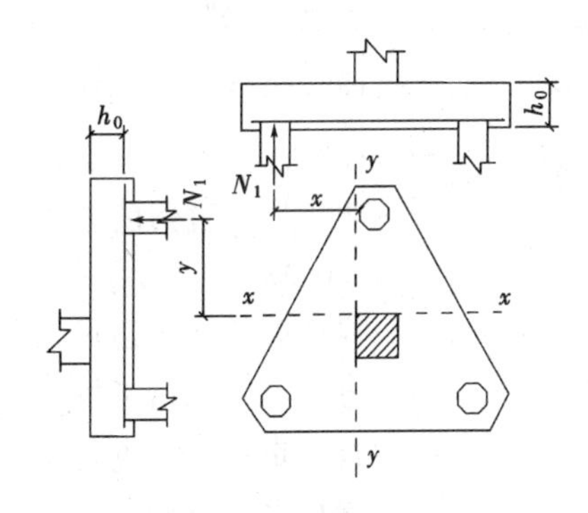

图7-17　三角形承台计算示意图

$$M_y = N_x \cdot x$$
$$M_x = N_y \cdot y \quad (7\text{-}25)$$

对于计算弯矩截面不与主筋方向正交时，须对主筋方向角进行换算。

箱形和筏形承台的弯矩宜考虑土层性质、桩的几何特征、承台和上部结构形式与刚度，按地基-桩-承台上部结构共同作用的原理分析计算。

箱形承台，当桩端持力层为基岩、密实的卵石、碎石类土、砂土且较均匀时，或上部结构为剪力墙、12层以上的框架、框架-剪力墙体系，且箱形承台的整体刚度较大时，箱形承台顶、底板可仅考虑局部弯曲作用进行计算。

筏形承台，当桩端持力层坚硬均匀、上部结构刚度较好，且柱荷载及柱距的变化不超过20%时，可仅考虑局部受弯作用，按倒楼盖法进行计算；当桩端下有中、高压缩性土或非均匀土层，上部结构刚度较差或柱荷载及柱间距变化较大时，应按弹性地基梁板进行计算。

墙下条形承台可按倒置弹性地基梁计算弯矩和剪力，对于承台上的砖墙尚应验算桩顶以上部分砌体荷载产生的局部承压强度。

(2) 受冲切计算

承台的受冲切计算包括柱对承台的冲切和角桩对承台的冲切。

对柱下矩形独立承台受柱冲切的承载力可按下列公式计算（图7-18）：

$$F_l \leqslant 2[\beta_{0x}(b_c + a_{0y}) + \beta_{0y}(h_c + a_{0x})]\beta_{hp}f_t h_0 \tag{7-26}$$

$$F_l = F - \Sigma Q_i \tag{7-27}$$

式中 F_l——作用于冲切破坏锥体上冲切力设计值；

β_{hp}——受冲切承载力截面高度影响系数，当 h 不大于800mm时，β_{hp}取1.0；当 h 大于等于2000mm时，β_{hp}取0.9，其间按线性内插法取用；

f_t——承台混凝土抗拉强度设计值；

h_0——承台冲切破坏锥体的有效高度；

β_{0x}、β_{0y}——冲切系数，即：$\beta_{0x} = \dfrac{0.84}{\lambda_{0x} + 0.2}$；$\beta_{0y} = \dfrac{0.84}{\lambda_{0y} + 0.2}$；

λ_{0x}、λ_{0y}——冲跨比，$\lambda_{0x} = a_{0x}/h_0$，$\lambda_{0y} = a_{0y}/h_0$，$a_{0x}$、$a_0$ 为柱（墙）边或承台变阶处到桩边的水平距离；当 a_{0x}（a_{0y}）$<0.2h_0$ 时，取 a_{0x}（a_{0y}）$=0.2h_0$，当 a_{0x}（a_{0y}）$> h_0$ 时，取 a_{0x}（a_{0y}）$= h_0$；

h_c、b_c——柱截面长、短边尺寸；

a_{0x}——自柱长边到最近桩边的水平距离；

a_{0y}——自柱短边到最近桩边的水平距离；

F——作用于柱（墙）底的竖向荷载设计值；

ΣQ_i——冲切破坏锥体范围内各桩顶的净反力设计值之和。

对于圆柱及圆桩，计算时应将截面换算成方柱及方桩，即取换算柱（桩）截面宽 $b = 0.8d$。

对中低压缩性土上的承台，当承台与地基土之间没有脱空现象时，可根据地区经验适当减小柱下桩基础独立承台受冲切计算的承台厚度。

四桩（含四桩）以上承台受角桩冲切的承载力按下列公式计算：

$$N_l \leqslant \left[\beta_{1x}\left(c_2 + \frac{a_{1y}}{2}\right) + \beta_{1y}\left(c_1 + \frac{a_{1x}}{2}\right)\right]\beta_{hp}f_t h_0 \tag{7-28}$$

$$\beta_{1x} = \frac{0.56}{\lambda_{1x} + 0.2} \tag{7-29}$$

$$\beta_{1y} = \frac{0.56}{\lambda_{1y} + 0.2} \tag{7-30}$$

式中　N_l——作用于角桩顶相应于荷载效应基本组合时的竖向力设计值；

β_{1x}、β_{1y}——角桩冲切系数；

λ_{1x}、λ_{1y}——角桩冲跨比，其值满足 0.2～1.0，$\lambda_{1x} = a_{1x}/h_0$，$\lambda_{1y} = a_{1y}/h_0$；

c_1、c_2——从角桩内边缘至承台外边缘的距离；

a_{1x}、a_{1y}——从承台角桩内边缘引 45°冲切线与承台顶面相交点至角桩内边缘的水平距离；当桩或承台变阶处位于该 45°线以内时，则取由柱边或变阶处与桩内边缘连线为冲切锥体的锥线，如图 7-19。

承台的受剪和局部承压计算可见《建筑桩基设计规范》(JGJ94—94)。

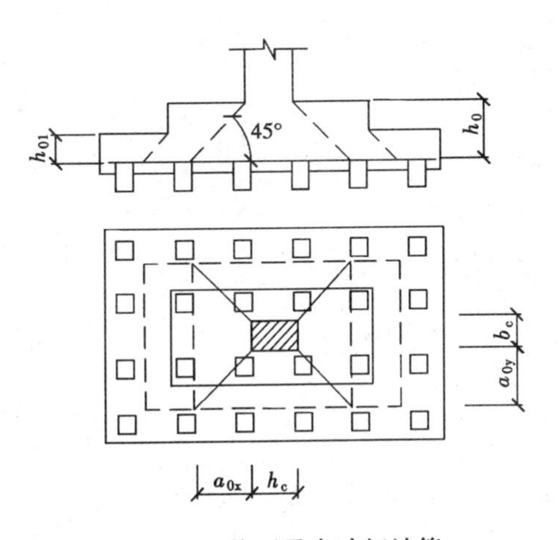

图 7-18　柱下承台冲切计算

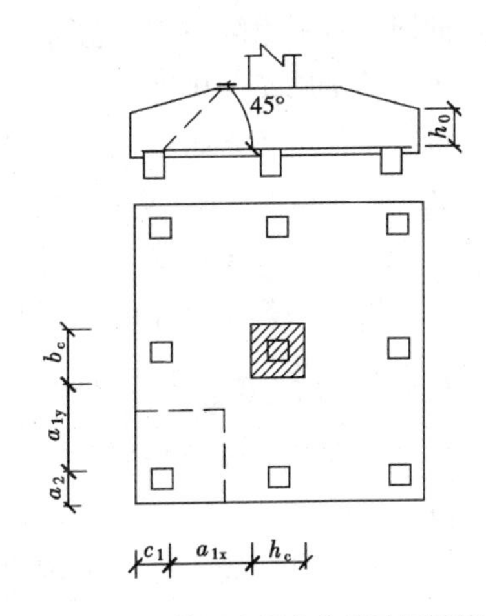

图 7-19　四桩以上承台角桩冲切计算

【例 7-1】　某建筑物，建筑桩基安全等级为二级，柱的截面边长 b_c = 350mm、h_c = 400mm，传至设计地面处的荷载设计值为：F = 2900kN、弯矩 M = 400kN·m、水平力 H = 50kN。建筑场地的地质条件如图 7-20 所示，土的物理力学性质指标见表 7-12。地下室位距地表 2.0m，试设计该柱下桩基础。

【解】　1. 选择桩的类型、长度及截面尺寸

根据当地的施工条件、上部结构情况和桩基设计经验，选用截面为 300mm × 300mm 的钢筋混凝土预制桩。从工程地质条件可以看出，在施工条件允许的深度内，没有坚实土层或岩层，故以黄色粉质黏土作为桩端持力层，桩尖进入持力层 1.5m（> 2.0d）。取承台埋深为 2.0m，桩顶伸入承台 50mm，桩的有效长度为 10m。

土的物理力学性质指标（例表 7-1）　　表 7-12

土层名称	厚度 h (m)	天然重度 γ (kN/m³)	含水量 w (%)	土粒相对密度 d_s	孔隙比 e	塑性指数 I_p	液性指数 I_L	压缩模量 E_s (MPa)	内摩擦角 φ (°)	黏聚力 c (kPa)
杂填土	2.0	16.0								
灰色黏土	8.5	18.9	38.2	2.73	1.0	19.8	0.95	4.64	20	12
黄色粉质黏土	5.0	19.6	26.7	2.71	0.75	15.0	0.60	7.00	21	18

2. 确定基桩承载力

单桩轴向极限承载力标准值按公式（7-1）计算。

桩端土为粉质黏土，极限桩端阻力标准值，由 $I_L = 0.6$，桩的入土深度为 12m，查表 7-4，得 $q_{pk} = 1740\text{kPa}$；

桩周土极限摩阻力标准值 q_{sik}，查表 7-2 得：

灰色黏土层 $I_L = 0.95$，$q_{s1k} = 38.8\text{kPa}$；

粉质黏土层 $I_L = 0.6$，$q_{s2k} = 59.6\text{kPa}$；

$Q_{pk} = q_{pk}A_p = 1740 \times 0.3 \times 0.3 = 156.6\text{kN}$

$Q_{sk} = u\Sigma q_{sik}l_i = 4 \times 0.3 \times (38.8 \times 8.5 + 59.6 \times 1.5) = 503\text{kN}$

单桩极限承载力设计值，查表 7-8 得 $\gamma_s = \gamma_p = 1.65$

$R = Q_{sk}/\gamma_s + Q_{pk}/\gamma_p = (503 + 156.6)/1.65 \approx 400\text{kN}$

3. 确定桩数及平面布置

（1）桩数

偏心受压时，按式（7-9）取 $\psi_n = 1.1$，$\psi_G = 1.05$ 时，桩数为：

$$n = \psi_n\psi_G\frac{F}{R} = 1.05 \times 1.1 \times \frac{2900}{400} = 8.37 \quad 取\ n = 9\ 根。$$

（2）桩距

预制桩属挤土桩，一般桩距 $s_a = (3 \sim 4)d = 0.9 \sim 1.2\text{m}$，弯矩作用方向取 $s_{a1} = 1.0\text{m}$，另一方向 $s_{a2} = 0.9\text{m}$。

（3）桩的平面布置

根据桩数、桩距采用行列式布置，如图 7-20 所示。

4. 验算桩基础的承载力和沉降

（1）复合基桩承载力验算

承台及其上土的自重：$G = 2.6 \times 2.4 \times 2 \times 20 = 249.6\text{kN}$

由 $s_{a1}/d \approx 3.33$，$s_{a2}/d = 3.0$，取平均值 $s_a/d \approx 3.2$；

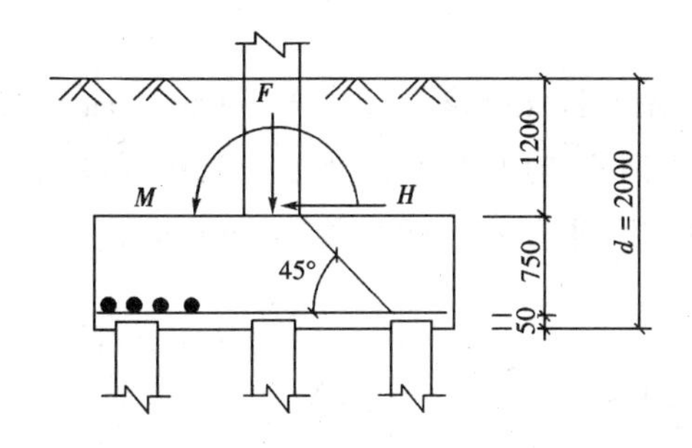

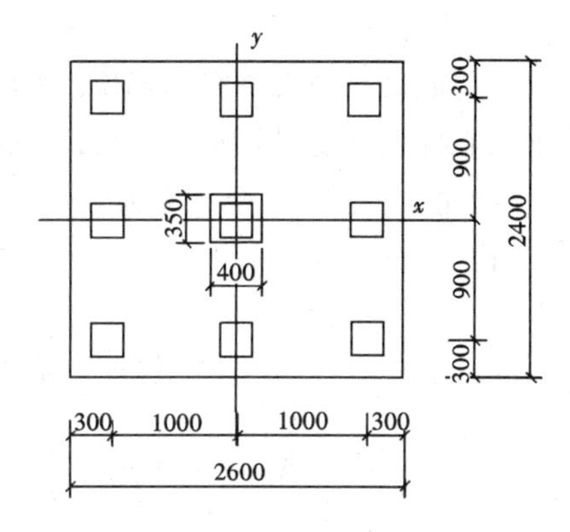

图 7-20 承台布置图（例图 7-1）

由 $b_c/l=2.4/12=0.2$，查表得到群桩效应系数分别为：

$$\eta_s=0.82,\quad \eta_p=1.41,\quad \eta_c{}^i=0.116,\quad \eta_c{}^e=0.645$$

承台底土净面积：　$A_c=2.6\times2.4-9\times0.3\times0.3=5.43\text{m}^2$

承台内、外区的净面积：　$A_c^i=2.3\times2.1-9\times0.3\times0.3=4.02\text{m}^2$

$A_c^e=A_c-A_c^i=5.43-4.02=1.41\text{m}^2$

承台底土群桩效应系数：

$\eta_c=\eta_c^iA_c^i/A_c+\eta_c^eA_c^e/A_c=0.116\times4.02/5.43+0.645\times1.41/5.43=0.25$

承台底土极限阻力标准值：$q_{ck}=142\times2=284\text{kPa}$；

承台底土总极限阻力标准值：$Q_{ck}=q_{ck}A_c/n=284\times5.43/9=171.3\text{kN}$；

侧阻、端阻和承台底土抗力分项系数查表 7-8 得 $\gamma_s=\gamma_p=1.65$，$\gamma_c=1.70$，则复合基桩承载力设计值为：

$$R=\eta_sQ_{sk}/\gamma_s+\eta_pQ_{pk}/\gamma_p+\eta_cQ_{ck}/\gamma_c$$

$$=(0.82\times503+1.41\times156.6)/1.65+0.25\times171.3/1.7=409\text{kN}$$

对于二级建筑桩基，取 $\gamma_{saf}=1.0$；则复合基桩的平均竖向力设计值：

$$\gamma_{saf}N=\frac{F+G}{n}=\frac{2900+249.6}{9}=350\text{kN}<R=409\text{kN}$$

复合基桩的最大竖向力设计值：

$$\gamma_{saf}N_{max}=\frac{F+G}{n}+\frac{M_xy_{max}}{\Sigma y_i^2}$$

$$=350+\frac{(400+40\times2)\times1.0}{6\times1.0^2}<1.2R=490.8\text{kN}$$

（2）桩基沉降验算

本工程桩端下土层的变形验算从略。

5. 承台设计

承台混凝土强度等级为C20，混凝土轴心抗压强度设计值 $f_c=9.6\text{N/mm}^2$，混凝土轴心抗拉强度设计值 $f_t=1.1\text{N/mm}^2$，钢筋选用HPB235钢筋，抗拉强度设计值 $f_y=210\text{N/mm}^2$。承台高度为0.8m，有效高度为 $h_0=800-50=750\text{mm}$。

（1）各桩净反力

$$N_{j\max}=N_{\max}-\frac{G}{n}=430-\frac{249.6}{9}=402.3\text{kN}$$

$$N_{j\min}=N_{\min}-\frac{G}{n}=270-\frac{249.6}{9}=242.3\text{kN}$$

$$N_j=N-\frac{G}{n}=350-\frac{249.6}{9}=322.3\text{kN}$$

（2）抗弯计算

$x_{\max}=1.0-0.2=0.8\text{m}$

$y_{\max}=0.9-0.35/2=0.725\text{m}$

$M_y=3\times402.3\times0.8=965.5\text{kN}\cdot\text{m}$

$M_x=(242.3+322.3+402.3)\times0.725=701\text{kN}\cdot\text{m}$

长向配筋：

$$A_{s1}=\frac{M_y}{0.9f_yh_{01}}=\frac{965.5\times10^6}{0.9\times210\times750}=6811\text{mm}^2$$

选配18ϕ22，$A_s=380.1\times18=6841\text{mm}^2$。

短向配筋：

$$A_{s2}=\frac{M_x}{0.9f_yh_{02}}=\frac{701\times10^6}{0.9\times210\times600}=6181\text{mm}^2$$

选配20ϕ20，$A_s=314\times20=6280\text{mm}^2$。

（3）抗冲切计算

柱对承台的冲切

$h_c=400\text{mm}$，$b_c=350\text{mm}$，$h_0=750\text{mm}$

$a_{0x}=650\text{mm}$，$\lambda_{0x}=a_{0x}/h_0=0.867$

$a_{0y}=575\text{mm}$，$\lambda_{0y}=a_{0y}/h_0=0.767$

$\beta_{0x}=0.84/(\lambda_{0x}+0.2)=0.79$，$\beta_{0y}=0.84/(\lambda_{0y}+0.2)=0.87$

$F_l=F-\Sigma Q_i=2900-322.3=2578\text{kN}$

$2[\beta_{0x}(b_c+a_{0y})+\beta_{0y}(h_c+a_{0x})]\beta_{hp}f_th_0$

$=2[0.79\times(350+575)+0.87\times(400+650)]\times1\times1.1\times750\times10^{-3}$

$= 2708kN > F_l = 2578kN$

角桩对承台的冲切

$c_1 = c_2 = 450mm$，$h_0 = 750$，$a_{1x} = 450mm$，$a_{1y} = 375mm$

$\lambda_{1x} = a_{1x}/h_0 = 450/750 = 0.6$，$\lambda_{1y} = a_{1y}/h_0 = 375/750 = 0.5$

$\beta_{1x} = 0.56/(\lambda_{1x} + 0.2) = 0.7$，$\beta_{1y} = 0.56/(\lambda_{1y} + 0.2) = 0.8$

$N_1 = N_{jmax} = 402.3kN$

$[\beta_{1x}(c_2 + a_{1y}/2) + \beta_{1y}(c_1 + a_{1x}/2)]\beta_{hp} f_t h_0$

$= [0.7\times(450 + 375/2) + 0.8\times(450 + 450/2)]\times 1.0\times 1.1\times 750\times 10^{-3}$

$= 813.7kN > N_1 = N_{jmax} = 402.3kN$

(4) 抗剪计算（略）

6. 单桩设计（略）

第七节 桩 基 施 工

一、一般规定

1. 桩位放样允许偏差 δ：群桩 $\delta\leqslant 20mm$；单排桩 $\delta\leqslant 10mm$。

2. 预制桩的桩位偏差（mm）必须符合下述规定：

(1) 垂直基础梁的中心线：$\delta\leqslant 100 + 0.01H$（施工现场地面标高与桩顶设计标高的距离）；

(2) 沿基础梁的中心线：$\delta\leqslant 150 + 0.01H$；

(3) 桩数为 1～3 根桩基中的桩：$\delta\leqslant 100$；

(4) 桩数为 4～16 根桩基中的桩：$\delta\leqslant 1/2$ 桩径或边长；

(5) 桩数大于 16 根桩基中的桩：

①最外边的桩：$\delta\leqslant 1/3$ 桩径或边长；

②中间桩：$\delta\leqslant 1/2$ 桩径或边长；

3. 灌注桩的桩位偏差（mm）必须符合表 7-13 的规定，桩顶标高至少要比设计标高高出 0.5m。

灌注桩平面位置和垂直度的允许偏差　　表 7-13

序号	成孔方法		桩径允许偏差（mm）	垂直度允许偏差（%）	桩位允许偏差（mm）	
					1～3 根、单排桩垂直于中心线方向和群桩的边桩	条形桩基沿中心线方向和群桩的中间桩
1	泥浆护壁钻孔桩	$D\leqslant 1000mm$	±50	1	$D/6$，且不大于 100	$D/4$，且不大于 50
		$D > 1000mm$	±50		$100 + 0.01H$	$150 + 0.01H$

续表

序号	成孔方法		桩径允许偏差（mm）	垂直度允许偏差（%）	桩位允许偏差（mm）	
					1～3根、单排桩垂直于中心线方向和群桩的边桩	条形桩基沿中心线方向和群桩的中间桩
2	套管成孔灌注桩	$D\leqslant500$mm	－20	<1	70	150
		$D>500$mm			100	150
3	干成孔灌注桩		－20	<1	70	150
4	人工挖孔桩	混凝土护壁	＋50	<0.5	50	150
		钢套管护壁	＋50	<1	100	200

注：1. 桩径允许偏差的负值是指个别断面；

2. 采用复打、反插法施工的桩，其桩径允许偏差不受本表限制；

3. H 为施工现场地面标高与桩顶设计标高的距离，D 为设计桩径。

4. 桩身质量检验。

设计等级为甲级或地质条件复杂、成桩质量可靠性低的灌注桩，应进行成桩质量检测，检测方法可采用可靠的动测法，对于大直径桩还可采用钻心取样、预先埋管超声波检测法，抽检数量不应少于总数的30%，且不应少于20根；其他桩的抽检数量不应少于总数的20%，且不应少于10根；对混凝土预制桩及地下水位以上且终孔后经过核检的灌注桩，抽检数量不应少于总桩数的10%，且不得少于10根；每根柱子的承台下至少抽检1根。

二、混凝土灌注桩的施工

1. 施工中应对成孔、清渣、下放钢筋笼、灌注混凝土等进行全过程检查，人工挖孔桩尚应复验孔底持力层土（岩）性，嵌岩桩必须有桩端持力层的岩性报告。

2. 成孔控制深度应符合下列要求：

（1）摩擦型桩：以设计桩长控制成孔深度；端承摩擦桩必须保证设计桩长及桩端进入持力层深度；锤击沉管成孔时，桩管入土深度控制以标高为主，以贯入度控制为辅。

（2）端承型桩：钻（冲）、挖掘成孔时，必须保证桩孔进入设计持力层深度；锤击沉管成孔时，沉管深度控制以贯入度控制为主，设计持力层标高对照为辅。

3. 泥浆护壁成孔时，宜采用孔口护筒。施工期间护筒内的泥浆面应高出地下水位1.0m以上，在受水位涨落影响时，泥浆面应高出最高水位1.5m以上。

清孔过程中应不断置换泥浆，直至浇筑水下混凝土。浇筑混凝土前，孔底500mm以内的泥浆比重应小于1.25。在容易产生泥浆渗漏的土层中，应采取维持孔壁稳定的措施。

4. 灌注混凝土前，孔底沉渣厚度 δ 应符合以下规定：端承桩 $\delta \leqslant 50mm$；摩擦端承、端承摩擦桩 $\delta \leqslant 100mm$；摩擦桩 $\delta \leqslant 300mm$。

5. 群桩基础和桩中心距小于 4 倍桩径的桩基应制定保证相邻桩身质量的技术措施。拔管速度：对一般土层以 1m/min 为宜，在软硬土层交界处宜控制在 0.3～0.8m/min 以内。

三、混凝土预制桩的施工

1. 打入桩的垂直度偏差不得超过 0.5%。

2. 打桩顺序应按下列规定执行：

（1）对于密集桩群，自中心向两个方向或向四周对称施打；

（2）当一侧毗邻建筑物时，由毗邻建筑物处向另一方向施打；

（3）根据基础的设计标高，宜先深后浅；

（4）根据桩的规格，宜先大后小，先长后短。

3. 桩停止锤击的控制原则：

（1）桩端（全断面）位于一般土层时，以控制桩端设计标高为主，贯入度供参考；

（2）桩端达到坚硬、硬塑的黏性土、中密以上的粉土、砂土、碎石类土及风化岩时，以贯入度控制为主，桩端标高可作参考；

（3）贯入度已达到而桩端标高未达到时，应继续锤击 3 阵，按每阵 10 击的贯入度不大于设计规定的数值确认。

4. 为避免或减小沉桩挤土效应和对邻近建筑物的影响，施打大面积密集桩时，可采取下列辅助措施：

（1）预钻孔沉桩，孔径约比桩径（或方桩对角线）小 50～100mm，深度视孔距或土的密实度、渗透性而定，深度宜为桩长的 1/3～1/2，施工时应随钻随打；

（2）设置袋装砂井或塑料排水管，以消除部分超孔隙水压力、减少挤土现象；

（3）设置隔离板带或地下连续墙；

（4）开挖防振沟可消除部分地面振动，沟宽 0.5～0.8m，深度视土质情况而定；

（5）限制打桩速率；

（6）沉桩过程中应加强邻近建筑物、地下管线等的观测监护。

四、承台的施工

1. 独立桩基承台，施工宜先深后浅。

2. 承台埋置较深时，应对邻近建筑物、市政设施采取必要的保护措施，并应在施工期间进行监测。

3. 挖土应分层进行，高差不宜过大，软土地区的基坑开挖时，基坑内土面高度应保持均匀，高差不宜超过1m。

思 考 题

7-1 什么情况下采用桩基础？桩基础有哪些分类方法？

7-2 桩基础的主要优点有哪些？

7-3 按荷载的传递方式分，桩基础有哪几类？端承型桩和摩擦型桩的受力有何不同？

7-4 何谓负摩阻力？在哪些情况下要考虑桩的负摩阻力？

7-5 何谓单桩、基桩、复合基桩？

7-6 桩基的设计原则有哪些？承载能力极限状态的计算内容有哪些？

7-7 何谓群桩效应系数？何谓抗力分项系数？复合基桩承载力由哪几部分组成？

7-8 如何确定桩的长度、根数和布置？

7-9 如何进行桩基承载力验算？

7-10 什么情况下不考虑承台底土的承载力？

7-11 承台的构造要求有哪些？

7-12 桩基竖向极限承载力设计值如何确定？

习 题

7-1 某场地土自上而下依次为：①粉质黏土，厚度 $l_1=3$m，含水量 $w=30.6\%$，塑限 $w_P=18\%$，液限 $w_L=35\%$；②粉土，厚度 $l_2=6$m，孔隙比 $e=0.9$；③中密中砂。试确定各层土的混凝土预制桩桩周土极限摩阻力标准值和桩端（中密中砂）极限端阻力标准值（按桩的入土深度为10m考虑）。（答案：$q_{s1k}=50$kPa，$q_{s2k}=42$kPa，$q_{s3k}=64$kPa，$q_{sp}=5300$kPa）

7-2 土层情况同上题，现采用截面边长为350mm×350mm的预制桩，承台底面在天然地面下1.0m，桩端进入中密中砂的深度为1.0m，试确定单桩承载力设计值。（答案：746.45kN）

7-3 某场地土层自上而下依次为：第一层杂填土，厚度1.0m；第二层为淤泥，软塑状态，厚度6.5m；第三层为粉质黏土，$I_L=0.25$，厚度较大。试设计一框架内柱（截面为

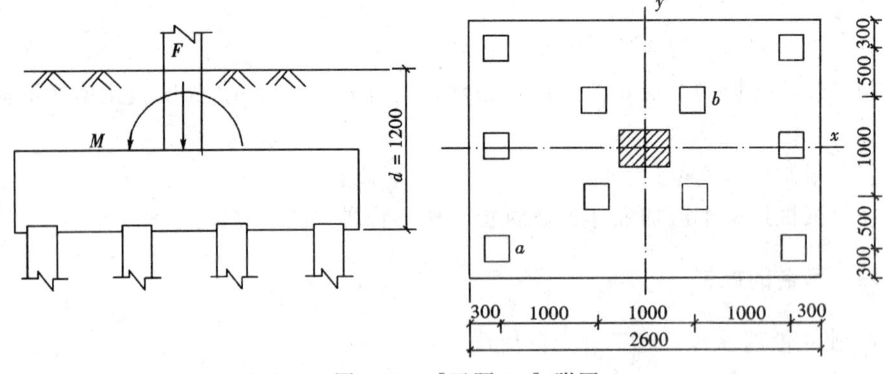

图7-21 ［习题7-4］附图

300mm×450mm）的预制桩基础。柱底在地面处的荷载设计值为：轴向力 $F=2500kN$，弯矩 $M=180kN\cdot m$，水平力 $H=100kN$，初选预制桩截面为 350mm×350mm。试设计该桩基础。

7-4　某单层工业厂房采用桩基础，承台平面尺寸为 3.6m×2.6m，埋深 1.2m。作用于地面的荷载：轴向力 $F=3100kN$，弯矩 $M_y=480kN\cdot m$，桩的平面布置如图 7-21 所示。试求桩 a 和桩 b 受力各是多少。

7-5　某建筑物上部结构荷载（包括承台及其上土自重）为 3250kN，基础采用钻孔灌注桩基础，桩径 350mm，桩长 10m，复合基桩承载力设计值为 280kN。试求：(1) 确定该基础的桩数；(2) 选择桩矩并布桩；(3) 确定承台底面的最小尺寸。

第八章　地基处理

学 习 要 点

本章讨论了软弱土的特性，介绍了常用的浅层地基处理、深层地基处理、排水固结法、振冲法、强夯法、灌浆法、高压喷射注浆法、深层搅拌法等。通过本章的学习，要求读者掌握各种常用的地基处理方法的加固机理和适用范围及各自的优缺点，特别是换土垫层法、碎石桩、排水固结法、振冲法、强夯法等应重点掌握，并要求能够按照现行地基处理规范进行简单的地基处理。

第一节　概　　述

一、地基处理的意义

任何建（构）筑物都是从基础开始兴建的，而基础又是放置在地基之上的。与上部结构比较起来，地基土的强度很低，压缩性较大，所以通过设置一定结构形式和尺寸的基础才能解决这一矛盾。当天然地基不能满足建筑物对地基的要求时，需要对天然地基进行处理，处理后的地基称为人工地基，以满足建筑物对地基的要求，保证其安全与正常使用。

随着我国经济建设的发展和科学技术的进步，高层建筑和重型建（构）筑物的日益增多，上部结构荷载日益增大，对地基的强度和变形的要求愈来愈高，建设工程越来越多地遇到不良地基。某些原来被评为良好的地基，也可能在新的某些特定条件下被认为是不良地基。因此，不仅要善于针对不同的地质条件、不同的工程选择最合适的基础形式、尺寸和布置方案外，而且还要善于择取最恰当的地基处理方法。

二、地基处理的目的

地基处理（Soil Treatment）也可称之为地基加固（Soil Improvement）。在软土地基上建造建筑物可能出现的问题是：沉降或不均匀沉降过大、桩基产生负摩阻力、地基承载力不足、地基土产生液化现象、堤坝渗漏等。为此，地基处理主要解决以下几个方面问题：

(1) 改善软弱土的剪切性能，提高地基土的抗剪强度

地基土的破坏以及在土压力作用下建筑物的稳定性取决于土的抗剪强度。因此，为了防止土体的剪切破坏以及减小土压力，需要采取某些措施来提高地基土的抗剪强度或增加其稳定性。

防止土体侧向流动（塑性流动）产生的剪切变形也是改善土体剪切性能的目的之一。

(2) 降低软弱土的压缩性，减少基础的沉降或不均匀沉降

引起基础沉降或不均匀沉降的因素有二：一是地基中的附加应力；二是土的压缩性。为减少基础的沉降或不均匀沉降，需要采取某些措施以提高地基土的压缩模量和均匀程度。

(3) 改善地基的渗透性，起截水防渗的作用

在基础工程的施工中或在长期使用中都会遇到地下水的问题。地下水在其运动中会引起许多问题，为此，需要研究采取何种措施减少其渗漏或加强其渗透稳定，以减小其影响。

(4) 改善地基的动力特性，防止砂土液化，以提高其抗震性能

地震或受动荷载作用时饱和松散的粉细砂（包括一部分粉土）将会产生液化现象。为此，需要研究采取某种措施增加土的密度，改善其动力特性，以提高地基的抗震性能。

(5) 改善特殊土的不良特性，以满足工程的要求

这里主要是指消除或减少湿陷性黄土的湿陷性和膨胀土的胀缩性等特殊土的不良特性。

三、地基处理的途径

按照地基处理的作用机理，地基处理的途径大致可分为以下三类：

(1) 土的置换　土的置换是将软土层换为良质土，如砂垫层、素土垫层等；

(2) 土质改良　土质改良是指用机械（力学）、化学、电学等措施增加地基土的密度、排除水分或增强土颗粒间的胶结作用；

(3) 土的补强　土的补强是采用薄膜、绳网、板桩等约束地基土，或在土中放入抗拉强度高的补强材料，形成复合地基以加强和改善地基土的剪切性能。

四、软弱土的工程特性

《建筑地基基础设计规范》（GB 50007—2002）规定指出：软弱土主要是指淤泥及淤泥质土、冲填土、杂填土或其他高压缩性土。持力层主要由软弱土组成的地基称为软弱地基。在土木工程建设中经常遇到的软弱土除上面所述以外，还有部分砂土和粉土、湿陷性土、有机质土和泥炭土、膨胀土、多年冻土、岩溶等。

1. 软黏土

软弱土是第四纪后期形成的滨海相、泻湖相、三角洲相、溺谷相和湖沼相等的黏性土沉积物或河流冲积物。其中最为软弱的是淤泥和淤泥质土，它是在静水或缓慢流水环境中沉积，经生化作用而形成。其组成颗粒细小，天然含水量高于液限，孔隙比大于1。其中天然孔隙比大于1.5者称为淤泥，而在1.0至1.5之间者称为淤泥质土。

软土具有与一般黏性土不同的物理力学特征。

软土主要由黏粒及粉粒组成，具有絮状结构并含有机质。颜色多呈灰色或黑灰色，状态多呈软塑或半流塑状态。其饱和度一般大于90%，天然含水量大于液限，有的可高达200%。孔隙比大于1，一般在1.0~2.0之间，个别可达5.8。

软土具有高压缩性。压缩系数通常在0.5~1.5MPa^{-1}之间，个别可高达4.5MPa^{-1}，且其压缩性随液限的增大而增高。

软土抗剪强度低，并与排水固结程度密切相关，不排水剪切时，其内摩擦角接近零，抗剪强度主要由黏聚力决定，排水剪切时，其抗剪强度随固结程度的增加而提高，但由于其透水性差，孔隙水渗出过程相当缓慢，因此抗剪强度的增长也很缓慢。根据土工试验结果，软土的不排水抗剪强度一般小于20kPa，其变化范围约在5~25kPa之间。有效内摩擦角（φ'）约为20°~35°。固结不排水剪内摩擦角$\varphi' = 12° \sim 17°$。

软土的渗透性差。在垂直方向和水平方向的渗透系数也不相同，一般垂直向的渗透系数要小些，其值约为$1 \times 10^{-5} \sim 1 \times 10^{-7}$mm/s之间，因此在荷载作用下固结速率很低。同时，在加载初期，地基中常出现较高的孔隙水压力，影响地基土强度的增长。

软土具有明显的结构性，尤以海相黏土更为明显。一旦受到扰动，其絮状结构受到破坏，土的强度将显著降低，甚至呈流动状态。我国沿海软土的灵敏度一般为4~10，属于高灵敏度的土。

软土具有明显的流变性。在恒定荷载的作用下，软土承受剪应力的作用将产生缓慢而长期的剪切变形，并可能导致抗剪强度的衰减，当土中孔隙水压力完全消散后，地基土还可能产生较大的次固结变形。

综上所述，软土具有强度低、压缩性高、渗透性小、高灵敏度和流变性等特点。因而，软土地基上的建筑物沉降量大，沉降稳定时间长。因此，在软土地基上建造建筑物，往往要对软土地基进行加固处理。

2. 杂填土

杂填土是由人类活动产生的建筑垃圾、工业废料和生活垃圾任意堆填而形成。它们的成因很不规律，成分复杂，分布极不均匀，结构松散。因而在同一场地的不同位置，地基承载力和压缩性常有较大的差异。杂填土性质随堆填的龄期而变化。其承载力一般随堆填的时间增长而增高。其主要特性是强度低、压缩性高，尤其是均匀性差。同时，某些杂填土内含有腐殖质及亲水和水溶性物质，会使地基产生更大的变形及浸水湿陷性。杂填土地基一般需要人工处理后才能作为建筑物的地基。

3. 冲填土

冲填土是水力冲填泥砂形成的。其成分和分布规律与冲填时的泥砂来源及水力条件有密切关系。由于水力的分选性，在冲填的入口处土颗粒较粗，出口处则逐渐变细。有时在冲填的过程中，泥砂的来源有变化，造成冲填土在纵横方向的不均匀性。若冲填物是黏性土为主，土中含有大量水分，且难于排出，则在其形成初期常处于流动状态，这类土属于强度较低和压缩性较高的欠固结土。以粉细砂为主的冲填土，其性质基本上和粉细砂相似。

4. 其他高压缩性土

饱和的粉细砂及部分粉土在静荷载作用下具有较高的强度，但动荷载（如地震、动力基础等）的反复作用下有可能产生液化现象或大量振陷变形，地基会因此丧失承载能力。如需要考虑动荷载，这种地基也属于不良地基，也需要处理。

其他的软土，如湿陷性黄土、膨胀土和多年冻土等特殊土都属于需要地基处理的范畴。

对软弱地基勘察时，应慎重对待，特别是要了解勘察报告书的可信程度。应查明软弱土层的组成情况、分布范围及土质情况。对冲填土还应了解它的排水固结情况。

对软弱地基进行设计时，应考虑上部结构和地基的共同作用，对建筑物的体型、荷载情况、结构类型和地质条件进行综合分析，确定合理的建筑措施、结构措施和地基处理方法。

由于各种建筑物对地基的强度和变形的要求不同，因而，对软弱地基的判定标准也很难有一个统一的定义。它随着建筑物的结构形式、规模及重要性而有很大的区别。为此，地基土是否软弱应根据上部结构对地基的要求而应有各自的判别标准。

五、地基处理方法的分类及适用范围

地基处理方法很多，并且新的地基处理方法还在不断发展、完善。可以按地基处理原理、目的、性质、时效、动机等不同的角度进行分类。如按时间长短可分为临时处理和永久处理。按处理深度分可分为浅层处理和深层处理；按处理对象分可分为无黏性土处理和黏性土处理等；但比较合适的分类方法是根据地基处理的原理分类。表 8-1 扼要地介绍了地基处理方法的适用范围。各种地基处理方法都是根据各种软土地基的特点发展起来的。因而，在使用时必须特别注意每种地基处理方法的原理和适用范围。值得注意的是很多地基处理方法具有多种处理的效果，如强夯法具有置换、挤密和排水等多重作用；又如砂桩、碎石桩具有置换、挤密、排水和加筋等作用。因而，一种处理方法可能有多种处理效果。所以在具体应用时，应从地基条件、处理的指标和范围、工程费用、工程进度、材料来源和当地环境等多方面考虑，切勿看到一种方法在某项工程中的应用获得成功，便予以肯定，不考虑其他条件便加以采用。

地基处理方法分类 **表 8-1**

分类	处理方法	原理及作用	适用范围
土的置换	素土垫层 砂垫层 碎石垫层 灰土垫层	挖除浅层软土，用砂、石等强度高的材料代替，分层碾压或夯实，以提高持力层土的承载力，减少沉降量，消除或部分消除土的湿陷性、膨胀性，防止地基土的冻胀，改善土的抗液化性能	适用于处理浅层软土地基、湿陷性黄土地基、膨胀土地基、季节性冻土地基等
碾压夯实	机械碾压法 振动压实法 重锤夯实法 强夯法	采用机械碾压或夯击压实表层土；强夯法则利用强大的夯击能，迫使深层土液化和动力固结，从而提高地基土的强度，降低其压缩性，消除湿陷性黄土的湿陷性，改善土的抗液化性能	无黏性土、杂填土、非饱和黏性土、湿陷性黄土地基等
排水固结	堆载预压法 砂井堆载预压法 真空预压法 井点降水预压法	软黏土地基在荷载作用下，孔隙水排出，孔隙比减小，土体产生固结变形，同时，随着孔隙水压力的逐渐消散，土中有效应力增大，地基土的强度逐渐提高，可以解决软土地基的变形和稳定问题	厚度较大的饱和软土层，但需要有预压荷载和时间，对于厚的泥炭土等应慎重考虑
振动挤密	砂桩挤密法 灰土桩挤密法 石灰桩挤密法 振冲法	通过挤密或振动使深层土密实，土体孔隙比减小，并在振动或挤压过程中，回填砂石等材料，形成砂桩或碎石桩，与桩周土一起组成复合地基，从而提高地基承载力，减小地基的变形	松散的砂土、粉土、人工填土或黏粒含量不高的黏性土
胶结加固	灌浆法 硅化法 深层搅拌法 高压喷射注浆法	用气压、液压或电化学原理，把固化浆液注入各种介质中，以增强土颗粒间的胶结能力，改善土的物理力学性质，可用于防渗、堵漏、加固和纠正建筑物倾斜、提高地基承载力	黏性土、冲填土、粉细砂、砂砾石等各种地基土，特别适用于已建成工程的地基事故处理
加筋法	土工聚合物 锚固技术 加筋土 树根桩法	通过在土层中埋设强度较大的土工聚合物、拉筋、受力杆件等，达到提高地基承载力，减小土的压缩性或维持建筑物的稳定性	土工聚合物适用于砂土、黏性土和软土； 加筋土适用于人工填土；树根桩和锚固技术适用于各类土

六、地基处理方案的选择应考虑的因素

在选择地基处理方法时需要考虑的因素主要有：

（1）土的类别

不同的土类应采用不同地基处理方法。如无黏性土地基，它的工程性质的好坏主要取决于它的密实度，所以对这种土主要是增加其密实度。增加土的密实度的方法有好多种，如强夯、振冲、挤密等，然后考虑其他因素。黏性土工程性质的好坏主要取决于它的含水量，所以首先应从排水处理来选择处理方法。

（2）处理后的加固深度

不同的地基处理方法的加固深度不同。若要加固深层地基，则需选用深层地基处理方法。如强夯法的加固深度可达10m以上，还有深层搅拌法、振冲法、挤密法等。

（3）上部结构的要求

不同的上部结构对地基的要求也不相同。如对地基的强度和变形要求严格，则应选用可靠的地基处理方法。又如基坑支护是临时性的加固，与永久性加固应有所区别。

（4）可提供的材料

同一材料由于地区不同、时间不同，材料的质量和成本也不同，并应考虑供应能力问题，且有些材料有毒性，可能污染环境。

（5）具有的机械设备

如注浆设备、强夯设备、振冲设备的来源、工程费用等。

（6）周围环境的要求

随着城市建设的发展，对环境的要求愈来愈严格。在地基处理施工时，应考虑对现场周围环境的影响。某些对环境有污染的地基处理方法就不能采用。如强夯法施工时的振动可能对邻近的建筑物有影响；注浆法可能对地下水有污染，流出物对现场环境有污染等。在选择地基处理方法时应予以考虑。

（7）工期要求

要求在短期内达到加固效果的，就不宜采用耗费时间长的地基处理方法。

在确定地基处理方法时，力求做到技术先进、经济合理、因地制宜、安全适用、确保质量。可根据工程的具体情况对几种地基处理方法进行技术、经济、工期等多方面的比较，最后选择其中一种较合理的地基处理措施或两种以上地基处理方法组合的综合处理方案。

地基处理大多是隐蔽工程，在施工前现场人员必须了解所采用的地基处理方法的原理、技术标准和质量要求、如何施工等。施工过程中经常进行施工质量和

处理效果的检验，同时也应做好监测工作。施工结束后应尽量采用可能的手段来检验处理的效果并继续做好监测工作，从而保证施工质量。

第二节 换土垫层法

换土垫层法（Replacement Method）是将基础下欲处理范围内的软弱土挖去，分层回填强度较高、压缩性较低、无腐蚀性、性能稳定的材料，如中粗砂、碎石或卵石、灰土、素土、石屑、矿渣等，振密或压实后作为地基持力层。

换土垫层法适用于处理5层以下民用建筑、跨度不大的工业厂房以及基槽开挖后局部具有软弱土层的地基，其中砂垫层最为常用。下面以使用较普遍的砂垫层为例，简要介绍换土垫层法的设计与施工要点。

一、砂垫层的作用

1. 提高地基承载力

地基中的剪切破坏是从基础底面开始的，随着基底压力的增大，逐渐向纵深发展。因此，若以强度较大的砂土代替可能产生剪切破坏的软弱土，就可避免地基的破坏。

2. 减小基础沉降量

一般基础下浅层部分的变形量在地基土总变形量中所占的比例是较大的。以条形基础为例，在相当于基础宽度范围内的变形量约占总变形量的50%。若以密实的砂代替上部软弱土层，就可显著减少这部分的变形量。同时，由于垫层对基底附加压力的扩散作用，减小了垫层下天然土层中的附加应力，从而减小了基础的沉降量。

3. 加速土层的排水固结

砂垫层的透水性大，在荷载作用下产生的孔隙水压力可以迅速消散，同时还可以加速垫层下软弱土层的固结及其强度的提高，但固结的效果仅限于浅层的软弱土层，深层的影响不显著。

4. 防止地基土冻胀

由于砂垫层的材料孔隙大，不易产生毛细现象，没有水分的迁移，因此，可以防止寒冷地区土中水分的积聚而产生的冻胀，此时砂垫层的底面应当满足当地冻结深度的要求。

5. 消除湿陷性黄土的湿陷

采用素土或灰土垫层处理湿陷性黄土，可消除1～3m厚黄土的湿陷。但必须指出，砂垫层不宜处理湿陷性黄土地基，这是由于砂垫层较大的透水性反而容易引起黄土的湿陷。

6. 消除膨胀土地基的胀缩

在膨胀土地基上用砂垫层代替或部分代替膨胀土，可以有效地消除土的胀缩作用。垫层的厚度根据变形计算确定，一般不小于30mm。

至于一般在钢筋混凝土基础下采用100～300mm厚的混凝土垫层，主要是作为基础的找平层和隔离层，并为基础绑扎钢筋和建立木模等工序施工操作提供方便，这仅是施工措施，不属于地基处理范畴。

二、砂垫层的设计

砂垫层的设计不但要满足建筑物对地基变形及稳定的要求，而且应符合经济合理的原则。砂垫层设计的主要内容是确定断面的合理厚度和宽度。对于垫层，既要求有足够的厚度来置换可能被剪切破坏的软弱土层，又要有足够的宽度以防止垫层向两侧挤出。

1. 砂垫层厚度的确定

当基础下软土层不太厚（≤3m）时，可将该土层全部挖除；软土层较厚时，垫层厚度由垫层下软土层的承载力确定。当基底附加压力通过垫层的扩散作用传递到软弱土层时，垫层底面处土的自重应力与附加应力之和应小于等于软弱土层的承载力设计值，如图8-1所示。即：

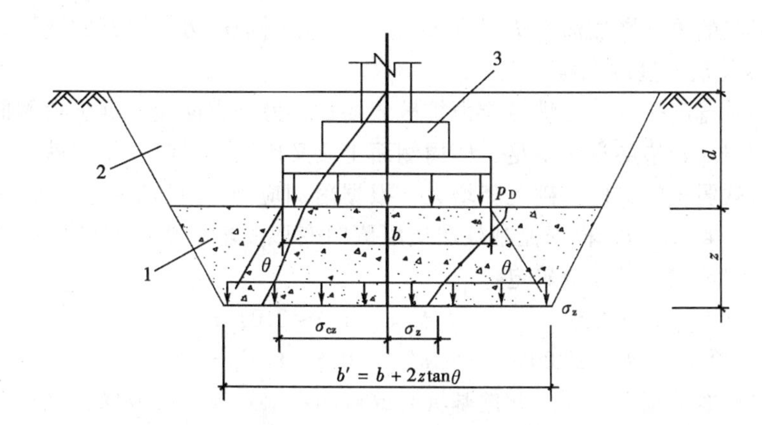

图8-1 砂垫层内压力的分布

1—砂垫层；2—回填土；3—基础

$$\sigma_z + \sigma_{cz} \leqslant f_{az} \tag{8-1}$$

式中 σ_z——垫层底面处的附加应力（kPa）；

σ_{cz}——垫层底面处土的自重应力（kPa）；

f_{az}——垫层底面处软弱土层的经深度修正后的地基承载力特征值（kPa）。

确定垫层厚度可按下述步骤进行：

(1) 按垫层的承载力确定基底宽度，垫层的承载力应通过现场试验确定。

(2) 砂垫层的厚度一般不宜大于 3m，太厚则施工困难且不经济；也不宜小于 0.5m，太小则垫层作用不明显。一般初设垫层厚度为 1～2m。

(3) 按公式 (8-1) 验算软弱土层的承载力，若不满足要求，则改变垫层厚度，重新验算，直至满足要求为止。

砂垫层底面处的附加应力，除了可按弹性理论的应力计算公式求得外，也可按应力扩散法计算：

条形基础

$$\sigma_z = \frac{p_0 b}{b + 2z \cdot \tan\theta} \tag{8-2}$$

矩形基础

$$\sigma_z = \frac{p_0 b \cdot l}{(b + 2z \cdot \tan\theta)(l + 2z \cdot \tan\theta)} \tag{8-3}$$

式中　p_0——基底附加压力 (kPa)；

l、b——基础底面的长度和宽度 (m)；

z——垫层的厚度 (m)；

θ——垫层的压力扩散角，当垫层材料为碎石、粗砂、中砂时，$\theta = 30°$；当为其他比较细的材料时，$\theta = 22°$。

对于比较重要的建筑物还要求进行基础沉降量验算。验算时可不考虑砂垫层自身的变形，但当厚土层是低透水性的饱和软土时，总变形量宜包括垫层范围内因换土引起的重度增加而在垫层下软土层中产生附加应力所引起的变形。

2. 砂垫层宽度的确定

砂垫层宽度一方面要满足应力扩散的要求，另一方面应根据垫层侧面土的承载力来确定。若垫层宽度不足，四周侧面土质又比较软弱时，垫层就有可能部分挤入侧面软弱土中，使基础沉降增大。根据附加应力 σ_z 扩散要求，垫层宽度 b' 应不小于 $b + 2z\tan\theta$，根据控制软弱土层侧向变形要求，垫层宽度可根据垫层侧面软弱土层承载力设计值确定：

当　$f_a < 120\text{kPa}$　　$b' = (1.6 \sim 2.0)\ z$　　(8-4)

当　$120\text{kPa} \leqslant f_a < 200\text{kPa}$　　$b' = (0.6 \sim 1.0)\ z$　　(8-5)

垫层顶面的宽度应考虑开挖基坑时放坡的需要及施工的方便，延伸至地面即得砂垫层的断面。

3. 砂垫层的施工

(1) 砂垫层所用的材料以级配良好、质地坚硬的中、粗砂为宜，要求不均匀系数不小于 10，有机质含量、含泥量和水稳定性不良的物质均不宜超过 5%，用作排水固结的砂，含泥量不宜超过 3%，并不得含有大石块 ($d \leqslant 50$mm)。

(2) 砂垫层施工中的关键是将砂加密到设计要求的密实度。常用的加密方法有振动法、水冲法、碾压法等。填料应分层压实且达到设计要求的干密度，每层铺土厚度应控制在 150～300mm。施工时，应逐层检验其密实度，合格后方可进行上层施工。

(3) 开挖基坑铺设砂垫层时，应注意保护好坑底表层土的结构，对软土尤其如此。一般基坑开挖后立即回填垫层，不宜暴露过久和浸水，更不得任意践踏；砂、砂石垫层底面宜铺设在同一标高上，施工应按先深后浅的顺序进行。

(4) 质量检验，用容积不小于 $200cm^3$ 的环刀取样，测定其干重度（或干密度），以不小于砂料在中密状态时的干重度为合格。如中砂在中密状态时的干重度一般为 $15.5 \sim 16.0kN/m^3$。

【例 8-1】　某内墙基础传至基础顶面的荷载设计值 $F = 204kN/m$，基础埋深 $d = 1.2m$，基础和上覆土的平均重度 $\gamma_G = 20kN/m^3$；采用换土垫层法进行处理，换填材料采用中、粗砂，其修正后的承载力特征值为 $f_a = 160kPa$，重度 $\gamma = 18kN/m^3$；建筑场地是很厚的淤泥质土，其承载力特征值 $f_{ak} = 70kPa$，重度 $\gamma_m = 17.5kN/m^3$。试确定内墙基础的最小宽度及最小砂垫层厚度。已知：地基压力扩散角 $\theta = 30°$，$\eta_d = 1.1$。

【解】　1. 求基础最小宽度

$$b = \frac{F}{f_a - \gamma_G d} = \frac{204}{160 - 20 \times 1.2} = 1.5m$$

基础的最小宽度为 1.5m。

2. 求砂垫层的最小厚度 z

设砂垫层的厚度为 1.5m，则基础底面的附加压力 p_0 为：

$$p_0 = p - \gamma_m d = \frac{F}{b} + (20 - \gamma_m)d$$

$$= \frac{204}{1.5} + (20 - 17.5) \times 1.2 = 139kPa$$

垫层底面处的附加应力为：

$$\sigma_z = \frac{p_0 b}{b + 2z\tan\theta} = \frac{139 \times 1.5}{1.5 + 2 \times 1.5 \times \tan 30°} = 64.55kPa$$

垫层底面处土的自重应力及自重应力与附加应力之和分别为：

$$\sigma_{cz} = \Sigma\gamma_i h_i = 17.5 \times 1.2 + 18 \times 1.5 = 48kPa$$

$$\sigma_z + \sigma_{cz} = 64.55 + 48 = 112.55kPa$$

垫层底面处的软弱土层的承载力设计值为：

$$f_{az} = f_{ak} + \eta_d \gamma_m (d + z - 0.5) = 70 + 1.1 \times 17.5 \times (1.2 + 1.5 - 0.5) = 112.35kPa$$

垫层底面处的软弱土层的承载力设计值约等于该处的自重应力与附加应力之

和，所以垫层最小厚度可取 1.5m。

第三节 表层夯压法

一、压实原理

当需要处理的地基软弱土位于地基表层，厚度不大或上部荷载较小时，采用表层夯压法可以取得较好的技术经济效果。地基表层夯压法一般常应用于道路、堆料场等，有时也可用于轻型建筑物地基的处理。

夯压是指用机械的方法使土密实。在夯压力作用下，土孔隙中的气体被排出而使孔隙体积减小，因此它不同于固结，后者是由于排除水分而使孔隙体积减少。土层经夯压后密实度增加，抗剪强度得以提高，减少了土的透水性和压缩性，减弱了液化势，增加了抗冲刷的能力。使经过处理的表层土成为能承担较大荷载的地基持力层。

实践表明，对黏性土，当压实能量和条件相同时，压实效果取决于含水量。在一定的夯压能量下使土容易压实，并能达到最大密实度时的含水量，称为最优含水量，用 w_{op}表示；相对应的干重度（干密度）称为最大干重度（最大干密度），以 γ_{dmax}（ρ_{dmax}）表示，见图 8-2。

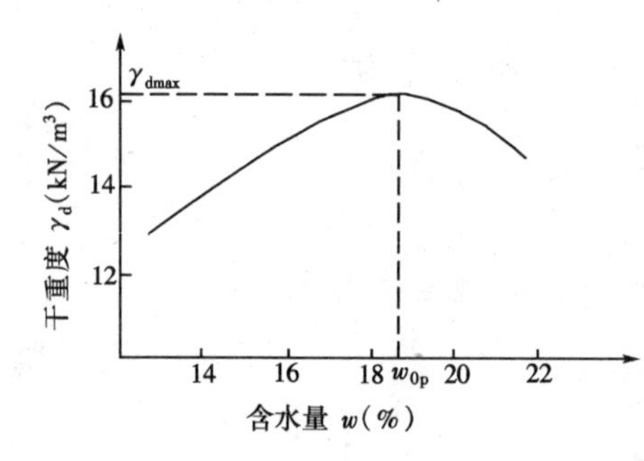

图 8-2 干重度与含水量的关系曲线

具有最优含水量的土击实效果最好。这是因为当含水量较小时，土中水主要是强结合水，土粒周围的结合水膜很薄，使土颗粒具有很大的分子引力，阻止土颗粒移动，击实比较困难；当含水量适当增大时，土中水包括强结合水和弱结合水，结合水膜增厚，土颗粒间的引力减弱，水起着润滑作用，在相同击实能量下土颗粒易于移动而挤密，击实效果较好；但当含水量继续增加，以致土中出现了自由水，击实时孔隙中过多的水分不易立即排出，形成较大的孔隙水压力，势必阻止土颗粒的相互靠近，所以击实效果反而下降，这就是击实原理。

试验证明：最优含水量 w_{op}与土的塑限 w_p 有关，约为 $w_{op}=w_p+0.02$。土中黏土矿物含量愈大，颗粒间的黏结力愈大，则最优含水量愈大。

最优含水量可以通过室内击实试验测定。对于黏性土，击实试验的方法是：将测试的黏性土分别制成含水量不同的几个松散试样，用同样的击实能逐一进行击实，然后测定各试样的含水量 w 和干重度 γ_{dmax} 绘成 γ_{dmax}-w 关系曲线，如图

8-2所示。曲线的极值即为最大干重度 γ_{dmax}（或最大干密度 ρ_{dmax}），相应的含水量即为最优含水量 w_{op}。当无试验资料时，最大干密度可按下式计算：

$$\rho_{dmax} = \eta \frac{\rho_w d_s}{1 + 0.01 w_{op} d_s} \tag{8-6}$$

式中 ρ_{dmax}——分层压实填土的最大干密度；

η——经验系数；

ρ_w——水的密度；

d_s——土粒相对密度；

w_{op}——填料的最优含水量。

最优含水量随夯击能量的大小与土的矿物组成变化而有所不同。当夯击能加大时，最大干密度将加大，而最优含水量将降低。而当固相中黏土矿物增多时，最优含水量将增大而最大干密度将下降。对于砂性土被压实时表现出的性质几乎相反；干砂在压力与震动作用下，趋密实。而饱和砂土，因容易排水，也容易被压实。惟有稍湿的砂土，因颗粒间的表面张力作用使砂土颗粒互相约束而阻止其相互移动，压实效果反而不好。

二、机械碾压法

机械碾压法采用压路机、推土机、羊足碾或其他压实机械来压实松散土，常用于大面积填土和杂填土地基的处理。

处理杂填土地基时，首先应将建筑物范围内一定深度的杂填土挖除，然后根据碾压机械的压实能量、回填土的种类和控制压实土的含水量，选择适合的分层厚度和碾压遍数，一般通过碾压试验确定。黏性土的碾压，通常用 80 ~ 100kN 的平碾或 120kN 的羊足碾，被碾压的土料应先进行含水量测定，只有含水量在合适范围内的土料才允许进场。每层铺土厚度约为 200 ~ 300mm，碾压 8 ~ 12 遍。碾压后地基的质量常以压实系数 λ_c 控制，λ_c 为要求的干密度 ρ_d 与击实试验得出的最大的干密度 ρ_{dmax} 之比。不同类别的土要求的 λ_c 不同，当填土为碎石或卵石时，其最大干密度取 2.0 ~ 2.2t/m^3；当填土为黏性土或砂土时，其最大干密度由击实试验确定。在主要受力层范围内一般要求 $\lambda_c \geqslant 0.96$。

三、振动压实法

振动压实法是利用振动机械振动压实浅层地基的一种方法。

适用于处理炉渣、细砂、碎石等地基和黏性土含量少、透水性较好的杂填土地基。

振动压实的效果主要取决于被压实土的成分和施振的时间。开始时振密作用较为显著，但随时间推移变形渐趋稳定，再振也不能起到进一步的压实效果。因此，在施工前应先进行现场试验，以测出振动稳定下沉量与时间的关系，根据振实的要求确定施振的时间。对于主要是由炉渣、碎砖、瓦块等组成的建筑垃圾，其振实时间约在 1min 以上；对于含炉灰等细颗粒填土，振动时间约为 3~5min，有效的振实深度约 1.2~1.5m。振实地基的承载力宜进行现场载荷试验确定，一般经过振实的杂填土地基承载力可达 100~120kPa。但如地下水位太高，则将影响振实效果。此外尚应注意振动对周围建筑物的影响，振源与建筑物的距离应大于 3m。

四、重锤夯实法

1. 重锤夯实法的原理

重锤夯实法是利用起重机械将重锤提升一定高度，然后使锤自由下落，反复夯打地基表面，从而达到加固地基目的。经过重锤夯击的地基，在地基表面形成一密实“硬壳”层，提高了地基表层土的强度。

2. 适用范围

适用于处理距地下水位 0.8m 以上，土的天然含水量不太高的各种黏性土、砂土、湿陷性黄土及杂填土等。但在有效夯实深度内存在软黏土层时不宜采用。

3. 施工机具

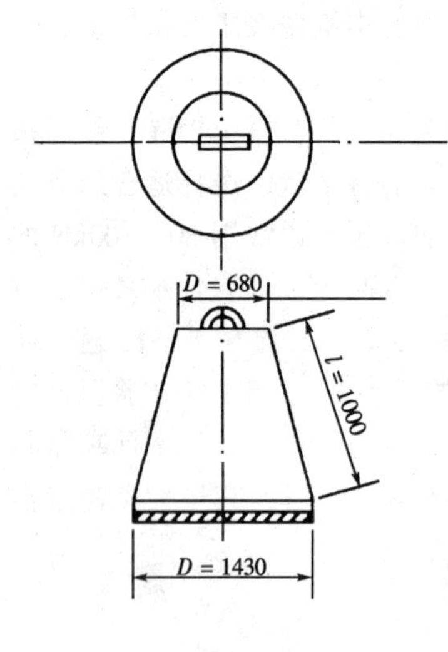

图 8-3 夯锤

施工机械设备包括起重设备和夯锤。夯锤一般采用截头圆锥体，如图8-3所示，可用 C20 以上钢筋混凝土制作，其底部可填充废铁并设置钢底板以使重心降低。重量大于 15kN，落距一般采用 2.5~4.5m，锤底静压力宜控制在 15~20kPa。

根据当地条件，起重设备可采用履带式起重机、打桩机、龙门架式起重机等。

重锤夯实法的效果与锤重、锤底直径、夯击遍数、夯实土的性质有一定的关系，应当根据设计的夯实密度及影响深度，通过现场试夯确定有关参数。对于湿或稍湿的建筑垃圾，如采用锤重为 15kN，锤底直径为 1.15m，落距为 3~4m，夯击 6~8 遍，其有效夯实深度约为 1.1~1.2m（相当于锤底直径）。经处理后的杂填土地基的承载力可达 100~150kPa。

停夯标准：随着夯击次数的增加，每次夯沉量逐渐减少，最后两次平均夯沉量，对于黏性土为 10~20mm；对于砂土为 5~10mm 时即可停止夯击。如继续夯击，能量消耗较多，而密实度增加有限，经济效果不显著。

4. 施工要点

采用分层夯实填土地基时，每层的铺设厚度一般相当于锤底直径；夯击范围应大于基础底面积；夯击时宜一夯挨一夯顺序进行，在一次循环中同一夯位应连续夯击两次，下一循环的夯位与前一循环夯位错开半个锤底直径，如此反复进行。一般采用先周边后中间或先外后里的方法进行。当夯实效果达不到设计要求的密实度时，应当适当提高落距、增加夯击遍数，必要时增加锤重再进行试夯，直至满足要求为止。

第四节　深层密实法

深层密实法（Deep Compaction）是指采用爆破、强夯和挤密等地基处理方法对松软地基进行加固。它与浅层加固方法的不同之处在于，不但施工所用机具不同，更为重要的是加固深度有很大的区别。

一、强夯法

强夯法（Heavy Tamping）亦称动力固结法（Dynamic Consolidation）是法国Menar技术公司于1969年首创的一种地基处理方法。此方法是将很重的锤（一般为100~400kN）从很高处（6~40m）下落，反复多次夯击地面，对地面强力夯实，使地基浅层和深层处土体得到密实。

1. 适用范围

主要适用于碎石土、砂土、低饱和度的黏性土、素填土、杂填土、湿陷性黄土等地基。对淤泥与淤泥质土地基，如不采取有效措施则不宜采用强夯法加固。强夯法的适用范围十分广泛。优点是施工简单、加固效果显著、费用较低等；缺点是施工时的噪声和振动较大，因而不宜在人口密集的市区内应用。

2. 加固机理

实践证明，在夯击过程中，由于巨大的夯击能和冲击波，使含有可压缩气泡的土体立即产生几十厘米的沉降，土体局部产生液化后使土的结构破坏，强度下降到最小值，随后在夯击点周围出现径向裂缝，成为加速孔隙水压力消散的主要通道，土体迅速固结；因黏性土具有触变性，会使降低的强度得到恢复和增强。

强夯加固地基的机理与重锤夯实法有着本质的不同。强夯主要是利用强大的夯击能，在地基中产生巨大的动应力和冲击波，进而对土体产生如下作用：

（1）动力夯实

在巨大的动应力和冲击波的作用下，土中孔隙体积被压缩，与大气连通的气体被挤出，孔隙体积减小，土粒重新排列，使土密实。

（2）动力固结

强夯过程导致土体内孔隙水压力骤然上升，夯击点周围产生径向裂缝，形成良好的排水通道，孔隙水压力迅速消散，土的强度逐渐恢复和提高，达到加固地基的目的，这就是动力固结。

(3) 动力置换

在透水性低的饱和黏性土中，强夯很难使其产生的孔隙水压力迅速消散，为了提高强夯法的加固效果，可先在土中设置袋装砂井或塑料排水板再强夯；或在夯坑中填入碎石、砂等再夯击，使土中形成短粗的碎石桩，起到强力置换的作用，碎石桩与软土一起组成复合地基，共同承担上部荷载。

3. 施工机具

强夯法所用的主要设备包括：夯锤、起重机和脱钩装置三部分。

(1) 夯锤

夯锤的重量与锤的落距和有效加固深度有关，可根据式 (8-7) 确定。

夯锤的材料最好为铸钢，如条件所限，则可用钢板壳内灌混凝土。

夯锤的平面形状有圆形和方形等，其中有气孔式和封闭式两种。实践证明，圆形带气孔的锤较好，它可以克服方形锤因两次着地不完全重合而造成的能量损失及着地时倾斜的缺点。锤底有若干气孔可以减小起吊夯锤时的吸力（夯锤的吸力可达三倍锤重）；又可减小夯锤着地时气垫的上托力，从而减小能量的损失。

夯锤底面积的大小与土的类型有关。一般情况下，对于砂土和碎石填土，采用底面积为 $2\sim4m^2$ 较为合适；对于一般第四纪黏性土建议采用 $3\sim4m^2$。

(2) 起重设备

强夯法的起重设备大多为履带式起重机，它稳定性好，行走方便。起重机的起重能力宜大于夯锤重量的三倍。

(3) 脱钩装置

当锤重超过吊车卷扬机的吊装能力时，就不能使用单缆锤施工工艺，此时，可利用滑轮组并借助脱钩装置来起落夯锤。

4. 强夯法的设计要点

(1) 有效加固深度

强夯的有效加固深度可用经验公式估算，即

$$z = k\sqrt{mH} \tag{8-7}$$

式中 z——有效加固深度 (m)；

k——经验系数。它与波在土中传播的速度及土吸收能量的能力有关。根据我国经验，大约在 0.4～0.8 之间；碎石土、砂土等为 0.45～0.5；粉土、黏性土、湿陷性黄土等为 0.4～0.45；

m——夯锤质量 (t)；

H——落距 (m)。

《建筑地基处理技术规范》（JGJ 79—91）规定，有效加固深度 z 应根据现场试夯或当地经验确定，在缺少试验资料或经验时，可按表 8-2 预估。

（2）最佳夯击能

单点夯击能等于锤重乘以落距。我国所用的锤重一般为 80 ~ 250kN，个别可达 400kN，落距 8 ~ 25m；在这样的夯击能作用下，地基中出现的孔隙水压力达到土的自重压力时的夯击能称为最佳夯击能。

根据已有的施工经验，在砂土地基上采用 500 ~ 1000kN·m/m^2，黏性土地基采用 1500 ~ 3000kN·m/m^2 的平均夯击能（锤重 × 落距 × 击数/加固面积）时，可取得较好的加固效果。

（3）夯击次数及遍数

夯击次数及遍数应由最佳夯击能的要求确定。在一定的击数时应使土体的竖向压缩最大，而侧向位移最小为原则。一般与土的种类有关，如对于填土地基，常以最后两击的夯沉量来控制击数。可选择每个夯点每遍夯击 5 ~ 10 次。

强夯法有效加固深度（m）　　**表 8-2**

单击夯击能（kN·m）	碎石土、砂土等	粉土、黏性土、湿陷性黄土等	单击夯击能（kN·m）	碎石土、砂土等	粉土、黏性土、湿陷性黄土等
1000	5.0 ~ 6.0	4.0 ~ 5.0	4000	8.0 ~ 9.0	7.0 ~ 8.0
2000	6.0 ~ 7.0	5.0 ~ 6.0	5000	9.0 ~ 9.5	8.0 ~ 8.5
3000	7.0 ~ 8.0	6.0 ~ 7.0	6000	9.5 ~ 10.0	8.5 ~ 9.0

注：此深度从起夯面算起。

夯击遍数可理解为：在由于夯击而产生的孔隙水压力基本消散后，再继续夯击为另一遍。夯击遍数应视现场地质条件和工程需要而定，一般对透水性弱的细粒土及加固要求高的工程，夯击遍数较多。通常包括最后一遍的低能量“搭夯”在内，一般为 2 ~ 5 遍。

（4）间歇时间

间歇时间是指相邻两遍夯击之间的时间间隔。对于透水性弱的黏性土，由于孔隙水压力消散较慢，间歇时间一般为 2 ~ 4 周；对于透水性好的砂类土，孔隙水压力的峰值出现在夯后的瞬间，消散时间只有 2 ~ 4min，故可连续夯击。

（5）加固范围

为减小地基的侧向变形，夯击范围应大于建筑物基础范围。国外资料报道，加固范围比建筑物基础长 l 和宽 b 各大出加固厚度 z，即加固面积为 $(l+z)\times(b+z)$；国内也有提出在基础外各边均大出 1/2 ~ 2/3 有效加固深度；或多布置一圈夯击点，但并不小于 3m。

（6）夯点布置

夯点布置一般为梅花形或正方形网格布置。夯点间距视压缩层厚度和土质条件确定。一般为锤底直径的 3~4 倍。为了使深层土得以加固，第一遍夯点的间距要大，这样才能使夯击能量传递到深处。下一遍夯点往往布置在上一遍夯点的中间。最后一遍是以较低的夯击能搭夯，以确保地表土的均匀性和较高的密实度。

5. 现场测试

现场测试工作是强夯施工中的一个重要组成部分。在大面积强夯施工前应进行现场试夯，以取得设计参数。强夯施工时应对每一夯击点的夯击能量、夯击次数和每次夯沉量等做好现场记录。同时现场测试工作还包括：地面沉降观测、孔隙水压力观测、强夯振动影响范围观测、振动加速度、深层沉降观测和侧向位移观测及夯前夯后的常规土工试验等。

二、挤密砂桩

挤密砂桩（Sand Compaction Pile）是指用振动或冲击方法在软土地基中成孔，然后在孔中填入砂、石等并加以捣实形成挤密砂桩。若在孔中填入土、石灰、灰土或其他材料，则分别称为挤密土桩和挤密灰土桩等。

1. 加固机理

挤密砂桩的加固机理是：对于砂土地基，主要靠桩管打入地基中，对土产生横向挤密作用，在一定挤密功能作用下，土粒彼此移动，小颗粒填入大颗粒的空隙，颗粒间彼此靠近，空隙减少，使土密实，因而可提高地基土的抗剪强度，防止砂土液化等。对于黏性土地基，由于桩体本身具有较大的强度和变形模量，桩的断面也较大，故桩体与土组成复合地基，从而提高了地基承载力，减少了基础的沉降和不均匀沉降，由于砂桩在地基中形成了良好的排水通道，加速了土的固结。

2. 适用范围

挤密砂桩常用来加固松砂地基、松散的杂填土地基及黏粒含量不多的黏性土地基。而挤密土桩及灰土桩常用来加固湿陷性黄土地基。对于饱和软黏土地基，由于其渗透性小、抗剪强度低、灵敏度较大，夯击沉管过程中在土内产生的孔隙水压力不能迅速消散，挤密效果不明显。相反却破坏了土的天然结构，使其抗剪强度降低，因此，在实际工程中必须慎重对待。

必须指出：挤密砂桩与下节中介绍的用于堆载预压加固的排水砂井都是以砂为填料的桩体，但两者的作用是不同的。砂桩的作用主要是挤密，故桩径与填料密度大，桩距较小；而砂井的作用主要是排水固结，故井径和填料密度小，间距大。

3. 砂桩设计

(1) 桩距

挤密砂桩直径为 300 ~ 800mm，对饱和黏性土地基宜选用较大直径。在平面上可按正方形或梅花形排列方式布置。

在砂土地基中，砂桩间距一般按砂土经过处理后应达到的相对密度 D_r 求得相应的孔隙比，再按砂桩的平面布置计算桩的间距 s。以正三角形布置为例，如图 8-4 所示，假设在松散砂土中打入砂桩能起到 100% 的作用，则加固前三角形面积内总土量等于加固后三角形内阴影部分的总土量。因此桩距可表示为：

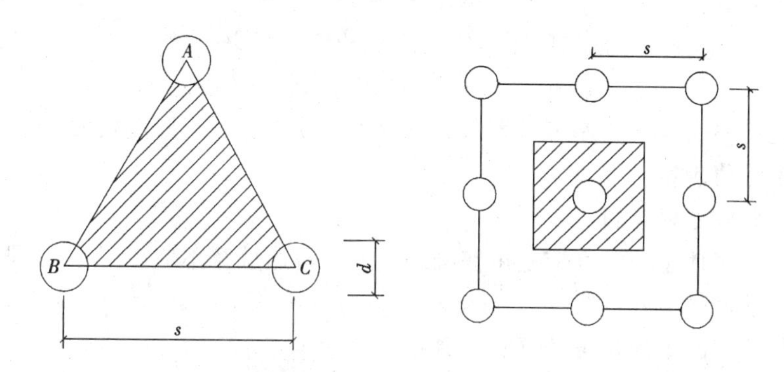

图 8-4 砂桩的布置形式

正方形布置
$$s = 0.95d\sqrt{\frac{1+e_0}{e_0-e_1}} \tag{8-8}$$

等边三角形布置
$$s = 0.90d\sqrt{\frac{1+e_0}{e_0-e_1}} \tag{8-9}$$

$$e_1 = e_{max} - D_{ri}(e_{max} - e_{min}) \tag{8-10}$$

式中 e_{max}、e_{min}——分别为砂土的最大和最小孔隙比；

s——砂桩间距；

d——砂桩直径；

e_0——地基加固前砂土的孔隙比；

D_{ri}——地基挤密后要求达到的相对密实度，可取 0.70 ~ 0.85。

对饱和黏性土地基土的挤密效果较差，砂桩的主要作用是置换并与软土构成复合地基。由于砂桩可大大加速软土的排水固结，从而增大地基的强度，提高地基承载力。此时桩的间距为：

等边三角形布置
$$s = 1.08\sqrt{A_e} \tag{8-11}$$

正方形布置
$$s = \sqrt{A_e} \tag{8-12}$$

$$A_e = \frac{A_p}{m} \tag{8-13}$$

式中 A_e——1 根砂桩承担的处理面积；

A_p——砂桩的截面积；

m——面积置换率，$m = d^2/d_e^2$，d 为砂桩直径，d_e 为等效影响圆的直径。

等边三角形布置 $d_e = 1.05s$

正方形布置 $d_e = 1.13s$

矩形布置 $d_e = 1.13\sqrt{s_1 s_2}$

s、s_1、s_2 分别为桩的间距、纵向间距和横向间距。

(2) 砂桩长

当地基中松软土层厚度不大时，宜穿透松软土层；当厚度较大时，应根据地基允许变形值确定。

(3) 砂桩处理范围

砂桩挤密地基的宽度应超出基础的宽度，每边放宽不应少于 1～2 排。

(4) 砂桩的填砂量

砂桩孔内的填砂量可按下式计算：

$$Q = \frac{A_p l d_s}{1 + e_1}(1 + w) \tag{8-14}$$

式中 Q——填砂量（以重量计）；

A_p——砂桩的截面积；

l——砂桩长度；

d_s——砂料的相对密度；

w——砂料的含水量。

(5) 挤密桩复合地基的承载力宜通过现场载荷试验来确定

4. 砂桩施工

挤密桩施工可以利用沉管灌注桩的成孔机械设备成孔，即先通过向地基内打入一尖端封闭的桩管，或利用振动设备将桩管下沉到设计深度，有时也用爆破成孔。施工前应进行成桩挤密试验，桩数宜为 7～9 根。以挤密为主的砂桩，施工顺序应间隔进行，孔内实际填砂量（不包括水重）不应少于设计值的 95%。

5. 质量检验

(1) 应检查砂桩的沉桩时间、各段填砂量、提升速度和桩位偏差等；

(2) 可用标准贯入试验、静力触探或动力触探等方法检测桩体及桩间土挤密质量。桩间土质量检测位置应在等边三角形和方形的中心。检测数量不少于桩数的 2%，检测结果若有占 10% 的桩未达到设计要求时，应采取加桩或其他补救措施。质量检测应在施工后间隔一定时间进行，对饱和黏性土，间隔时间宜为 1～

2周；其他土可在施工后3~5d进行。

三、振冲法

利用振动和水冲加固土体的方法称为振冲法（Vibro Flotation）。在振动水冲过程中，向孔内填砂或碎石等材料而形成的圆柱体称为振冲桩。该法是由德国S·Steuerman于1936年提出。利用这种方法加固地基与挤密砂桩类似。在无黏性土中成桩的施工过程对桩间土有挤密作用，故称振冲挤密（Vibro-compaction）；在黏性土中，振冲主要是在土中形成直径较大的桩体与原地基土共同组成复合地基，其主要作用为置换，故称为振冲置换（Vibro-replacement）。

1. 适用范围

振冲挤密法适用于粉细砂到砾粗砂，不加填料时仅适用于处理黏粒含量不超过10%的粗砂、中砂地基，若细颗粒含量大于20%时，则挤密效果明显降低。振冲置换法适用于处理不排水抗剪强度不小于20kPa的黏性土、粉土、黄土和人工填土等，有时还可以用来处理粉煤灰。由于桩身为散体材料，其抗压强度与周围压力有关，故过软的土层不宜使用。

2. 振冲法的设计要点

（1）振冲置换法

处理范围应根据建筑物的重要性和场地条件确定，通常大于基底面积。对于一般地基，在基础外缘宜扩大1~2排桩；对可液化地基，在基础外缘应扩大2~4排桩。

桩位的布置：对大面积满堂处理宜采用等边三角形布置；对独立或条形基础，宜采用正方形、矩形或等腰三角形布置。桩的间距应根据荷载大小和原土的抗剪强度确定，可用1.5~2.5m。荷载大原土强度低时取较小值；反之取大值。对桩端未达相对硬层的短桩应取小值。

桩长的确定：当相对硬层的埋藏深度不大时应达硬层；当相对硬层的埋藏深度较大时，应按建筑物地基的变形允许值确定。桩长不宜短于4m。在可液化的地基中，按地基需消除液化处理深度确定。

桩顶应铺设200~500mm厚的碎石垫层。

桩体材料可用含泥量不大的碎石、卵石、角砾、圆砾等硬质材料。材料的最大粒径不宜大于80mm。对于碎石常用的粒径为20~50mm。

桩的直径按每根桩填料量计算，常用0.8~1.2m。

振冲置换后的复合地基的承载力标准值应按现场复合地基载荷试验确定，也可按单桩和桩间土的载荷试验按下式计算：

$$f_{sp,k} = mf_{p,k} + (1 - m)f_{s,k} \qquad (8\text{-}15)$$

式中　$f_{sp,k}$——复合地基承载力标准值；

$f_{p,k}$——桩体单位截面积承载力标准值；

$f_{s,k}$——桩间土承载力标准值；

m——面积置换率。

对于小型工程的黏性土地基如无现场载荷试验资料时，复合地基承载力标准值可按下式计算：

$$f_{sp,k} = [1 + m(n - 1)]f_{s,k} \tag{8-16}$$

或

$$f_{sp,k} = [1 + m(n - 1)] \times 3S_v \tag{8-17}$$

式中　n——桩土应力比，无实测资料时可取 2～4，原土层强度低取大值，原土层强度高取小值；

S_v——桩间土十字板抗剪强度，也可用处理前地基土的十字板剪切强度代替。

上述各式中桩间土承载力标准值也可用处理前地基土的承载力标准值代替。

地基处理后的变形计算应按《建筑地基基础设计规范》（GB 50007—2002）的有关规定进行验算。复合地基的压缩模量应由岩土工程勘察报告提供。也可按下式计算：

$$E_{sp} = [1 + m(n - 1)]E_s \tag{8-18}$$

式中　E_{sp}——复合地基的压缩模量；

E_s——桩间土的压缩模量。

式（8-18）中的桩土应力比 n，对黏性土可取 2～4，对粉土可取 1.5～3.0；原土层强度低取大值，原土层强度高取小值。

（2）振冲挤密法

振冲挤密法的特点是桩间土的强度大于振冲置换法，而桩身强度与原土层强度及填料种类有关，设计时应考虑其特点。

处理范围应大于建筑物基础范围，在建筑物基础外缘每边放宽不得小于 5m。

当可液化土层不厚时，振冲深度应穿透整个可液化土层；当可液化土层较厚时，振冲深度应按抗震要求的处理深度确定。

振冲点宜按等边三角形或正方形布置，间距一般可取 1.8～2.5m。

填料量应通过现场试验确定。填料宜用碎石、卵石、角砾、圆砾、砾砂、粗砂等。

复合地基承载力标准值应按现场载荷试验确定，或按式（8-15）确定。

变形计算的桩土应力比 n 在无实测资料时，对砂土可取 1.5～3.0，原土层强度低取大值，原土层强度高取小值。

3. 施工要点

（1）振冲置换法

1）施工机具主要是振冲器、操作振冲器的吊机和水泵。

2）制作桩体的填料宜就地取材，如碎石、卵石、砂砾、矿渣、碎砖等，但风化石块及含泥量大于10%的填料不得使用，虽然填料的级配没有特别要求，但最大粒径不应大于5cm。

3）施工前施工场地应做到三通一平（水通、电通、料通和平整场地）。

4）桩的施工顺序一般采用“由里向外”或“一边推向另一边”。

5）对每根桩应做好制桩深度、填料量、时间和完成日期的记录。

6）对桩顶约1m范围内的桩体应另行处理。

7）施工质量控制就是要使填料量、密实电流和留振时间这三方面都达到规定值。

（2）振冲挤密法

1）施工机具与振冲置换法所用相同。

2）正式施工前应进行现场试验，以取得振冲孔间距、造孔制桩时间、控制电流、填料量等施工参数。

3）对粉细砂地基，宜采用加填料的振密工艺；对中粗砂地基可用不加填料就地振密。

4.效果检验

振冲法施工质量的检验目的有两个：一是检查桩体质量是否符合规定，即施工质量检验；另一个是在桩体质量全部符合规定的前提下，验证复合地基的力学性质是否全部满足设计方面的各项要求，即加固效果检验。前者每个工程均必须进行，后者仅对土质条件复杂或大型地基工程或有特殊要求的工程进行。

对振冲法施工质量检验常用的方法有动力触探试验、单桩载荷试验，而振冲挤密桩还可用现场开挖取样、标准贯入试验或旁（横）压试验。对加固效果检验常用的方法有单桩复合地基载荷试验和多桩复合地基大型载荷试验；对土坡抗滑问题常用原位大型剪切试验。通过振前、振后资料的对比可明确处理效果。

第五节　排水固结法

一、概述

排水固结法又称预压法，是处理软土地基的有效方法之一。该法是对天然地基，或先在地基中设置砂井等竖向排水体，然后利用建筑物本身重量分级逐渐加载；或在建筑物建造之前，在场地先行加载预压，使土体中的孔隙水排出，逐渐固结，地基发生变形，同时强度逐步提高的方法。

按照使用目的，排水固结法主要解决以下两个问题：

（1）变形问题：使地基的变形在加载预压期间大部或基本完成，使建筑物在使用期间不致产生不利的沉降或不均匀沉降。

（2）稳定问题：加速地基土抗剪强度的增长，从而提高地基的承载力和稳定性。

排水固结法通常由排水系统和加压系统两部分组成。

排水系统：设置排水系统主要在于改变地基原有的排水条件，增加孔隙水排出的途径，缩短排水距离。该系统是由水平排水砂垫层和竖向排水体构成。竖向排水体常用的砂井是先在地基中成孔，而后灌砂使之密实而成的。近些年来，袋装砂井在工程中得到了较广泛的应用，它具有用料省、连续性好、施工简便等优点。由塑料芯板和滤膜组成的塑料排水带在工程中的应用也在日益增加，在没有砂料的地区尤为合适。

加压系统：即是起固结作用的荷载，它增加了固结压力，使地基土产生固结。在工程上应用广泛、行之有效的增加固结压力的方法是堆载法，此外还有真空预压、降低地下水位、电渗法和联合法等。真空预压、降低地下水位和电渗法不会像堆载法有可能引起地基土的剪切破坏，所以较为安全，但操作技术比较复杂。

排水系统是一种手段，如没有加压系统，孔隙中的水就没有压力差，水就不会自然排出，地基也就得不到加固。如果只增加固结压力，不缩短土层的排水距离，则不能在预压期间尽可能快地完成设计所要求的变形量，强度也不能及时提高。所以，上述两个系统在排水固结设计时总是联合起来考虑的。

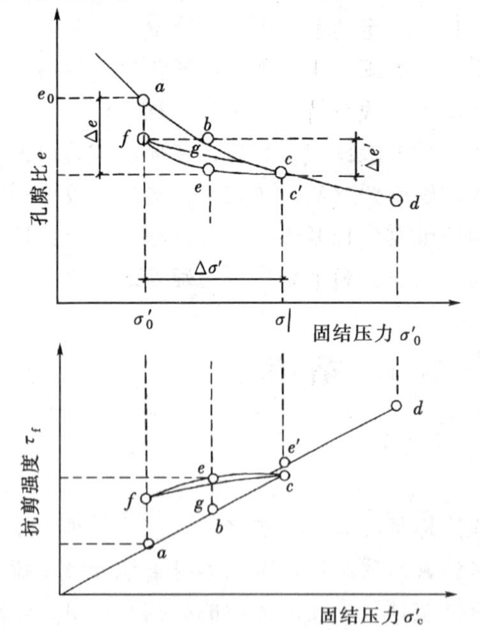

图 8-5　排水固结的室内试验

二、加固原理及适用范围

排水固结法加固地基的原理是：饱和黏性土地基在荷载作用下，土中孔隙水逐渐排出，孔隙体积不断减小，地基发生固结变形；同时，随着孔隙水压力的逐渐消散，土中有效应力逐渐增长，地基强度逐步增长。

现以图 8-5 为例来说明。

当土样的天然固结压力为 σ'_0 时，其初始孔隙比为 e_0，在 $e \sim \sigma'_c$ 曲线上的相应点为 a 点，当压力增加 $\Delta\sigma'$，固结终了时变为 c 点，孔隙

比减少了 Δe，曲线 abc 称为压缩曲线。同时，抗剪强度与固结压力成比例地由 a 点提高到 c 点。所以，土体在受压固结时，孔隙比减小而产生压缩，同时抗剪强度也得到提高。若从 c 点卸除压力 $\Delta\sigma'$，则土样发生膨胀，图中 cef 曲线为卸荷膨胀曲线，若从 f 点再加压力 $\Delta\sigma'$，则土样发生再压缩，沿虚线变化到 c' 点，其相应的强度曲线如图 8-5 所示。从再压缩曲线 $fg\,c'$ 可清楚看出，固结压力同样从 σ_0' 增加了 $\Delta\sigma'$，而孔隙比减小值为 $\Delta e'$，$\Delta e'$ 比 Δe 小得多。这说明若在建筑场地上先施加一个与建筑物荷载相同的压力进行预压，使土层固结（相当于压缩曲线上从 a 点到 c 点），然后卸除荷载（相当于膨胀曲线上从 c 点变化到 f 点），再建造建筑物（相当于再压缩曲线上从 f 点变化到 c' 点）。这说明如果事先对地基进行预压，然后卸除预压荷载再建造建筑物，将使建筑物在使用期间的沉降大大减少。

排水固结法主要适用于处理淤泥、淤泥质土、泥炭土、可压缩粉土和冲填土等饱和黏性土地基。

三、排水固结法的设计

1. 排水系统的设计

排水系统的设计包括竖向排水体（砂井、袋装砂井、塑料排水带等）长度、断面尺寸及地表排水砂垫层（或砂沟）的设计。

砂井的直径和间距主要取决于黏性土的固结特性和施工期限要求。一般要求在预压期间能完成固结度的 80%。为了加速土层的排水固结，缩小井距要比增大砂井直径好得多。通常砂井的直径为 200～500mm。砂井间距与土的固结特性、灵敏度、上部荷载大小及施工期限等有关。在一定的荷载作用下，间距越小，固结越快。但间距过小，砂井施工时，地基土由于受到扰动而强度削弱，固结系数降低。因此若荷载较大，固结系数较小，施工期限短时，可采用较小间距；反之则采用较大间距。工程上常用的间距为砂井直径的 6～8 倍。

砂井长度的选择与土层分布、地基中附加应力的大小和施工期限等因素有关。当软弱土层较薄时，砂井应穿透软土层；软土层较厚但间有砂层或砂透镜体时，砂井应尽可能打至砂层或砂透镜体；当软土层很厚时，从地基强度和稳定性方面考虑，砂井长度应穿过地基的可能滑动面；从沉降方面考虑，砂井长度应穿越地基的主要受力层。

图 8-6（a）与（b）为砂井平面布置的两种形式，等边三角形排列时的有效排水范围为正六边形，如图 8-6（a）；正方形排列时的有效排水范围为正方形，如图 8-6（b），如图中虚线所示，并假设该有效范围内的水通过位于其中的砂井排出。在进行实际固结度计算时，采用多边形的边界条件求解很困难，因此，巴隆（Barron）建议将每个砂井的影响范围简化为一个等面积的圆求解，等效圆的

直径（d_e）与砂井间距（s）的关系为：

等边三角形布置时　　$D_e = \sqrt{\frac{2\sqrt{3}}{\pi}} l = 1.050 l$

正方形布置时　　$d_e = \sqrt{\frac{4}{\pi}} l = 1.128 l$

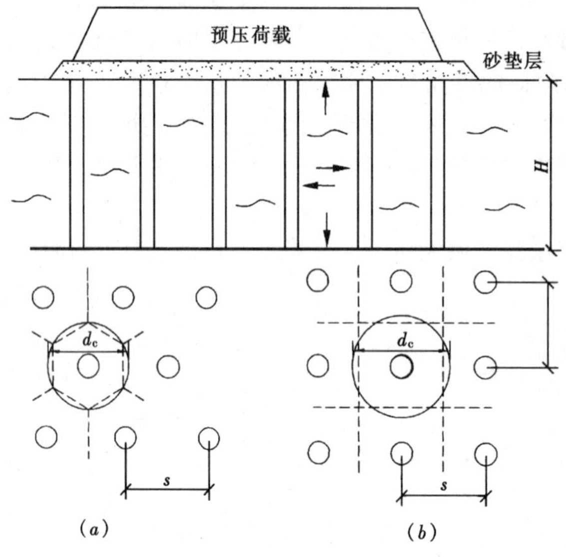

图 8-6　砂井平面布置图

（a）等边三角形布置；（b）正方形布置

显然等边三角形布置比较紧凑，实际工程中经常采用。

砂井的布置范围一般比建筑物基础范围稍大为好。这是因为基础以外一定范围内地基中仍然存在由建筑物荷载引起的剪应力和正应力。基础外的地基土如能加速固结对提高地基的稳定性和减小侧向变形以及由此引起的沉降是有好处的。

在砂井顶面应铺设排水砂垫层，以连通砂井、引出土层排入砂井的渗流水。砂垫层的厚度一般为 0.3 ~ 0.5m。如砂料缺乏时可采用连通砂井的纵横砂沟代替整片砂垫层。

2. 砂井地基固结度的计算

砂井地基的渗流发生在竖向和径向，需按三维渗透固结理论求解。首先假设：(1) 每个砂井为一个独立的排水体系，每个砂井的影响范围在平面上为一个直径为 d_e 的圆，整个砂井为一个圆柱体；(2) 在大面积荷载作用下，砂井地基中的附加应力为均匀分布；(3) 地基只产生竖向压缩变形；(4) 荷载是一次瞬时施加的；(5) 固结过程中固结系数为常数，不考虑砂井施工过程中对土结构的影响。

根据以上假设推导出的砂井地基总的平均固结度表达式为：

$$U_{rz} = 1 - (1 - U_r)(1 - U_z) \tag{8-19}$$

式中　U_{rz}——砂井影响范围圆柱体的平均固结度；

U_r——径向排水的平均固结度；

U_z——竖向排水的平均固结度。

竖向排水的平均固结度，在双面排水或假定情况下，可按下式求解固结度，

即

$$U_z = 1 - \frac{8}{\pi^2} e^{-\frac{\pi^2}{4} T_v} \tag{8-20}$$

式中 T_v——竖向固结的时间因数，$T_v = \frac{C_v t}{H^2}$；

C_v——径向固结系数；

t——固结时间；

H——圆柱体高度，即土层厚度。

在平均固结度中，径向排水的平均固结度所占的比例比竖向排水的平均固结度所占的比例大得多，所以砂井地基主要是径向排水固结，若砂井固结深度很大，或当水平渗透系数大于竖向渗透系数 2 倍时，实用上可忽略竖向排水固结度，取 $U_{rz} = U_r$，U_r 可按巴隆公式计算：

$$U_r = 1 - e^{-\frac{8}{F} T_H} \tag{8-21}$$

其中

$$T_H = \frac{C_H t}{d_e^2} \tag{8-22}$$

$$F = \frac{n^2}{n^2 - 1} \ln(n) - \frac{3n^2 - 1}{4n^2} \tag{8-23}$$

$$n = \frac{d_e}{d_s} \tag{8-24}$$

式中 C_H——水平固结系数；

d_e——砂井有效影响范围直径；

d_s——砂井直径。

若固结度大于 30%时，U_{rz}可近似按下式计算：

$$U_{rz} = 1 - \frac{8}{\pi^2} e^{\left(-\frac{8C_H}{Fd_e^2} - \frac{\pi^2 C_v}{4H^2}\right) t} \tag{8-25}$$

3. 预压荷载的大小和加荷速率

预压荷载的大小可根据设计要求确定，一般宜接近设计荷载，必要时可超出设计荷载的 10% ~ 20%，但预压荷载不得超过地基的极限荷载，以免地基失稳而破坏。如需要施加较大荷载时，应分级加荷，并应严格控制加荷速率，使之与地基强度增长相适应，待地基在前一级荷载作用下达到一定固结度后，再施加下一级荷载。加荷速率的控制与地基土的性质、加荷方式以及地基处理方法等有关，因此很难制定出一个统一标准。工程实践证明，只有将孔隙水压力、地面沉降、边桩位移等项观测结果综合分析，并注意加荷结束后数天内的发展趋势，才能正确地判断地基是否处于危险状态。

四、排水固结法的施工

在铺水平砂垫层时应注意与竖向排水体的连接，保证排水固结过程中排水流畅。若软土地基表面很软，直接铺设有困难，可辅以土工聚合物。

竖向排水体通常有普通砂井、袋装砂井和塑料板排水带三类。施工方法各不相同。

普通砂井成孔方法有沉管法和水冲法。袋装砂井和塑料板排水带施工采用专用施工设备，如塑料板排水带插带机、单孔简易插带机等。

我们已经知道加压系统的预压方法按设计有堆载预压、真空预压、堆载预压和真空预压联合以及降水预压等。

堆载预压应严格按照堆载预压计划进行加载，并根据现场测试资料不断调整堆载预压计划，确保堆载预压过程中地基稳定性。堆载预压用料应尽可能就近取材，如卸载后，材料还能二次应用最好。若大面积堆载预压，应尽可能分区分批预压，以节省费用。如有条件，可利用建筑物自重进行堆载预压，以节省预压费用。

真空预压法成功关键在于能否形成负压区，这就需要薄膜不漏气，四周地基浅层土体不漏气，这些在施工过程中应特别给予重视。

降水预压有井点降水和深井降水。

各种预压方法的施工设备、施工工艺此处不作介绍。

五、质量检验

排水固结法现场观测项目主要有：

（1）地面沉降观测，要求每天沉降不超过10mm，作为加荷速率的控制标准；

（2）边桩位移观测，沿堆载边缘2~10mm范围，打1~2排短桩，控制边桩水平位移每天不超过5~10mm；

（3）地基中孔隙水压力观测，这是控制加荷速率的指标，一般认为不超过预压荷载引起应力的50%~60%。

除了以上观测项目以外，也可在不同加载阶段进行不同深度的十字板抗剪强度试验和取样进行室内试验。工程实践表明，只有将上述观测结果和试验结果综合起来分析，并注意加荷结束后数天内的发展趋势，才能正确地判断地基是否处于危险状态。

第六节 化学加固法

化学加固法（Chemical Stabilization）是指利用水泥浆液、黏土浆液或其他化学浆液，采用压力注入、高压喷射或深层搅拌等使浆液与土颗粒胶结起来，以改善地基土的物理力学性质的地基处理方法。

一、注浆法

1. 注浆法的加固目的

注浆法（Grouting，在矿山、水利、交通等行业也称灌浆法）是利用液压、气压或电化学原理，通过注浆管把化学浆液注入地基的孔隙或裂缝中，以填充、渗透、劈裂和挤密等方式，替代土颗粒间孔隙或岩石裂隙中的水和气，经一定时间结硬后，浆液对原来松散的土粒或有裂隙的岩石胶结成一个整体，形成一个强度大、防渗性能高和化学稳定性好的固化体，以改善地基土的物理力学性质。

注浆法的加固目的有以下几个方面：

（1）增加地基土的不透水性，提高其抗渗能力，改善地下工程的开挖条件；

（2）堵漏、截断渗透水流；

（3）提高地基承载力，减小地基的沉降或不均匀沉降；

（4）整治塌方滑坡，处理路基病害；

（5）解决对原有建筑物的地基处理，尤其是古建筑的地基加固。

2. 注浆材料

注浆材料分类的方法较多，按浆液所处状态可分为真溶液、悬浊液和乳化液；按工艺性质可分为单液浆和双液浆；按主剂性质可分为无机系和有机系；按浆液颗粒大小可分为粒状浆液和化学浆液，以下按这种分类方法加以讨论。

（1）粒状浆液

粒状浆液是指由水泥、黏土、沥青等以及它们的混合物制成的浆液。常用的是水泥浆液（悬浊液），该液以水泥浆为主液，在地下水无侵蚀性条件下，一般采用普通硅酸盐水泥。水泥浆的水灰比一般为1:1，这种浆液能形成强度较高、渗透性较小的固结体。它取材容易、配方简单、价格便宜、不污染环境，因而成为国内外常用的浆液。由于水泥颗粒较粗，普通水泥最大颗粒尺寸约在60～100μm之间，其浆液很难进入$k<5\times10^{-2}$cm/s的砂土或宽度小于200μm的裂隙。

水泥浆液的主要问题是析水性大，可使颗粒沉淀分层，堵塞浆液通道，使注浆过早结束，或降低浆液结石体均匀性，不能充填密实。水灰比越大，上述问题就越突出；此外，纯水泥浆的凝结时间较长，在地下水流速较大的条件下灌注时易受冲刷和稀释等。为改善水泥浆液的性质，常在水泥浆中掺入各种外加剂，见表8-3。也可加入黏土、膨润土使浆液稳定，但加入黏土后将使结石体强度降低，因此只能用于防渗，不能作为加固浆材。

（2）化学浆液

化学浆液是一种真溶液，种类较多，如环氧树脂类、甲基丙烯酸酯类、聚氨酯类、丙烯酰胺类、木质素类和硅酸盐类等。其优点是可以进入水泥浆不能灌注的小孔隙，黏度及凝胶时间可在很大范围内调整，可用于堵漏、防渗、加固等；其缺点是施工工艺较复杂、成本高、有不同程度的污染等。

水泥浆外加剂及掺量 表 8-3

名称	试剂	用量（占水泥重）%	说明
速凝剂	氯化钙 硅酸钠 铝酸钠	1～2 0.5～3	加速凝结和硬化
缓凝剂	木质磺酸钙 酒石酸 糖	0.2～0.5 0.1～0.5 0.1～0.5	增加流动性
流动剂	木质磺酸钙 去垢剂	0.2～0.3 0.05	产生空气
加气剂	松香树脂	0.1～0.2	产生约 10% 的空气
膨胀剂	铝粉 饱和盐水	0.005～0.02 30～60	约膨胀 15% 约膨胀 1%
防析水剂	纤维素 硫酸铝	0.2～0.3 约 20	产生空气

硅酸盐类是以含水硅酸钠（俗称水玻璃）为主剂的混合溶液，硅酸钠与无机胶凝剂（如氯化钙、磷酸、硫酸铝、盐酸等）或有机胶凝剂（乙二醛、醋酸乙酯、甲酰胺等）反应而生成硅胶，起加固作用。具有价格低廉、渗入性较好、无毒性等特点。国内外至今仍广泛应用于地基、大坝、隧道和矿井等建筑工程。

聚氨酯是采用多异氰酸酯和聚醚树脂的预聚体作为主要原料，掺入各种外加剂配制而成。浆液注入地基后，遇水反应生成聚氨酯泡沫体，防水性能良好，具有一定的强度，起加固地基和防渗堵漏等作用。如可用于坝基防渗帷幕、有压钢筋混凝土水管堵漏、混凝土坝体水下裂缝处理、地下工程防水等。

环氧树脂类。环氧是工程中较早采用的高强化学材料，采用活性稀释剂和优选各种外加剂改性后，黏度大大降低，而仍能保持高强特性，使之能注入混凝土结构的细微裂缝及岩石的细裂缝等低渗透性的地层。

丙烯酰胺类浆液。国外称 AM-9，国内习称丙凝。它是以有机化合物丙烯酰胺为主剂，配合其他外加剂，以水溶液状态注入地层中，发生聚合反应，形成具有弹性的、不溶于水的聚合体。该浆液的黏度与水相似，凝结时间可在瞬间到几小时内调整，可注入微细裂缝，达到很高的防渗效果。但该浆液具有一定的毒性，特别是对神经系统，且对空气和地下水有污染。

水玻璃水泥双液浆是由水玻璃与水泥浆混合而成，也是一种用途广泛、使用效果良好的注浆材料。

3. 注浆机理

压力注浆的机理主要可归纳为以下几种：

(1) 渗透注浆。在注浆压力作用下，浆液克服各种阻力而渗入地层的孔隙或裂隙中，压力越大，地层吸浆量及扩散距离就越大。在注浆的过程中地层结构不受扰动和破坏，所用的注浆压力相对较小。

(2) 劈裂注浆。在相对较高的注浆压力作用下，浆液克服了地层的初始应力和抗拉强度，引起地层的水力劈裂现象，使地层中产生新的裂隙或使原有裂隙扩大，从而使低透水性地基的可注性和浆液的扩散距离增大。

(3) 压密注浆。通过钻孔向地层中压入极浓的浆液，使注浆点附近土体压密而形成浆泡，开始注浆时压力基本上沿径向扩散，随着浆液的挤入，浆泡尺寸逐渐增大，产生辐射状上抬力，从而使地面上抬，可利用这一原理纠正建筑物的不均匀沉降。

4. 注浆设计

注浆设计包括以下几个方面：

(1) 工程调查。在注浆设计之前，要进行工程地质和水文地质调查。调查的范围是地层需处理的范围。主要解决能否注浆、采用何种浆材、达到何种处理结果等。

(2) 选择注浆方案。包括确定处理范围、注浆材料、注浆方法等。

(3) 注浆标准。确定加固注浆的地基承载力及防渗注浆的防渗标准。

(4) 钻孔布置。孔位以三角形布置效率最高。

(5) 注浆压力。应由注浆试验确定。

二、高压喷射注浆法

1. 基本原理

高压喷射注浆法始创于日本，它是在化学注浆的基础上，采用高压水射流切割技术而发展起来的。彻底改变了化学注浆的传统做法，以水泥为主要原料，加固土体的质量高、可靠性高，具有提高地基承载力、止水防渗、减少支挡结构物的土压力、防止砂土液化等多种功能。

高压喷射注浆法就是利用工程钻机钻孔至设计深度后，将带有特殊喷嘴的注浆管置入土层的预定深度，以 20MPa 左右压力的喷射流强力冲击破坏土体，同时钻杆以一定速度边旋转边提升，使浆液与土强制混合，凝结固化后，便在土中形成一个圆柱状的固结体。固结体的形状和喷射流移动的方向有关。一般分为旋转喷射（简称旋喷）和定向喷射（简称定喷）。旋喷时，喷嘴边喷射边旋转和提升，固结体呈圆柱状。称为旋喷桩。主要用于加固地基，提高地基的抗剪强度，改善土的变形性质。定喷时，喷嘴边喷射边提升，喷射方向不变，固结体呈壁状。通常用于地基防渗，改善地基土的物理性质和稳定边坡等工程。为提高防渗效果，可进行摆喷，喷嘴边摆动喷射边提升，喷射方向有一定的角度。

高压喷射注浆法的施工工艺主要有三种，单管法、二重管法和三重管法。单管旋喷法虽然加固质量好、施工速度快且成本低，但固结体直径较小，约为0.3～0.8m，日本称之为CCP工法。二重管旋喷法使用双通道的二重注浆管，在管的底部侧面有一个同轴双重喷嘴，高压浆液以20MPa左右的压力从内喷嘴中高速喷出，压缩空气以0.7MPa左右的压力从外喷嘴中喷出，高压浆液射流在外围环绕气流的保护下，破坏土体的能量显著增加。喷嘴以一定的速度旋转和提升，最后在土中形成柱状固结体，固结体的直径可达0.6～1.5m，日本称之为JSP工法。三重管旋喷法使用分别输送水、气、浆三种介质的三重注浆管。高压水射流（压力约为20MPa）和外围环绕的气流（压力约为0.7MPa）同轴喷射切割土体，形成较大的空隙，再由泥浆泵注入浆液（压力约为2～5MPa）充填，喷嘴作旋转和提升，最后在土层中形成直径较大的柱状固结体，如图8-7所示，直径约为1.0～2.0m，日本称之为CJP工法。

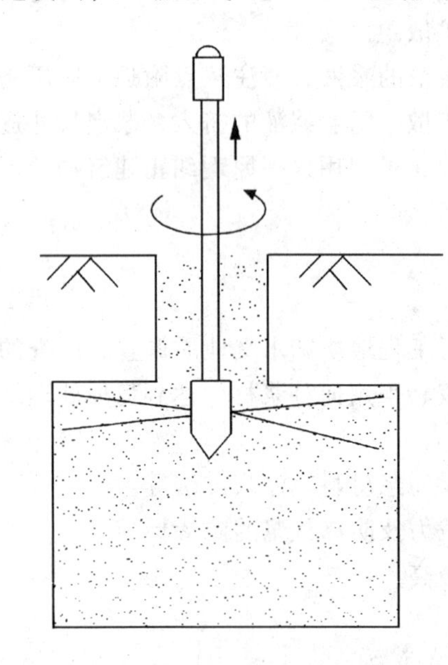

图8-7 喷射注浆示意图

2. 适用范围

高压喷射注浆加固地基技术主要适用于软弱土层，如第四纪冲积层、残积层及人工填土等。对于砂类土、黏性土、黄土和淤泥等都能加固，但对于砾石直径过大、含量过多及有大量纤维的腐殖土、喷射注浆的质量稍差。

对地下水流速过大，喷射浆液无法在注浆管周围凝结、无填充物的岩溶地段、永冻土和对水泥有严重腐蚀的地基均不宜采用高压喷射注浆法。

3. 浆液材料与配方

水泥是应用最广泛的注浆材料，浆液的水灰比一般在1:1～1.5:1，为提高浆液的流动性和稳定性、改变浆液的凝胶时间或提高固结体的抗压强度，可在水泥浆液中加入各种外加剂。

4. 喷射参数的设计

(1) 喷射直径

工程实践中应根据估计固结体的直径来选用喷射注浆种类和喷射方式。对于大型或重要的工程，估计直径应通过现场试验确定。旋喷固结体的直径大小与土的种类及密实程度有关。单管旋喷固结体直径一般为0.3~0.8m；三重管旋喷固结体直径可达1.0~2.0m；二重管旋喷固结体直径介于二者之间。

（2）单桩承载力

旋喷固结体有较高的强度，外形凸凹不平，因此具有较大的承载力。一般情况下，固结体直径愈大，承载力愈高。但单桩承载力的变化较大，一般必须经过现场试验确定。无条件进行承载力试验时，可参考表8-4及表8-5按土体的强度确定。

地下水位以上旋喷桩侧摩阻力设计值　　**表8-4**

土的类别	土的状态	侧摩阻力 q_s（kPa）	土的类别	土的状态	侧摩阻力 q_s（kPa）
建筑垃圾	已完成自重固结	200~300	粉细砂	稍密	200~300
黏性土	软塑	200~300		中密	300~400
	可塑	300~350		密实	400~600
	硬塑	350~400	淤泥		50~80
粉质黏土	软塑	220~300			
	可塑	300~350	淤泥质土		100~150
	硬塑	350~450			

地下水位以上旋喷桩桩端阻力设计值 q_p（kPa）　　**表8-5**

土的类别	土的状态	桩入土深度（m）		
		5	10	15
黏性土	$0<I_L\leqslant0.25$	300	450	600
	$0.25<I_L\leqslant0.75$	260	410	570
	$0.75<I_L\leqslant1.00$	240	390	550
粉细砂	中密	400	700	1000
	密实	600	900	1250
中砂、粗砂	中密	600	1100	1600
	密实	850	1400	1900

$$R = u\sum_{i=1}^{n} q_{si}l_i + q_pA_p \tag{8-26}$$

式中　R——旋喷桩承载力设计值；

u——桩身截面周长，按旋喷桩的直径计算；

q_{si}——第 i 层土侧摩阻力设计值；

A_p——桩端截面积，按旋喷桩的直径计算；

q_p——桩端土阻力设计值。

(3) 固结体强度设计

一般情况下，黏性土固结强度为5MPa，砂性土固结强度为10MPa。对于重要工程或要求承载力大的工程，可选用高等级硅酸盐水泥，通过室内试验确定浆液的水灰比或添加剂。

5. 喷射注浆法的施工

旋喷法的施工机具主要由钻机和高压发生设备两部分组成。钻机有76型振动钻机和国内常用的XJ-100型、SH-30型钻机等；高压发生设备是高压泥浆泵和高压水泵，另外还有空气压缩机、泥浆搅拌机等。因采用的喷射方法不同，所使用的机械设备和数量也不相同。根据工程需要和机具设备条件可分别采用单管法、二重管法和三重管法。单管法只喷射水泥浆；二重管法为同轴复合喷射高压水泥浆和压缩空气两种介质；三重管法则为同轴复合喷射高压水、压缩空气和水泥浆液三种介质。

旋喷法施工应有完善的施工计划。具体的操作要点如下：

(1) 旋喷前要检查高压设备和管路系统，其压力和流量必须满足设计要求。注浆管及喷嘴内不得有任何杂物，注浆管接头的密封圈必须良好；

(2) 垂直施工时，钻孔的倾斜度不得大于1.5%；

(3) 在插管和喷射过程中，要注意防止喷嘴堵塞，在拆卸或安装注浆管时动作要快，水、气、浆的压力和流量必须符合设计要求。使用双喷嘴时，若一个喷嘴被堵，可采用复喷方法继续施工；

(4) 喷射时，要做好压力、流量和冒浆量的量测和记录。钻杆的旋转和提升必须连续；

(5) 深层旋喷时，应先喷射后旋转和提升，以防注浆管扭断；

(6) 搅拌水泥时，水灰比要按设计规定，在旋喷过程中应防止水泥浆沉淀，禁止使用受潮或过期水泥；

(7) 施工完毕，立即拔出注浆管，彻底清洗注浆管和注浆泵。管内不得残留水泥浆。

6. 质量检查方法

喷射注浆固结体是在地下直接形成，属于隐蔽工程，因而不能直接观察到固结体的质量，必须采用各种检测方法综合鉴定其加固效果。喷射注浆质量检查方法主要有开挖检查、室内试验、钻孔检查、载荷试验及其他非破坏性试验方法中的一种或几种，主要是对固结体的整体性、均匀性、有效直径、垂直度、强度特性和耐久性能等进行检查。

三、深层搅拌法

深层搅拌法是利用水泥、石灰等材料作固化剂（浆液或粉体）的主剂，通过特制的深层搅拌机械，在地基深处就地将软土和固化剂强制搅拌，利用固化剂与软土之间所产生的一系列物理化学反应，使软土硬结成具有整体性、水稳定性和一定强度的土桩或地下连续墙。以粉体作为加固材料时，施工中不必加水，水泥与土在搅拌过程中发生水化作用的水可从被加固的土体中吸取，从而可减少土中的含水量，增加土的强度。喷射的粉体比浆液更容易与土体拌和，均匀性也较好。

这种地基加固技术于20世纪60年代在日本和瑞典研制成功并应用于实际工程中。我国自1977年开始试验研究，生产出了专用的SJB-1型双轴搅拌、中心管输浆的深层搅拌机及其配套设备，并在上海宝钢工程、南京等地的多处工程中应用，均取得了良好的加固效果。

由于目前深层搅拌法所采用的固化剂有两类：水泥和石灰，因此各自的加固原理、设计方法、施工技术各异。以水泥系深层搅拌法为例，其加固的基本原理是基于水泥加固土的物理化学反应过程，它与混凝土的硬化机理有所不同。混凝土的硬化主要是水泥在粗骨料中进行水解和水化作用，所以硬结速度较快。而在水泥加固土中，由于水泥掺量很小（仅占被加固土重的7%～15%），水泥的水解和水化反应完全是在具有一定活性的黏性土介质中进行，所以硬化速度缓慢且作用复杂。

深层搅拌法最适宜于加固各种成因的饱和软黏土，如处理淤泥、淤泥质土、粉土和黏性土地基。可根据需要将地基加固成柱状、壁状和块状三种形式。柱状是每隔一定的距离打设一根搅拌桩，适用于单独基础和条形、筏形基础下的地基加固；壁状是将相邻搅拌桩部分重叠搭接而成，适用于深基坑开挖时的软土边坡加固以及多层砌体结构房屋条形基础下的加固；块状是将多根搅拌桩纵横相互重叠搭接而成，适用于上部结构荷载大而对不均匀沉降控制严格的建筑物地基加固和防止深基坑隆起及封底使用。

深层搅拌法的主要机具是双轴或单轴回转式深层搅拌机。它由动力部分、搅拌轴、搅拌头和输浆管等组成。动力部分带动搅拌头回转，输浆管输入水泥浆液与周围土体拌和，形成一个平面8字形水泥加固体。采用深层搅拌法施工，目前国内陆上最大施工深度已超过27m。

由于深层搅拌法是将固化剂直接与原有土体搅拌混合，没有成孔过程，也不存在孔壁横向挤压问题，对附近建筑物不产生有害的影响；同时经过处理后的土体重度基本不变，不会由于自重应力增加而导致软弱下卧层的附加变形；用搅拌法形成的桩体与旋喷桩相比，水泥用量大为减少；与以往钢筋混凝土桩相比，节省了大量的钢材、降低了造价、缩短了工期；施工时无振动、无噪声、无污染等问题。因此，近年来在软土地区应用越来越广泛。

思 考 题

8-1 何谓软弱土（含义和种类）？软土、杂填土、冲填土各有何特性？

8-2 地基处理方法可分为哪几类？各自的加固原理和适用范围如何？

8-3 强夯法与重锤夯实法有何不同？其加固机理是什么？

8-4 换土垫层法的作用有哪些？换土垫层与基础垫层有何区别？

8-5 确定垫层厚度的原则是什么？如何确定垫层的厚度和宽度？

8-6 堆载预压法能否获得预期的效果取决于哪些因素？

8-7 振冲法加固地基的原理是什么？

8-8 排水砂井与挤密砂桩的作用有何不同？各适用于处理何种地基？

8-9 何为复合地基？如何计算复合地基的压缩模量和地基承载力？

8-10 高压喷射注浆法和深层搅拌法加固地基各有何特点？各自的适用条件如何？

习 题

8-1 某四层砖混结构房屋，承重墙传至基础顶面的荷载 $F = 200\text{kN/m}$，地基为淤泥质土，重度 $\gamma = 17\text{kN/m}^3$，承载力标准值 $f_k = 60\text{kPa}$，试设计该基础及砂垫层（提示：砂垫层承载力标准值 $f_k = 60\text{kPa}$，扩散角 $\theta = 30°$）。

8-2 有 10m 厚杂填土，准备用 100kN 重锤强夯加固，问锤的落距应选择多少？

8-3 已知某柱基础基底压力 $p = 100\text{kPa}$，地基为淤泥质黏土，承载力标准值 $f_k = 65\text{kPa}$，不能满足设计要求。拟采用振冲碎石桩加固地基，若按正方形布置，桩距 1.5m，桩径 0.8m，假设天然地基承载力与碎石桩承载力的比值为 1:1.5，试求加固后的复合地基承载力。

8-4 已知某天然地基土的承载力设计值为 105kPa，拟采用挤密砂桩进行处理，砂桩的承载力为 340kN，要求砂桩复合地基承载力比天然地基承载力提高一倍，若每根砂桩加固的面积为 0.562m^2，试求砂桩的间距和直径。（砂桩按正方形布置）

8-5 设有一固结系数 $C_v = 1.89 \times 10^{-3}\text{cm/s}$ 的黏性土，厚 20m，其下为砂砾层，欲使土层的固结度达到 80%。试求（1）所需固结时间为多少？（2）若采用砂井排水，假定排水距离缩短为 4m，在荷载和排水等条件不变的情况下，估算达同一固结度时所需时间。

附录　部分习题答案

第一章

1-1　$W = 28.47\%$，$\gamma = 17.6\text{kN/m}^3$，$e = 0.971$，$\gamma' = 8.63\text{kN/m}^3$，$\gamma_d = 13.7\text{kN/m}^3$

1-2　$e = 0.804$，$\gamma = 19.31\text{kN/m}^3$

1-4　细砂

1-5　黏土，软塑状态，$\Delta e = 0.351$

第二章

2-1　地下水位在地面以下 3.0m 和 5.0m 时，细砂土层底部处 σ_{cz} 分别为 80.15kPa 及 103.48kPa

2-2　α 点处，$\sigma_z = 56.64\text{kPa}$

2-3　中心点下 3m、6m 处 σ_z 分别为 59.4kPa 及 31.2kPa

2-6　（1）$s = 297\text{mm}$，（2）$t = 2.8\text{a}$

2-7　（1）$s_{ct} = 105\text{mm}$，0.7（2）$s_c = 500\text{mm}$，0.525a

第三章

3-1　250kPa，45°，225kPa，217kPa

3-2　$c = 0$，$\sigma = 250\text{kPa}$，$\tau = 87\text{kPa}$

3-3　处于剪切破坏状态

3-4　$\sigma_1 = 687\text{kPa}$

3-5　180kPa

3-6　（1）$c_{cu} = 0$，$\varphi_{cu} = 16°$，$c' = 0$，$\varphi' = 34°$；（2）$\sigma' = 186.12\text{kPa}$，$\tau = 124.35\text{kPa}$

第四章

4-1　$E_a = 32\text{kN/m}$

4-2　第一层底　$p_a = 12\text{kPa}$，第二层顶 $p_a = 3.7\text{kPa}$，第二层底 $p_a = 40.9\text{kPa}$

4-3　$E_a = 89.6\text{kN/m}$

4-4　$E_a = 78.1\text{kN/m}$

4-5　$E_a = 108\text{kN/m}$，$Z = 122\text{kN/m}$

4-6　$p_u = 294\text{kPa}$

第七章

7-1　$q_{s1k} = 50\text{kPa}$，$q_{s2k} = 42\text{kPa}$，$q_{s3k} = 64\text{kPa}$，$q_{sp} = 5300\text{kPa}$

7-2　746.45kN